SPECIAL INFORMATION
· 2027 ·
SERVICE COMPANY

육사 | 해사 | 공사 | 국군간호사관

# 사관학교
# 기출문제

## 수 학

2026~2017
# 10
개년
연차별 동형
기출문제

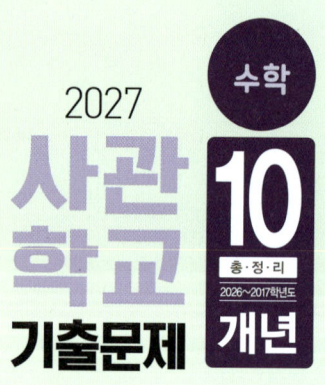

2027
수학
사관
학교
기출문제
10
총·정·리
2026~2017학년도
개년

**인쇄일** 2026년 3월 1일 11판 1쇄 인쇄   **발행처** 시스컴 출판사
**발행일** 2026년 3월 5일 11판 1쇄 발행   **발행인** 송인식
**등 록** 제17-269호                **지은이** 사관학교입시연구회
**판 권** 시스컴2026

ISBN  979-11-6941-947-5 13410
정 가  18,000원

**주소** 서울시 금천구 가산디지털1로 225, 514호(가산포휴)  |  **홈페이지** www.nadoogong.com
**E-mail** siscombooks@naver.com  |  **전화** 02)866-9311 |  **Fax** 02)866-9312

발간 이후 발견된 정오 사항은 나두공 홈페이지 도서정오표에서 알려드립니다.(나두공 홈페이지 → 자격증 → 도서정오표)

이 책의 무단 복제, 복사, 전재 행위는 저작권법에 저촉됩니다. 파본은 구입처에서 교환하실 수 있습니다.

# 머리말

육군사관학교, 해군사관학교, 공군사관학교, 국군간호사관학교의 4개의 특수대학은 군 장교 양성을 위한 4년제 군사학교로, 졸업 후 군의 간부로서의 장래를 보장받을 수 있습니다. 즉, 졸업과 동시에 취업이 보장된다는 상당히 매력적인 점으로 인해 매년 높은 경쟁률을 보여 오고 있습니다. 사관학교는 이처럼 경쟁률이 높은데다 남녀 모집 인원이 정해져 있고 체력시험을 치러야 하는 등 전형 방법이 일반 대학과 다르기 때문에 상당한 준비가 필요합니다. 따라서 미리 자신이 원하는 대학의 모집요강을 숙지하고 각 대학에 맞는 입시전략을 세워야 합니다.

그렇다면 사관학교 입시에서 무엇이 가장 중요할까요?

당연한 말이지만 바로 1차 필기시험입니다. 왜냐하면 1차 시험에서 일정 배수 안에 들어야 2차 시험에 응시할 수 있는 기회가 주어지기 때문입니다. 각 사관학교는 같은 날 1차 시험을 치르기 때문에 복수지원이 불가능하다는 점 역시 잊지 말아야 합니다. 1차 시험을 잘 보기 위해서는 무엇보다도 기출문제를 꼼꼼히 파악하고 풀어보는 것이 중요합니다. 그래야 실제 시험에서 긴장하지 않고 실수를 최소화할 수 있기 때문입니다.

이에 본서는 사관학교 입시에 필수적인 과년도 최신 기출문제를 실어 연도별로 기출문제를 풀어볼 수 있도록 구성하여 연도별 출제 경향을 알 수 있도록 하였고, 책 속의 책 – 정답 및 해설에서 알기 쉽고 자세하게 풀이하였습니다.

본서는 여러분의 합격을 응원합니다!

# 사관학교 입학 전형

## 육군사관학교

※모집요강은 2026학년도에 기반한 것으로, 추후 변경될 수 있으니 반드시 육군사관학교 홈페이지에서 확인하시기 바랍니다.

**▌모집 정원 :** 330명(모집 정원 내 여자 44명 포함)
- 남자 : 인문계열 45%(127명), 자연계열 55%(155명)
- 여자 : 인문계열 60%(28명), 자연계열 40%(20명)

**▌수업 연한 :** 4년

**▌지원 자격**
- 2005년 1월 2일부터 2009년 1월 1일 사이에 출생한 대한민국 국적을 가진 신체 건강하고 사상이 건전한 미혼 남녀
- 고등학교 졸업자, 2027년 2월 졸업예정자 또는 교육부 장관이 이와 동등 이상의 학력이 있다고 인정한 자 (2025년 9월 4일 이전 검정고시 합격자)
- 「군 인사법」 제10조 2항에 의한 결격사유에 해당되지 않는 자
- 대한민국 국적과 외국 국적을 함께 가지고 있지 않은 자
- 법령에 의하여 형사처분을 받지 않은 자(재판계류 중인 자는 판결결과에 따라 합격을 취소될 수 있음)
- 재외국민자녀 : 부모와 함께 동반하여 외국에서 수학한 대한민국 단일국적자 중 수학능력 및 리더십이 우수한 지원자에게 입학의 기회 부여(7개국 언어 지원자 중 5명 이내 선발, 적격자 없을 시 미선발)

**▌선발방법 및 전형기준**

| 구 분 | 1차 시험 | 2차 시험 | 종합선발 |
|---|---|---|---|
| 전형기준 | ■ 국어/영어/수학<br>– 공통수학 : 수학Ⅰ, 수학Ⅱ<br>– 인문계열 : (선택) 확률과 통계, 미적분, 기하 중 택1<br>– 자연계열 : (선택) 미적분, 기하 중 택1 | ■ 면접<br>■ 체력검정<br>■ 신체검사 | ■ 1차 시험(50점)<br>■ 2차 시험(250점)<br>■ 고등학교 내신(100점)<br>■ 대학수학능력시험(600점) |
| 비고 | ※모집정원 기준 남자 5배수, 여자 8배수 계열별/성별 구분하여 선발<br>※대학수학능력시험과 유사한 형식으로 과목별 30문항(단, 영어는 듣기평가 없음) | ※사전 AI면접 실시 후 면접분야에서 참고자료로 활용<br>※한국사능력검정시험 가산점(우선선발 및 특별전형 합격자 선발 시에만 적용) | ※성별, 계열별 총점 순에 의해 선발 |

## 해군사관학교

※모집요강은 2026학년도에 기반한 것으로, 추후 변경될 수 있으니 반드시 해군사관학교 홈페이지에서 확인하시기 바랍니다.

### ▌모집 정원 : 170명(모집 정원 내에서 여생도 26명)
– 남자 : 인문계열 65명, 자연계열 79명
– 여자 : 인문계열 13명, 자연계열 13명

### ▌수업 연한 : 4년

### ▌지원 자격
– 2005년 1월 2일부터 2009년 1월 1일 사이에 출생하여 대한민국 국적을 가진 미혼 남녀
– 고등학교 졸업자, 2027년 2월 졸업예정자 또는 교육부 장관이 이와 동등 이상의 학력이 있다고 인정한 자 (2025년 9월 1일 이전 검정고시 합격자)
– 「군 인사법」 제10조 1항의 임용자격이 있는 자
– 「군 인사법」 제10조 2항에 의한 결격사유에 해당되지 않는 자
– 재외국민자녀 : 외국에서 고교 1년을 포함하여 연속 3년 이상 수학한 자로서 고교졸업자 또는 졸업 예정자(부모와 별도로 자녀 단독으로 유학한 경우는 지원할 수 없음)

### ▌선발방법 및 전형기준

| 구 분 | 1차 시험 | 2차 시험 | 종합선발 |
|---|---|---|---|
| 전형기준 | ■ 국어/영어/수학<br>– 공통수학 : 수학Ⅰ, 수학Ⅱ<br>– 인문계열 : (선택) 확률과 통계, 미적분, 기하 중 택1<br>– 자연계열 : (선택) 미적분, 기하 중 택1 | ■ 신체검사<br>■ 체력검정<br>■ 대면면접<br>■ AI면접 | ■ 2차 시험 성적(300점)<br>■ 학생부 성적(50점)<br>■ 대학수학능력시험(650점) |
| 비고 | ※남자는 모집 정원의 4배수, 여자는 8배수를 남·여 및 문·이과 구분 선발<br>※국어 30문항, 영어 30문항(듣기평가 없음), 수학 30문항 | ※체력분야 가산점 최대 3점<br>※사전 AI면접 실시 후 면접분야에서 참고자료로 활용 | ※대학수학능력시험 선택과목 시 계열별로 해당하는 과목 선택하여 응시 필요. 계열별 해당하지 않는 과목을 응시하는 경우 선발 대상에서 제외 |

## 공군사관학교

※모집요강은 2026학년도에 기반한 것으로, 추후 변경될 수 있으므로 반드시 공군사관학교 홈페이지에서 확인하시기 바랍니다.

### ▌ 모집 정원 : 235명(남자 199명, 여자 36명 내외)

- 남자 : 인문계열 60명 내외, 자연계열 139명 내외
- 여자 : 인문계열 16명 내외, 자연계열 20명 내외

### ▌ 수업 연한 : 4년

### ▌ 지원 자격

- 대한민국 국적을 가진 미혼 남·여로서 신체가 건강하고, 사관생도로서 적합한 사상과 가치관을 가진 자
- 2005년 1월 2일부터 2009년 1월 1일까지 출생한 자
- 고등학교 졸업자 및 2027년 2월 졸업예정자 또는 법령에 의하여 이와 동등한 학력이 있다고 인정된 자
- 「군 인사법」 제10조 2항의 규정에 의한 결격사유에 해당되지 않는 자
  ※단, 복수국적자는 지원 가능하나, 가입학 등록일 전까지 외국 국적을 포기하여야만 입학 가능함
- 법령에 의하여 형사처벌을 받지 아니한 자(기소유예 포함)
  ※재판계류 중인 자는 판결결과에 따라 합격이 취소될 수 있음

### ▌ 선발방법 및 전형기준

| 구 분 | 1차 시험 | 2차 시험 | 종합선발 |
|---|---|---|---|
| 전형<br>기준 | ■ 국어/영어/수학<br> - 공통수학 : 수학Ⅰ, 수학Ⅱ<br> - 인문계열 : (선택) 확률과 통계, 미적분, 기하 중 택1<br> - 자연계열 : (선택) 미적분, 기하 중 택1 | ■ 신체검사(당일 합/불 판정)<br>■ 체력검정(150점)<br>■ 면접(330점) | ■ 1차 시험 성적(400점)<br>■ 2차 시험 성적(480점)<br>■ 학생부 성적(100점)<br>■ 한국사능력검정시험(20점) |
| 비고 | ※과목별 원점수 60점 미만이면서 표준점수 하위 40% 미만인 자는 불합격<br> - 남자 : 인문계열 4배수, 자연계열 6배수<br> - 여자 : 인문계열 8배수, 자연계열 10배수 | ※개인별 1박 2일 소요<br>※사전 AI면접 실시 후 면접분야에서 참고자료로 활용 | ※한국사능력검정시험<br> 가산점 부여방식 : 중급 이상<br>(제47회 이후 : 심화 이상)<br> 취득점수×0.1+10 |

## 특별전형

### 재외국민자녀전형

- 선발인원 : 2명 이내 선발
- 지원 자격(다음 각 호를 모두 만족할 경우 자격 충족)
  1. 외국에서 고교 1년을 포함하여 연속 3년 이상 수학한 자(부·모와 별도로 자녀만 단독으로 해외 유학한 경우 재외국민자녀에서 제외)
  2. 주재국 고교성적 평균 B 이상인 자
  3. 각 외국어별 어학능력시험 최저기준 이상인 자

### 독립유공자 (외)손/자·녀, 국가유공자 자녀전형

- 선발인원 : 총 3명 이내(유공자별 최대 2명)
- 지원 자격 : 「독립유공자예우에 관한 법률」 제4조 제1호 및 제2호에 해당되는 순국선열과 애국지사의 독립유공자 (외)손/자녀, 「국가유공자 등 예우 및 지원에 관한 법률」 제4조에 해당되는 국가유공자의 자녀
- 종합성적 기준 지원분야 모집정원 1.5배수 이내 해당자에 대해 심의를 거쳐 선발

### 고른기회전형

- 농·어촌 학생
  1. 선발인원 : 5명 이내(남자 4명, 여자 1명 / 고교별 최대 2명)
  2. 지원 자격 : 「지방자치법」 제3조에 의한 읍·면 지역 또는 「도서·벽지 교육진흥법」 제2조에 따른 도서·벽지 지역 소재 중·고등학교에서 전 교육과정을 이수하고 지원자와 부·모 모두가 중학교 입학 시부터 고등학교 졸업 시까지 6년 동안 읍·면 또는 도서·벽지 지역에 거주한 자 또는 지원자 본인이 초등학교 입학 시부터 고등학교 졸업 시까지 읍·면 지역 또는 도서·벽지 지역에 거주한 자
- 기초생활 수급자·차상위 계층
  1. 선발인원 : 5명 이내(남자 4명, 여자 1명)
  2. 지원자격 : 「국민기초생활보장법」 제2조제2호에 따른 수급자 또는 「국민기초생활보장법」 제2조 제10호에 따른 차상위계층

## 국군간호사관학교

※모집요강은 2026학년도에 기반한 것으로, 추후 변경될 수 있으므로 반드시 국군간호사관학교 홈페이지에서 확인하시기 바랍니다.

### ▌모집 정원 : 90명(남자 14명, 여자 76명)

- 남자 : 인문계열 6명, 자연계열 8명
- 여자 : 인문계열 31명, 자연계열 45명

### ▌수업 연한 : 4년

### ▌지원 자격

- 2005년 1월 2일부터 2009년 1월 1일 사이에 출생한 대한민국 국적을 가진 미혼 남녀로서 신체 건강하고 사관생도로서 적합한 가치관을 가진 사람
- 고등학교 졸업자 또는 2027년 2월 졸업예정자와 이와 동등 이상의 학력이 있다고 교육부 장관이 인정한 사람
- 「군 인사법」 제10조 2항에 의한 결격사유에 해당되지 않는 자
- 국군간호사관학교 생도신체검사 예규에서 정하는 기준에 적합한 자

### ▌선발방법 및 전형기준

| 구 분 | 1차 시험 | 2차 시험 | 종합선발 |
|---|---|---|---|
| 전형<br>기준 | ■ 국어(듣기 제외)<br>■ 영어(듣기 제외)<br>■ 수학<br> - 공통수학 : 수학 I , 수학 II<br> - 인문계열 : (선택) 확률과 통계, 미적분, 기하 중 택1<br> - 자연계열 : (선택) 미적분, 기하 중 택1 | ■ 인성검사<br>■ 신체검사<br>■ 체력검정<br>■ 면접 | ■ 대학수학능력시험(700점)<br>■ 학생부(100점)<br> - 교과(90점), 비교과(10점)<br>■ 2차 시험(200점)<br> - 면접시험(150점), 체력검정(50점)<br>■ 한국사능력검정시험(가산점 $\alpha$) |
| 비고 | ※대학수학능력시험과 유사<br>※모집 정원 기준<br> - 남자 인문 4배수, 자연 8배수<br> - 여자 4배수 | ※사전 AI면접 실시 후 면접분야에서 참고자료로 활용 | ※학생부 반영 방법 : 교과성적(90점), 비교과 성적(10점 : 결석일수 × 0.3점 감점)<br>※동점자 발생 시 선발 우선 순위 : 면접 〉 체력검정 〉 학생부 〉 수능 성적순 |

 모집 요강은 추후 변동될 수 있으므로 반드시 사관학교 홈페이지에서 확인하시기 바랍니다.

## 사관학교 Q&A

### Q1 육군사관학교 2차 시험의 면접은 어떤 분야가 실시되나요?

2차 시험의 면접은 AI역량검사, 구술면접, 학교생활, 자기소개, 외적자세, 심리검사, 종합판정 등 총 7개 분야가 실시됩니다. 또한 사전 AI 면접을 실시하여 일부 면접 분야에서 참고자료로 활용됩니다. 면접시험의 구성은 당해연도 2차 시험 계획에 따라 일부 변경될 수 있습니다.

### Q2 수시 제한에 해군사관학교도 포함이 되나요?

해군사관학교는 특별법에 의해 설치된 대학으로서, 대학(산업대학 및 교육대학/전문대학 포함)과 특별법에 의해 설치된 대학(전문대학 포함)/각종 학교 간에는 복수지원과 이중등록 금지원칙을 적용하지 않는다는 원칙에 따라 수시 제한과 관계없이 지원 가능합니다.

### Q3 공군사관학교 지원 시 동아리활동에 대한 가산점이 있나요?

학교생활기록부 성적반영은 교과과목인 국어, 영어, 수학, 사회(인문)/과학(자연)에 대해서만 반영하며 비교과 과목(봉사활동, 독서활동, 동아리활동, 수상경력 등)은 점수에 직접 반영하지 않지만 면접 시 참고자료로 활용될 수 있습니다.

### Q4 국군간호사관학교 입학하고 싶은데, 내신등급이 높아야 합격 가능성이 높은가요?

종합 선발 기준은 2차 시험 200점, 학생부 100점, 대학수학능력시험 700점을 총 합산한 최종성적 순으로 선발하기 때문에 비중이 높은 수능성적이 높을 경우 가능성이 있을 것으로 예상됩니다.

# 사관학교 졸업 후 진로

## 육군사관학교

육군사관학교 졸업생들은 졸업과 동시에 문학사, 이학사, 공학사 및 군사학사의 2개 학위를 취득하며 육군 소위로 임관합니다. 임관 후에는 계급별 군사교육을 수료하고, 야전부대에서 각급제대 지휘관 및 참모직책을 수행하며 주요 정책부서에서 군사전문가로 활동하기도 합니다. 본인 희망에 따라 국내ㆍ외 대학원에서 석ㆍ박사과정 위탁교육을 받을 수 있습니다. 졸업 후 의무복무기간은 10년이며, 본인 희망에 따라 5년차에 전역할 수 있습니다.

## 공군사관학교

공군사관학교 졸업과 동시에 공군 장교로 임관하며, 항공작전 및 기타 지원 분야에서 업무를 수행하게 됩니다.
- 항공작전분야 : 전투기, 수송기, 헬리콥터 조종과 항공작전 및 전략개발을 담당하는 분야입니다. 비행훈련은 4학년 2학기부터 실시되며, 비행교육입문과정, 기본과정 및 고등과정을 수료하면 정식 조종사가 됩니다.
- 지원분야 : 공중근무를 직ㆍ간접적으로 지원하는 임무를 수행하는 분야로, 조종, 항공통제, 방공포병, 기상, 정보통신, 군수, 시설, 재정, 인사행정, 정훈, 교육, 정보, 헌병, 법무, 군종, 의무 분야 등이 있습니다.
- 자기계발을 위한 전문교육 : 임무수행에 필요한 체계적인 군사 전문교육 기회를 제공받습니다.
- 석사 및 박사과정 교육 : 해당 분야 전문성 증진을 위해 국비로 국내ㆍ외 유명 대학에서 석사 및 박사과정 교육기회를 제공합니다. 대다수의 졸업생은 석사 이상의 학위를 취득한 후 공군의 다양한 전문분야에서 국가안보를 위해 헌신하고 있습니다.
- 사회의 다양한 분야로 진출 : 비행훈련을 마치는 조종사는 정부 공인 민간 항공기 조종사 면허증을 받으며, 전역 후 민간 항공에 취업할 수 있어 현재 많은 공사 출신 조종사들이 활동하고 있습니다. 지원분야에 근무하는 장교는 사관학교의 수준 높은 교육과 전문성을 토대로 사회 각 분야로 활발히 진출하고 있습니다.

## 해군사관학교

해군사관학교 졸업 후 진로는 다음과 같이 다양하게 선택할 수 있습니다.

- 해군 장교(소위)로 임관하여 대양해군 시대의 주역으로 진출
- 해병대 장교 등 자신의 적성에 맞는 다양한 병과 선택 가능
- 졸업 후 국내 · 외 대학원에서 석 · 박사 학위 취득 가능(국비 지원)
- 선택한 병과에 따라 항해사, 기관사 및 항공기 조종사 등의 면허취득 가능
- 국내 · 외의 다양한 유학 및 연수 기회 부여
- 졸업 후 5년째 되는 해에 전역(사회진출) 기회 부여
- 20년 이상 근속 후 퇴직(전역) 시 평생 연금 혜택 부여


## 국군간호사관학교

국군간호사관학교 생도들은 4년간 교육 후 「간호사 국가고시」를 거쳐 간호사 면허증을 취득하게 되며, 졸업과 동시에 간호학사 학위를 수여받고, 영예로운 육 · 해 · 공군 간호장교 소위로 임관하여 전국의 국군병원에서 간호전문인으로서 그 능력을 발휘하며 경험을 쌓게 됩니다. 군 병원 임상에서 간호전문인으로서 직책을 수행하는 것 이외에도 군의 교육기관, 정책부서 등에도 그 능력을 발휘하고 있으며 임관 후에도 국비로 석 · 박사 학위를 취득하여 국간사 교수 등으로 성장할 수 있도록 지원하고, 또한 국 · 내외에서 간호분야별(수술, 중환자, 응급, 마취, 인공신장, 정신) 주특기 교육을 받아 적성에 맞는 간호영역에서 근무할 수 있으며, 이러한 교육과 경험은 퇴역 후 사회 진출 시에도 귀중한 자산이 되어 민간의 각 기관에서 환영받게 됩니다. 또한 해외에 파견되어 세계평화유지를 위한 국군의료지원단(PKO)의 일원으로 국위선양에 기여할 수 있습니다.

졸업 후 6년간의 의무복무기간을 마치고 사회로 진출할 수 있으며 복무연장근무(임관 후 평균 10년), 또는 장기 근무자의 경우 영관장교 이상의 진출 기회가 주어집니다. 퇴역한 후 사회로 진출한 동문 중에는 민간병원, 간호 정책 기관, 대학교수, 각급 학교 보건교사, 기타 보건관련기관 등 다양한 직종에서 그 능력을 발휘하며, 여성 지도자로서 각계각층에서 자리매김하고 있습니다.

## 이 책의 구성과 특징

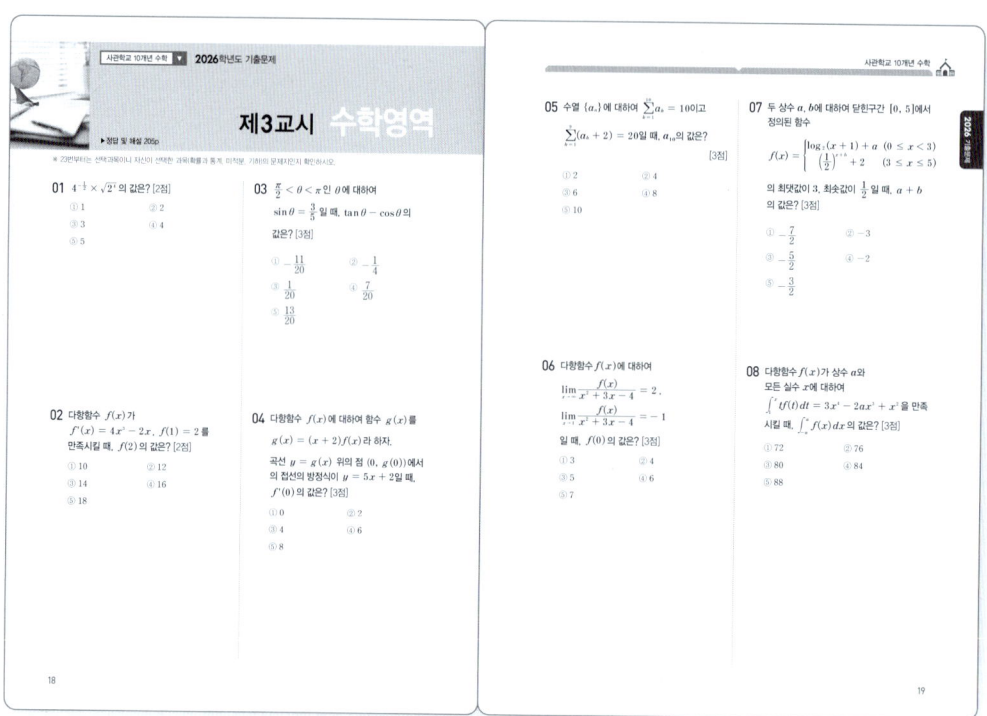

## 사관학교 연도별 최신 10개년 기출문제

■ 사관학교 1차 시험 수학영역의 기출문제를 2026학년도부터 2017학년도까지 연도별로 정리하여 수록함으로써
연도별 기출 경향과 출제 방향을 파악할 수 있도록 구성하였습니다.

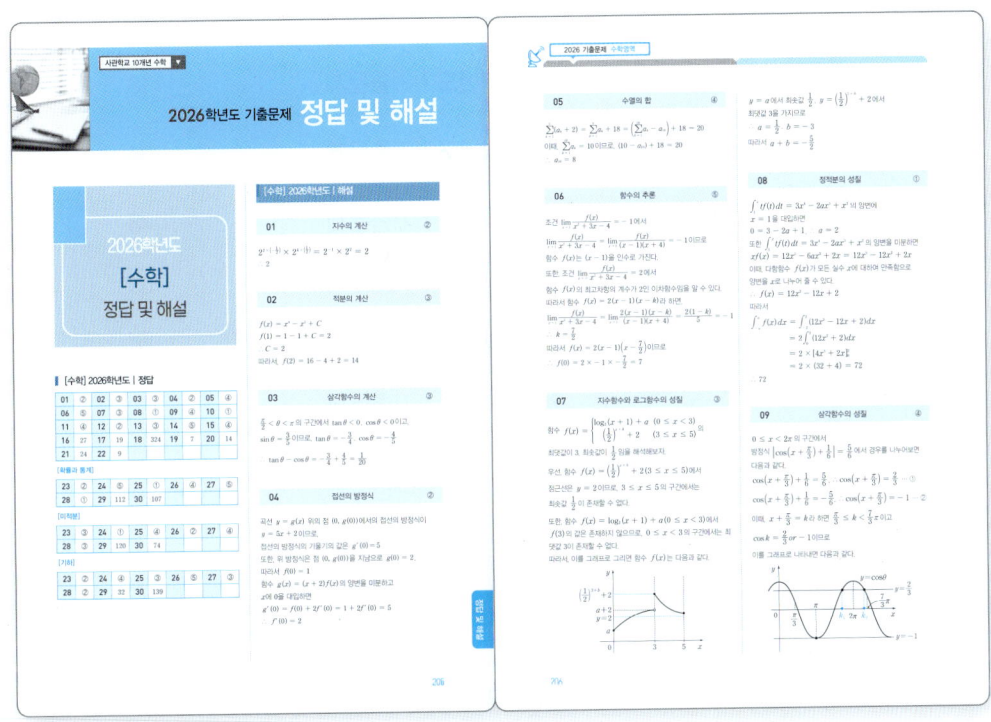

# 정답 및 해설

- **해　　설** : 각 문항별로 자세하고 알기 쉽게 풀이하여 수험생들이 쉽게 이해할 수 있도록 구성하였습니다.

- **다른풀이** : 주어진 해설뿐만 아니라 다른 관점에서의 해설도 함께 수록하여 명확히 이해할 수 있도록 구성하였습니다.

# 목차

**기출문제**

## 정답 및 해설

# 사관학교 스터디 플랜

| 날 짜 | 연 도 | 과 목 | 내 용 | 학습시간 |
| --- | --- | --- | --- | --- |
| Day 1~3 | 2026학년도 | • 수학영역 기출문제 | | |
| Day 4~6 | 2025학년도 | • 수학영역 기출문제 | | |
| Day 7~9 | 2024학년도 | • 수학영역 기출문제 | | |
| Day 10~12 | 2023학년도 | • 수학영역 기출문제 | | |
| Day 13~15 | 2022학년도 | • 수학영역 기출문제 | | |
| Day 16~18 | 2021학년도 | • 수학영역 기출문제 | | |
| Day 19~21 | 2020학년도 | • 수학영역 기출문제 | | |
| Day 22~24 | 2019학년도 | • 수학영역 기출문제 | | |
| Day 25~27 | 2018학년도 | • 수학영역 기출문제 | | |
| Day 28~30 | 2017학년도 | • 수학영역 기출문제 | | |

# 2027

# 사관학교
10개년 수학

**2026**학년도 기출문제
## 수학영역

# 제3교시 수학영역

▶정답 및 해설 205p

※ 23번부터는 선택과목이니 자신이 선택한 과목(확률과 통계, 미적분, 기하)의 문제지인지 확인하시오.

**01** $4^{-\frac{1}{2}} \times \sqrt{2^4}$ 의 값은? [2점]

① 1　　　　　② 2

③ 3　　　　　④ 4

⑤ 5

**02** 다항함수 $f(x)$ 가
$f'(x) = 4x^3 - 2x$, $f(1) = 2$ 를
만족시킬 때, $f(2)$ 의 값은? [2점]

① 10　　　　② 12

③ 14　　　　④ 16

⑤ 18

**03** $\frac{\pi}{2} < \theta < \pi$ 인 $\theta$ 에 대하여
$\sin\theta = \frac{3}{5}$ 일 때, $\tan\theta - \cos\theta$ 의
값은? [3점]

① $-\frac{11}{20}$　　　② $-\frac{1}{4}$

③ $\frac{1}{20}$　　　④ $\frac{7}{20}$

⑤ $\frac{13}{20}$

**04** 다항함수 $f(x)$ 에 대하여 함수 $g(x)$ 를
$g(x) = (x+2)f(x)$ 라 하자.

곡선 $y = g(x)$ 위의 점 $(0, g(0))$ 에서
의 접선의 방정식이 $y = 5x + 2$ 일 때,
$f'(0)$ 의 값은? [3점]

① 0　　　　　② 2

③ 4　　　　　④ 6

⑤ 8

**05** 수열 $\{a_n\}$에 대하여 $\displaystyle\sum_{k=1}^{10} a_k = 10$이고

$\displaystyle\sum_{k=1}^{9}(a_k + 2) = 20$일 때, $a_{10}$의 값은?

[3점]

① 2  ② 4

③ 6  ④ 8

⑤ 10

**06** 다항함수 $f(x)$에 대하여

$\displaystyle\lim_{x \to \infty} \frac{f(x)}{x^2 + 3x - 4} = 2$,

$\displaystyle\lim_{x \to 1} \frac{f(x)}{x^2 + 3x - 4} = -1$

일 때, $f(0)$의 값은? [3점]

① 3  ② 4

③ 5  ④ 6

⑤ 7

**07** 두 상수 $a$, $b$에 대하여 닫힌구간 $[0, 5]$에서 정의된 함수

$$f(x) = \begin{cases} \log_2(x+1) + a & (0 \le x < 3) \\ \left(\dfrac{1}{2}\right)^{x+b} + 2 & (3 \le x \le 5) \end{cases}$$

의 최댓값이 3, 최솟값이 $\dfrac{1}{2}$일 때, $a + b$의 값은? [3점]

① $-\dfrac{7}{2}$  ② $-3$

③ $-\dfrac{5}{2}$  ④ $-2$

⑤ $-\dfrac{3}{2}$

**08** 다항함수 $f(x)$가 상수 $a$와 모든 실수 $x$에 대하여

$\displaystyle\int_{1}^{x} t f(t)\,dt = 3x^4 - 2ax^3 + x^2$을 만족

시킬 때, $\displaystyle\int_{-a}^{a} f(x)\,dx$의 값은? [3점]

① 72  ② 76

③ 80  ④ 84

⑤ 88

**09** $0 \le x < 2\pi$ 일 때, 방정식

$$\left| \cos\left(x + \frac{\pi}{3}\right) + \frac{1}{6} \right| = \frac{5}{6}$$ 를

만족시키는 모든 실수 $x$의 값의 합은? [4점]

① $3\pi$

② $\dfrac{10}{3}\pi$

③ $\dfrac{11}{3}\pi$

④ $4\pi$

⑤ $\dfrac{13}{3}\pi$

**10** 두 상수 $a$, $b$에 대하여 수직선 위를 움직이는
점 $P$의 시각 $t(t \ge 0)$에서의 위치 $x$가
$x = t^3 + at^2 + bt$ 이다.
시각 $t=2$에서의 점 $P$의 위치와 속도가
각각 2, 3일 때, 시각 $t=b$에서의 점 $P$의
가속도는? [4점]

① 12      ② 14

③ 16      ④ 18

⑤ 20

**11** 그림과 같이 $\overline{BC}=8$인 삼각형 ABC가 있다.
선분 BC 위에 두 점 D, E를 $\overline{BD}=\overline{CE}=3$
이 되도록 잡는다. 삼각형 $ABC$의 외접원의
두 직선 $AD$, $AE$와 만나는 점 중 $A$가 아
닌 점을 각각 $F$, $G$라 하자. 직선 $BC$와 직선
$AF$가 서로 수직이고, $\overline{AD}=\sqrt{5}$이다. 삼각
형 $ABC$의 외접원의 반지름의 길이를 $R$,
선분 $FG$의 길이를 $l$이라 할 때, $R \times l$의
값은? (단, $\angle BAC > \dfrac{\pi}{2}$) [4점]

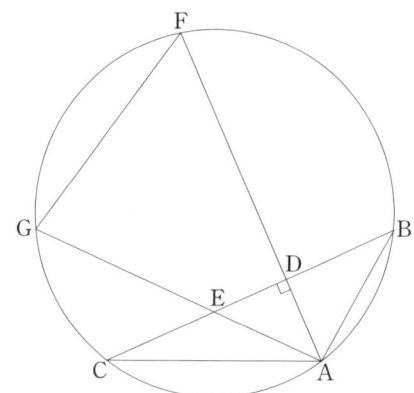

① $\dfrac{35}{2}$      ② 21

③ $\dfrac{49}{2}$      ④ 28

⑤ $\dfrac{63}{2}$

2026 기출문제

**12** 그림과 같이 실수 $k(0<k<6)$에 대하여 직선 $y=x+k$가 곡선 $y=x^2$과 만나는 두 점을 각각 $P$, $Q$라 하고, 직선 $y=x+k$가 $y$축과 만나는 점을 $R$이라 하자. 곡선 $y=x^2$과 $y$축 및 선분 $PR$로 둘러싸인 부분의 넓이를 $A$, 곡선 $y=x^2$과 $y$축 및 선분 $QR$로 둘러싸인 부분의 넓이를 $B$, 곡선 $y=x^2$과 두 직선 $y=x+k$, $x=3$으로 둘러싸인 부분의 넓이를 $C$라 하자.
$B-C=\dfrac{3}{2}$일 때, $k \times A$의 값은? (단, 점 $P$의 $x$좌표는 점 $Q$의 $x$좌표보다 작다.) [4점]

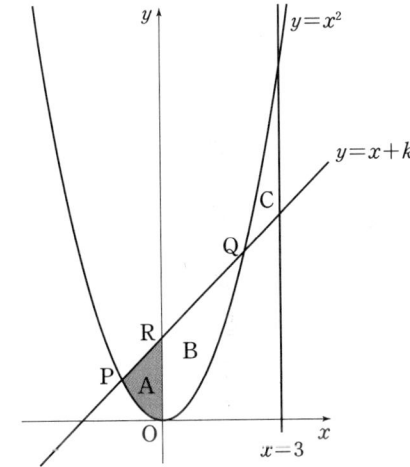

① $\dfrac{13}{6}$

② $\dfrac{7}{3}$

③ $\dfrac{5}{2}$

④ $\dfrac{8}{3}$

⑤ $\dfrac{17}{6}$

**13** 정수 $k$에 대하여 다음 조건을 만족시키는 모든 수열 $\{a_n\}$의 첫째항의 합은? [4점]

> (가) $a_1$은 정수이고, 모든 자연수 $n$에 대하여
> $$a_{n+1} = \begin{cases} -a_n+1+k & (|a_n|\text{이 홀수인 경우}) \\ \dfrac{1}{2}a_n+k & (a_n=0 \text{ 또는} \\ & |a_n|\text{이 짝수인 경우}) \end{cases}$$
> 이다.
> (나) $a_3=2$, $|a_2 \times a_4|=8$

① $-3$    ② $-1$

③ $1$    ④ $3$

⑤ $5$

**14** 이차함수 $f(x)$에 대하여 함수
$$g(x) = \begin{cases} -x+4 & (x \le 0 \text{ 또는 } x \ge 6) \\ f(x) & (0 < x < 6) \end{cases}$$
이 다음 조건을 만족시킬 때, $g(f(2))$의 값은? [4점]

> (가) 함수 $g(x)$는 실수 전체의 집합에서 연속이다.
> (나) $x$에 대한 방정식 $|g(x)| = k$의 서로 다른 양의 실근의 개수가 3이 되도록 하는 양수 $k$의 개수는 1이다.

① $4$    ② $\dfrac{9}{2}$

③ $5$    ④ $\dfrac{11}{2}$

⑤ $6$

**15** 그림과 같이 곡선 $y=2^x$ 위의 제2사분면에 있는 점 $A$를 지나고 기울기가 1인 직선이 곡선 $y=2^x$과 만나는 점 중 $A$가 아닌 점을 $B$라 하고, 두 점 $A$, $B$에서 $y$축에 내린 수선의 발을 각각 $A'$, $B'$이라 하자. 선분 $AB$의 중점을 $M$이라 할 때, 점 $M$을 지나고 $x$축에 수직인 직선이 곡선 $y=2^x$과 만나는 점을 $N$이라 하자. $\overline{MN}=\dfrac{1}{6}\overline{A'B'}$ 일 때, 점 $B$의 $y$좌표는? [4점]

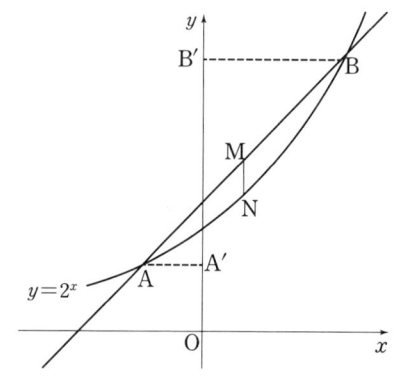

① $\dfrac{13}{6}$      ② $\dfrac{7}{3}$

③ $\dfrac{5}{2}$      ④ $\dfrac{8}{3}$

⑤ $\dfrac{17}{6}$

**16** 방정식 $\log_3 x=\dfrac{3}{2}+\log_9 x$를 만족시키는 실수 $x$의 값을 구하시오. [3점]

**17** 상수 $a$에 대하여 함수

$$f(x)=x^3-ax^2+9x+15가$$

$x=3$에서 극소일 때, 함수 $f(x)$의 극댓값을 구하시오. [3점]

2026 기출문제

**18** 모든 항이 양수인 등비수열 $\{a_n\}$의 첫째항부터 제 $n$항까지의 합을 $S_n$이라 하자.

$$\frac{S_3}{a_1} = 13, \ S_2 = 16$$

일 때, $a_5$의 값을 구하시오. [3점]

**19** 다항함수 $f(x)$가 상수 $a(a>0)$과 모든 실수 $x$에 대하여

$$xf(x) - f(x) = x^2 + x\int_0^a f(t)\,dt + \frac{3}{2}a$$

를 만족시킬 때, $f(10)$의 값을 구하시오.

[3점]

**20** 최고차항의 계수가 1이고 다음 조건을 만족시키는 모든 이차함수 $f(x)$에 대하여 $f(1)$의 값의 합을 구하시오. [4점]

> $\displaystyle\lim_{x \to k}\frac{f(x)}{f'(x)f(x-4)}$의 값이 존재하지 않는 실수 $k$의 값은 $p(p<4)$와 4뿐이다.

**21** 공차가 정수이고 다음 조건을 만족시키는 모든 등차수열 $\{a_n\}$에 대하여 $\displaystyle\sum_{n=1}^{6} a_n$의 최댓값과 최솟값을 각각 $M$, $m$이라 할 때, $M+m$의 값을 구하시오. [4점]

> (가) $a_4 = \dfrac{5}{2}$
>
> (나) $|a_{k+1}| < |a_{k+2}| < |a_k|$를 만족시키는 3이 아닌 자연수 $k$가 존재한다.

**22** 최고차항의 계수가 1인 사차함수 $f(x)$와 실수 전체의 집합에서 연속인 함수 $g(x)$가 있다. 모든 실수 $x$에 대하여

$$|g(x)| = |f(x)|$$

가 성립한다. 실수 $t$에 대하여 $x$에 대한 방정식 $g(x) = t$의 서로 다른 실근의 개수를 $h(t)$라 하자. 서로 다른 두 양수 $a$, $b$에 대하여 세 함수 $f(x)$, $g(x)$, $h(t)$는 다음 조건을 만족시킨다.

> (가) 함수 $f(x)$는 $x = 0$에서 극대이고,
>   $f(-2) = 0$이다.
> (나) 함수 $g(x)$는 $x = a$와 $x = b$에서만 미분가능하지 않다.
> (다) 모든 실수 $t$에 대하여 $h(t) > 0$이고,
>   $h(f(0)) > 2$이다.

$h\left(\dfrac{64}{3}\right) = 4$일 때, $|g(-3) + g(0)|$의 값을 구하시오. [4점]

**확률과 통계(23~30)**

**23** 다항식 $(2x+1)^4$의 전개식에서 $x^2$의 계수는? [2점]

① 18 ② 24
③ 30 ④ 36
⑤ 42

**24** 두 사건 $A$, $B$는 서로 독립이고,

$$P(A) + P(B) = 1,$$
$$P(A \cap B^c) = \frac{4}{9}$$

일 때, $P(A)$의 값은? [3점]

① $\dfrac{2}{9}$ ② $\dfrac{1}{3}$
③ $\dfrac{4}{9}$ ④ $\dfrac{5}{9}$
⑤ $\dfrac{2}{3}$

**25** 문자 $A$, $A$, $B$, $B$, $C$, $D$가 하나씩 적혀 있는 6장의 카드를 모두 한 번씩 사용하여 일렬로 나열할 때, $A$가 적혀 있는 두 장의 카드 사이에 한 장의 카드만 있도록 나열하는 경우의 수는? (단, 같은 문자가 적힌 카드는 서로 구별하지 않는다.) [3점]

① 48  ② 54
③ 60  ④ 66
⑤ 72

**26** 정규분포를 따르는 확률변수 $X$에 대하여 $P(a-3 \le X \le a+1)$은 $a=10$일 때 최댓값 0.6을 갖는다.
$P(X \ge 10) + P(8 \le X \le 11)$의 값은? [3점]

① 0.5  ② 0.6
③ 0.7  ④ 0.8
⑤ 0.9

**27** 숫자 0, 1, 2, 3, 4 중에서 중복을 허락하여 5개를 선택한 후 일렬로 나열하여 다섯 자리의 자연수를 만들려고 한다. 숫자 1과 3을 각각 홀수 개씩 선택하여 만들 수 있는 모든 다섯 자리의 자연수의 개수는? (단, 숫자 1과 3은 각각 한 개 이상씩 선택한다.) [3점]

① 496  ② 508
③ 520  ④ 532
⑤ 544

**28** 한 개의 동전과 한 개의 주사위를 사용하여 다음 규칙에 따라 점수를 얻는 시행을 한다.

> 동전을 두 번 던져
> 앞면이 나온 횟수가 0이면 주사위를 1번 던져서 나온 눈의 수를 점수로 얻고,
> 앞면이 나온 횟수가 1이면 주사위를 2번 던져서 나온 모든 눈의 수의 곱을 점수로 얻고,
> 앞면이 나온 횟수가 2이면 주사위를 3번 던져서 나온 모든 눈의 수의 곱을 점수로 얻는다.

이 시행을 한 번 하여 얻은 점수의 모든 양의 약수의 개수가 9가 될 확률은? [4점]

① $\dfrac{1}{32}$  ② $\dfrac{1}{24}$
③ $\dfrac{5}{96}$  ④ $\dfrac{1}{16}$
⑤ $\dfrac{7}{96}$

**29** 어느 모집단의 확률변수 $X$의 확률분포를 표로 나타내면 다음과 같다.

| $X$ | 1 | 3 | 5 | 계 |
|---|---|---|---|---|
| $\mathrm{P}(X=x)$ | $a$ | $\dfrac{1}{9}$ | $b$ | 1 |

$E(X)=\dfrac{7}{3}$일 때, 이 모집단에서 크기가 $n$인 표본을 임의추출하여 구한 표본평균 $\overline{X}$에 대하여 $\sigma(2\overline{X}+1)\le\dfrac{1}{3}$을 만족시키는 자연수 $n$의 최솟값을 구하시오. (단, $a$, $b$는 상수이다.) [4점]

**30** $1\le a\le b\le c\le d\le 10$을 만족시키는 자연수 $a$, $b$, $c$, $d$의 모든 순서쌍 $(a, b, c, d)$ 중에서 임의로 한 개를 선택한다. 선택한 순서쌍 $(a, b, c, d)$에서 $a\times b\times(c+1)\times(d+1)$이 홀수일 때, $b\times c$가 3의 배수일 확률은 $\dfrac{q}{p}$이다. $p+q$의 값을 구하시오. (단, $p$와 $q$는 서로소인 자연수이다.) [4점]

---

**미적분(23~30)**

**23** 두 양수 $a$, $b$에 대하여
$$\lim_{x\to 0}\frac{e^{ax}-1}{\ln(x+b)}=2$$
일 때, $a+b$의 값은? [2점]

① 1  ② 2

③ 3  ④ 4

⑤ 5

**24** 곡선 $y=e^{-x}$과 두 직선 $x=1$, $y=e^{-4}$으로 둘러싸인 부분의 넓이는? [3점]

① $\dfrac{1}{e}-\dfrac{4}{e^4}$  ② $\dfrac{1}{e}-\dfrac{3}{e^4}$

③ $\dfrac{1}{e}-\dfrac{2}{e^4}$  ④ $\dfrac{2}{e}-\dfrac{4}{e^4}$

⑤ $\dfrac{2}{e}-\dfrac{3}{e^4}$

**25** 곡선 $2\ln y = x^2 + 2x + 2$ 위의 점 $(-2, e)$ 에서의 접선의 $x$절편은? [3점]

① $-\dfrac{5}{2}$  ② $-2$

③ $-\dfrac{3}{2}$  ④ $-1$

⑤ $-\dfrac{1}{2}$

**26** 그림과 같이

곡선 $y = \dfrac{1}{\sqrt{x\ln x}}(\sqrt{e} \le x \le e)$ 와

$x$축 및 두 직선 $x = \sqrt{e}$, $x = e$로 둘러싸인 부분을 밑면으로 하는 입체도형이 있다. 이 입체도형을 $x$축에 수직인 평면으로 자른 단면이 모두 정삼각형일 때, 이 입체도형의 부피는? [3점]

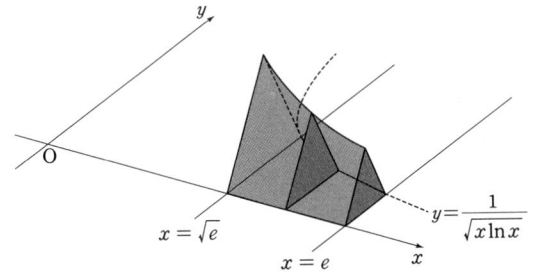

① $\dfrac{\sqrt{3}}{8}\ln 2$  ② $\dfrac{\sqrt{3}}{4}\ln 2$

③ $\dfrac{3\sqrt{3}}{8}\ln 2$  ④ $\dfrac{\sqrt{3}}{2}\ln 2$

⑤ $\dfrac{5\sqrt{3}}{8}\ln 2$

**27** 매개변수 $t$로 나타내어진

곡선 $x = 2t - \sin 2t\cos 2t$,

$y = \sin^2 2t$ 에 대하여

$0 \le t \le \dfrac{3}{8}\pi$ 에서 이 곡선의 길이는? [3점]

① $2 - \dfrac{\sqrt{2}}{2}$  ② $2$

③ $2 + \dfrac{\sqrt{2}}{2}$  ④ $2 + \sqrt{2}$

⑤ $2 + \dfrac{3\sqrt{2}}{2}$

**28** 그림과 같이 $\overline{AB} = 3$인 선분 $AB$를 지름으로 하는 반원의 호 $AB$ 위에 서로 다른 세 점 $C$, $D$, $E$를 $\angle BAC = \angle CAD = \angle DAE = \theta$가 되도록 잡는다. 두 선분 $AC$, $AD$가 선분 $BE$와 만나는 점을 각각 $P$, $Q$라 할 때, 사각형 $CDQP$의 넓이를 $S(\theta)$라 하자. $\displaystyle\lim_{\theta \to 0+}\dfrac{S(\theta)}{\theta^3}$ 의 값은?

(단, $0 < \theta < \dfrac{\pi}{6}$ ) [4점]

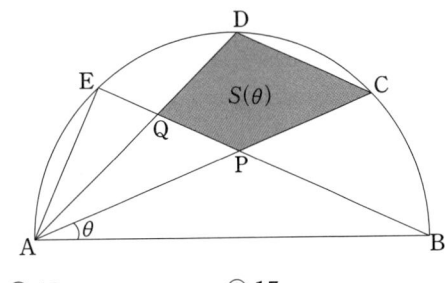

① 12  ② 15

③ 18  ④ 21

⑤ 24

**29** 첫째항과 공비가 각각 0이 아닌 두 등비수열 $\{a_n\}$, $\{b_n\}$에 대하여

두 급수 $\displaystyle\sum_{n=1}^{\infty} a_n$, $\displaystyle\sum_{n=1}^{\infty} b_n$이 각각 수렴하고

$\displaystyle\sum_{n=1}^{\infty} \frac{b_{2n}}{a_{2n}} = \frac{5}{3}$, $\left| \displaystyle\sum_{n=1}^{\infty} (a_n - b_n) \right| = \left| \displaystyle\sum_{n=1}^{\infty} a_n \right|$이 성립한다.

$b_1 = \dfrac{5}{2} a_1$ 일 때, $25 \times \dfrac{a_2}{b_3}$의 값을 구하시오. [4점]

**30** 최고차항의 계수가 1이고 극값을 갖는 삼차 함수 $f(x)$와 상수 $p\,(p > 0)$에 대하여

함수 $g(x) = \{\ln(|f(x)| + p)\}^2$이 다음 조건을 만족시킨다.

> (가) 함수 $g(x)$는 실수 전체의 집합에서 미분 가능하고, $x=2$에서 극대이다.
> (나) $x$에 대한 방정식 $g'(x)=0$은 서로 다른 세 실근을 갖고, 이 세 실근은 크기 순서대 로 공비가 2인 등비수열을 이룬다.

$g(p) > 0$일 때, $f(p + 5)$의 값을 구하 시오. [4점]

**기하(23~30)**

**23** 쌍곡선 $\dfrac{x^2}{20} - \dfrac{y^2}{5} = 1$ 위의 점 $(6,\ 2)$에 서의 접선의 $x$절편은? [2점]

① 3

② $\dfrac{10}{3}$

③ $\dfrac{11}{3}$

④ 4

⑤ $\dfrac{13}{3}$

2026 기출문제

**24** 좌표평면 위의 서로 다른 두 점 $A$, $B$의 위치 벡터를 각각 $\vec{a}$, $\vec{b}$ 라 하고, 선분 $AB$를 $2:1$로 내분하는 점 $P$와 선분 $AB$를 $1:4$로 외분하는 점 $Q$의 위치벡터를 각각 $\vec{p}$, $\vec{q}$ 라 하자.

$\vec{p} + \vec{q} = m\vec{a} + n\vec{b}$ 를 만족시키는 두 실수 $m$, $n$에 대하여 $m-n$의 값은? (단, 두 벡터 $\vec{a}$, $\vec{b}$ 는 서로 평행하지 않고, 영벡터가 아니다.) [3점]

① $\dfrac{1}{3}$  ② $\dfrac{2}{3}$

③ $1$  ④ $\dfrac{4}{3}$

⑤ $\dfrac{5}{3}$

**25** 그림과 같이 $\overline{AB}=4$, $\overline{AD}=3$, $\overline{AE}=2$인 직육면체 ABCD−EFGH에서 선분 GH의 중점을 M이라 하자. 점 A에서 선분 FM에 내린 수선의 발을 I라 할 때, 선분 AI의 길이는? [3점]

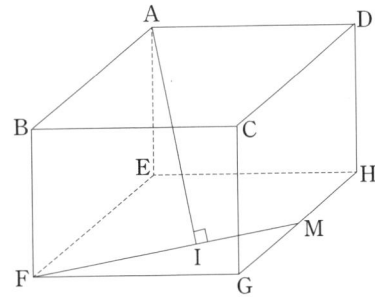

① $\dfrac{12\sqrt{13}}{13}$  ② $\sqrt{13}$

③ $\dfrac{14\sqrt{13}}{13}$  ④ $\dfrac{15\sqrt{13}}{13}$

⑤ $\dfrac{16\sqrt{13}}{13}$

**26** 그림과 같이 모든 모서리의 길이가 6인 정사각뿔 $A-BCDE$에서 두 선분 $AB$, $AD$를 1:2로 내분하는 점을 각각 $F$, $G$라 하고, 선분 $AC$를 2:1로 내분하는 점을 $H$라 하자. 두 평면 $FHG$와 $BCDE$가 이루는 예각의 크기를 $\theta$라 할 때, $\cos\theta$의 값은? [3점]

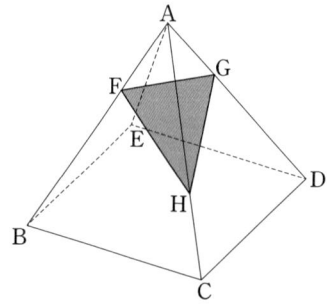

① $\dfrac{2}{5}$  ② $\dfrac{2\sqrt{2}}{5}$

③ $\dfrac{2\sqrt{3}}{5}$  ④ $\dfrac{4}{5}$

⑤ $\dfrac{2\sqrt{5}}{5}$

**27** 두 점 $F(c, 0)$, $F(-c, 0)\,(c>0)$을 초점으로 하는 타원 $\dfrac{x^2}{36}+\dfrac{y^2}{20}=1$ 위의 점 $P$에 대하여 직선 $F'P$가 타원과 만나는 점 중 $P$가 아닌 점을 $Q$라 하자. $\overline{PF}=7$일 때, 선분 $F'Q$의 길이는? [3점]

① $\dfrac{9}{4}$  ② $\dfrac{19}{8}$

③ $\dfrac{5}{2}$  ④ $\dfrac{21}{8}$

⑤ $\dfrac{11}{4}$

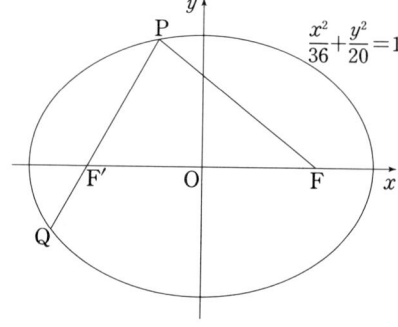

**28** 좌표공간에 세 점 $A(6, 0, 0)$, $B(0, 3, 0)$, $C(0, 0, 3)$이 있다. 삼각형 $ABC$의 무게중심 $G$를 중심으로 하고 $z$축에 접하는 구를 $S$라 하자. 구 $S$와 선분 $AC$가 만나는 두 점을 각각 $P$, $Q$라 할 때, 선분 $PQ$의 길이는? [4점]

① $\dfrac{6\sqrt{5}}{5}$  ② $\dfrac{8\sqrt{5}}{5}$

③ $2\sqrt{5}$  ④ $\dfrac{12\sqrt{5}}{5}$

⑤ $\dfrac{14\sqrt{5}}{5}$

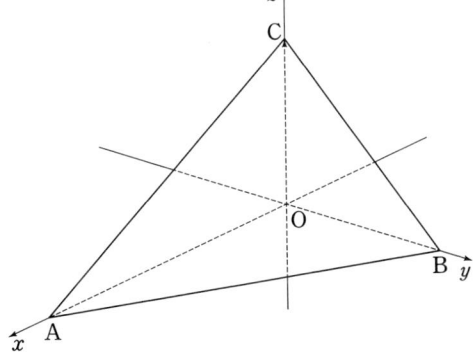

**29** 한 초점이 $F(c, 0)$ $(c > 0)$이 쌍곡선

$$C : \frac{x^2}{a^2} - \frac{y^2}{b^2} = 1 \, (a > 2)$$ 가 있다.

꼭짓점이 $(2, 0)$이고 점 $F$를 초점으로 하는 포물선이 쌍곡선 $C$와 만나는 점 중 제1사분면 위의 점을 $P$라 하자. 선분 $PF$가 $x$축에 수직이고 $\overline{PF} = 12$일 때, $|a^2 - b^2|$의 값을 구하시오. (단, $a$, $b$는 양수이다.) [4점]

**30** 좌표평면에 $\overline{AB} = \overline{AC} = 4$ 인 이등변삼
각형 $ABC$가 있다. 다음 조건을 만족시키는
좌표평면 위의 두 점 $P$, $Q$에 대하여
$\overrightarrow{AP} \cdot \overrightarrow{BQ}$ 의 최댓값과 최솟값을 각각

$M$, $m$이라 할 때, $|M \times m| = \dfrac{q}{p}$ 이다.

$p + q$ 의 값을 구하시오. (단, $p$와 $q$는 서
로소인 자연수이다.) [4점]

---

(가) $4\overrightarrow{CP} + \overrightarrow{CB} = \overrightarrow{AB} + \overrightarrow{AC}$

(나) $\overrightarrow{CP} \cdot \overrightarrow{BC} = 1$

(다) $\overrightarrow{PQ} \cdot \overrightarrow{BQ} = 0$

# 2027

# 사관학교

# 10개년 수학

2025학년도 기출문제

## 수학영역

# 제3교시 수학영역

▶정답 및 해설 220p

※ 23번부터는 선택과목이니 자신이 선택한 과목(확률과 통계, 미적분, 기하)의 문제지인지 확인하시오.

**01** $\left(3^{-1}+3^{-2}\right)^{\frac{1}{2}}$의 값은? [2점]

① $\dfrac{1}{3}$　　　　② $\dfrac{\sqrt{2}}{3}$

③ $\dfrac{\sqrt{3}}{3}$　　　　④ $\dfrac{2}{3}$

⑤ $\dfrac{\sqrt{5}}{3}$

**02** 함수 $f(x)=3x^2-x+1$에 대하여

$\lim\limits_{h\to0}\dfrac{f(1+h)-f(1)}{h}$의 값은? [2점]

① 1　　　　② 2

③ 3　　　　④ 4

⑤ 5

**03** 공비가 양수인 등비수열 $\{a_n\}$의 첫째항부터 제$n$항까지의 합을 $S_n$이라 하자.

$\dfrac{S_7-S_4}{S_3}=\dfrac{1}{9}$일 때, $\dfrac{a_5}{a_7}$의 값은? [3점]

① 1　　　　② $\sqrt{3}$

③ 3　　　　④ $3\sqrt{3}$

⑤ 9

**04** 다항함수 $f(x)$에 대하여 함수 $g(x)$를 $g(x)=(x^3+2x+2)f(x)$라 하자. $g'(1)=10$일 때, $f(1)+f'(1)$의 값은?

[3점]

① 1　　　　② 2

③ 3　　　　④ 4

⑤ 5

**05** 두 상수 $a\,(a>0)$, $b$에 대하여 함수 $y=a\sin ax+b$의 주기가 $\pi$이고 최솟값이 5일 때, $a+b$의 값은? [3점]

① 5      ② 6

③ 7      ④ 8

⑤ 9

**06** 다항함수 $f(x)$가 $\displaystyle\lim_{x\to\infty}\frac{x^2}{f(x)}=2$, $\displaystyle\lim_{x\to3}\frac{f(x-1)}{x-3}=4$를 만족시킬 때, $f(4)$의 값은? [3점]

① 10      ② 11

③ 12      ④ 13

⑤ 14

**07** 두 수열 $\{a_n\}$, $\{b_n\}$에 대하여
$$\sum_{k=1}^{10}(2a_k+b_k+k)=60,$$
$$\sum_{k=1}^{10}(a_k-2b_k+1)=10$$일 때,
$$\sum_{k=1}^{10}(a_k+b_k)$$의 값은? [3점]

① 1      ② 3

③ 5      ④ 7

⑤ 9

**08** 최고차항의 계수가 3인 이차함수 $f(x)$의 한 부정적분을 $F(x)$라 하자.
$f(1)=0$, $F(1)=0$, $F(2)=4$일 때, $F(3)$의 값은? [3점]

① 16      ② 20

③ 24      ④ 28

⑤ 32

**09** 두 점 P와 Q는 시각 $t=0$일 때 각각 점 A$(9)$와 점 B$(1)$에서 출발하여 수직선 위를 움직인다. 두 점 P, Q의 시각 $t(t \ge 0)$에서의 속도는 각각 $v_1(t)=6t^2-18t+7$, $v_2(t)=2t+1$이다.

시각 $t$에서의 두 점 P, Q 사이의 거리를 $f(t)$라 할 때, 닫힌구간 $[1, 3]$에서 함수 $f(t)$의 최댓값은? [4점]

① 6              ② 8

③ 10             ④ 12

⑤ 14

**10** $-\dfrac{1}{2}<t<0$인 실수 $t$에 대하여 직선 $x=t$가 두 곡선

$y=\log_2(x+1)$, $y=\log_{\frac{1}{2}}(-x)+1$과

만나는 점을 각각 A, B라 하고, 점 B를 지나고 $x$축에 평행한 직선이

곡선 $y=\log_2(x+1)$과 만나는 점을 $C$라 하자. $\overline{\mathrm{AB}}=\log_2 9$일 때, 선분 $BC$의 길이는? [4점]

① 4              ② $\dfrac{13}{3}$

③ $\dfrac{14}{3}$       ④ 5

⑤ $\dfrac{16}{3}$

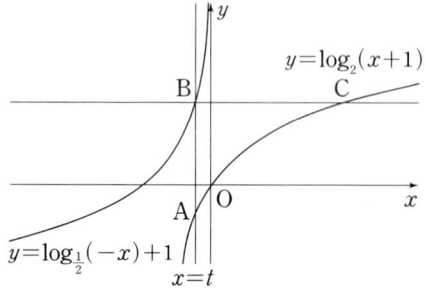

**11** 최고차항의 계수가 $-1$인 사차함수 $f(x)$가 다음 조건을 만족시킨다.

> (가) 모든 실수 $x$에 대하여 $f(3-x)=f(3+x)$이다.
> (나) 실수 $t$에 대하여 닫힌구간 $[t-1, t+1]$에서의 함수 $f(x)$의 최댓값을 $g(t)$라 할 때, $-1 \le t \le 1$인 모든 실수 $t$에 대하여 $g(t)=g(1)$이다.

$f(2)=0$일 때, $f(5)$의 값은? [4점]

① 36             ② 37

③ 38             ④ 39

⑤ 40

**12** 2 이상의 자연수 $n$에 대하여 $-(n-k)^2+8$의 $n$제곱근 중 실수인 것의 개수를 $f(n)$이라 하자. $f(3)+f(4)+f(5)+f(6)+f(7)=7$을 만족시키는 모든 자연수 $k$의 값의 합은?[4점]

① 14             ② 15

③ 16             ④ 17

⑤ 18

**13** $-6 \leq t \leq 2$인 실수 $t$와 함수 $f(x)=2x(2-x)$에 대하여 $x$에 대한 방정식 $\{f(x)-t\}\{f(x-1)-t\}=0$의 실근 중에서 집합 $\{x \mid 0 \leq x \leq 3\}$에 속하는 가장 큰 값과 가장 작은 값의 차를 $g(t)$라 할 때, 함수 $g(t)$는 $t=a$에서 불연속이다. $\lim_{t \to a-} g(t) + \lim_{t \to a+} g(t)$의 값은? (단, $a$는 $-6 < a < 2$인 상수이다.) [4점]

① 3

② $\dfrac{7}{2}$

③ 4

④ $\dfrac{9}{2}$

⑤ 5

**14** 다음 조건을 만족시키는 모든 수열 $\{a_n\}$에 대하여 $|a_5|$의 최댓값과 최솟값을 각각 $M$, $m$이라 할 때, $M+m$의 값은? [4점]

> (가) $a_2=27$, $a_3 a_4 > 0$
> (나) 2 이상의 모든 자연수 $n$에 대하여 $\sum_{k=1}^{n} a_k = 2|a_n|$이다.

① 224

② 232

③ 240

④ 248

⑤ 256

**15** 최고차항의 계수가 1이고 $f'(0)=f'(2)=0$인 삼차함수 $f(x)$가 있다. 양수 $p$와 함수 $f(x)$에 대하여

함수 $g(x)=\begin{cases} f(x) & (f(x) \geq x) \\ f(x-p)+3p & (f(x) < x) \end{cases}$

가 실수 전체의 집합에서 미분가능할 때, $f(0)$의 값은? [4점]

① $4-3\sqrt{6}$

② $2-2\sqrt{6}$

③ $3-2\sqrt{6}$

④ $3-\sqrt{6}$

⑤ $4-\sqrt{6}$

**16** 부등식 $4^x - 9 \times 2^{x+1} + 32 \leq 0$을 만족시키는 모든 정수 $x$의 값의 합을 구하시오. [3점]

**17** 공차가 0이 아닌 등차수열 $\{a_n\}$이 $a_{12}=5$, $|a_5|=|a_{13}|$을 만족시킬 때, $a_{24}$의 값을 구하시오. [3점]

**19** 그림과 같이 $\overline{\mathrm{AB}}=7$, $\overline{\mathrm{BC}}=13$, $\overline{\mathrm{CA}}=10$ 인 삼각형 ABC가 있다. 선분 AB 위의 점 P와 선분 AC 위의 점 Q를 $\overline{\mathrm{AP}}=\overline{\mathrm{CQ}}$이고 사각형 PBCQ의 넓이가 $14\sqrt{3}$이 되도록 잡을 때, $\overline{\mathrm{PQ}}^2$의 값을 구하시오. [3점]

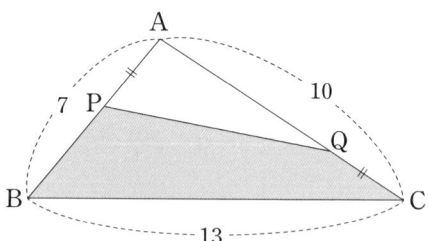

**18** 최고차항의 계수가 1인 삼차함수 $f(x)$가 다음 조건을 만족시킬 때, $f(3)$의 값을 구하시오. [3점]

> (가) 모든 실수 $x$에 대하여 $f(-x)=-f(x)$이다.
> (나) $\displaystyle\int_{-2}^{2} xf(x)\,dx = \dfrac{144}{5}$

**20** 최고차항의 계수가 1인 삼차함수 $f(x)$와 함수 $g(x)=|f(x)|$가 다음 조건을 만족시킬 때, $g(8)$의 값을 구하시오. [4점]

> (가) 함수 $y=f'(x)$의 그래프는 직선 $x=2$에 대하여 대칭이다.
> (나) 함수 $g(x)$는 $x=5$에서 미분가능하고, 곡선 $y=g(x)$ 위의 점 $(5, g(5))$에서의 접선은 곡선 $y=g(x)$와 점 $(0, g(0))$에서 접한다.

**21** 다음 조건을 만족시키는 두 실수 $\alpha$, $\beta$에 대하여 $\dfrac{12}{\pi} \times (\beta - \alpha)$의 최댓값을 구하시오.

[4점]

> $0 \le x < 2\pi$에서 함수
>
> $f(x) = \cos^2\left(\dfrac{13}{12}\pi - 2x\right)$
>
> $+ \sqrt{3}\cos\left(2x - \dfrac{7}{12}\pi\right) - 1$은 $x = \alpha$일 때 최 댓값을 갖고, $x = \beta$일 때 최솟값을 갖는다.

**22** 함수 $f(x) = x^2 - 2x$와 최고차항의 계수가 1인 삼차함수 $g(x)$에 대하여 실수 전체의 집합에서 연속인 함수 $h(x)$가 다음 조건을 만족시킨다.

> (가) 모든 실수 $x$에 대하여 $\{h(x) - f(x)\}$ $\{h(x) - g(x) = 0\}$이다.
> (나) $h(k)h(k+2) \le 0$을 만족시키는 서로 다른 실수 $k$의 개수는 3이다.

$\displaystyle\int_{-3}^{2} h(x)\,dx = 26$이고 $h(10) > 80$일 때, $h(1) + h(6) + h(9)$의 값을 구하시오.

[4점]

---

**확률과 통계(23~30)**

**23** 확률변수 $X$가 이항분포 $B\left(49, \dfrac{3}{7}\right)$을 따를 때, $V(2X)$의 값은? [2점]

① 16　　　　② 24

③ 32　　　　④ 40

⑤ 48

**24** 두 사건 $A$와 $B$는 서로 독립이고 $P(A|B) = \dfrac{1}{2}$, $P(A \cup B) = \dfrac{7}{10}$일 때, $P(B)$의 값은? [3점]

① $\dfrac{3}{10}$　　　　② $\dfrac{2}{5}$

③ $\dfrac{1}{2}$　　　　④ $\dfrac{3}{5}$

⑤ $\dfrac{7}{10}$

**25** $(x^2+y)^4\left(\dfrac{2}{x}+\dfrac{1}{y^2}\right)^5$ 의 전개식에서 $\dfrac{x^4}{y^5}$ 의 계수는? [3점]

① 80      ② 120

③ 160      ④ 200

⑤ 240

**26** 어느 사관학교 생도의 일주일 수면 시간은 평균이 45시간, 표준편차가 1시간인 정규분포를 따른다고 한다. 이 사관학교 생도 중 임의추출한 36명의 일주일 수면 시간의 표본평균이 44시간 45분 이상이고 45시간 20분 이하일 확률을 다음의 표준정규분포표를 이용하여 구한 것은? [3점]

| $z$ | $P(0\leq Z\leq z)$ |
|-----|--------------------|
| 0.5 | 0.1915 |
| 1.0 | 0.3413 |
| 1.5 | 0.4332 |
| 2.0 | 0.4772 |

① 0.6915      ② 0.8185

③ 0.8413      ④ 0.9104

⑤ 0.9772

**27** 집합 $X=\{1,\ 2,\ 3,\ 4,\ 5\}$ 에 대하여 다음 조건을 만족시키는 함수 $f:X\to X$의 개수는? [3점]

> (가) $x=1,\ 2,\ 3$일 때 $f(x)\leq f(x+1)$이다.
> (나) 함수 $f$의 치역의 원소의 개수는 2이다.

① 50      ② 60

③ 70      ④ 80

⑤ 90

**28** 숫자 1, 1, 2, 2, 4, 4, 4가 하나씩 적혀 있는 7장의 카드가 있다. 이 7장의 카드를 모두 한 번씩 사용하여 일렬로 나열할 때, 서로 이웃한 2장의 카드에 적혀 있는 두 수의 차를 각각 $a,\ b,\ c,\ d,\ e,\ f$라 하자. 예를 들어 그림과 같이 나열한 경우 $a=3,\ b=1,\ c=1,\ d=3,\ e=0,\ f=2$이다.

| 4 | 1 | 2 | 1 | 4 | 4 | 2 |
|---|---|---|---|---|---|---|

$a+b+c+d+e+f$의 값이 짝수가 되도록 카드를 나열하는 경우의 수는? (단, 같은 숫자가 적혀 있는 카드끼리는 서로 구별하지 않는다.) [4점]

① 100      ② 110

③ 120      ④ 130

⑤ 140

**29** 흰 공 1개, 검은 공 1개, 파란 공 1개, 빨간 공 1개가 들어 있는 주머니가 있다. 이 주머니에서 임의로 하나의 공을 꺼내어 색을 확인한 후 다시 넣는 시행을 한다. 이 시행을 4번 반복하여 확인한 색의 종류의 수를 확률변수 $X$라 할 때, $E(64X-10)$의 값을 구하시오. [4점]

**23** $\displaystyle\lim_{n\to\infty} n\left(\sqrt{4+\dfrac{1}{n}}-2\right)$의 값은? [2점]

① $\dfrac{1}{4}$      ② $\dfrac{1}{2}$

③ $\dfrac{3}{4}$      ④ $1$

⑤ $\dfrac{5}{4}$

**30** 흰 공 1개, 검은 공 6개, 노란 공 2개가 들어 있는 주머니에서 임의로 한 개의 공을 꺼내는 시행을 한다. 이 시행을 반복하여 주머니에 남아 있는 공의 색의 종류의 수가 처음으로 2가 되면 시행을 멈춘다. 시행을 멈출 때까지 꺼낸 공의 개수가 4일 때, 꺼낸 공 중에 흰 공이 있을 확률은 $\dfrac{q}{p}$이다. $p+q$의 값을 구하시오. (단, 꺼낸 공은 다시 넣지 않고, $p$와 $q$는 서로소인 자연수이다.) [4점]

**24** 함수 $f(x)=e^{x^2}$에 대하여
$\displaystyle\lim_{n\to\infty}\sum_{k=1}^{n}\dfrac{k}{n^2}f\left(\dfrac{k}{n}\right)$의 값은? [3점]

① $\dfrac{1}{4}e-\dfrac{1}{2}$      ② $\dfrac{1}{4}e-\dfrac{1}{4}$

③ $\dfrac{1}{2}e-\dfrac{1}{2}$      ④ $\dfrac{1}{2}e-\dfrac{1}{4}$

⑤ $\dfrac{3}{4}e-\dfrac{1}{4}$

**25** 함수 $f(x)=\ln(e^x+2)$의 역함수를 $g(x)$라 하자. 함수 $h(x)=\{g(x)\}^2$에 대하여 $h'(\ln 4)$의 값은? [3점]

① $2\ln 2$      ② $3\ln 2$

③ $4\ln 2$      ④ $5\ln 2$

⑤ $6\ln 2$

**26** $0<t<\pi$인 실수 $t$에 대하여 점 $A(t,\,0)$을 지나고 $y$축에 평행한 직선이 두 곡선 $y=\sin\dfrac{x}{2}$, $y=\tan\dfrac{x}{2}$와 만나는 점을 각각 B, C라 하고, 점 B를 지나고 $x$축에 평행한 직선이 선분 OC와 만나는 점을 D라 하자. 삼각형 OAB의 넓이를 $f(t)$, 삼각형 ACD의 넓이를 $g(t)$라 할 때, $\lim\limits_{t\to0+}\dfrac{g(t)}{\{f(t)\}^2}$의 값은? (단, O는 원점이다.) [3점]

① $\dfrac{1}{8}$ 　　② $\dfrac{1}{4}$

③ $\dfrac{3}{8}$ 　　④ $\dfrac{1}{2}$

⑤ $\dfrac{5}{8}$

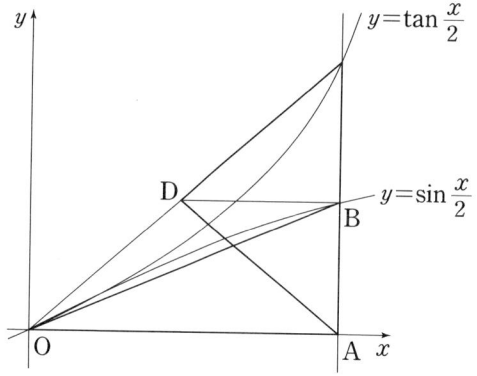

**27** 그림과 같이 곡선 $y=\dfrac{\sqrt{\ln(x+1)}}{x}$ $(x>0)$과 $x$축 및 두 직선 $x=1$, $x=3$으로 둘러싸인 부분을 밑면으로 하는 입체도형이 있다. 이 입체도형을 $x$축에 수직인 평면으로 자른 단면이 모두 정사각형일 때, 이 입체도형의 부피는? [3점]

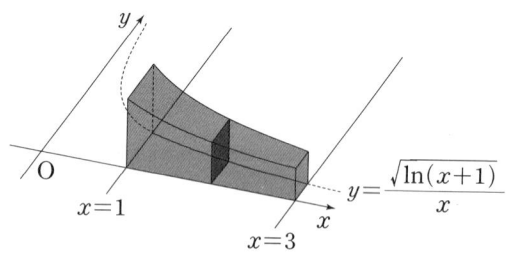

① $\dfrac{1}{3}\ln\dfrac{9}{8}$ 　　② $\dfrac{1}{3}\ln\dfrac{3}{2}$

③ $\dfrac{1}{3}\ln\dfrac{9}{2}$ 　　④ $\dfrac{1}{3}\ln\dfrac{27}{4}$

⑤ $\dfrac{1}{3}\ln\dfrac{27}{2}$

**28** 실수 전체의 집합에서 연속인 함수 $f(x)$가 모든 실수 $x$에 대하여

$$\int_0^x (x-t)f(t)dt = e^{2x} - 2x + a$$를 만족시킨다. 곡선 $y=f(x)$ 위의 점 $(a, f(a))$에서의 접선을 $l$이라 할 때, 곡선 $y=f(x)$와 직선 $l$ 및 $y$축으로 둘러싸인 부분의 넓이는? (단, $a$는 상수이다.) [4점]

① $2 - \dfrac{6}{e^2}$　　② $2 - \dfrac{7}{e^2}$

③ $2 - \dfrac{8}{e^2}$　　④ $2 - \dfrac{9}{e^2}$

⑤ $2 - \dfrac{10}{e^2}$

**29** 두 실수 $a$, $b$에 대하여 $x$에 대한 방정식 $x^2 + ax + b = 0$의 두 근을 $\alpha$, $\beta$라 하자.

$(\alpha - \beta)^2 = \dfrac{34}{3}\pi$일 때,

함수 $f(x) = \sin(x^2 + ax + b)$가 $x=c$에서 극값을 갖도록 하는 $c$의 값 중에서 열린구간 $(\alpha, \beta)$에 속하는 모든 값을 작은 수부터 크기순으로 나열한 것을 $c_1, c_2, \cdots, c_n$($n$은 자연수)라 하자. $(1-n) \times \displaystyle\sum_{k=1}^{n} f(c_k)$의 값을 구하시오. (단, $\alpha < \beta$) [4점]

**30** 양수 $k$와 이차함수 $f(x)$에 대하여 함수 $g(x)$

$$= \begin{cases} \displaystyle\lim_{n \to \infty} \dfrac{|x-2|^{2n+1} + f(x)}{|x-2|^{2n} + k} & (|x-2| \neq 1) \\ \dfrac{|f(x+1)|}{k+1} & (|x-2| = 1) \end{cases}$$

이 실수 전체의 집합에서 연속이다. 닫힌구간 $[1, 3]$에서 함수 $f(g(x))$의 최댓값과 최솟값을 각각 $M$, $m$이라 할 때, $10(M+m)$의 값을 구하시오. [4점]

**23** 좌표공간의 점 $A(1, -2, 3)$을 $y$축에 대하여 대칭이동한 점을 P라 하고, 점 $A$를 $zx$평면에 대하여 대칭이동한 점을 Q라 할 때, 선분 PQ의 길이는? [2점]

① $4\sqrt{3}$      ② $5\sqrt{2}$

③ $2\sqrt{13}$      ④ $3\sqrt{6}$

⑤ $2\sqrt{14}$

**24** 좌표평면에서 방향벡터가 $\vec{u} = (3, 1)$인 직선 $l$과 법선벡터가 $\vec{n} = (1, -2)$인 직선 $m$이 이루는 예각의 크기를 $\theta$라 할 때, $\cos\theta$의 값은? [3점]

① $\dfrac{3\sqrt{2}}{10}$      ② $\dfrac{2\sqrt{2}}{5}$

③ $\dfrac{\sqrt{2}}{2}$      ④ $\dfrac{3\sqrt{2}}{5}$

⑤ $\dfrac{7\sqrt{2}}{10}$

**25** 그림과 같이 한 모서리의 길이가 3인 정육면체 ABCD−EFGH에서 선분 EH를 2:1로 내분하는 점을 P, 선분 EF를 1:2로 내분하는 점을 Q라 할 때, 점 A와 직선 PQ 사이의 거리는? [3점]

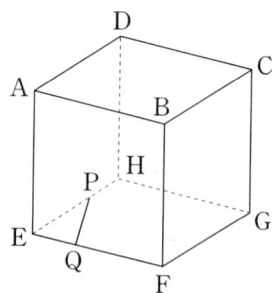

① $\dfrac{7\sqrt{5}}{5}$      ② $\dfrac{3\sqrt{5}}{2}$

③ $\dfrac{8\sqrt{5}}{5}$      ④ $\dfrac{17\sqrt{5}}{10}$

⑤ $\dfrac{9\sqrt{5}}{5}$

**26** 포물선 $(y+2)^2=16(x-8)$의 초점에서 포물선 $y^2=-16x$에 그은 두 접선의 접점을 각각 P, Q라 하자. 포물선 $y^2=-16x$의 초점을 F라 할 때, $\overline{PF}+\overline{QF}$의 값은? [3점]

① 33  　　　　② 34

③ 35  　　　　④ 36

⑤ 37

**27** 그림과 같이 $\overline{AB}=9$, $\overline{BC}=8$, $\overline{CA}=7$인 삼각형 ABC가 있다. 점 C에서 선분 AB에 내린 수선의 발을 P, 점 B에서 선분 AC에 내린 수선의 발을 Q라 하자. 두 선분 CP, BQ의 교점을 R이라 할 때, $\overrightarrow{AR} \cdot (\overrightarrow{AB}+\overrightarrow{AC})$의 값은? [3점]

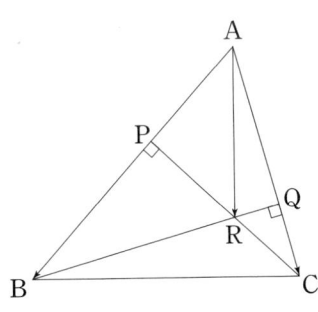

① 62  　　　　② 64

③ 66  　　　　④ 68

⑤ 70

**28** 그림과 같이 두 점 $F(c, 0)$, $F'(-c, 0)$ $(c>0)$을 초점으로 하는 타원 $\dfrac{x^2}{81}+\dfrac{y^2}{75}=1$과 두 점 $F$, $F'$을 초점으로 하는 쌍곡선 $\dfrac{x^2}{a^2}-\dfrac{y^2}{b^2}=1$이 있다. 타원과 쌍곡선이 만나는 점 중 제1사분면 위의 점을 P라 하고, 선분 $F'P$가 쌍곡선과 만나는 점 중 P가 아닌 점을 Q라 하자. 두 점 P, Q가 다음 조건을 만족시킬 때, 점 P의 $x$좌표는? (단, $a$와 $b$는 양수이다.) [4점]

(가) $\overline{PQ}=\overline{PF}$

(나) 삼각형 PQF의 둘레의 길이는 20이다.

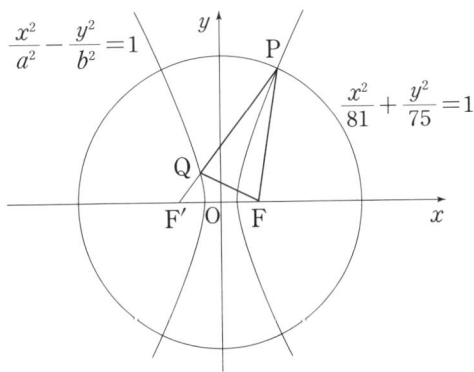

① $\sqrt{13}$  　　　　② $\dfrac{3\sqrt{6}}{2}$

③ $\sqrt{14}$  　　　　④ $\dfrac{\sqrt{58}}{2}$

⑤ $\sqrt{15}$

**29** $\overline{AB}=2$, $\overline{BC}=\sqrt{5}$인 직사각형 ABCD를 밑면으로 하고 $\overline{OA}=\overline{OB}=\overline{OC}=\overline{OD}=2$ 인 사각뿔 O−ABCD가 있다. 선분 OA의 중점을 M이라 하고, 점 M에서 평면 OBD 에 내린 수선의 발을 H라 하자. 선분 BH의 길이를 $k$라 할 때, $90k^2$의 값을 구하시오.

[4점]

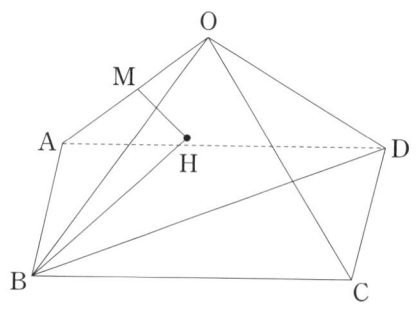

**30** 좌표평면에 한 변의 길이가 $4\sqrt{2}$인 정삼각형 OAB와 다음 조건을 만족시키는 점 C가 있다.

> (가) $|\overrightarrow{AC}|=4$
> (나) $\overrightarrow{OA}\cdot\overrightarrow{AC}=0$, $\overrightarrow{AB}\cdot\overrightarrow{AC}>0$

$(\overrightarrow{OP}-\overrightarrow{OC})\cdot(\overrightarrow{OP}-\overrightarrow{OA})=0$을 만족시키는 점 P와 정삼각형 OAB의 변 위를 움직이는 점 Q에 대하여 $|\overrightarrow{OP}+\overrightarrow{OQ}|$의 최댓값과 최솟값의 합이 $p+q\sqrt{33}$일 때, $p^2+q^2$의 값을 구하시오. (단, $p$와 $q$는 유리수이다.)

[4점]

# 2027

# 사관학교

# 10개년 수학

**2024**학년도 기출문제

## 수학영역

# 제3교시 수학영역

▶정답 및 해설 233p

※ 23번부터는 선택과목이니 자신이 선택한 과목(확률과 통계, 미적분, 기하)의 문제지인지 확인하시오.

**01** $\log_2 \dfrac{8}{9} + \dfrac{1}{2}\log_{\sqrt{2}}18$의 값은? [2점]

   ① 1        ② 2

   ③ 3        ④ 4

   ⑤ 5

**02** 함수 $f(x)$에 대하여 $\displaystyle\lim_{x \to \infty} \dfrac{f(x)}{x} = 2$일 때, $\displaystyle\lim_{x \to \infty} \dfrac{3x+1}{f(x)+x}$의 값은? [2점]

   ① $\dfrac{1}{2}$        ② 1

   ③ $\dfrac{3}{2}$        ④ 2

   ⑤ $\dfrac{5}{2}$

**03** 공비가 양수인 등비수열 $\{a_n\}$의 첫째항부터 제$n$항까지의 합을 $S_n$이라 하자.
$$S_6 = 21S_2, \quad a_6 - a_2 = 15$$
일 때, $a_3$의 값은? [3점]

   ① $\dfrac{1}{2}$        ② $\dfrac{\sqrt{2}}{2}$

   ③ 1        ④ $\sqrt{2}$

   ⑤ 2

**04** 함수 $f(x) = x^3 + ax + b$에 대하여 $\displaystyle\lim_{h \to 0} \dfrac{f(1+h)}{h} = 5$일 때, $ab$의 값은? (단, $a$, $b$는 상수이다.) [3점]

   ① $-10$        ② $-8$

   ③ $-6$        ④ $-4$

   ⑤ $-2$

**05** $\sin\theta < 0$이고 $\sin\left(\theta - \dfrac{\pi}{2}\right) = -\dfrac{2}{5}$일 때, $\tan\theta$의 값은? [3점]

① $-\dfrac{\sqrt{21}}{2}$    ② $-\dfrac{\sqrt{21}}{5}$

③ $0$    ④ $\dfrac{\sqrt{21}}{5}$

⑤ $\dfrac{\sqrt{21}}{2}$

**06** 모든 실수 $t$에 대하여 다항함수 $y = f(x)$의 그래프 위의 점 $(t, f(t))$에서의 접선의 기울기가 $-6t^2 + 2t$이다. 곡선 $y = f(x)$가 점 $(1, 1)$을 지날 때, $f(-1)$의 값은? [3점]

① $1$    ② $2$

③ $3$    ④ $4$

⑤ $5$

**07** 다음 조건을 만족시키는 모든 유리수 $r$의 값의 합은? [3점]

> (가) $1 < r < 9$
> (나) $r$를 기약분수로 나타낼 때, 분모는 7이고 분자는 홀수이다.

① $102$    ② $108$

③ $114$    ④ $120$

⑤ $126$

**08** 함수
$$f(x) = \begin{cases} -5x - 4 & (x < 1) \\ x^2 - 2x - 8 & (x \geq 1) \end{cases},$$
$$g(x) = -x^2 - 2x$$
에 대하여 두 곡선 $y = f(x)$, $y = g(x)$로 둘러싸인 부분의 넓이는? [3점]

① $\dfrac{34}{3}$    ② $11$

③ $\dfrac{32}{3}$    ④ $\dfrac{31}{3}$

⑤ $10$

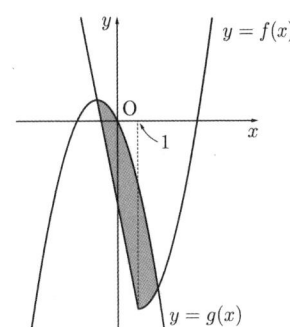

2024 기출문제

**09** 그림과 같이 한 변의 길이가 2인 정육각형, ABCDEF에 대하여 점 G를 $\overline{AG}=\sqrt{5}$, $\angle BAG = \dfrac{\pi}{2}$가 되도록 잡고, 점 H를 삼각형 BGH가 정삼각형이 되도록 잡는다. 선분 CH의 길이는? (단, 점 G는 정육각형의 외부에 있고, 두 선분 AF, BH는 만나지 않는다.) [4점]

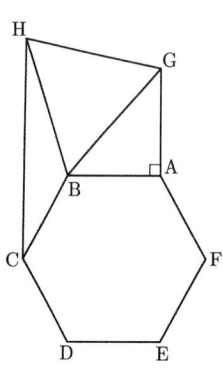

① $2\sqrt{5}$  ② $\sqrt{21}$

③ $\sqrt{22}$  ④ $\sqrt{23}$

⑤ $2\sqrt{6}$

**10** 함수
$$f(x)=\int_{a}^{x}(3t^2+bt-5)dt \quad (a>0)$$
이 $x=-1$에서 극값 0을 가질 때, $a+b$의 값은? (단, $a$, $b$는 상수이다.) [4점]

① 1  ② $\dfrac{4}{3}$

③ $\dfrac{5}{3}$  ④ 2

⑤ $\dfrac{7}{3}$

**11** 함수 $f(x)=-2^{|x-a|}+a$의 그래프가 $x$축과 두 점 A, B에서 만나고 $\overline{AB}=6$이다. 함수 $f(x)$가 $x=p$에서 최댓값 $q$를 가질 때, $p+q$의 값은? (단, $a$는 상수이다.) [4점]

① 14  ② 15

③ 16  ④ 17

⑤ 18

**12** 최고차항의 계수가 $-1$인 이차함수 $f(x)$와 상수 $a$에 대하여 함수
$$g(x)=\begin{cases} f(x) & (x<0) \\ a-f(-x) & (x\geq 0) \end{cases}$$
이 다음 조건을 만족시킨다.

> (가) $\displaystyle\lim_{x\to 0}\dfrac{g(x)-g(0)}{x}=-4$
> (나) 함수 $g(x)$의 극솟값은 0이다.

$g(-a)$의 값은? [4점]

① $-40$  ② $-36$

③ $-32$  ④ $-28$

⑤ $-24$

**13** 수열 $\{a_n\}$이 $a_1=-3$, $a_{20}=1$이고, 3 이상의 모든 자연수 $n$에 대하여

$$\sum_{k=1}^{n} a_k = a_{n-1}$$

을 만족시킨다. $\sum_{n=1}^{50} a_n$의 값은? [4점]

① 2      ② 1

③ 0      ④ $-1$

⑤ $-2$

**14** 실수 $k$에 대하여 함수 $f(x)$를
$$f(x)=x^3-kx$$
라 하고, 실수 $a$와 함수 $f(x)$에 대하여 함수 $g(x)$를

$$g(x)=\begin{cases} f(x) & (x<a \text{ 또는 } x>a+1) \\ -f(x) & (a\le x\le a+1) \end{cases}$$

이라 하자. 〈보기〉에서 옳은 것만을 있는 대로 고른 것은? [4점]

───〈보기〉───

ㄱ. 두 실수 $k$, $a$의 값에 관계 없이 함수 $g(x)$는 $x=0$에서 연속이다.

ㄴ. $k=4$일 때, 함수 $g(x)$가 $x=p$에서 불연속인 실수 $p$의 개수가 1이 되도록 하는 모든 실수 $a$의 개수는 3이다.

ㄷ. 함수 $g(x)$가 실수 전체의 집합에서 연속이 되도록 하는 모든 순서쌍 $(k, a)$의 개수는 2이다.

───────────

① ㄱ      ② ㄴ

③ ㄷ      ④ ㄱ, ㄴ

⑤ ㄱ, ㄷ

**15** 0이 아닌 실수 전체의 집합에서 정의된 함수

$$f(x)=\begin{cases} \log_4(-x) & (x<0) \\ 2-\log_2 x & (x>0) \end{cases}$$

이 있다. 직선 $y=a$와 곡선 $y=f(x)$가 만나는 두 점 A, B의 $x$좌표를 각각 $x_1$, $x_2(x_1<x_2)$라 하고, 직선 $y=b$와 곡선 $y=f(x)$가 만나는 두 점 C, D의 $x$좌표를 각각 $x_3$, $x_4(x_3<x_4)$라 하자.

$\left|\dfrac{x_2}{x_1}\right|=\dfrac{1}{2}$이고 두 직선 AC와 BD가 서로

평행할 때, $\left|\dfrac{x_4}{x_3}\right|$의 값은?

(단, $a$, $b$는 $a\ne b$인 상수이다.) [4점]

① $3+3\sqrt{3}$      ② $5+2\sqrt{3}$

③ $4+3\sqrt{3}$      ④ $6+2\sqrt{3}$

⑤ $5+3\sqrt{3}$

**16** $a^4-8a^2+1=0$일 때, $a^4+a^{-4}$의 값을 구하시오. [3점]

**17** 다항함수 $f(x)$에 대하여 함수 $g(x)$를
$$g(x)=(x^3-2x)f(x)$$
라 하자. $f(2)=-3$, $f'(2)=4$일 때, 곡선 $y=g(x)$ 위의 점 $(2, g(2))$에서의 접선의 $y$절편을 구하시오. [3점]

**18** 수열 $\{a_n\}$에 대하여
$$\sum_{k=1}^{7}(a_k+k)=50, \quad \sum_{k=1}^{7}(a_k+2)^2=300$$
일 때, $\sum_{k=1}^{7}a_k^2$의 값을 구하시오. [3점]

**19** $x$에 대한 방정식
$$x^3-\frac{3n}{2}x^2+7=0$$
의 1보다 큰 서로 다른 실근의 개수가 2가 되도록 하는 모든 자연수 $n$의 값의 합을 구하시오. [3점]

**20** 수직선 위를 움직이는 점 P의 시각 $t(t>0)$에서의 가속도 $a(t)$가
$$a(t)=3t^2-8t+3$$
이다. 점 P가 시각 $t=1$과 시각 $t=a(a>1)$에서 운동 방향을 바꿀 때, 시각 $t=1$에서 $t=a$까지 점 P가 움직인 거리는 $\frac{q}{p}$이다. $p+q$의 값을 구하시오. (단, $p$와 $q$는 서로소인 자연수이다.) [4점]

**21** 두 양수 $a$, $b$에 대하여 두 함수

$y=3a\tan bx$, $y=2a\cos bx$

의 그래프가 만나는 점 중에서 $x$좌표가 0보다

크고 $\dfrac{5\pi}{2b}$보다 작은 세 점을 $x$좌표가 작은 점

부터 $x$좌표의 크기순으로 $A_1$, $A_2$, $A_3$이라

하자. 선분 $A_1A_3$을 지름으로 하는 원이 점

$A_2$를 지나고 이 원의 넓이가 $\pi$일 때,

$\left(\dfrac{a}{b}\pi\right)^2=\dfrac{q}{p}$이다. $p+q$의 값을 구하시오.

(단, $p$와 $q$는 서로소인 자연수이다.) [4점]

**22** 최고차항의 계수가 1인 이차함수 $f(x)$에 대

하여 함수

$g(x)=x|f(x)|$

가 다음 조건을 만족시킨다.

(가) 극한

$\displaystyle\lim_{h\to 0+}\left\{\dfrac{g(t+h)}{h}\times\dfrac{g(t-h)}{h}\right\}$

가 양의 실수로 수렴하는 실수 $t$의 개수

는 1이다.

(나) $x$에 대한 방정식 $\{g(x)\}^2+4g(x)=0$

의 서로 다른 실근의 개수는 4이다.

**$g(3)$의 값을 구하시오.** [4점]

---

**확률과 통계(23~30)**

**23** 이산확률변수 $X$의 확률분포를 표로 나타내

면 다음과 같다.

| $X$ | 2 | 4 | 6 | 합계 |
|---|---|---|---|---|
| $P(X=x)$ | $a$ | $a$ | $b$ | 1 |

$E(X)=5$일 때, $b-a$의 값은? [2점]

① $\dfrac{1}{3}$      ② $\dfrac{5}{12}$

③ $\dfrac{1}{2}$      ④ $\dfrac{7}{12}$

⑤ $\dfrac{2}{3}$

**24** 한 개의 주사위와 한 개의 동전이 있다. 이 주

사위를 한 번 던져 나온 눈의 수만큼 반복하

여 이 동전을 던질 때, 동전의 앞면이 나오는

횟수가 5일 확률은? [3점]

① $\dfrac{1}{48}$      ② $\dfrac{1}{24}$

③ $\dfrac{1}{16}$      ④ $\dfrac{1}{12}$

⑤ $\dfrac{5}{48}$

**25** 다항식 $(ax+1)^7$의 전개식에서 $x^5$의 계수와 $x^3$의 계수가 서로 같을 때, $x^2$의 계수는? (단, $a$는 0이 아닌 상수이다.) [3점]

① 28      ② 35

③ 42      ④ 49

⑤ 56

**26** 육군사관학교 모자 3개, 해군사관학교 모자 2개, 공군사관학교 모자 3개가 있다. 이 8개의 모자를 모두 일렬로 나열할 때, 양 끝에는 서로 다른 사관학교의 모자가 놓이도록 나열하는 경우의 수는? (단, 같은 사관학교의 모자끼리는 서로 구별하지 않는다.) [3점]

① 360      ② 380

③ 400      ④ 420

⑤ 440

**27** 7개의 문자 $a$, $b$, $c$, $d$, $e$, $f$, $g$를 모두 한 번씩 사용하여 왼쪽에서 오른쪽으로 임의로 일렬로 나열할 때, 다음 조건을 만족시킬 확률은? [3점]

> (가) $a$와 $b$는 이웃하고, $a$와 $c$는 이웃하지 않는다.
> (나) $c$는 $a$보다 왼쪽에 있다.

① $\dfrac{1}{42}$      ② $\dfrac{1}{21}$

③ $\dfrac{1}{14}$      ④ $\dfrac{2}{21}$

⑤ $\dfrac{5}{42}$

**28** 숫자 1, 2, 3, 4, 5, 6, 7, 8이 하나씩 적혀 있는 8장의 카드가 있다. 이 8장의 카드를 일정한 간격을 두고 원형으로 배열할 때, 한 장의 카드와 이 카드로부터 시계 방향으로 네 번째 위치에 놓여 있는 카드는 서로 마주 보는 위치에 있다고 하자. 서로 마주 보는 위치에 있는 카드는 4쌍이 있다. 예를 들어, 그림에서 숫자 1, 5가 적혀 있는 두 장의 카드는 서로 마주 보는 위치에 있고, 숫자 1, 4가 적혀 있는 두 장의 카드는 서로 마주 보는 위치에 있지 않다.

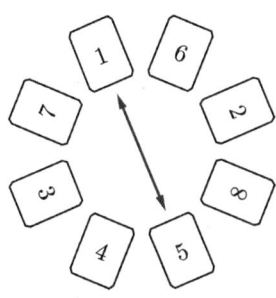

이 8장의 카드를 일정한 간격을 두고 원형으로 임의로 배열하는 시행을 한다. 이 시행에서 서로 마주 보는 위치에 있는 두 장의 카드에 적혀 있는 두 수의 차가 모두 같을 때, 숫자 1이 적혀 있는 카드와 숫자 2가 적혀 있는 카드가 서로 이웃할 확률은? (단, 회전하여 일치하는 것은 같은 것으로 본다.) [4점]

① $\dfrac{1}{18}$   ② $\dfrac{1}{9}$

③ $\dfrac{1}{6}$   ④ $\dfrac{2}{9}$

⑤ $\dfrac{5}{18}$

**29** 어느 공장에서 생산하는 과자 1개의 무게는 평균이 $150g$, 표준편차가 $9g$인 정규분포를 따른다고 한다. 이 공장에서 생산하는 과자 중에서 임의로 $n$개를 택해 하나의 세트 상품을 만들 때, 세트 상품 1개에 속한 $n$개의 과자의 무게의 평균이 $145g$ 이하인 경우 그 세트 상품은 불량품으로 처리한다. 이 공장에서 생산하는 세트 상품 중에서 임의로 택한 세트 상품 1개가 불량품일 확률이 $0.07$ 이하가 되도록 하는 자연수 $n$의 최솟값을 구하시오.
(단, $Z$가 표준정규분포를 따르는 확률변수일 때, $P(0 \le Z \le 1.5) = 0.43$으로 계산한다.)
[4점]

**30** 네 명의 학생 A, B, C, D에게 같은 종류의 연필 5자루와 같은 종류의 공책 5권을 다음 규칙에 따라 남김없이 나누어 주는 경우의 수를 구하시오. (단, 연필을 받지 못하는 학생이 있을 수 있고, 공책을 받지 못하는 학생이 있을 수 있다.) [4점]

> (가) 학생 A가 받는 연필의 개수는 4 이상이다.
> (나) 공책보다 연필을 더 많이 받는 학생은 1명뿐이다.

## 미적분(23~30)

**23** 수열 $\{a_n\}$의 첫째항부터 제$n$항까지의 합을 $S_n$이라 하자. $S_n = 4^{n+1} - 3n$일 때, $\lim\limits_{n \to \infty} \dfrac{a_n}{4^{n-1}}$의 값은? [2점]

① 4      ② 6

③ 8      ④ 10

⑤ 12

**24** 함수 $f(x) = \dfrac{x+1}{x^2}$에 대하여 $\lim\limits_{n \to \infty} \dfrac{1}{n} \sum\limits_{k=1}^{n} f\left(\dfrac{n+k}{n}\right)$의 값은? [3점]

① $\dfrac{1}{2} + \dfrac{1}{2}\ln 2$      ② $\dfrac{1}{2} + \ln 2$

③ $1 + \dfrac{1}{2}\ln 2$      ④ $1 + \ln 2$

⑤ $\dfrac{3}{2} + \dfrac{1}{2}\ln 2$

**25** 곡선 $\pi \cos y + y \sin x = 3x$가 $x$축과 만나는 점을 A라 할 때, 곡선 위의 점 A에서의 접선의 기울기는? [3점]

① 2      ② $2\sqrt{2}$

③ $2\sqrt{3}$      ④ 4

⑤ $2\sqrt{5}$

**26** 그림과 같이 중심이 O, 반지름의 길이가 1이고 중심각의 크기가 $\dfrac{\pi}{2}$인 부채꼴 $OA_1B_1$이 있다. 호 $A_1B_1$의 삼등분점 중 점 $A_1$에 가까운 점을 $C_1$, 점 $B_1$에 가까운 점을 $D_1$이라 하고, 사각형 $A_1C_1D_1B_1$에 색칠하여 얻은 그림을 $R_1$이라 하자.

그림 $R_1$에서 중심이 O이고 선분 $A_1B_1$에 접하는 원이 선분 $OA_1$과 만나는 점을 $A_2$, 선분 $OB_1$과 만나는 점을 $B_2$라 하고, 중심이 O, 반지름의 길이가 $\overline{OA_2}$, 중심각의 크기가 $\dfrac{\pi}{2}$인 부채꼴 $OA_2B_2$를 그린다. 그림 $R_1$을 얻은 것과 같은 방법으로 두 점 $C_2$, $D_2$를 잡고, 사각형 $A_2C_2D_2B_2$에 색칠하여 얻은 그림을 $R_2$라 하자.

이와 같은 과정을 계속하여 $n$번째 얻은 그림 $R_n$에 색칠되어 있는 부분의 넓이를 $S_n$이라 할 때, $\lim\limits_{n \to \infty} S_n$의 값은? [3점]

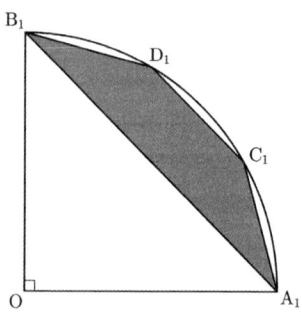

$R_1$

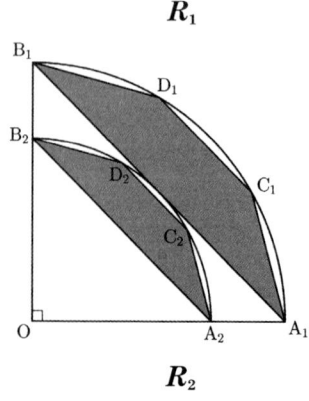

$R_2$

⋮

① $\dfrac{1}{2}$      ② $\dfrac{13}{24}$

③ $\dfrac{7}{12}$      ④ $\dfrac{5}{8}$

⑤ $\dfrac{2}{3}$

**28** 양의 실수 $t$와 상수 $k\,(k>0)$에 대하여 곡선 $y=(ax+b)e^{x-k}$이 직선 $y=tx$와 점 $(t,\ t^2)$에서 접하도록 하는 두 실수 $a$, $b$의 값을 각각 $f(t)$, $g(t)$라 하자. $f(k)=-6$일 때, $g'(k)$의 값은? [4점]

① $-2$      ② $-1$

③ $0$      ④ $1$

⑤ $2$

**27** 그림과 같이 곡선

$$y=(1+\cos x)\sqrt{\sin x}\left(\dfrac{\pi}{3}\le x\le\dfrac{\pi}{2}\right)$$와

$x$축 및 두 직선 $x=\dfrac{\pi}{3}$, $x=\dfrac{\pi}{2}$로 둘러싸인 부분을 밑변으로 하는 입체도형이 있다. 이 입체도형을 $x$축에 수직인 평면으로 자른 단면이 정사각형일 때, 이 입체도형의 부피는?

[3점]

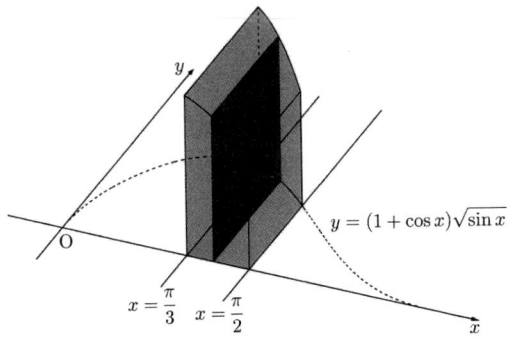

① $\dfrac{5}{12}$      ② $\dfrac{13}{24}$

③ $\dfrac{2}{3}$      ④ $\dfrac{19}{24}$

⑤ $\dfrac{11}{12}$

**29** $0 < t < \dfrac{\pi}{6}$인 실수 $t$에 대하여 곡선 $y = \sin 2x$ 위의 점 $(t, \sin 2t)$를 P라 하자. 원점 $O$를 중심으로 하고 점 P를 지나는 원이 곡선 $y = \sin 2x$와 만나는 점 중 P가 아닌 점을 Q라 하고, 이 원이 $x$축과 만나는 점 중 $x$좌표가 양수인 점을 R라 하자.

곡선 $y = \sin 2x$와 두 선분 PR, QR로 둘러싸인 부분의 넓이를 $S(t)$라 할 때,

$\displaystyle\lim_{t \to 0+} \dfrac{S(t)}{t^2} = k$이다. $k^2$의 값을 구하시오.

[4점]

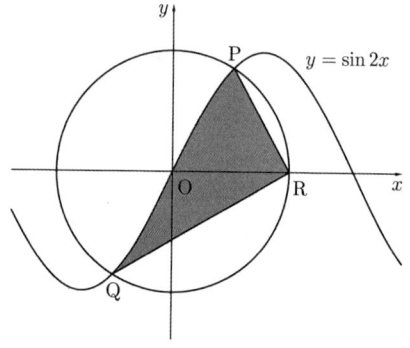

**30** 양의 실수 전체의 집합에서 정의된 함수 $f(x)$가 다음 조건을 만족시킨다.

> (가) 모든 양의 실수 $x$에 대하여
> $f'(x) = \dfrac{\ln x + k}{x}$이다.
> (나) 곡선 $y = f(x)$는 $x$축과
> 두 점 $\left(\dfrac{1}{e^2}, 0\right)$, $(1, 0)$에서 만난다.

$t > -\dfrac{1}{2}$인 실수 $t$에 대하여 직선 $y = t$가 곡선 $y = f(x)$와 만나는 두 점의 $x$좌표 중 작은 값을 $g(t)$라 하자. 곡선 $y = g(x)$와 $x$축, $y$축 및 직선 $x = \dfrac{3}{2}$으로 둘러싸인 부분의 넓이는 $\dfrac{ae + b}{e^3}$이다. $a^2 + b^2$의 값을 구하시오. (단, $k$는 상수이고, $a$, $b$는 유리수이다.)[4점]

**기하(23~30)**

**23** 좌표공간의 두 점 $A(4, 2, 3)$, $B(-2, 3, 1)$과 $x$축 위의 점 P에 대하여 $\overline{AP}=\overline{BP}$일 때, 점 P의 $x$좌표는? [2점]

① $\dfrac{1}{2}$　　　　② $\dfrac{3}{4}$

③ $1$　　　　④ $\dfrac{5}{4}$

⑤ $\dfrac{3}{2}$

**24** 두 쌍곡선
$$x^2-9y^2-2x-18y-9=0,$$
$$x^2-9y^2-2x-18y-7=0$$
중 어느 것과도 만나지 않는 직선의 개수는 2이다. 이 두 직선의 방정식을 각각 $y=ax+b$, $y=cx+d$라 할 때, $ac+bd$의 값은? (단, $a$, $b$, $c$, $d$는 상수이다.) [3점]

① $\dfrac{1}{3}$　　　　② $\dfrac{4}{9}$

③ $\dfrac{5}{9}$　　　　④ $\dfrac{2}{3}$

⑤ $\dfrac{7}{9}$

**25** 좌표평면의 점 $A(0, 2)$와 원점 O에 대하여 제1사분면의 점 B를 삼각형 AOB가 정삼각형이 되도록 잡는다. 점 $C(-\sqrt{3}, 0)$에 대하여 $|\overrightarrow{OA}+\overrightarrow{BC}|$의 값은? [3점]

① $\sqrt{13}$　　　　② $\sqrt{14}$

③ $\sqrt{15}$　　　　④ $4$

⑤ $\sqrt{17}$

**26** 그림과 같이 $\overline{AB}=1$, $\overline{AD}=2$, $\overline{AE}=3$인 직육면체 ABCD−EFGH가 있다. 선분 CG를 2:1로 내분하는 점 I에 대하여 평면 BID와 EFGH가 이루는 예각의 크기를 $\theta$라 할 때, $\cos\theta$의 값은? [3점]

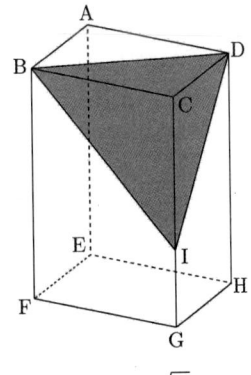

① $\dfrac{\sqrt{5}}{5}$　　　　② $\dfrac{\sqrt{6}}{6}$

③ $\dfrac{\sqrt{7}}{7}$　　　　④ $\dfrac{\sqrt{2}}{4}$

⑤ $\dfrac{1}{3}$

**27** 두 점 $F(2, 0)$, $F'(-2, 0)$을 초점으로 하고 장축의 길이가 12인 타원과 점 $F$를 초점으로 하고 직선 $x=-2$를 준선으로 하는 포물선이 제1사분면에서 만나는 점을 $A$라 하자. 타원 위의 점 $P$에 대하여 삼각형 $APF$의 넓이의 최댓값은? (단, 점 $P$는 직선 $AF$ 위의 점이 아니다.) [3점]

① $\sqrt{6}+3\sqrt{14}$    ② $2\sqrt{6}+3\sqrt{14}$

③ $2\sqrt{6}+4\sqrt{14}$    ④ $2\sqrt{6}+5\sqrt{14}$

⑤ $3\sqrt{6}+5\sqrt{14}$

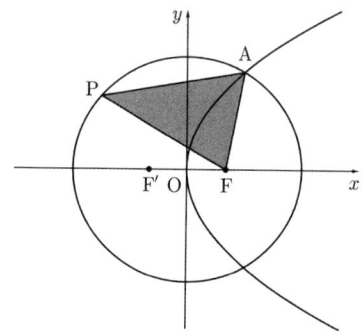

**28** 삼각형 $ABC$의 세 꼭짓점 $A$, $B$, $C$가 다음 조건을 만족시킨다.

> (가) $\overrightarrow{AB} \cdot \overrightarrow{AC} = \dfrac{1}{3}|\overrightarrow{AB}|^2$
>
> (나) $\overrightarrow{AB} \cdot \overrightarrow{CB} = \dfrac{2}{5}|\overrightarrow{AC}|^2$

점 $B$를 지나고 직선 $AB$에 수직인 직선과 직선 $AC$가 만나는 점을 $D$라 하자. $|\overrightarrow{BD}| = \sqrt{42}$일 때, 삼각형 $ABC$의 넓이는? [4점]

① $\dfrac{\sqrt{14}}{6}$    ② $\dfrac{\sqrt{14}}{5}$

③ $\dfrac{\sqrt{14}}{4}$    ④ $\dfrac{\sqrt{14}}{3}$

⑤ $\dfrac{\sqrt{14}}{2}$

**29** 초점이 $F$인 포물선 $y^2=4px(p>0)$이 점 $(-p, 0)$을 지나는 직선과 두 점 $A$, $B$에서 만나고 $\overline{FA}:\overline{FB}=1:3$이다. 점 $B$에서 $x$축에 내린 수선의 발을 $H$라 할 때, 삼각형 $BFH$의 넓이는 $46\sqrt{3}$이다. $p^2$의 값을 구하시오. [4점]

**30** 좌표공간에 두 개의 구

$C_1:(x-3)^2+(y-4)^2+(z-1)^2=1$,

$C_2:(x-3)^2+(y-8)^2+(z-5)^2=4$

가 있다. 구 $C_1$ 위의 점 $P$와 구 $C_2$ 위의 점 $Q$, $zx$ 평면 위의 점 $R$, $yz$ 평면 위의 점 $S$에 대하여 $\overline{PR}+\overline{RS}+\overline{SQ}$의 값이 최소가 되도록 하는 네 점 $P$, $Q$, $R$, $S$를 각각 $P_1$, $Q_1$, $R_1$, $S_1$이라 하자. 선분 $R_1S_1$ 위의 점 $X$에 대하여 $\overline{P_1R_1}+\overline{R_1X}=\overline{XS_1}+\overline{S_1Q_1}$일 때, 점 $X$의 $x$좌표는 $\dfrac{q}{p}$이다.

$p+q$의 값을 구하시오. (단, $p$와 $q$는 서로소인 자연수이다.) [4점]

# 2027

# 사관학교
# 10개년 수학

2023학년도 기출문제

## 수학영역

# 제3교시 수학영역

▶정답 및 해설 246p

※ 23번부터는 선택과목이니 자신이 선택한 과목(확률과 통계, 미적분, 기하)의 문제지인지 확인하시오.

**01** $\dfrac{4}{3^{-2}+3^{-3}}$의 값은? [2점]

① 9      ② 18

③ 27      ④ 36

⑤ 45

**02** 함수 $f(x)=(x^3-2x^2+3)(ax+1)$에 대하여 $f'(0)=15$일 때, 상수 $a$의 값은? [2점]

① 3      ② 5

③ 7      ④ 9

⑤ 11

**03** 등비수열 $\{a_n\}$에 대하여

$$a_2=4,\ \dfrac{(a_3)^2}{a_1\times a_7}=2$$

일 때, $a_4$의 값은? [3점]

① $\dfrac{\sqrt{2}}{2}$      ② 1

③ $\sqrt{2}$      ④ 2

⑤ $2\sqrt{2}$

**04** 함수 $y=f(x)$의 그래프가 그림과 같다.

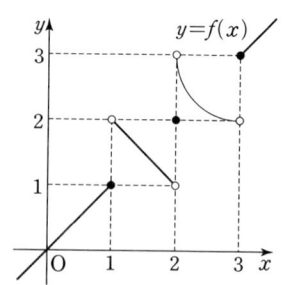

$$\lim_{x\to 1+}f(x)+\lim_{x\to 3-}f(x)$$의 값은? [3점]

① 1      ② 2

③ 3      ④ 4

⑤ 5

**05** 이차방정식 $5x^2 - x + a = 0$의 두 근이 $\sin\theta$, $\cos\theta$일 때, 상수 $a$의 값은? [3점]

① $-\dfrac{12}{5}$  ② $-2$

③ $-\dfrac{8}{5}$  ④ $-\dfrac{6}{5}$

⑤ $-\dfrac{4}{5}$

**07** 그림과 같이 직선 $y = mx + 2\,(m > 0)$이 곡선 $y = \dfrac{1}{3}\left(\dfrac{1}{2}\right)^{x-1}$과 만나는 점을 $A$, 직선 $y = mx + 2$가 $x$축, $y$축과 만나는 점을 각각 $B$, $C$라 하자. $\overline{AB} : \overline{AC} = 2 : 1$일 때, 상수 $m$의 값은? [3점]

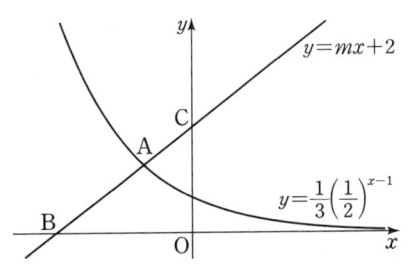

① $\dfrac{7}{12}$  ② $\dfrac{5}{8}$

③ $\dfrac{2}{3}$  ④ $\dfrac{17}{24}$

⑤ $\dfrac{3}{4}$

**06** 함수 $f(x) = \dfrac{1}{2}x^4 + ax^2 + b$가 $x = a$에서 극소이고, 극댓값 $a + 8$을 가질 때, $a + b$의 값은? (단, $a$, $b$는 상수이다.) [3점]

① 2  ② 3

③ 4  ④ 5

⑤ 6

**08** 함수
$$f(x) = \begin{cases} x^2 - 2x & (x < a) \\ 2x + b & (x \geq a) \end{cases}$$
가 실수 전체의 집합에서 미분가능할 때, $a + b$의 값은? (단, $a$, $b$는 상수이다.) [3점]

① $-4$  ② $-2$

③ $0$  ④ $2$

⑤ $4$

2023 기출문제

**09** 곡선 $y=|\log_2(-x)|$를 $y$축에 대하여 대칭이동한 후 $x$축의 방향으로 $k$만큼 평행이동한 곡선을 $y=f(x)$라 하자. 곡선 $y=f(x)$와 곡선 $y=|\log_2(-x+8)|$이 세 점에서 만나고 세 교점의 $x$좌표의 합이 18일 때, $k$의 값은? [4점]

① 1      ② 2

③ 3      ④ 4

⑤ 5

**10** 사차함수 $f(x)$가 다음 조건을 만족시킬 때, $f(2)$의 값은? [4점]

> (가) $f(0)=2$이고 $f'(4)=-24$
>
> (나) 부등식 $xf'(x)>0$을 만족시키는 모든 실수 $x$의 값의 범위는 $1<x<3$이다.

① 3      ② $\dfrac{10}{3}$

③ $\dfrac{11}{3}$      ④ 4

⑤ $\dfrac{13}{3}$

**11** 자연수 $n$에 대하여 직선 $x=n$이 직선 $y=x$와 만나는 점을 $P_n$, 곡선 $y=\dfrac{1}{20}x\left(x+\dfrac{1}{3}\right)$과 만나는 점을 $Q_n$, $x$축과 만나는 점을 $R_n$이라 하자. 두 선분 $P_nQ_n$, $Q_nR_n$의 길이 중 작은 값을 $a_n$이라 할 때, $\displaystyle\sum_{n=1}^{10}a_n$의 값은? [4점]

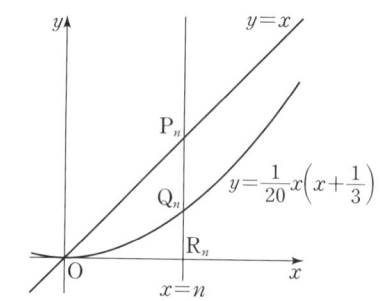

① $\dfrac{115}{6}$      ① $\dfrac{58}{3}$

③ $\dfrac{39}{2}$      ④ $\dfrac{59}{3}$

⑤ $\dfrac{119}{6}$

**12** 함수

$$f(x)=\begin{cases} x^2+1 & (x\le 2) \\ ax+b & (x>2) \end{cases}$$

에 대하여 $f(\alpha)+\displaystyle\lim_{x\to \alpha+}f(x)=4$를 만족시키는 실수 $\alpha$의 개수가 4이고, 이 네 수의 합이 8이다. $a+b$의 값은? (단, $a$, $b$는 상수이다.) [4점]

① $-\dfrac{7}{4}$      ② $-\dfrac{5}{4}$

③ $-\dfrac{3}{4}$      ④ $-\dfrac{1}{4}$

⑤ $\dfrac{1}{4}$

**13** 그림과 같이 중심이 $O_1$이고 반지름의 길이가 $r(r>3)$인 원 $C_1$과 중심이 $O_2$이고 반지름의 길이가 1인 원 $C_2$에 대하여 $\overline{O_1O_2}=2$이다. 원 $C_1$ 위를 움직이는 점 $A$에 대하여 직선 $AO_2$가 원 $C_1$과 만나는 점 중 $A$가 아닌 점을 $B$라 하자. 원 $C_2$ 위를 움직이는 점 $C$에 대하여 직선 $AC$가 원 $C_1$과 만나는 점 중 $A$가 아닌 점을 $D$라 하자. 다음은 $\overline{BD}$가 최대가 되도록 네 점 $A$, $B$, $C$, $D$를 정할 때, $\overline{O_1C}^2$을 $r$에 대한 식으로 나타내는 과정이다.

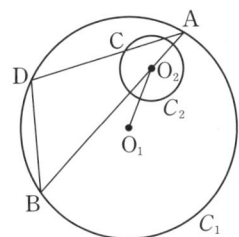

삼각형 $ADB$에서 사인법칙에 의하여
$$\frac{\overline{BD}}{\sin A}=\boxed{(가)}$$
이므로 $\overline{BD}$가 최대이려면 직선 $AD$가 원 $C_2$와 점 $C$에서 접해야 한다.

이 때 직각삼각형 $ACO_2$에서
$$\sin A=\frac{1}{\overline{AO_2}}$$
이므로
$$\overline{BD}=\frac{1}{\overline{AO_2}}\times\boxed{(가)}$$
이다.

그러므로 직선 $AD$가 원 $C_2$와 점 $C$에서 접하고 $\overline{AO_2}$가 최소일 때 $\overline{BD}$는 최대이다.
$\overline{AO_2}$의 최솟값은 $\boxed{(나)}$
이므로 $\overline{BD}$가 최대일 때,
$$\overline{O_1C}^2=\boxed{(다)}$$
이다.

위의 (가), (나), (다)에 알맞은 식을 각각 $f(r), g(r), h(r)$라 할 때, $f(4)\times g(5)\times h(6)$의 값은? [4점]

① 216            ② 192

③ 168            ④ 144

⑤ 120

**14** 최고차항의 계수가 1인 이차함수 $f(x)$에 대하여 함수 $g(x)$를
$$g(x)=\begin{cases} f(x) & (x<1) \\ 2f(1)-f(x) & (x\geq1) \end{cases}$$
이라 하자. 함수 $g(x)$에 대하여 〈보기〉에서 옳은 것만을 있는 대로 고른 것은? [4점]

〈보기〉

ㄱ. 함수 $g(x)$는 실수 전체의 집합에서 연속이다.

ㄴ. $\lim\limits_{h\to0+}\dfrac{g(-1+h)+g(-1-h)-6}{h}=a$ ($a$는 상수)이고 $g(1)=1$이면 $g(a)=1$이다.

ㄷ. $\lim\limits_{h\to0+}\dfrac{g(b+h)+g(b-h)-6}{h}=4$ ($b$는 상수)이면 $g(4)=1$이다.

① ㄱ            ② ㄱ, ㄴ

③ ㄱ, ㄷ         ④ ㄴ, ㄷ

⑤ ㄱ, ㄴ, ㄷ

2023 기출문제

**15** 함수

$$f(x) = \left| 2a\cos\frac{b}{2}x - (a-2)(b-2) \right|$$

가 다음 조건을 만족시키도록 하는 10 이하의 자연수 $a$, $b$의 모든 순서쌍 $(a, b)$의 개수는? [4점]

> (가) 함수 $f(x)$는 주기가 $\pi$인 주기함수이다.
> (나) $0 \le x \le 2\pi$에서 함수 $y = f(x)$의 그래프와 직선 $y = 2a - 1$의 교점의 개수는 4 이다.

① 11       ② 13

③ 15       ④ 17

⑤ 19

**16** $\log_3 a \times \log_3 b = 2$이고 $\log_a 3 + \log_b 3 = 4$일 때, $\log_3 ab$의 값을 구하시오. [3점]

**17** 함수 $f(x) = 3x^3 - x + a$에 대하여 곡선 $y = f(x)$ 위의 점 $(1, f(1))$에서의 접선이 원점을 지날 때, 상수 $a$의 값을 구하시오.

[3점]

**18** 곡선 $y = x^3 + 2x$와 $y$축 및 직선 $y = 3x + 6$으로 둘러싸인 부분의 넓이를 구하시오. [3점]

**19** 수열 $\{a_n\}$은 $a_1=1$이고, 모든 자연수 $n$에 대하여
$$a_{2n}=2a_n, \ a_{2n+1}=3a_n$$
을 만족시킨다. $a_7+a_k=73$인 자연수 $k$의 값을 구하시오. [3점]

**20** 원점을 출발하여 수직선 위를 움직이는 점 $P$의 시각 $t(t\geq0)$에서의 속도는
$$v(t)=|at-b|-4 \ (a>0, \ b>4)$$
이다. 시각 $t=0$에서 $t=k$까지 점 $P$가 움직인 거리를 $s(k)$, 시각 $t=0$에서 $t=k$까지 점 $P$의 위치의 변화량을 $x(k)$라 할 때, 두 함수 $s(k)$, $x(k)$가 다음 조건을 만족시킨다.

> (가) $0\leq k<3$이면 $s(k)-x(k)<8$이다.
> (나) $k\geq3$이면 $s(k)-x(k)=8$이다.

시각 $t=1$에서 $t=6$까지 점 $P$의 위치의 변화량을 구하시오. (단, $a$, $b$는 상수이다.)
[4점]

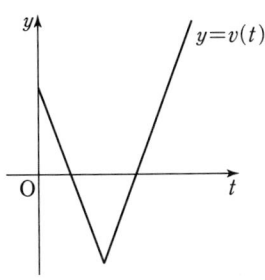

**21** 등차수열 $\{a_n\}$이 다음 조건을 만족시킨다.

> (가) $a_6+a_7=-\dfrac{1}{2}$
> (나) $a_l+a_m=1$이 되도록 하는 두 자연수 $l$, $m(l<m)$의 모든 순서쌍 $(l, m)$의 개수는 6이다.

등차수열 $\{a_n\}$의 첫째항부터 제14항까지의 합을 $S$라 할 때, $2S$의 값을 구하시오. [4점]

**22** 최고차항의 계수가 정수인 삼차함수 $f(x)$에 대하여 $f(1)=1$, $f'(1)=0$이다. 함수 $g(x)$를
$$g(x)=f(x)+|f(x)-1|$$
이라 할 때, 함수 $g(x)$가 다음 조건을 만족시키도록 하는 함수 $f(x)$의 개수를 구하시오. [4점]

> (가) 두 함수 $y=f(x)$, $y=g(x)$의 그래프의 모든 교점의 $x$좌표의 합은 3이다.
> (나) 모든 자연수 $n$에 대하여
> $$n<\int_0^n g(x)dx<n+16$$
> 이다.

2023 기출문제

**23** $(x+2)^6$의 전개식에서 $x^4$의 계수는? [2점]

① 58      ② 60

③ 62      ④ 64

⑤ 66

**24** 이산확률변수 $X$의 확률분포를 표로 나타내면 다음과 같다.

| $X$ | 1 | 2 | 3 | 합계 |
|:---:|:---:|:---:|:---:|:---:|
| $P(X=x)$ | $a$ | $\dfrac{a}{2}$ | $\dfrac{a}{3}$ | 1 |

$E(11X+2)$의 값은? [3점]

① 18      ② 19

③ 20      ④ 21

⑤ 22

**25** 어느 회사에서 근무하는 직원들의 일주일 근무 시간은 평균이 42시간, 표준편차가 4시간인 정규분포를 따른다고

| $z$ | $P(0 \leq Z \leq z)$ |
|:---:|:---:|
| 0.5 | 0.1915 |
| 1.0 | 0.3413 |
| 1.5 | 0.4332 |
| 2.0 | 0.4772 |

한다. 이 회사에서 근무하는 직원 중에서 임의추출한 4명의 일주일 근무 시간의 표본평균이 43시간 이상일 확률을 다음의 표준정규분포표를 이용하여 구한 것은? [3점]

① 0.0228      ② 0.0668

③ 0.01587      ④ 0.3085

⑤ 0.3413

**26** 세 학생 $A$, $B$, $C$를 포함한 6명의 학생이 있다. 이 6명의 학생이 일정한 간격을 두고 원 모양의 탁자에 모두 둘러앉을 때, $A$와 $C$는 이웃하지 않고, $B$와 $C$도 이웃하지 않도록 앉는 경우의 수는? (단, 회전하여 일치하는 것은 같은 것으로 본다.) [3점]

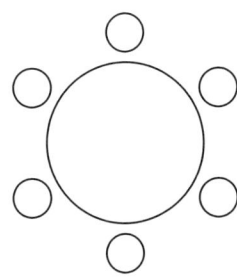

① 24    ② 30

③ 36    ④ 42

⑤ 48

**27** 한 개의 주사위를 두 번 던져서 나온 눈의 수를 차례로 $a$, $b$라 하자. 이차부등식 $ax^2+2bx+a-3\leq0$의 해가 존재할 확률은? [3점]

① $\dfrac{7}{9}$    ② $\dfrac{29}{36}$

③ $\dfrac{5}{6}$    ④ $\dfrac{31}{36}$

⑤ $\dfrac{8}{9}$

**28** 두 집합 $X=\{1, 2, 3, 4\}$, $Y=\{0, 1, 2, 3, 4, 5, 6\}$에 대하여 $X$에서 $Y$로의 함수 $f$ 중에서 $f(1)+f(2)+f(3)+f(4)=8$ 을 만족시키는 함수 $f$의 개수는? [4점]

① 137    ② 141

③ 145    ④ 149

⑤ 153

2023 기출문제

**29** 서로 다른 두 자연수 $a$, $b$에 대하여 두 확률변수 $X$, $Y$가 각각 정규분포 $N(a, \sigma^2)$, $N(2b-a, \sigma^2)$을 따른다. 확률변수 $X$의 확률밀도함수 $f(x)$와 확률변수 $Y$의 확률밀도함수 $g(x)$가 다음 조건을 만족시킬 때, $a+b$의 값을 구하시오. [4점]

> (가) $P(X \leq 11) = P(Y \geq 11)$
> (나) $f(17) < g(10) < f(15)$

**30** 그림과 같이 두 주머니 $A$와 $B$에 흰 공 1개, 검은 공 1개가 각각 들어 있다. 주머니 $A$에 들어 있는 공의 개수 또는 주머니 $B$에 들어 있는 공의 개수가 0이 될 때까지 다음의 시행을 반복한다.

> 두 주머니 $A$, $B$에서 각각 임의로 하나씩 꺼낸 두 개의 공이 서로 같은 색이면 꺼낸 공을 모두 주머니 $A$에 넣고, 서로 다른 색이면 꺼낸 공을 모두 주머니 $B$에 넣는다.

4번째 시행의 결과 주머니 $A$에 들어 있는 공의 개수가 0일 때, 2번째 시행의 결과 주머니 $A$에 들어 있는 흰 공의 개수가 1 이상일 확률은 $p$이다. $36p$의 값을 구하시오. [4점]

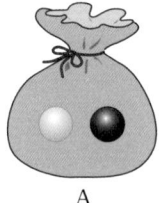 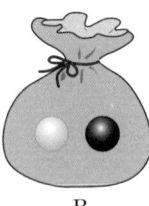

A        B

**미적분(23~30)**

**23** $\lim\limits_{n\to\infty}\dfrac{1}{\sqrt{an^2+bn}-\sqrt{n^2-1}}=4$일 때, $ab$의 값은? (단, $a$, $b$는 상수이다.) [2점]

① $\dfrac{1}{4}$    ② $\dfrac{1}{2}$

③ $\dfrac{3}{4}$    ④ $1$

⑤ $\dfrac{5}{4}$

**24** 함수 $f(x)=x^3+3x+1$의 역함수를 $g(x)$라 하자. 함수 $h(x)=e^x$에 대하여 $(h\circ g)'(5)$의 값은? [3점]

① $\dfrac{e}{8}$    ② $\dfrac{e}{7}$

③ $\dfrac{e}{6}$    ④ $\dfrac{e}{5}$

⑤ $\dfrac{e}{4}$

**25** 함수 $f(x)=x^2e^{x^2-1}$에 대하여 $\lim\limits_{n\to\infty}\sum\limits_{k=1}^{n}\dfrac{2}{n+k}f\left(1+\dfrac{k}{n}\right)$의 값은? [3점]

① $e^3-1$    ② $e^3-\dfrac{1}{e}$

③ $e^4-1$    ④ $e^4-\dfrac{1}{e}$

⑤ $e^5-1$

**26** 구간 $(0,\infty)$에서 정의된 미분가능한 함수 $f(x)$가 있다. 모든 양수 $t$에 대하여 곡선 $y=f(x)$ 위의 점 $(t,f(t))$에서의 접선의 기울기는 $\dfrac{\ln t}{t^2}$이다. $f(1)=0$일 때, $f(e)$의 값은? [3점]

① $\dfrac{e-2}{3e}$    ② $\dfrac{e-2}{2e}$

③ $\dfrac{e-1}{3e}$    ④ $\dfrac{e-2}{e}$

⑤ $\dfrac{e-1}{e}$

제3교시 수학영역

**27** 그림과 같이 $\overline{A_1B_1}=4$, $\overline{A_1D_1}=3$인 직사각형 $A_1B_1C_1D_1$이 있다. 선분 $A_1D_1$을 $1:2$, $2:1$로 내분하는 점을 각각 $E_1$, $F_1$이라 하고, 두 선분 $A_1B_1$, $D_1C_1$을 $1:3$으로 내분하는 점을 각각 $G_1$, $H_1$이라 하자. 두 삼각형 $C_1E_1G_1$, $B_1H_1F_1$로 만들어진 ✕모양의 도형에 색칠하여 얻은 그림을 $R_1$이라 하자.

그림 $R_1$에서 두 선분 $B_1H_1$, $C_1G_1$이 만나는 점을 $I_1$이라 하자. 선분 $B_1I_1$ 위의 점 $A_2$, 선분 $C_1I_1$ 위의 점 $D_2$, 선분 $B_1C_1$ 위의 두 점 $B_2$, $C_2$를 $\overline{A_2B_2}:\overline{A_2D_2}=4:3$인 직사각형 $A_2B_2C_2D_2$가 되도록 잡는다. 그림 $R_1$을 얻는 것과 같은 방법으로 직사각형 $A_2B_2C_2D_2$에 ✕모양의 도형을 그리고 색칠하여 얻은 그림을 $R_2$라 하자.

이와 같은 과정을 계속하여 $n$번째 얻은 그림 $R_n$에 색칠되어 있는 부분의 넓이를 $S_n$이라 할 때, $\lim\limits_{n\to\infty}S_n$의 값은? [3점]

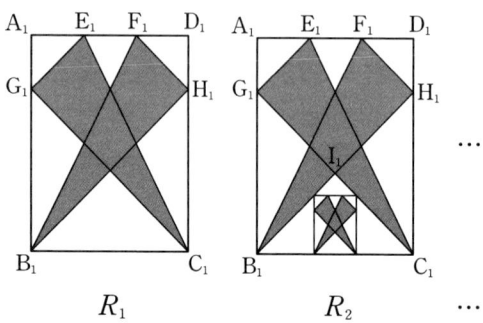

$R_1$        $R_2$

① $\dfrac{347}{64}$          ② $\dfrac{351}{64}$

③ $\dfrac{355}{64}$          ④ $\dfrac{359}{64}$

⑤ $\dfrac{363}{64}$

**28** $0<a<1$인 실수 $a$에 대하여 구간 $\left[0,\dfrac{\pi}{2}\right)$에서 정의된 함수

$y=\sin x$, $y=a\tan x$

의 그래프로 둘러싸인 부분의 넓이를 $f(a)$라 할 때, $f'\left(\dfrac{1}{e^2}\right)$의 값은? [4점]

① $-\dfrac{5}{2}$          ② $-2$

③ $-\dfrac{3}{2}$          ④ $-1$

⑤ $-\dfrac{1}{2}$

**29** 그림과 같이 반지름의 길이가 5이고 중심각의 크기가 $\frac{\pi}{2}$인 부채꼴 $OAB$에서 선분 $OB$를 $2:3$으로 내분하는 점을 $C$라 하자. 점 $P$에서 호 $AB$에 접하는 직선과 직선 $OB$의 교점을 $Q$라 하고, 점 $C$에서 선분 $PB$에 내린 수선의 발을 $R$, 점 $R$에서 선분 $PQ$에 내린 수선의 발을 $S$라 하자. $\angle POB=\theta$일 때, 삼각형 $OCP$의 넓이를 $f(\theta)$, 삼각형 $PRS$의 넓이를 $g(\theta)$라 하자.

$80 \times \displaystyle\lim_{\theta \to 0+} \frac{g(\theta)}{\theta^2 \times f(\theta)}$의 값을 구하시오.

$\left(\text{단, } 0 < \theta < \dfrac{\pi}{2}\right)$ [4점]

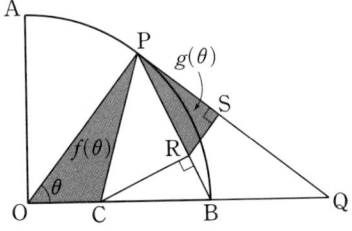

**30** 최고차항의 계수가 $-2$인 이차함수 $f(x)$와 두 실수 $a\,(a>0)$, $b$에 대하여 함수

$$g(x) = \begin{cases} \dfrac{f(x+1)}{x} & (x<0) \\ f(x)e^{x-a}+b & (x \geq 0) \end{cases}$$

이 다음 조건을 만족시킨다.

---

(가) $\displaystyle\lim_{x \to 0-} g(x) = 2$이고 $g'(a) = -2$이다.

(나) $s < 0 \leq t$이면 $\dfrac{g(t)-g(s)}{t-s} \leq -2$이다.

---

$a-b$의 최솟값을 구하시오. [4점]

## 기하(23~30)

**23** 좌표공간에서 점 $P(2, 1, 3)$을 $x$축에 대하여 대칭이동한 점 $Q$에 대하여 선분 $PQ$의 길이는? [2점]

① $2\sqrt{10}$    ② $2\sqrt{11}$

③ $4\sqrt{3}$    ④ $2\sqrt{13}$

⑤ $2\sqrt{14}$

**24** 그림과 같이 평면 $\alpha$ 위에 $\angle BAC = \dfrac{\pi}{2}$이고 $\overline{AB}=1$, $\overline{AC}=\sqrt{3}$인 직각삼각형 $ABC$가 있다. 점 $A$를 지나고 평면 $\alpha$에 수직인 직선 위의 점 $P$에 대하여 $\overline{PA}=2$일 때, 점 $P$와 직선 $BC$ 사이의 거리는? [3점]

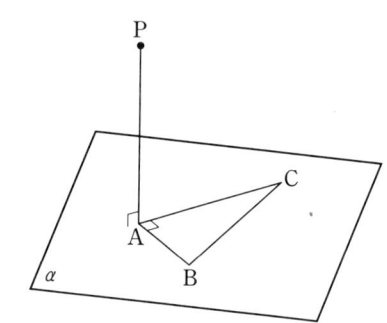

① $\dfrac{\sqrt{17}}{2}$    ② $\dfrac{\sqrt{70}}{4}$

③ $\dfrac{3\sqrt{2}}{2}$    ④ $\dfrac{\sqrt{74}}{4}$

⑤ $\dfrac{\sqrt{19}}{2}$

**25** 타원 $\dfrac{x^2}{16}+\dfrac{y^2}{9}=1$과 두 점 $A(4, 0)$, $B(0, -3)$이 있다. 이 타원 위의 점 $P$에 대하여 삼각형 $ABP$의 넓이가 $k$가 되도록 하는 점 $P$의 개수가 3일 때, 상수 $k$의 값은? [3점]

① $3\sqrt{2}-3$    ② $6\sqrt{2}-7$

③ $3\sqrt{2}-2$    ④ $6\sqrt{2}-6$

⑤ $6\sqrt{2}-5$

**26** 그림과 같이 정삼각형 $ABC$에서 선분 $BC$의 중점을 $M$이라 하고, 직선 $AM$이 정삼각형 $ABC$의 외접원과 만나는 점 중 $A$가 아닌 점을 $D$라 하자. $\overrightarrow{AD}=m\overrightarrow{AB}+n\overrightarrow{AC}$일 때, $m+n$의 값은? (단, $m$, $n$은 상수이다.) [3점]

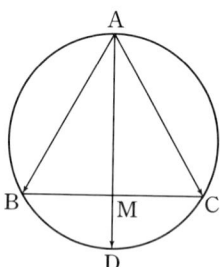

① $\dfrac{7}{6}$    ② $\dfrac{5}{4}$

③ $\dfrac{4}{3}$    ④ $\dfrac{17}{12}$

⑤ $\dfrac{3}{2}$

**27** 그림과 같이 두 초점이 $F$, $F'$인 쌍곡선 $ax^2 - 4y^2 = a$ 위의 점 중 제1사분면에 있는 점 $P$와 선분 $PF'$ 위의 점 $Q$에 대하여 삼각형 $PQF$는 한 변의 길이가 $\sqrt{6}-1$인 정삼각형이다. 상수 $a$의 값은? (단, 점 $F$의 $x$좌표는 양수이다.) [3점]

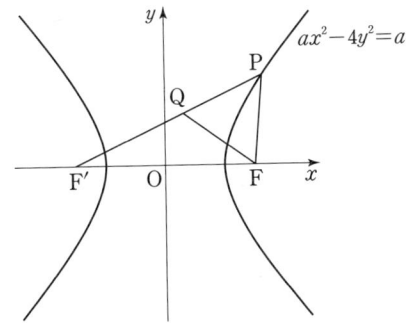

① $\dfrac{9}{2}$

② $5$

③ $\dfrac{11}{2}$

④ $6$

⑤ $\dfrac{13}{2}$

**28** 점 $F$를 초점으로 하고 직선 $l$을 준선으로 하는 포물선이 있다. 포물선 위의 두 점 $A$, $B$와 점 $F$를 지나는 직선이 직선 $l$과 만나는 점을 $C$라 하자. 두 점 $A$, $B$에서 직선 $l$에 내린 수선의 발을 각각 $H$, $I$라 하고 점 $B$에서 직선 $AH$에 내린 수선의 발을 $J$라 하자. $\dfrac{\overline{BJ}}{\overline{BI}} = \dfrac{2\sqrt{15}}{3}$이고 $\overline{AB} = 8\sqrt{5}$일 때, 선분 $HC$의 길이는? [4점]

① $21\sqrt{3}$

② $22\sqrt{3}$

③ $23\sqrt{3}$

④ $24\sqrt{3}$

⑤ $25\sqrt{3}$

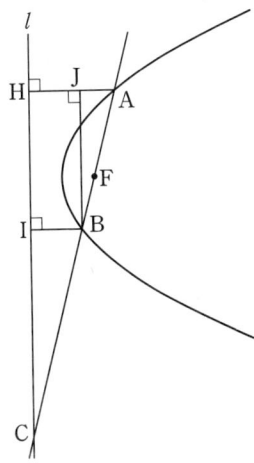

**29** 좌표공간에 점 $(4, 3, 2)$를 중심으로 하고 원점을 지나는 구

$$S : (x-4)^2 + (y-3)^2 + (z-2)^2 = 29$$

가 있다. 구 $S$ 위의 점 $P(a, b, 7)$에 대하여 직선 $OP$를 포함하는 평면 $\alpha$가 구 $S$와 만나서 생기는 원을 $C$라 하자. 평면 $\alpha$와 원 $C$가 다음 조건을 만족시킨다.

> (가) 직선 $OP$와 $xy$평면이 이루는 각의 크기와 평면 $\alpha$와 $xy$평면이 이루는 각의 크기는 같다.
> (나) 선분 $OP$는 원 $C$의 지름이다.

$a^2 + b^2 < 25$일 때, 원 $C$의 $xy$평면 위로의 정사영의 넓이는 $k\pi$이다. $8k^2$의 값을 구하시오. (단, $O$는 원점이다.) [4점]

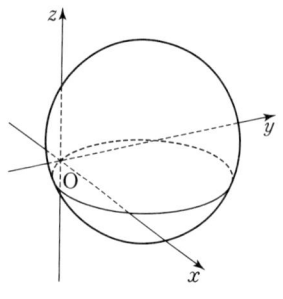

**30** 좌표평면 위의 세 점 $A(6, 0)$, $B(2, 6)$, $C(k, -2k)$ $(k > 0)$과 삼각형 $ABC$의 내부 또는 변 위의 점 $P$가 다음 조건을 만족시킨다.

> (가) $5\overrightarrow{BA} \cdot \overrightarrow{OP} - \overrightarrow{OB} \cdot \overrightarrow{AP} = \overrightarrow{OA} \cdot \overrightarrow{OB}$
> (나) 점 $P$가 나타내는 도형의 길이는 $\sqrt{5}$이다.

$\overrightarrow{OA} \cdot \overrightarrow{CP}$의 최댓값을 구하시오. (단, $O$는 원점이다.) [4점]

# 2027
# 사관학교

# 10개년 수학

**2022**학년도 기출문제

## 수학영역

# 제**3**교시 수학영역

▶정답 및 해설 255p

※ 23번부터는 선택과목이니 자신이 선택한 과목(확률과 통계, 미적분, 기하)의 문제지인지 확인하시오.

**01** $\lim\limits_{x \to 2} \dfrac{x^2 - x + a}{x - 2} = b$일 때, $a + b$의 값은?

(단, $a$, $b$는 상수이다.) [2점]

① 1　　　　② 2

③ 3　　　　④ 4

⑤ 5

**03** $\sum\limits_{k=1}^{9} k(2k+1)$의 값은? [3점]

① 600　　　　② 605

③ 610　　　　④ 615

⑤ 620

**02** 등비수열 $\{a_n\}$에 대하여

$$a_3 = 1, \ \dfrac{a_4 + a_5}{a_2 + a_3} = 4$$

일 때, $a_9$의 값은? [2점]

① 8　　　　② 16

③ 32　　　　④ 64

⑤ 128

**04** 함수 $f(x) = x^3 - 4x^2 + ax + 6$에 대하여

$$\lim\limits_{h \to 0} \dfrac{f(2+h) - f(2)}{h \times f(h)} = 1$$

일 때, 상수 $a$의 값은? [3점]

① 2　　　　② 4

③ 6　　　　④ 8

⑤ 10

**05** 다항함수 $f(x)$의 도함수 $f'(x)$가
$$f'(x) = 4x^3 + ax$$
이고 $f(0) = -2$, $f(1) = 1$일 때, $f(2)$의
값은? (단, $a$는 상수이다.) [3점]

① 18      ② 19

③ 20      ④ 21

⑤ 22

**06** $\sqrt[m]{64} \times \sqrt[n]{81}$의 값이 자연수가 되도록 하는 2 이상의 자연수 $m$, $n$의 모든 순서쌍 $(m, n)$ 의 개수는? [3점]

① 2      ② 4

③ 6      ④ 8

⑤ 10

**07** 함수 $f(x) = \cos^2 x - 4\cos\left(x + \dfrac{\pi}{2}\right) + 3$의
최댓값은? [3점]

① 1      ② 3

③ 5      ④ 7

⑤ 9

**08** 그림과 같은 5개의 칸에 5개의 수 $\log_a 2$, $\log_a 4$, $\log_a 8$, $\log_a 32$, $\log_a 128$을 한 칸 에 하나씩 적는다. 가로로 나열된 3개의 칸에 적힌 세 수의 합과 세로로 나열된 3개의 칸에 적힌 세 수의 합이 15로 같을 때, $a$의 값은?

[3점]

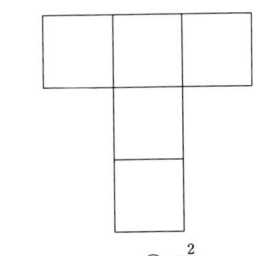

① $2^{\frac{1}{3}}$      ② $2^{\frac{2}{3}}$

③ $2$      ④ $2^{\frac{4}{3}}$

⑤ $2^{\frac{5}{3}}$

**09** 첫째항이 $1$인 등차수열 $\{a_n\}$이 있다. 모든 자연수 $n$에 대하여

$$S_n = \sum_{k=1}^{n} a_k, \ T_n = \sum_{k=1}^{n} (-1)^k a_k$$

라 하자. $\dfrac{S_{10}}{T_{10}} = 6$일 때, $T_{37}$의 값은? [4점]

① 7      ② 9

③ 11      ④ 13

⑤ 15

**10** 양의 실수 $a$에 대하여 함수 $f(x)$를

$$f(x) = \begin{cases} x^2 - 5a & (x < a) \\ -2x + 4 & (x \geq a) \end{cases}$$

라 하자. 함수 $f(-x)f(x)$가 $x = a$에서 연속이 되도록 하는 모든 $a$의 값의 합은? [4점]

① 9      ② 10

③ 11      ④ 12

⑤ 13

**11** 시각 $t = 0$일 때 동시에 원점을 출발하여 수직선 위를 움직이는 두 점 P, Q의 시각 $t(t \geq 0)$에서의 속도가 각각

$$v_1(t) = 3t^2 - 6t, \ v_2(t) = 2t$$

이다. 두 점 P, Q가 시각 $t = a(a > 0)$에서 만날 때, 시각 $t = 0$에서 $t = a$까지 점 P가 움직인 거리는? [4점]

① 22      ② 24

③ 26      ④ 28

⑤ 30

**12** 닫힌구간 $[-1, 3]$에서 정의된 함수

$$f(x) = \begin{cases} x^3 - 6x^2 + 5 & (-1 \leq x \leq 1) \\ x^2 - 4x + a & (1 < x \leq 3) \end{cases}$$

의 최댓값과 최솟값의 합이 $0$일 때, $\displaystyle\lim_{x \to 1+} f(x)$의 값은? (단, $a$는 상수이다.) [4점]

① $-5$      ② $-\dfrac{9}{2}$

③ $-4$      ④ $-\dfrac{7}{2}$

⑤ $-3$

**13** $a>1$인 실수 $a$에 대하여 좌표평면에 두 곡선

$$y=a^x, \quad y=|a^{-x-1}-1|$$

이 있다. 〈보기〉에서 옳은 것만을 있는 대로 고른 것은? [4점]

---

〈보기〉

ㄱ. 곡선 $y=|a^{-x-1}-1|$은 점 $(-1,\ 0)$을 지난다.

ㄴ. $a=4$이면 두 곡선의 교점의 개수는 2이다.

ㄷ. $a>4$이면 두 곡선의 모든 교점의 $x$좌표의 합은 $-2$보다 크다.

---

① ㄱ      ② ㄱ, ㄴ

③ ㄱ, ㄷ      ④ ㄴ, ㄷ

⑤ ㄱ, ㄴ, ㄷ

**14** 함수 $f(x)=x^3-x$와 상수 $a(a>-1)$에 대하여 곡선 $y=f(x)$ 위의 두 점 $(-1,\ f(-1))$, $(a,\ f(a))$를 지나는 직선을 $y=g(x)$라 하자. 함수

$$h(x)=\begin{cases} f(x) & (x<-1) \\ g(x) & (-1\le x\le a) \\ f(x-m)+n & (x>a) \end{cases}$$

가 다음 조건을 만족시킨다.

---

(가) 함수 $h(x)$는 실수 전체의 집합에서 미분가능하다.

(나) 함수 $h(x)$는 일대일 대응이다.

---

$m+n$의 값은? (단, $m$, $n$은 상수이다.)

[4점]

① 1      ② 3

③ 5      ④ 7

⑤ 9

**15** 다음 조건을 만족시키는 모든 수열 $\{a_n\}$에 대하여 $a_1$의 최솟값을 $m$이라 하자.

---

(가) 수열 $\{a\}$의 모든 항은 정수이다.

(나) 모든 자연수 $n$에 대하여
$a_{2n}=a_3\times a_n+1$, $a_{2n+1}=2a_n-a_2$이다.

---

$a_1=m$인 수열 $\{a_n\}$에 대하여 $a_9$의 값은?

[4점]

① $-53$      ② $-51$

③ $-49$      ④ $-47$

⑤ $-45$

**16** 함수 $f(x)=(x+3)(x^3+x)$의 $x=1$에서의 미분계수를 구하시오. [3점]

2022 기출문제

**17** $0 \leq x < 8$일 때, 방정식 $\sin\dfrac{\pi x}{2} = \dfrac{3}{4}$의 모든 해의 합을 구하시오. [3점]

**18** 모든 양의 실수 $x$에 대하여 부등식
$$x^3 - 5x^2 + 3x + n \geq 0$$
이 항상 성립하도록 하는 자연수 $n$의 최솟값을 구하시오. [3점]

**19** 함수 $f(x) = \log_2 kx$에 대하여 곡선 $y = f(x)$와 직선 $y = x$가 두 점 A, B에서 만나고 $\overline{OA} = \overline{AB}$이다. 함수 $f(x)$의 역함수를 $g(x)$라 할 때, $g(5)$의 값을 구하시오. (단, $k$는 0이 아닌 상수이고, O는 원점이다.) [3점]

**20** 양의 실수 $a$에 대하여 함수 $f(x)$를
$$f(x) = \begin{cases} \dfrac{3}{a}x^2 & (-a \leq x \leq a) \\ 3a & (x < -a \text{ 또는 } x > a) \end{cases}$$
라 하자. 함수 $y = f(x)$의 그래프와 $x$축 및 두 직선 $x = -3$, $x = 3$으로 둘러싸인 부분의 넓이가 8이 되도록 하는 모든 $a$의 값의 합은 $S$이다. $40S$의 값을 구하시오. [4점]

**21** $\angle \mathrm{BAC}=\theta\left(\dfrac{2}{3}\pi\leq\theta<\dfrac{3}{4}\pi\right)$인 삼각형 ABC의 외접원의 중심을 O, 세 점 B, O, C 를 지나는 원의 중심을 O′이라 하자. 다음은 점 O′이 선분 AB 위에 있을 때, $\dfrac{\overline{\mathrm{BC}}}{\overline{\mathrm{AC}}}$의 값 을 $\theta$에 대한 식으로 나타내는 과정이다.

---

삼각형 ABC의 외접원의 반지름의 길이를 $R$라 하면 사인법칙에 의하여

$$\dfrac{\overline{\mathrm{BC}}}{\sin\theta}=2R$$

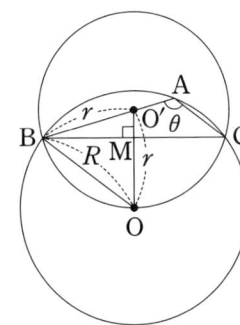

세 점 B, O, C를 지나는 원의 반지름의 길이 를 $r$라 하자. 선분 O′O는 선분 BC를 수직이 등분하므로 이 두 선분의 교점을 M이라 하면

$$\overline{\mathrm{O'M}}-r-\overline{\mathrm{OM}}=r-|R\cos\theta|$$

직각삼각형 O′BM에서

$$R=\boxed{\text{(가)}}\times r$$

이므로

$$\sin(\angle \mathrm{O'BM})=\boxed{\text{(나)}}$$

따라서 삼각형 ABC에서 사인법칙에 의하여

$$\dfrac{\overline{\mathrm{BC}}}{\overline{\mathrm{AC}}}=\boxed{\text{(다)}}$$

---

위의 (가), (나), (다)에 알맞은 식을 각각 $f(\theta),g(\theta),h(\theta)$라 하자. $\cos\alpha=-\dfrac{3}{5}$, $\cos\beta=-\dfrac{\sqrt{10}}{5}$인 $\alpha$, $\beta$에 대 하여 $f(\alpha)+g(\beta)+\left\{h\left(\dfrac{2}{3}\pi\right)\right\}^2=\dfrac{q}{p}$이다. $p+q$의 값을 구하시오. (단, $p$와 $q$는 서로소인 자연수이다.) [4점]

**22** 일차함수 $f(x)$에 대하여 함수 $g(x)$를

$$g(x)=\int_0^x(x-2)f(s)ds$$

라 하자. 실수 $t$에 대하여 직선 $y=tx$와 곡 선 $g(x)$가 만나는 점의 개수를 $h(t)$라 할 때, 다음 조건을 만족시키는 모든 함수 $g(x)$ 에 대하여 $g(4)$의 값의 합을 구하시오. [4점]

---

$g(k)=0$을 만족시키는 모든 실수 $k$에 대하 여 함수 $h(t)$는 $t=-k$에서 불연속이다.

---

확률과 통계(23~30)

**23** 다항식 $(2x+1)^6$의 전개식에서 $x^2$의 계수는? [2점]

① 40      ② 60

③ 80      ④ 100

⑤ 120

**24** 숫자 1, 2, 3, 4, 5, 6이 하나씩 적혀 있는 6개의 공이 있다. 이 6개의 공을 일정한 간격을 두고 원형을 배열할 때, 3의 배수가 적혀 있는 두 공이 서로 이웃하도록 배열하는 경우의 수는? (단, 회전하여 일치하는 것은 같은 것으로 본다.) [3점]

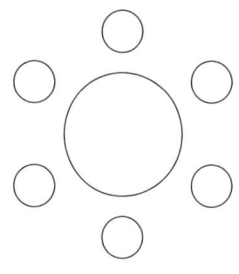

① 48      ② 54

③ 60      ④ 66

⑤ 72

**25** 어느 학교의 컴퓨터 동아리는 남학생 21명, 여학생 18명으로 이루어져 있고, 모든 학생은 데스크톱 컴퓨터와 노트북 컴퓨터 중 한 가지만 사용한다고 한다. 이 동아리의 남학생 중에서 데스크톱 컴퓨터를 사용하는 학생은 15명이고, 여학생 중에서 노트북 컴퓨터를 사용하는 학생은 10명이다. 이 동아리 학생 중에서 임의로 선택한 1명이 데스크톱 컴퓨터를 사용하는 학생일 때, 이 학생이 남학생일 확률은? [3점]

① $\dfrac{8}{21}$      ② $\dfrac{10}{21}$

③ $\dfrac{15}{23}$      ④ $\dfrac{5}{7}$

⑤ $\dfrac{18}{23}$

**26** 1부터 10까지의 자연수가 하나씩 적혀 있는 10장의 카드가 있다. 이 10장의 카드 중에서 임의로 선택한 서로 다른 3장의 카드에 적혀 있는 세 수의 곱이 4의 배수일 확률은? [3점]

① $\dfrac{1}{6}$  　　② $\dfrac{1}{3}$

③ $\dfrac{1}{2}$  　　④ $\dfrac{2}{3}$

⑤ $\dfrac{5}{6}$

**28** 두 집합 $X=\{1,\ 2,\ 3,\ 4,\ 5,\ 6,\ 7,\ 8\}$, $Y=\{1,\ 2,\ 3\}$에 대하여 다음 조건을 만족시키는 모든 함수 $f:X \to Y$의 개수는? [4점]

> (가) 집합 $X$의 임의의 두 원소 $x_1$, $x_2$에 대하여 $x_1<x_2$이면 $f(x_1)\leq f(x_2)$이다.
> (나) 집합 $X$의 모든 원소 $x$에 대하여 $(f\circ f\circ f)(x)=1$이다.

① 24  　　② 27

③ 30  　　④ 33

⑤ 36

**27** 평균이 $100$, 표준편차가 $\sigma$인 정규분포를 따르는 모집단에서 크기가 $25$인 표본을 임의추출하여 구한 표본평균을 $\overline{X}$라 하자.

| $z$ | $P(0\leq Z\leq z)$ |
|---|---|
| 1.5 | 0.4332 |
| 2.0 | 0.4772 |
| 2.5 | 0.4938 |
| 3.0 | 0.4987 |

$P(98\leq \overline{X}\leq 102)=0.9876$일 때, $\sigma$의 값을 오른쪽 표준정규분포표를 이용하여 구한 것은? [3점]

① 2  　　② $\dfrac{5}{2}$

③ 3  　　④ $\dfrac{7}{2}$

⑤ 4

**29** 그림과 같이 8개의 칸에 숫자 0, 1, 2, 3, 4, 5, 6, 7이 하나씩 적혀 있는 말판이 있고, 숫자 0이 적혀 있는 칸에 말이 놓여 있다. 한 개의 주사위를 사용하여 다음 시행을 한다.

> 주사위를 한 번 던져
> 나오는 눈의 수가 3 이상이면 말을 화살표 방향으로 한 칸 이동시키고,
> 나오는 눈의 수가 3보다 작으면 말을 화살표 반대 방향으로 한 칸 이동시킨다.

위의 시행을 4회 반복한 후 말이 도착한 칸에 적혀 있는 수를 확률변수 $X$라 하자. $E(36X)$의 값을 구하시오. [4점]

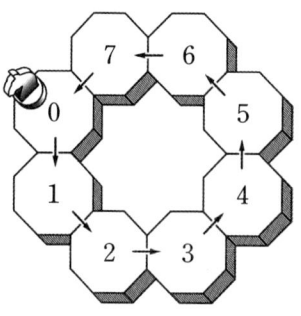

**30** 검은 공 4개, 흰 공 2개가 들어 있는 주머니에 대하여 다음 시행을 2회 반복한다.

> 주머니에서 임의로 3개의 공을 동시에 꺼낸 후, 꺼낸 공 중에서 흰 공은 다시 주머니에 넣고 검은 공은 다시 넣지 않는다.

두 번째 시행의 결과 주머니에 흰 공만 2개 들어 있을 때, 첫 번째 시행의 결과 주머니에 들어 있는 검은 공의 개수가 2일 확률은 $\dfrac{q}{p}$ 이다. $p+q$의 값을 구하시오. (단, $p$와 $q$는 서로소인 자연수이다.) [4점]

**미적분(23~30)**

**23** $\lim_{n \to \infty}(\sqrt{an^2+bn}-\sqrt{2n^2+1})=1$일 때, $ab$의 값은? (단, $a$, $b$는 상수이다.) [2점]

① $\sqrt{2}$　　　　② 2

③ $2\sqrt{2}$　　　　④ 4

⑤ $4\sqrt{2}$

**24** $\lim_{n \to \infty}\sum_{k=1}^{n}\dfrac{1}{n+3k}$의 값은? [3점]

① $\dfrac{1}{3}\ln2$　　　　② $\dfrac{2}{3}\ln2$

③ $\ln2$　　　　④ $\dfrac{4}{3}\ln2$

⑤ $\dfrac{5}{3}\ln2$

**25** 매개변수 $t$로 나타내어진 곡선
$$x=e^t\cos(\sqrt{3}t)-1,$$
$$y=e^t\sin(\sqrt{3}t)+1(0\leq t\leq\ln7)$$
의 길이는? [3점]

① 9　　　　② 10

③ 11　　　　④ 12

⑤ 13

**26** 그림과 같이 $\overline{AB_1}=2$, $\overline{AD_1}=\sqrt{5}$인 직사각형 $AB_1C_1D_1$이 있다. 중심이 $A$이고 반지름의 길이가 $\overline{AD_1}$인 원과 선분 $B_1C_1$의 교점을 $E_1$, 중심이 $C_1$이고 반지름의 길이가 $\overline{C_1D_1}$인 원과 선분 $B_1C_1$의 교점을 $F_1$이라 하자. 호 $D_1F_1$과 두 선분 $D_1E_1$, $F_1E_1$로 둘러싸인 부분에 색칠하여 얻은 그림을 $R_1$이라 하자.

그림 $R_1$에서 선분 $AB_1$ 위의 점 $B_2$, 호 $D_1F_1$ 위의 점 $C_2$, 선분 $AD_1$ 위의 점 $D_2$와 점 $A$를 꼭짓점으로 하고 $\overline{AB_2} : \overline{AD_2}=2:\sqrt{5}$인 직사각형 $AB_2C_2D_2$를 그린다. 중심이 $A$이고 반지름의 길이가 $\overline{AD_2}$인 원과 선분 $B_2C_2$의 교점을 $E_2$, 중심이 $C_2$이고 반지름의 길이가 $\overline{C_2D_2}$인 원과 선분 $B_2C_2$의 교점을 $F_2$라 하자. 호 $D_2F_2$와 두 선분 $D_2E_2$, $F_2E_2$로 둘러싸인 부분에 색칠하여 얻은 그림을 $R_2$라 하자.

이와 같은 과정을 계속하여 $n$번째 얻은 그림 $R_n$에 색칠되어 있는 부분의 넓이를 $S_n$이라 할 때, $\lim_{n \to \infty} S_n$의 값은? [3점]

① $\dfrac{8\pi+8-8\sqrt{5}}{7}$   ② $\dfrac{8\pi+8-7\sqrt{5}}{7}$

③ $\dfrac{9\pi+9-9\sqrt{5}}{8}$   ④ $\dfrac{9\pi+9-8\sqrt{5}}{8}$

⑤ $\dfrac{10\pi+10-10\sqrt{5}}{9}$

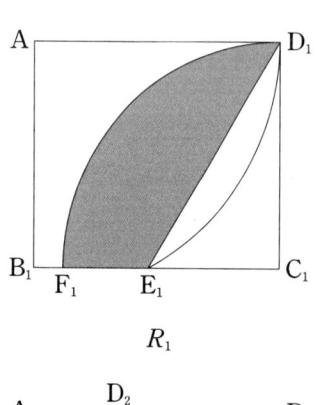

$R_1$

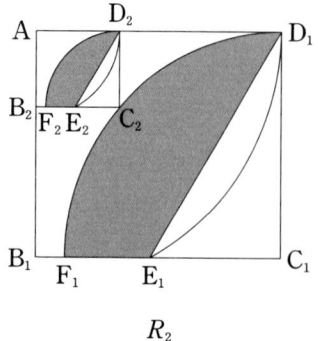

$R_2$

**27** 양의 실수 $t$에 대하여

곡선 $y=\ln(2x^2+2x+1)\,(x>0)$과 직선 $y=t$가 만나는 점의 $x$좌표를 $f(t)$라 할 때, $f'(2\ln5)$의 값은? [3점]

① $\dfrac{25}{14}$  ② $\dfrac{13}{7}$

③ $\dfrac{27}{14}$  ④ $2$

⑤ $\dfrac{29}{14}$

**28** 그림과 같이 길이가 4인 선분 AB의 중점 O에 대하여 선분 OB를 반지름으로 하는 사분원 OBC가 있다. 호 BC 위를 움직이는 점 P에 대하여 선분 OB 위의 점 Q가 ∠APC=∠PCQ를 만족시킨다. 선분 AP가 두 선분 CO, CQ와 만나는 점을 각각 R, S라 하자. ∠PAB=$\theta$일 때, 삼각형 RQS의 넓이를 $S(\theta)$라 하자. $\lim\limits_{\theta\to0+}\dfrac{S(\theta)}{\theta^2}$의 값은?

$\left(\text{단, } 0<\theta<\dfrac{\pi}{4}\right)$ [4점]

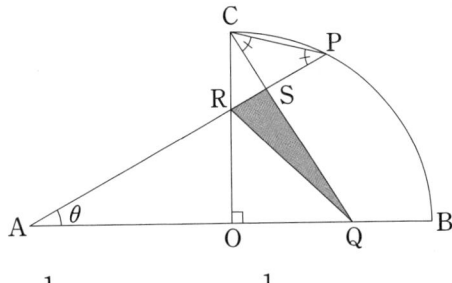

① $\dfrac{1}{4}$  ② $\dfrac{1}{2}$

③ $1$  ④ $2$

⑤ $4$

**29** 실수 전체의 집합에서 연속인 함수 $f(x)$가 다음 조건을 만족시킨다.

> (가) $-1 \leq x \leq 1$에서 $f(x) < 0$이다.
>
> (나) $\displaystyle\int_{-1}^{0} |f(x)\sin x|\,dx = 2$,
>
> $\displaystyle\int_{0}^{1} |f(x)\sin x|\,dx = 3$

함수 $g(x) = \displaystyle\int_{-1}^{x} |f(t)\sin t|\,dt$에 대하여

$\displaystyle\int_{-1}^{1} f(-x)g(-x)\sin x\,dx = \dfrac{q}{p}$이다.

$p+q$의 값을 구하시오. (단, $p$와 $q$는 서로 소인 자연수이다.) [4점]

**30** 최고차항의 계수가 1인 삼차함수 $f(x)$에 대하여 함수

$$g(x) = \begin{cases} f(x) & (0 \leq x \leq 2) \\ \dfrac{f(x)}{x-1} & (x < 0 \text{ 또는 } x > 2) \end{cases}$$

가 다음 조건을 만족시킨다.

> (가) 함수 $g(x)$는 실수 전체의 집합에서 연속이고, $g(2) \neq 0$이다.
>
> (나) 함수 $g(x)$가 $x = a$에서 미분가능하지 않은 실수 $a$의 개수는 1이다.
>
> (다) $g(k) = 0$, $g'(k) = \dfrac{16}{3}$인 실수 $k$가 존재한다.

함수 $g(x)$의 극솟값이 $p$일 때, $p^2$의 값을 구하시오. [4점]

기하(23~30)

**23** 세 벡터 $\vec{a} = (x, 3)$, $\vec{b} = (1, y)$, $\vec{c} = (-3, 5)$가 $2\vec{a} = \vec{b} - \vec{c}$를 만족시킬 때, $x+y$의 값은? [2점]

① 11      ② 12

③ 13      ④ 14

⑤ 15

**24** 좌표공간의 두 점 $A(0, 2, -3)$, $B(6, -4, 15)$에 대하여 선분 $AB$ 위에 점 $C$가 있다. 세 점 $A$, $B$, $C$에서 $xy$평면에 내린 수선의 발을 각각 $A'$, $B'$, $C'$이라 하자. $2\overline{A'C'} = \overline{C'B'}$일 때, 점 $C$의 $z$좌표는? [3점]

① $-5$      ② $-3$

③ $-1$      ④ 1

⑤ 3

**25** 쌍곡선 $x^2 - \dfrac{y^2}{3} = 1$ 위의 제1사분면에 있는 점 P에서의 접선의 $x$절편이 $\dfrac{1}{3}$이다. 쌍곡선 $x^2 - \dfrac{y^2}{3} = 1$의 두 초점 중 $x$좌표가 양수인 점을 F라 할 때, 선분 PF의 길이는? [3점]

① 5          ② $\dfrac{16}{3}$

③ $\dfrac{17}{3}$          ④ 6

⑤ $\dfrac{19}{3}$

**26** 좌표공간에서 중심이 $A(a, -3, 4)\,(a > 0)$ 인 구 $S$가 $x$축과 한 점에서만 만나고 $\overline{OA} = 3\sqrt{3}$일 때, 구 $S$가 $z$축과 만나는 두 점 사이의 거리는? (단, O는 원점이다.) [3점]

① $3\sqrt{6}$          ② $2\sqrt{14}$

③ $\sqrt{58}$          ④ $2\sqrt{15}$

⑤ $\sqrt{62}$

**27** 그림과 같이 한 변의 길이가 4인 정삼각형 ABC에 대하여 점 A를 지나고 직선 BC 에 평행한 직선을 $l$이라 할 때, 세 직선 AC, BC, $l$에 모두 접하는 원을 O라 하자. 원 O 위의 점 P에 대하여 $|\overrightarrow{AC} + \overrightarrow{BP}|$의 최댓값을 $M$, 최솟값을 $m$이라 할 때, $Mm$의 값은? (단, 원 O의 중심은 삼각형 ABC의 외부에 있다.) [3점]

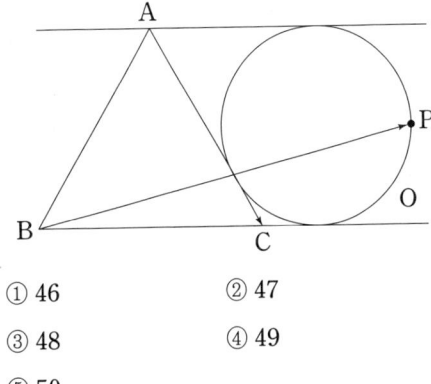

① 46          ② 47

③ 48          ④ 49

⑤ 50

**28** [그림 1]과 같이 $\overline{\text{AB}}=3$, $\overline{\text{AD}}=2\sqrt{7}$인 직사각형 ABCD 모양의 종이가 있다. 선분 AD의 중점을 M이라 하자. 두 선분 BM, CM을 접는 선으로 하여 [그림 2]와 같이 두 점 A, D가 한 점 P에서 만나도록 종이를 접었을 때, 평면 PBM과 평면 BCM이 이루는 각의 크기를 $\theta$라 하자. $\cos\theta$의 값은? (단, 종이의 두께는 고려하지 않는다.) [4점]

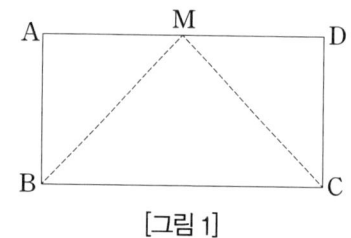

[그림 1]

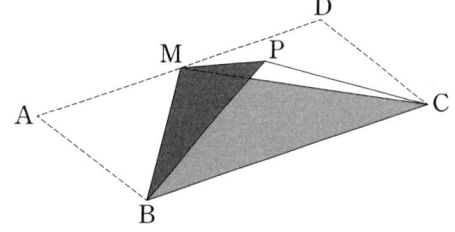

[그림 2]

① $\dfrac{17}{27}$

② $\dfrac{2}{3}$

③ $\dfrac{19}{27}$

④ $\dfrac{20}{27}$

⑤ $\dfrac{7}{9}$

**29** 그림과 같이 포물선 $y^2=16x$의 초점을 F라 하자. 점 F를 한 초점으로 하고 점 A$(-2, 0)$을 지나며 다른 초점 F$'$이 선분 AF 위에 있는 타원 E가 있다. 포물선 $y^2=16x$가 타원 E와 제1사분면에서 만나는 점을 B라 하자. $\overline{\text{BF}}=\dfrac{21}{5}$일 때, 타원 E의 장축의 길이는 $k$이다. $10k$의 값을 구하시오. [4점]

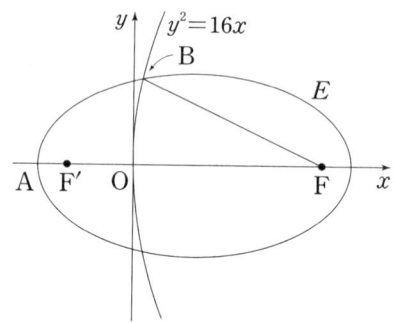

**30** 좌표평면 위의 두 점 A$(6, 0)$, B$(6, 5)$와 음이 아닌 실수 $k$에 대하여 두 점 P, Q가 다음 조건을 만족시킨다.

> (가) $\overrightarrow{\text{OP}}=k(\overrightarrow{\text{OA}}+\overrightarrow{\text{OB}})$이고,
> $\overrightarrow{\text{OP}}\cdot\overrightarrow{\text{OA}}\le 21$이다.
> (나) $|\overrightarrow{\text{AQ}}|=|\overrightarrow{\text{AB}}|$이고,
> $\overrightarrow{\text{OQ}}\cdot\overrightarrow{\text{OA}}\le 21$이다.

$\overrightarrow{\text{OX}}=\overrightarrow{\text{OP}}+\overrightarrow{\text{OQ}}$를 만족시키는 점 X가 나타내는 도형의 넓이는 $\dfrac{q}{p}\sqrt{3}$이다. $p+q$의 값을 구하시오.(단, O는 원점이고, $p$와 $q$는 서로소인 자연수이다.) [4점]

# 2027

# 사관학교

# 10개년 수학

**2021** 학년도 기출문제
# 수학영역(가형/나형)

# 제3교시 수학영역(가형)

▶정답 및 해설 266p

**01** $\left(\dfrac{9}{4}\right)^{-\frac{3}{2}}$의 값은? [2점]

① $\dfrac{2}{3}$       ② $\dfrac{4}{9}$

③ $\dfrac{8}{27}$       ④ $\dfrac{16}{81}$

⑤ $\dfrac{32}{243}$

**02** $\displaystyle\lim_{n \to \infty}\dfrac{1}{\sqrt{n^2+5n}-n}$의 값은? [2점]

① $\dfrac{1}{5}$       ② $\dfrac{2}{5}$

③ $\dfrac{3}{5}$       ④ $\dfrac{4}{5}$

⑤ $1$

**03** $\sin\theta=-\dfrac{1}{3}$일 때, $\dfrac{\cos\theta}{\tan\theta}$의 값은? [2점]

① $-4$       ② $-\dfrac{11}{3}$

③ $-\dfrac{10}{3}$       ④ $-3$

⑤ $-\dfrac{8}{3}$

**04** $\left(x^3+\dfrac{1}{x}\right)^5$의 전개식에서 $x^3$의 계수는? [3점]

① $5$       ② $10$

③ $15$       ④ $20$

⑤ $25$

**05** 함수 $y=4^x-1$의 그래프를 $x$축의 방향으로 $a$만큼, $y$축의 방향으로 $b$만큼 평행이동한 그래프가 함수 $y=2^{2x-3}+3$의 그래프와 일치할 때, $ab$의 값은? [3점]

① 2                    ② 3

③ 4                    ④ 5

⑤ 6

**06** 그림과 같이 원형 탁자에 7개의 의자가 일정한 간격으로 놓여 있다. A, B, C를 포함한 7명의 학생이 모두 이 7개의 의자에 앉으려고 할 때, A, B, C 세 명 중 어느 두 명도 서로 이웃하지 않도록 앉는 경우의 수는? (단, 회전하여 일치하는 것은 같은 것으로 본다.)

[3점]

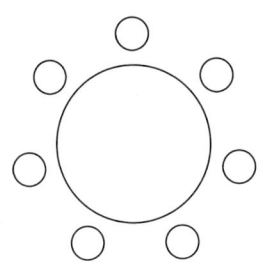

① 108                    ② 120

③ 132                    ④ 144

⑤ 156

**07** 곡선 $x^2-2xy+3y^3=5$ 위의 점 $(2, -1)$에서의 접선의 기울기는? [3점]

① $-\dfrac{6}{5}$                    ② $-\dfrac{5}{4}$

③ $-\dfrac{4}{3}$                    ④ $-\dfrac{3}{2}$

⑤ $-2$

**08** $x$에 대한 연립부등식

$$\begin{cases} \left(\dfrac{1}{2}\right)^{1-x} \geq \left(\dfrac{1}{16}\right)^{x-1} \\ \log_2 4x < \log_2(x+k) \end{cases}$$ 의 해가 존재하지

않도록 하는 양수 $k$의 최댓값은? [3점]

① 3                    ② 4

③ 5                    ④ 6

⑤ 7

**09** 다섯 개의 자연수 1, 2, 3, 4, 5 중에서 중복을 허락하여 3개의 수를 택할 때, 택한 세 수의 곱이 6 이상인 경우의 수는? [3점]

① 23    ② 25

③ 27    ④ 29

⑤ 31

**10** $0 \leq x < 2\pi$일 때,

방정식 $\cos^2 3x - \sin 3x + 1 = 0$의 모든 실근의 합은? [3점]

① $\dfrac{3}{2}\pi$    ② $\dfrac{7}{4}\pi$

③ $2\pi$    ④ $\dfrac{9}{4}\pi$

⑤ $\dfrac{5}{2}\pi$

**11** 함수 $f(x) = \dfrac{e^x}{\sin x + \cos x}$에 대하여

$-\dfrac{\pi}{4} < x < \dfrac{3}{4}\pi$에서 방정식

$f(x) - f'(x) = 0$의 실근은? [3점]

① $-\dfrac{\pi}{6}$    ② $\dfrac{\pi}{6}$

③ $\dfrac{\pi}{4}$    ④ $\dfrac{\pi}{3}$

⑤ $\dfrac{\pi}{2}$

**12** 그림과 같이 곡선 $y=\sqrt{x}e^x(1\leq x\leq 2)$와 $x$축 및 두 직선 $x=1$, $x=2$로 둘러싸인 도형을 밑면으로 하는 입체도형이 있다. 이 입체도형을 $x$축에 수직인 평면으로 자른 단면이 모두 정사각형일 때, 이 입체도형의 부피는? [3점]

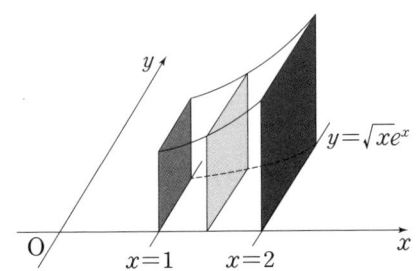

① $\dfrac{e^4+e^2}{4}$  ② $\dfrac{2e^4-e^2}{4}$

③ $\dfrac{2e^4+e^2}{4}$  ④ $\dfrac{3e^4-e^2}{4}$

⑤ $\dfrac{3e^4+e^2}{4}$

**13** 주머니에 1, 1, 1, 2, 2, 3의 숫자가 하나씩 적혀 있는 6개의 공이 들어 있다. 이 주머니에서 임의로 2개의 공을 동시에 꺼낼 때, 꺼낸 공에 적힌 두 수의 차를 확률변수 $X$라 하자. $\mathrm{E}(X)$의 값은? [3점]

① $\dfrac{14}{15}$  ② $1$

③ $\dfrac{16}{15}$  ④ $\dfrac{17}{15}$

⑤ $\dfrac{6}{5}$

**14** 함수 $f(x)=\ln x$에 대하여

$$\lim_{n \to \infty} \sum_{k=1}^{n} \frac{1}{n+k} f\left(1+\frac{k}{n}\right)$$의 값은? [4점]

① $\ln 2$      ② $(\ln 2)^2$

③ $\dfrac{\ln 2}{2}$      ④ $\dfrac{(\ln 2)^2}{2}$

⑤ $\dfrac{(\ln 2)^2}{4}$

**15** 그림과 같이 반지름의 길이가 4이고 중심이 O인 원 위의 세 점 A, B, C에 대하여 $\angle ABC=120°$, $\overline{AB}+\overline{BC}=2\sqrt{15}$일 때, 사각형 OABC의 넓이는? [4점]

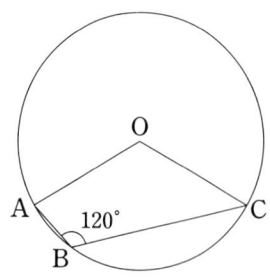

① $5\sqrt{3}$      ② $\dfrac{11\sqrt{3}}{2}$

③ $6\sqrt{3}$      ④ $\dfrac{13\sqrt{3}}{2}$

⑤ $7\sqrt{3}$

**16** 확률변수 $X$는 정규분포 $N(m, 4^2)$을 따르고, 확률변수 $Y$는 정규분포 $N(20, \sigma^2)$을 따른다. 확률변수 $X$의 확률밀도함수가 $f(x)$일 때, $f(x)$와 두 확률변수 $X$, $Y$가 다음 조건을 만족시킨다.

> (가) 모든 실수 $x$에 대하여
> $\quad f(x+10)=f(20-x)$이다.
> (나) $P(X \geq 17)=P(Y \leq 17)$

$P(X \leq m+\sigma)$의 값을 아래의 표준정규분포표를 이용하여 구한 것은? (단, $\sigma > 0$)

[4점]

| $z$ | $P(0 \leq Z \leq z)$ |
|-----|----------------------|
| 0.5 | 0.1915 |
| 1.0 | 0.3413 |
| 1.5 | 0.4332 |
| 2.0 | 0.4772 |

① 0.6915      ② 0.7745

③ 0.9104      ④ 0.9332

⑤ 0.9772

**17** 다음은 모든 자연수 $n$에 대하여 부등식

$$\sum_{k=1}^{n} \frac{2k P_k}{2^k} \leq \frac{(2n)!}{2^n} \quad \cdots\cdots (\ast)$$

이 성립함을 수학적 귀납법으로 증명한 것이다.

---

(i) $n=1$일 때,

(좌변)$=\dfrac{2 P_1}{2^1}=1$이고, (우변)$=\boxed{\text{(가)}}$이

므로, $(\ast)$이 성립한다.

(ii) $n=m$일 때, $(\ast)$이 성립한다고 가정하면

$$\sum_{k=1}^{m} \frac{2k P_k}{2^k} \leq \frac{(2m)!}{2^m}$$

이다. $n=m+1$일 때,

$$\sum_{k=1}^{m+1} \frac{2k P_k}{2^k}$$

$$=\sum_{k=1}^{m} \frac{2k P_k}{2^k} + \frac{2m+2 P_{m+1}}{2^{m+1}}$$

$$=\sum_{k=1}^{m} \frac{2k P_k}{2^k} + \frac{\boxed{\text{(나)}}}{2^{m+1} \times (m+1)!}$$

$$\leq \frac{(2m)!}{2^m} + \frac{\boxed{\text{(나)}}}{2^{m+1} \times (m+1)!}$$

$$= \frac{\boxed{\text{(나)}}}{2^{m+1}} \times \left\{ \frac{1}{\boxed{\text{(다)}}} + \frac{1}{(m+1)!} \right\}$$

$$< \frac{(2m+2)!}{2^{m+1}}$$

이다. 따라서 $n=m+1$일 때도 $(\ast)$이
성립한다.

(i), (ii)에 의하여 모든 자연수 $n$에 대하여

$$\sum_{k=1}^{n} \frac{2k P_k}{2^k} \leq \frac{(2n)!}{2^n}$$

이다.

---

위의 (가)에 알맞은 수를 $p$, (나), (다)에 알맞
은 식을 각각 $f(m)$, $g(m)$이라 할 때,

$p + \dfrac{f(2)}{g(4)}$의 값은? [4점]

① 16      ② 17

③ 18      ④ 19

⑤ 20

**18** 수열 $\{a_n\}$이 모든 자연수 $n$에 대하여 다음 조건을 만족시킨다.

---

(가) $a_{2n+1} = -a_n + 3a_{n+1}$

(나) $a_{2n+2} = a_n - a_{n+1}$

---

$a_1 = 1$, $a_2 = 2$일 때, $\displaystyle\sum_{n=1}^{16} a_n$의 값은? [4점]

① 31      ② 33

③ 35      ④ 37

⑤ 39

2021 기출문제

**19** 그림과 같이 한 변의 길이가 6인 정사각형 $A_1B_1C_1D$에서 선분 $A_1D$를 $1:2$로 내분하는 점을 $E_1$이라 하고, 세 점 $B_1$, $C_1$, $E_1$을 지나는 원의 중심을 $O_1$이라 하자. 삼각형 $E_1B_1C_1$의 내부와 삼각형 $O_1B_1C_1$의 외부의 공통부분에 색칠하여 얻은 그림을 $R_1$이라 하자. 그림 $R_1$에서 선분 $E_1D$ 위의 점 $A_2$, 선분 $E_1C_1$ 위의 점 $B_2$, 선분 $C_1D$ 위의 점 $C_2$와 점 $D$를 꼭짓점으로 하는 정사각형 $A_2B_2C_2D$를 그린다. 정사각형 $A_2B_2C_2D$에서 선분 $A_2D$를 $1:2$로 내분하는 점을 $E_2$라 하고, 세 점 $B_2$, $C_2$, $E_2$를 지나는 원의 중심을 $O_2$라 하자. 삼각형 $E_2B_2C_2$의 내부와 삼각형 $O_2B_2C_2$의 외부의 공통부분에 색칠하여 얻은 그림을 $R_2$라 하자. 이와 같은 과정을 계속하여 $n$번째 얻은 그림 $R_n$에 색칠되어 있는 부분의 넓이를 $S_n$이라 할 때, $\lim_{n\to\infty}S_n$의 값은? [4점]

① $\dfrac{90}{7}$   ② $\dfrac{275}{21}$

③ $\dfrac{40}{3}$   ④ $\dfrac{95}{7}$

⑤ $\dfrac{290}{21}$

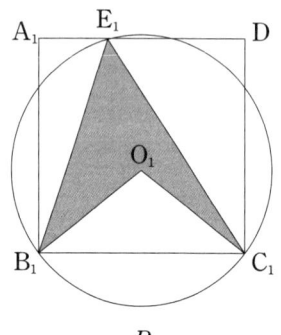

$R_1$

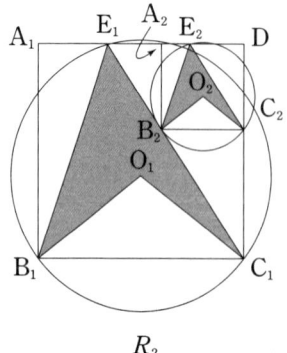

$R_2$

⋮

**20** 세 상수 $a, b, c\,(a>0,\ c>0)$에 대하여 함수

$$f(x)=\begin{cases} -ax^2+6ex+b & (x<c) \\ a(\ln x)^2-6\ln x & (x\geq c) \end{cases}$$

가 다음 조건을 만족시킨다.

(가) 함수 $f(x)$는 실수 전체의 집합에서 연속이다.

(나) 함수 $f(x)$의 역함수가 존재한다.

$f\!\left(\dfrac{1}{2e}\right)$의 값은? [4점]

① $-4\!\left(e^2+\dfrac{1}{4e^2}\right)$  ② $-4\!\left(e^2-\dfrac{1}{4e^2}\right)$

③ $-3\!\left(e^2+\dfrac{1}{4e^2}\right)$  ④ $-3\!\left(e^2-\dfrac{1}{4e^2}\right)$

⑤ $-2\!\left(e^2+\dfrac{1}{4e^2}\right)$

**21** 함수 $f(x)$를

$$f(x)=\int_0^x |t\sin t|\,dt-\left|\int_0^x t\sin t\,dt\right|$$

라 할 때, 〈보기〉에서 옳은 것만을 있는 대로 고른 것은? [4점]

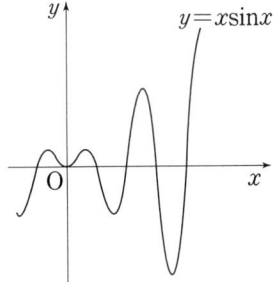

〈보기〉

ㄱ. $f(2\pi)=2\pi$

ㄴ. $\pi<\alpha<2\pi$인 $\alpha$에 대하여 $\displaystyle\int_0^\alpha t\sin t\,dt=0$ 이면 $f(\alpha)=\pi$이다.

ㄷ. $2\pi<\beta<3\pi$인 $\beta$에 대하여 $\displaystyle\int_0^\beta t\sin t\,dt=0$이면 $\displaystyle\int_\beta^{3\pi} f(x)\,dx=6\pi(3\pi-\beta)$이다.

① ㄱ  　　　　　 ② ㄱ, ㄴ

③ ㄱ, ㄷ  　　　 ④ ㄴ, ㄷ

⑤ ㄱ, ㄴ, ㄷ

**주관식 문항(22~30)**

**22** 함수 $f(x)=5\sin\left(\dfrac{\pi}{2}x+1\right)+3$의 주기를 $p$, 최댓값을 $M$이라 할 때, $p+M$의 값을 구하시오. [3점]

**23** 모평균이 $15$이고 모표준편차가 $8$인 모집단에서 크기가 $4$인 표본을 임의추출하여 구한 표본평균을 $\overline{X}$라 할 때, $\mathrm{E}(\overline{X})+\sigma(\overline{X})$의 값을 구하시오. [3점]

**24** 수열 $\{(x^2-6x+9)^n\}$이 수렴하도록 하는 모든 정수 $x$의 값의 합을 구하시오. [3점]

**25** 흰 구슬 3개와 검은 구슬 4개가 들어 있는 상자가 있다. 한 개의 주사위를 던져서 나오는 눈의 수가 3의 배수이면 이 상자에서 임의로 2개의 구슬을 동시에 꺼내고, 나오는 눈의 수가 3의 배수가 아니면 이 상자에서 임의로 3개의 구슬을 동시에 꺼낼 때, 꺼낸 구슬 중 검은 구슬의 개수가 2일 확률은 $\dfrac{q}{p}$이다. $p+q$의 값을 구하시오. (단, $p$와 $q$는 서로소인 자연수이다.) [3점]

**26** 두 실수 $a$, $b$와 수열 $\{c_n\}$이 다음 조건을 만족시킨다.

> (가) $(m+2)$개의 수
> $a$, $\log_2 c_1$, $\log_2 c_2$, $\log_2 c_3$, $\cdots$, $\log_2 c_m$, $b$
> 가 이 순서대로 등차수열을 이룬다.
> (나) 수열 $\{c_n\}$의 첫째항부터 제$m$항까지의 항을 모두 곱한 값은 32이다.

$a+b=1$일 때, 자연수 $m$의 값을 구하시오.
[4점]

**27** 모든 자연수 $n$에 대하여 곡선 $y=\sqrt{x}$ 위의 점 $A_n(n^2, n)$과 곡선 $y=-x^2 (x \geq 0)$ 위의 점 $B_n$이 $\overline{OA_n}=\overline{OB_n}$을 만족시킨다. 삼각형 $A_nOB_n$의 넓이를 $S_n$이라 할 때, $\displaystyle\sum_{n=1}^{10} \dfrac{2S_n}{n^2}$의 값을 구하시오. (단, O는 원점이다.) [4점]

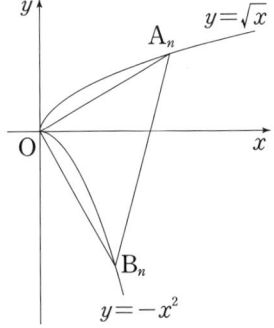

**28** 그림과 같이 $\overline{AB}=\overline{AC}=4$인 이등변삼각형 ABC에 외접하는 원 O가 있다. 점 C를 지나고 원 O에 접하는 직선과 직선 AB의 교점을 D라 하자. $\angle CAB=\theta$라 할 때, 삼각형 BDC의 넓이를 $S(\theta)$라 하자. $\displaystyle\lim_{\theta \to 0+}\dfrac{S(\theta)}{\theta^3}$의 값을 구하시오. $\left(\text{단, } 0<\theta<\dfrac{\pi}{3}\right)$ [4점]

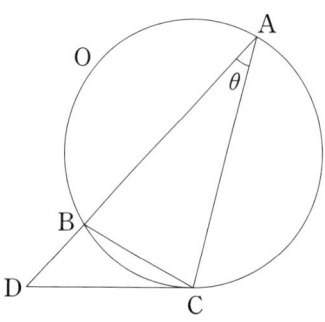

**29** 그림은 여섯 개의 숫자 1, 2, 3, 4, 5, 6이 하나씩 적혀 있는 여섯 장의 카드를 모두 한 번씩 사용하여 일렬로 나열할 때, 이웃한 두 장의 카드 중 왼쪽 카드에 적힌 수가 오른쪽 카드에 적힌 수보다 큰 경우가 한번만 나타난 예이다.

| 1 | 2 | 4 | 3 | 5 | 6 |

이 여섯 장의 카드를 모두 한 번씩 사용하여 임의로 일렬로 나열할 때, 이웃한 두 장의 카드 중 왼쪽 카드에 적힌 수가 오른쪽 카드에 적힌 수보다 큰 경우가 한 번만 나타날 확률은 $\dfrac{q}{p}$이다. $p+q$의 값을 구하시오. (단, $p$와 $q$는 서로소인 자연수이다.) [4점]

**30** 두 함수 $f(x)=x^2-ax+b\,(a>0)$, $g(x)=x^2e^{-\frac{x}{2}}$에 대하여 상수 $k$와 함수 $h(x)=(f\circ g)(x)$가 다음 조건을 만족시킨다.

> (가) $h(0)<h(4)$
> (나) 방정식 $|h(x)|=k$의 서로 다른 실근 개수는 7이고, 그중 가장 큰 실근을 $\alpha$라 할 때 함수 $h(x)$는 $x=\alpha$에서 극소이다.

$f(1)=-\dfrac{7}{32}$일 때, 두 상수 $a$, $b$에 대하여 $a+16b$의 값을 구하시오. $\left(\text{단, } \dfrac{5}{2}<e<3 \text{ 이고, } \displaystyle\lim_{x\to\infty}g(x)=0\text{이다.}\right)$ [4점]

# 제**3**교시 수학영역(나형)

▶정답 및 해설 274p

**01** $\left(\dfrac{1}{4}\right)^{-\frac{3}{2}}$의 값은? [2점]

① 1          ② 2

③ 4          ④ 8

⑤ 16

**02** 두 사건 $A$, $B$가 서로 독립이고 $P(A)=\dfrac{2}{3}$, $P(A\cap B)=\dfrac{1}{4}$일 때, $P(B)$의 값은?

[2점]

① $\dfrac{1}{4}$          ② $\dfrac{3}{8}$

③ $\dfrac{1}{2}$          ④ $\dfrac{5}{8}$

⑤ $\dfrac{3}{4}$

**03** $\sin\theta=-\dfrac{1}{3}$일 때, $\dfrac{\cos\theta}{\tan\theta}$의 값은? [2점]

① $-4$          ② $-\dfrac{11}{3}$

③ $-\dfrac{10}{3}$          ④ $-3$

⑤ $-\dfrac{8}{3}$

**04** 함수 $f(x)=(x^3-2x+3)(ax+3)$에 대하여 $f'(1)=15$일 때, $a$의 값은? (단, $a$는 상수이다.) [3점]

① 3          ② 4

③ 5          ④ 6

⑤ 7

**05** 닫힌구간 $[-1, 3]$에서 정의된 함수 $y=f(x)$의 그래프가 다음과 같다.

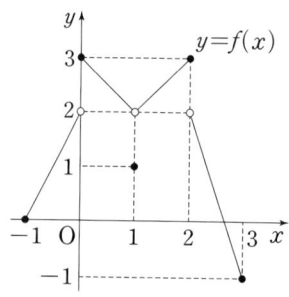

$$\lim_{x \to 0-}f(x)+\lim_{x \to 2+}f(x)$$의 값은? [3점]

① 1 　　　　② 2

③ 3 　　　　④ 4

⑤ 5

**06** $\left(2x^2+\dfrac{1}{x}\right)^5$의 전개식에서 $x^4$의 계수는?

[3점]

① 80 　　　　② 85

③ 90 　　　　④ 95

⑤ 100

**07** 다항함수 $f(x)$가 모든 실수 $x$에 대하여

$$\int_1^x f(t)dt = x^3 + ax - 3$$

을 만족시킬 때, $f(a)$의 값은? (단, $a$는 상수이다.) [3점]

① 10 　　　　② 11

③ 12 　　　　④ 13

⑤ 14

**08** 그림과 같이 원형 탁자에 7개의 의자가 일정한 간격으로 놓여 있다. A, B, C를 포함한 7명의 학생이 모두 이 7개의 의자에 앉으려고 할 때, A, B, C 세 명 중 어느 두 명도 서로 이웃하지 않도록 앉는 경우의 수는? (단, 회전하여 일치하는 것은 같은 것으로 본다.)

[3점]

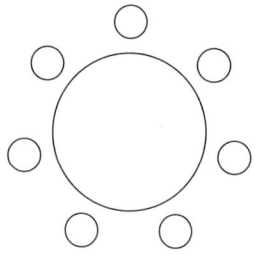

① 120 　　　　② 132

③ 144 　　　　④ 156

⑤ 168

**09** 곡선 $y=-x^3+3x^2+4$에 접하는 직선 중에서 기울기가 최대인 직선을 $l$이라 하자. 직선 $l$과 $x$축 및 $y$축으로 둘러싸인 부분의 넓이는? [3점]

① $\dfrac{3}{2}$      ② $2$

③ $\dfrac{5}{2}$      ④ $3$

⑤ $\dfrac{7}{2}$

**10** $0 \le x < 2\pi$일 때, 방정식 $|\sin 2x|=\dfrac{1}{2}$의 모든 실근의 합은? [3점]

① $4\pi$      ② $6\pi$

③ $8\pi$      ④ $10\pi$

⑤ $12\pi$

**11** 어느 사관생도가 1회의 사격을 하여 표적에 명중시킬 확률이 $\dfrac{4}{5}$이다. 이 사관생도가 20회의 사격을 할 때, 표적에 명중시키는 횟수를 확률변수 $X$라 하자. $\mathrm{V}\left(\dfrac{1}{4}X+1\right)$의 값은? (단, 이 사관생도가 매회 사격을 하는 시행은 독립시행이다.) [3점]

① $\dfrac{1}{5}$      ② $\dfrac{2}{5}$

③ $\dfrac{3}{5}$      ④ $\dfrac{4}{5}$

⑤ $1$

**12** 시각 $t=0$일 때 동시에 원점을 출발하여 수직선 위를 움직이는 두 점 P, Q의 시각 $t(t \ge 0)$에서의 속도가 각각 $v_1(t)=2t+3$, $v_2(t)=at(6-t)$이다. 시각 $t=3$에서 두 점 P, Q가 만날 때, $a$의 값은? (단, $a$는 상수이다.) [3점]

① $1$      ② $2$

③ $3$      ④ $4$

⑤ $5$

**13** 수열 $\{a_n\}$은 $a_1=\dfrac{3}{2}$이고, 모든 자연수 $n$에 대하여 $a_{2n-1}+a_{2n}=2a_n$을 만족시킨다. $\displaystyle\sum_{n=1}^{16}a_n$의 값은? [3점]

① 22      ② 24

③ 26      ④ 28

⑤ 30

**14** 어느 방위산업체에서 생산하는 방독면 1 개의 무게는 평균이 $m$, 표준편차가 $50$ 인 정규분포를 따른다고 한다. 이 방위산업 체에서 생산하는 방독면 중에서 $n$개를 임 의추출하여 얻은 방독면 무게의 표본평균 이 $1740$이었다. 이 결과를 이용하여 이 방 위산업체에서 생산하는 방독면 1개의 무게 의 평균 $m$에 대한 신뢰도 $95\%$의 신뢰구 간을 구하면 $1720.4\le m\le a$이다. $n+a$ 의 값은? (단, 무게의 단위는 g이고, $Z$ 가 표준정규분포를 따르는 확률변수일 때, $\mathrm{P}(0\le Z\le1.96)=0.475$로 계산한다.) [4점]

① 1772.6      ② 1776.6

③ 1780.6      ④ 1784.6

⑤ 1788.6

**15** 최고차항의 계수가 1인 사차함수 $f(x)$가 다 음 조건을 만족시킨다.

> (가) 모든 실수 $x$에 대하여 $f(-x)=f(x)$ 이다.
> (나) 함수 $f(x)$는 극댓값 7을 갖는다.

$f(1)=2$일 때, 함수 $f(x)$의 극솟값은? [4점]

① $-6$      ② $-5$

③ $-4$      ④ $-3$

⑤ $-2$

**16** 두 실수 $a$, $b$와 수열 $\{c_n\}$이 다음 조건을 만 족시킨다.

> (가) $(m+2)$개의 수
> $a,\ \log_2 c_1,\ \log_2 c_2,\ \log_2 c_3,\ \cdots,\ \log_2 c_m,\ b$
> 가 이 순서대로 등차수열을 이룬다.
> (나) 수열 $\{c_n\}$의 첫째항부터 제$m$항까지의 항을 모두 곱한 값은 32이다.

$a+b=1$일 때, 자연수 $m$의 값은? [4점]

① 6      ② 8

③ 10      ④ 12

⑤ 14

**17** 확률변수 $X$는 정규분포 $\mathrm{N}(10, 5^2)$을 따르고, 확률변수 $Y$는 정규분포 $\mathrm{N}(m, 5^2)$을 따른다. 두 확률변수 $X$, $Y$의 확률밀도함수를 각각 $f(x)$, $g(x)$라 할 때, 두 곡선 $y=f(x)$와 $y=g(x)$가 만나는 점의 $x$좌표를 $k$라 하자. $\mathrm{P}(Y \leq 2k)$의 값을 아래의 표준정규분포표를 이용하여 구한 것은? (단, $m \neq 10$) [4점]

| $z$ | $\mathrm{P}(0 \leq Z \leq z)$ |
|-----|------------------------------|
| 0.5 | 0.1915 |
| 1.0 | 0.3413 |
| 1.5 | 0.4332 |
| 2.0 | 0.4772 |

① 0.6915  ② 0.8413

③ 0.9104  ④ 0.9332

⑤ 0.9772

**18** 다음은 모든 자연수 $n$에 대하여 부등식
$$\sum_{k=1}^{n} \frac{2k\mathrm{P}_k}{2^k} \leq \frac{(2n)!}{2^n} \quad \cdots\cdots (*)$$
이 성립함을 수학적 귀납법으로 증명한 것이다.

(ⅰ) $n=1$일 때,

(좌변)$=\dfrac{2\mathrm{P}_1}{2^1}=1$이고, (우변)$=\boxed{(가)}$이므로, $(*)$이 성립한다.

(ⅱ) $n=m$일 때, $(*)$이 성립한다고 가정하면
$$\sum_{k=1}^{m} \frac{2k\mathrm{P}_k}{2^k} \leq \frac{(2m)!}{2^m}$$
이다. $n=m+1$일 때,

$\displaystyle\sum_{k=1}^{m+1} \frac{2k\mathrm{P}_k}{2^k}$

$\displaystyle= \sum_{k=1}^{m} \frac{2k\mathrm{P}_k}{2^k} + \frac{2m+2\mathrm{P}_{m+1}}{2^{m+1}}$

$\displaystyle= \sum_{k=1}^{m} \frac{2k\mathrm{P}_k}{2^k} + \frac{\boxed{(나)}}{2^{m+1} \times (m+1)!}$

$\displaystyle\leq \frac{(2m)!}{2^m} + \frac{\boxed{(나)}}{2^{m+1} \times (m+1)!}$

$\displaystyle= \frac{\boxed{(나)}}{2^{m+1}} \times \left\{ \frac{1}{\boxed{(다)}} + \frac{1}{(m+1)!} \right\}$

$\displaystyle< \frac{(2m+2)!}{2^{m+1}}$

이다. 따라서 $n=m+1$일 때도 $(*)$이 성립한다.

(ⅰ), (ⅱ)에 의하여 모든 자연수 $n$에 대하여
$$\sum_{k=1}^{n} \frac{2k\mathrm{P}_k}{2^k} \leq \frac{(2n)!}{2^n}$$
이다.

위의 (가)에 알맞은 수를 $p$, (나), (다)에 알맞은 식을 각각 $f(m)$, $g(m)$이라 할 때, $p + \dfrac{f(2)}{g(4)}$의 값은? [4점]

① 16  ② 17

③ 18  ④ 19

⑤ 20

2021 기출문제

**19** 그림과 같이 $\overline{AB}=\overline{AC}$인 이등변삼각형 ABC에서 선분 AC를 $5:3$으로 내분하는 점을 D라 하자. $2\sin(\angle ABD)=5\sin(\angle DBC)$일 때, $\dfrac{\sin C}{\sin A}$의 값은? [4점]

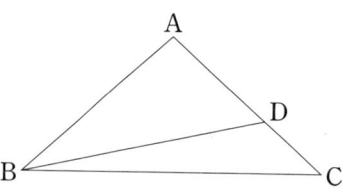

① $\dfrac{3}{5}$  ② $\dfrac{7}{11}$

③ $\dfrac{2}{3}$  ④ $\dfrac{9}{13}$

⑤ $\dfrac{5}{7}$

**20** 0이 아닌 실수 $k$에 대하여 다항함수 $f(x)$의 도함수 $f'(x)$가
$$f'(x)=3(x-k)(x-2k)$$
이다. 함수 $g(x)=$
$$\begin{cases} f(x) & (x\geq 4) \\ \dfrac{f(4)-f(1)}{3}(x-1)+f(1) & (1<x<4) \\ f(x) & (x\leq 1) \end{cases}$$
의 역함수가 존재하도록 하는 모든 실수 $k$의 범위가 $\alpha\leq k<\beta$일 때, $\beta-\alpha$의 값은? [4점]

① $\dfrac{3}{8}$  ② $\dfrac{1}{2}$

③ $\dfrac{5}{8}$  ④ $\dfrac{3}{4}$

⑤ $\dfrac{7}{8}$

**21** 두 곡선 $y=|2^x-4|$, $y=\log_2 x$가 만나는 두 점의 $x$좌표를 $x_1$, $x_2(x_1<x_2)$라 할 때, 〈보기〉에서 옳은 것만을 있는 대로 고른 것은? [4점]

〈보기〉
ㄱ. $\log_2 3 < x_1 < x_2 < \log_2 6$
ㄴ. $(x_2-x_1)(2^{x_2}-2^{x_1})<3$
ㄷ. $2^{x_1}+2^{x_2}>8+\log_2(\log_3 6)$

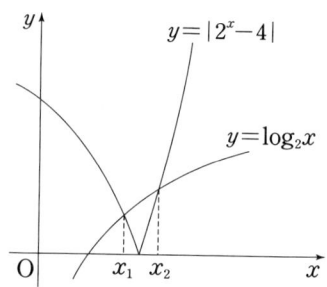

① ㄱ  ② ㄱ, ㄴ

③ ㄱ, ㄷ  ④ ㄴ, ㄷ

⑤ ㄱ, ㄴ, ㄷ

**22** $\lim\limits_{x \to \infty}(\sqrt{x^2+22x}-x)$의 값을 구하시오. [3점]

**23** 함수 $f(x)=5\sin\left(\dfrac{\pi}{2}x+1\right)+3$의 주기를 $p$, 최댓값을 $M$이라 할 때, $p+M$의 값을 구하시오. [3점]

**24** 부등식 $2+\log_{\frac{1}{3}}(2x-5)>0$을 만족시키는 정수 $x$의 개수를 구하시오. [3점]

**25** 한 개의 주사위를 두 번 던져서 나오는 눈의 수를 차례대로 $a$, $b$라 하자. $ab$가 6의 배수일 때, $a$ 또는 $b$가 홀수일 확률은 $\dfrac{q}{p}$이다. $p+q$의 값을 구하시오. (단, $p$와 $q$는 서로소인 자연수이다.) [3점]

**26** 함수

$$f(x) = \begin{cases} x^2 - 10 & (x \le a) \\ \dfrac{x^2 + ax + 4a}{x - a} & (x > a) \end{cases}$$ 가 $x = a$

에서 연속일 때, $f(2a)$의 값을 구하시오. (단, $a$는 상수이다.) [4점]

**27** 다음 조건을 만족시키는 자연수 $a$, $b$, $c$, $d$, $e$의 모든 순서쌍 $(a, b, c, d, e)$의 개수를 구하시오. [4점]

> (가) $a + b + c + d + e = 10$
> (나) $ab$는 홀수이다.

**28** 양수 $a$와 함수 $f(x)$가 다음 조건을 만족시킨다.

> (가) $0 \le x < 1$일 때, $f(x) = 2x^2 + ax$이다.
> (나) 모든 실수 $x$에 대하여
> $f(x+1) = f(x) + a^2$이다.

함수 $f(x)$가 실수 전체의 집합에서 연속일 때, 곡선 $y = f(x)$와 $x$축 및 직선 $x = 3$으로 둘러싸인 부분의 넓이를 구하시오. [4점]

**29** 수열 $\{a_n\}$이 모든 자연수 $n$에 대하여

$$\sum_{k=1}^{n} a_k = n^2 + cn \, (c는 \, 자연수)$$

를 만족시킨다. 수열 $\{a_n\}$의 각 항 중에서 3의 배수가 아닌 수를 작은 것부터 크기순으로 모두 나열하여 얻은 수열을 $\{b_n\}$이라 하자. $b_{20} = 199$가 되도록 하는 모든 $c$의 값의 합을 구하시오. [4점]

**30** 양수 $a$에 대하여 함수 $f(x)$는

$$f(x) = \begin{cases} x(x+a)^2 & (x < 0) \\ x(x-a)^2 & (x \geq 0) \end{cases} \, 이다.$$

실수 $t$에 대하여 곡선 $y = f(x)$와 직선 $y = 4x + t$의 서로 다른 교점의 개수를 $g(t)$라 할 때, $g(t)$가 다음 조건을 만족시킨다.

> (가) 함수 $g(t)$의 최댓값은 5이다.
> (나) 함수 $g(t)$가 $t = \alpha$에서 불연속인 $\alpha$의 개수는 2이다.

$f'(0)$의 값을 구하시오. [4점]

A discovery is said to be an accident meeting a prepared mind.

발견은 준비된 사람이 맞닥뜨린 우연이다.

– 알버트 센트 디외르디(Albert Szent–Gyorgyi)

# 2027

# 사관학교

# 10개년 수학

**2020**학년도 기출문제
## 수학영역(가형/나형)

# 제3교시 수학영역(가형)

**01** 제3사분면의 각 $\theta$에 대하여 $\cos\theta = -\dfrac{1}{2}$일 때, $\tan\theta$의 값은? [2점]

① $-\sqrt{3}$

② $-\dfrac{\sqrt{3}}{3}$

③ $\dfrac{\sqrt{3}}{3}$

④ $1$

⑤ $\sqrt{3}$

**02** 좌표평면 위의 네 점 $O(0,\ 0)$, $A(2,\ 4)$, $B(1,\ 1)$, $C(4,\ 0)$에 대하여 $\overrightarrow{OA}\cdot\overrightarrow{BC}$의 값은? [2점]

① $2$

② $4$

③ $6$

④ $8$

⑤ $10$

**03** $\displaystyle\lim_{x\to 0}\dfrac{2x\sin x}{1-\cos x}$의 값은? [2점]

① $1$

② $2$

③ $3$

④ $4$

⑤ $5$

**04** 두 사건 $A$, $B$에 대하여

$$P(A\cap B)=\dfrac{1}{6},\ P(A^C\cup B)=\dfrac{2}{3}$$

일 때, $P(A)$의 값은? (단, $A^C$은 $A$의 여사건이다.) [3점]

① $\dfrac{1}{6}$

② $\dfrac{1}{3}$

③ $\dfrac{1}{2}$

④ $\dfrac{2}{3}$

⑤ $\dfrac{5}{6}$

**05** 같은 종류의 흰 바둑돌 5개와 같은 종류의 검은 바둑돌 4개가 있다. 이 9개의 바둑돌을 일렬로 나열할 때, 검은 바둑돌 4개 중 2개는 서로 이웃하고, 나머지 2개는 어느 검은 바둑돌과도 이웃하지 않도록 나열하는 경우의 수는? [3점]

① 60      ② 72

③ 84      ④ 96

⑤ 108

**06** 초점이 F인 포물선 $y^2 = 4x$ 위의 점 P($a$, 6)에 대하여 $\overline{\text{PF}} = k$이다. $a + k$의 값은?

[3점]

① 16      ② 17

③ 18      ④ 19

⑤ 20

**07** 이산확률변수 $X$가 가지는 값이 $0, 2, 4, 6$이고 $X$의 확률질량함수가

$$P(X=x) = \begin{cases} a & (x=0) \\ \dfrac{1}{x} & (x=2,\ 4,\ 6) \end{cases}$$

일 때, $E(aX)$의 값은? [3점]

① $\dfrac{1}{8}$      ② $\dfrac{1}{4}$

③ $\dfrac{1}{2}$      ④ 1

⑤ 2

2020 기출문제

**08** 주머니 A에는 1부터 5까지의 자연수가 각각 하나씩 적힌 5장의 카드가 들어 있고, 주머니 B에는 6부터 8까지의 자연수가 각각 하나씩 적힌 3장의 카드가 들어 있다. 주머니 A에서 임의로 한 장의 카드를 꺼내고, 주머니 B에서 임의로 한 장의 카드를 꺼낸다. 꺼낸 2장의 카드에 적힌 두 수의 합이 홀수일 때, 주머니 A에서 꺼낸 카드에 적힌 수가 홀수일 확률은? [3점]

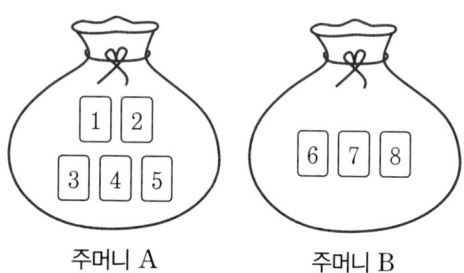

주머니 A      주머니 B

① $\dfrac{1}{4}$      ② $\dfrac{3}{8}$

③ $\dfrac{1}{2}$      ④ $\dfrac{5}{8}$

⑤ $\dfrac{3}{4}$

**09** 평면 $\alpha$ 위에 있는 서로 다른 두 점 A, B와 평면 $\alpha$ 위에 있지 않은 점 P에 대하여 삼각형 PAB는 한 변의 길이가 6인 정삼각형이다. 점 P에서 평면 $\alpha$에 내린 수선의 발 H에 대하여 $\overline{PH}=4$일 때, 삼각형 HAB의 넓이는? [3점]

① $3\sqrt{3}$      ② $3\sqrt{5}$

③ $3\sqrt{7}$      ④ $9$

⑤ $3\sqrt{11}$

**10** 함수 $f(x)=\dfrac{6x^3}{x^2+1}$의 역함수를 $g(x)$라 할 때, $g'(3)$의 값은? [3점]

① $\dfrac{1}{6}$      ② $\dfrac{1}{3}$

③ $\dfrac{1}{2}$      ④ $\dfrac{2}{3}$

⑤ $\dfrac{5}{6}$

**11** 좌표공간의 두 점 $A(2, 2, 1)$, $B(a, b, c)$에 대하여 선분 $AB$를 $1 : 2$로 내분하는 점이 $y$축 위에 있다. 직선 $AB$와 $xy$평면이 이루는 각의 크기를 $\theta$라 할 때, $\tan\theta = \dfrac{\sqrt{2}}{4}$이다. 양수 $b$의 값은? [3점]

① 6      ② 7

③ 8      ④ 9

⑤ 10

**12** $0 \leq x \leq 2\pi$일 때, $\tan 2x \sin 2x = \dfrac{3}{2}$의 모든 해의 합은? [3점]

① $2\pi$      ② $\dfrac{5}{2}\pi$

③ $3\pi$      ④ $\dfrac{7}{2}\pi$

⑤ $4\pi$

**13** 쌍곡선 $\dfrac{x^2}{4} - y^2 = 1$의 꼭짓점 중 $x$좌표가 음수인 점을 중심으로 하는 원 $C$가 있다. 점 $(3, 0)$을 지나고 원 $C$에 접하는 두 직선이 각각 쌍곡선 $\dfrac{x^2}{4} - y^2 = 1$과 한 점에서만 만날 때, 원 $C$의 반지름의 길이는? [3점]

① 2      ② $\sqrt{5}$

③ $\sqrt{6}$      ④ $\sqrt{7}$

⑤ $2\sqrt{2}$

**14** 어느 도시의 직장인들이 하루 동안 도보로 이동한 거리는 평균이 $m\,\mathrm{km}$, 표준편차가 $\sigma\,\mathrm{km}$인 정규분포를 따른다고 한다. 이 도시의 직장인들 중에서 36명을 임의추출하여 조사한 결과 36명이 하루 동안 도보로 이동한 거리의 총합은 $216\,\mathrm{km}$이었다. 이 결과를 이용하여, 이 도시의 직장인들이 하루 동안 도보로 이동한 거리의 평균 $m$에 대한 신뢰도 95%의 신뢰구간을 구하면 $a \leq m \leq a + 0.98$이다. $a + \sigma$의 값은? (단, $Z$가 표준정규분포를 따르는 확률변수일 때, $\mathrm{P}(|Z| \leq 1.96) = 0.95$로 계산한다.) [4점]

① 6.96      ② 7.01

③ 7.06      ④ 7.11

⑤ 7.16

**15** 두 상수 $a$, $b(b<0<a)$에 대하여 직선 $\dfrac{x-a}{a}=3-y=\dfrac{z}{b}$ 위의 임의의 점과 평면 $2x-2y+z=0$ 사이의 거리가 4로 일정할 때, $a-b$의 값은? [4점]

① 25      ② 27

③ 29      ④ 31

⑤ 33

**16** 그림과 같이 1보다 큰 두 상수 $a$, $b$에 대하여 점 $A(1, 0)$을 지나고 $y$축에 평행한 직선이 곡선 $y=a^x$과 만나는 점을 B라 하고, 점 $C(0, 1)$에 대하여 점 B를 지나고 직선 AC와 평행한 직선이 곡선 $y=\log_b x$와 만나는 점을 D라 하자. $\overline{AC}\perp\overline{AD}$이고, 사각형 ADBC의 넓이가 6일 때, $a\times b$의 값은? [4점]

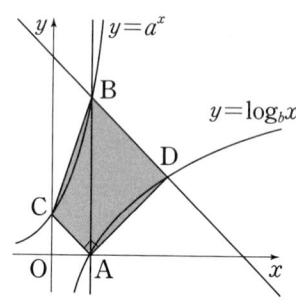

① $4\sqrt{2}$      ② $4\sqrt{3}$

③ 8      ④ $4\sqrt{5}$

⑤ $4\sqrt{6}$

**17** 그림과 같이 두 곡선 $y=\dfrac{3}{x}$, $y=\sqrt{\ln x}$와 두 직선 $x=1$, $x=e$로 둘러싸인 도형을 밑면으로 하는 입체도형이 있다. 이 입체도형을 $x$축에 수직인 평면으로 자른 단면이 모두 정사각형일 때, 이 입체도형의 부피는? [4점]

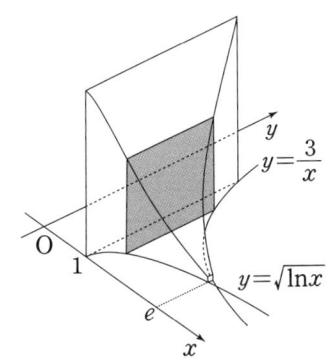

① $5-\dfrac{9}{e}$  ② $5-\dfrac{8}{e}$

③ $5-\dfrac{7}{e}$  ④ $6-\dfrac{9}{e}$

⑤ $6-\dfrac{8}{e}$

**18** 다음은 자연수 $n$에 대하여 방정식 $a+b+c=3n$을 만족시키는 자연수 $a$, $b$, $c$의 모든 순서쌍 $(a, b, c)$ 중에서 임의로 한 개를 선택할 때, 선택한 순서쌍 $(a, b, c)$가 $a>b$ 또는 $a>c$를 만족시킬 확률을 구하는 과정이다.

---

방정식
$$a+b+c=3n \cdots\cdots (*)$$
을 만족시키는 자연수 $a$, $b$, $c$의 모든 순서쌍 $(a, b, c)$의 개수는 $\boxed{(가)}$ 이다.
방정식 $(*)$을 만족시키는 자연수 $a$, $b$, $c$의 순서쌍 $(a, b, c)$가 $a>b$ 또는 $a>c$를 만족시키는 사건을 $A$라 하면 사건 $A$의 여사건 $A^c$은 방정식 $(*)$을 만족시키는 자연수 $a$, $b$, $c$의 순서쌍 $(a, b, c)$가 $a \le b$와 $a \le c$를 만족시키는 사건이다.
이제 $n(A^c)$의 값을 구하자.
자연수 $k(1 \le k \le n)$에 대하여 $a=k$인 경우, $b \ge k$, $c \ge k$이고 방정식 $(*)$을 만족시키는 자연수 $a$, $b$, $c$의 순서쌍 $(a, b, c)$의 개수는 $\boxed{(나)}$ 이므로
$$n(A^c)=\sum_{k=1}^{n} \boxed{(나)}$$
이다.
따라서 구하는 확률은
$$P(A)=\boxed{(다)}$$
이다.

---

위의 (가)에 알맞은 식에 $n=2$를 대입한 값을 $p$, (나)에 알맞은 식에 $n=7$, $k=2$를 대입한 값을 $q$, (다)에 알맞은 식에 $n=4$를 대입한 값을 $r$이라 할 때, $p \times q \times r$의 값은?

[4점]

① 88  ② 92

③ 96  ④ 100

⑤ 104

**19** 함수 $f(x)=xe^{2x}-(4x+a)e^x$이

$x=-\dfrac{1}{2}$에서 극댓값을 가질 때,

$f(x)$의 극솟값은? (단, $a$는 상수이다.) [4점]

① $1-\ln 2$      ② $2-2\ln 2$

③ $3-3\ln 2$      ④ $4-4\ln 2$

⑤ $5-5\ln 2$

**20** 두 상수 $a$, $b$와 함수 $f(x)=\dfrac{|x|}{x^2+1}$에 대하

여 함수 $g(x)=\begin{cases} f(x) & (x<a) \\ f(b-x) & (x\geq a) \end{cases}$가 실

수 전체의 집합에서 미분가능할 때,

$\displaystyle\int_{a}^{a-b} g(x)\,dx$의 값은? [4점]

① $\dfrac{1}{2}\ln 5$      ② $\ln 5$

③ $\dfrac{3}{2}\ln 5$      ④ $2\ln 5$

⑤ $\dfrac{5}{2}\ln 5$

**21** 두 함수

$$f(x)=4\sin\frac{\pi}{6}x,$$

$$g(x)=|2\cos kx+1|$$

이 있다. $0<x<2\pi$에서 정의된 함수

$$h(x)=(f\circ g)(x)$$

에 대하여 〈보기〉에서 옳은 것만을 있는 대로
고른 것은? (단, $k$는 자연수이다.) [4점]

―――――〈보기〉―――――

ㄱ. $k=1$일 때, 함수 $h(x)$는 $x=\dfrac{2}{3}\pi$에서
미분가능하지 않다.

ㄴ. $k=2$일 때, 방정식 $h(x)=2$의 서로 다
른 실근의 개수는 6이다.

ㄷ. 함수 $|h(x)-k|$가 $x=\alpha(0<\alpha<2\pi)$
에서 미분가능하지 않은 실수 $\alpha$의 개수를
$a_k$라 할 때, $\displaystyle\sum_{k=1}^{4} a_k=34$이다.

① ㄱ      ② ㄱ, ㄴ

③ ㄱ, ㄷ      ④ ㄴ, ㄷ

⑤ ㄱ, ㄴ, ㄷ

**22** 함수 $f(x)=(3x+e^x)^3$에 대하여 $f'(0)$의 값을 구하시오. [3점]

**23** 매개변수 $t$로 나타내어진 곡선

$$x=2\sqrt{2}\sin t+\sqrt{2}\cos t,$$
$$y=\sqrt{2}\sin t+2\sqrt{2}\cos t$$

가 있다. 이 곡선 위의 $t=\dfrac{\pi}{4}$에 대응하는 점에서의 접선의 $y$절편을 구하시오. [3점]

**24** 확률변수 $X$는 정규분포 $N(m,\ \sigma^2)$을 따르고, 다음 조건을 만족시킨다.

(가) $P(X\geq128)=P(X\leq140)$
(나) $P(m\leq X\leq m+10)$
  $=P(-1\leq Z\leq0)$

$P(X\geq k)=0.0668$을 만족시키는 상수 $k$의 값을 오른쪽 표준정규분포표를 이용하여 구하시오. (단, $Z$는 표준정규분포표를 따르는 확률변수이다.) [3점]

| $z$ | $P(0\leq Z\leq z)$ |
|-----|-----|
| 0.5 | 0.1915 |
| 1.0 | 0.3413 |
| 1.5 | 0.4332 |
| 2.0 | 0.4772 |

**25** 1부터 9까지의 자연수가 각각 하나씩 적힌 9개의 공을 같은 종류의 세 상자에 3개씩 나누어 넣으려고 한다. 세 상자 중 어떤 한 상자에 들어 있는 3개의 공에 적힌 수의 합이 나머지 두 상자에 들어 있는 6개의 공에 적힌 수의 합보다 크도록 9개의 공을 나누어 넣는 경우의 수를 구하시오. (단, 공을 넣는 순서는 고려하지 않는다.) [3점]

**26** 그림과 같이 한 변의 길이가 6인 정삼각형 ACD를 한 면으로 하는 사면체 ABCD가 다음 조건을 만족시킨다.

> (가) $\overline{BC} = 3\sqrt{10}$
> (나) $\overline{AB} \perp \overline{AC}$, $\overline{AB} \perp \overline{AD}$

두 모서리 AC, AD의 중점을 각각 M, N이라 할 때, 삼각형 BMN의 평면 BCD 위로의 정사영의 넓이를 $S$라 하자. $40 \times S$의 값을 구하시오. [4점]

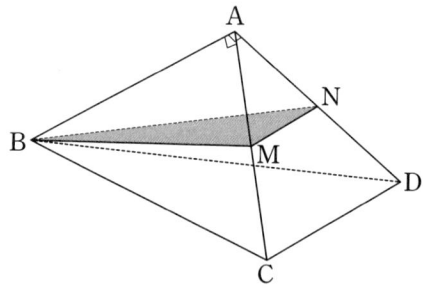

**27** 한 번 누를 때마다 좌표평면 위의 점 P를 다음과 같이 이동시키는 두 버튼 ㉠, ㉡이 있다.

[버튼 ㉠] 그림과 같이 길이가 $\sqrt{2}$인 선분을 따라 점 $(x, y)$에 있는 점 P를 점 $(x+1, y+1)$로 이동시킨다.

$(x, y)$ — $(x+1, y+1)$

[버튼 ㉡] 그림과 같이 길이가 $\sqrt{5}$인 선분을 따라 점 $(x, y)$에 있는 점 P를 점 $(x+2, y+1)$로 이동시킨다.

$(x, y)$ — $(x+2, y+1)$

예를 들어, 버튼을 ㉠, ㉠, ㉡ 순으로 누르면 원점 $(0, 0)$에 있는 점 P는 아래 그림과 같이 세 선분을 따라 점 $(4, 3)$으로 이동한다. 또한 원점 $(0, 0)$에 있는 점 P를 점 $(4, 3)$으로 이동시키도록 버튼을 누르는 경우는 ㉠㉠㉡, ㉠㉡㉠, ㉡㉠㉠으로 3가지이다.

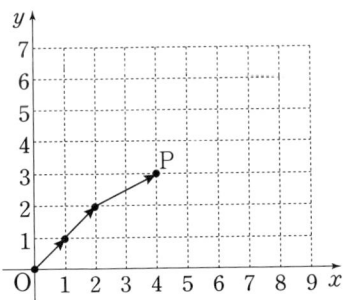

원점 $(0, 0)$에 있는 점 P를 두 점 $A(5, 5)$, $B(6, 4)$ 중 어느 점도 지나지 않고 점 $C(9, 7)$로 이동시키도록 두 버튼 ㉠, ㉡을 누르는 경우의 수를 구하시오. [4점]

**28** 그림과 같이 $\overline{AB}=1$이고 $\angle ABC=\dfrac{\pi}{2}$인 직각삼각형 ABC에서 $\angle CAB=\theta$라 하자. 선분 AC를 4 : 7로 내분하는 점을 D라 하고 점 C에서 선분 BD에 내린 수선의 발을 E라 할 때, 삼각형 CEB의 넓이를 $S(\theta)$라 하자. $\lim\limits_{\theta \to 0+}\dfrac{S(\theta)}{\theta^3}=\dfrac{q}{p}$일 때, $p+q$의 값을 구하시오. $\left(\text{단, }0<\theta<\dfrac{\pi}{4}\text{이고, } p\text{와 } q\text{는 서로소}\right.$ $\left.\text{인 자연수이다.}\right)$ [4점]

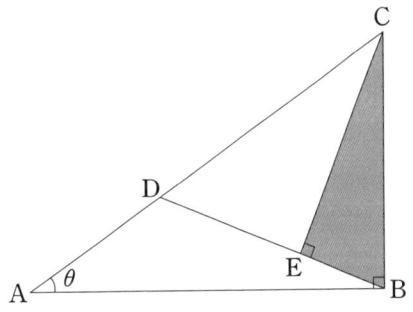

**29** 좌표공간에 구 $C : x^2+y^2+(z+2)^2=2$ 와 점 $A(0, 3, 3)$이 있다. 구 $C$ 위의 점 $P$ 와 $|\overrightarrow{AQ}|=2$, $\overrightarrow{OA} \cdot \overrightarrow{QA}=3\sqrt{6}$을 만족시키는 점 $Q$에 대하여 $\overrightarrow{AP} \cdot \overrightarrow{AQ}$의 최댓값은 $p\sqrt{2}+q\sqrt{6}$이다. $p+q$의 값을 구하시오. (단, O는 원점이고, $p$, $q$는 유리수이다.)

[4점]

**30** 최고차항의 계수가 1인 삼차함수 $f(x)$에 대하여 함수

$$g(x)=\int_0^x \frac{f(t)}{|t|+1}dt$$

가 다음 조건을 만족시킨다.

> (가) $g'(2)=0$
> (나) 모든 실수 $x$에 대하여 $g(x) \geq 0$이다.

$g'(-1)$의 값이 최대가 되도록 하는 함수 $f(x)$에 대하여 $f(-1)=\dfrac{n}{m-3\ln3}$일 때, $|m \times n|$의 값을 구하시오. (단, $m$, $n$은 정수이고, $\ln3$은 $1<\ln3<1.1$인 무리수이다.) [4점]

# 제3교시 수학영역(나형)

▶정답 및 해설 287p

**01** 전체집합 $U = \{1, 2, 3, 4, 5\}$의 두 부분집합 $A = \{1, 3\}$, $B = \{3, 5\}$에 대하여 집합 $A^C \cap B^C$의 모든 원소의 합은? [2점]

① 3          ② 4

③ 5          ④ 6

⑤ 7

**02** $\sqrt[3]{36} \times \left(\sqrt[3]{\dfrac{2}{3}}\right)^2 = 2^a$일 때, $a$의 값은? [2점]

① $\dfrac{4}{3}$          ② $\dfrac{5}{3}$

③ $2$          ④ $\dfrac{7}{3}$

⑤ $\dfrac{8}{3}$

**03** 함수 $y = f(x)$의 그래프가 그림과 같다.

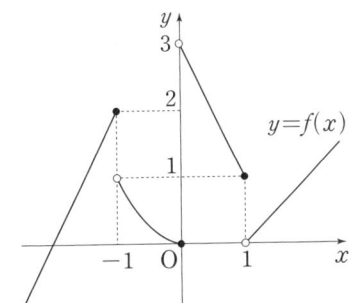

$\lim\limits_{x \to -1+} f(x) + \lim\limits_{x \to 0-} f(x)$의 값은? [2점]

① 1          ② 2

③ 3          ④ 4

⑤ 5

**04** 4개의 수 6, $a$, 15, $b$가 이 순서대로 등비수
열을 이룰 때, $\dfrac{b}{a}$의 값은? [3점]

① $\dfrac{3}{2}$        ② 3

③ $\dfrac{5}{2}$        ④ 4

⑤ $\dfrac{7}{2}$

**05** 그림은 함수 $f : X \to Y$를 나타낸 것이다.

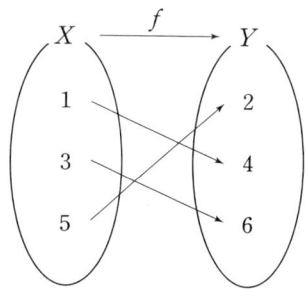

함수 $g : Y \to X$에 대하여
함수 $g \circ f : X \to X$가 항등함수일 때,
$g(6) + (f \circ g)(4)$의 값은? [3점]

① 4        ② 5

③ 6        ④ 7

⑤ 8

**06** 두 사건 $A$, $B$에 대하여

$$\mathrm{P}(A \cap B) = \dfrac{1}{6}, \ \mathrm{P}(A^c \cup B) = \dfrac{2}{3}$$

일 때, $\mathrm{P}(A)$의 값은? (단, $A^c$은 $A$의 여사
건이다.) [3점]

① $\dfrac{1}{6}$        ② $\dfrac{1}{3}$

③ $\dfrac{1}{2}$        ④ $\dfrac{2}{3}$

⑤ $\dfrac{5}{6}$

**07** 연속확률변수 $X$가 가지는 값의 범위는 $0 \leq X \leq 2$이고 $X$의 확률밀도함수의 그래프는 그림과 같이 두 점 $\left(0, \frac{3}{4a}\right)$, $\left(a, \frac{3}{4a}\right)$을 이은 선분과 두 점 $\left(a, \frac{3}{4a}\right)$, $(2, 0)$을 이은 선분으로 이루어져 있다. $\mathrm{P}\left(\frac{1}{2} \leq X \leq 2\right)$의 값은? (단, $a$는 양수이다.) [3점]

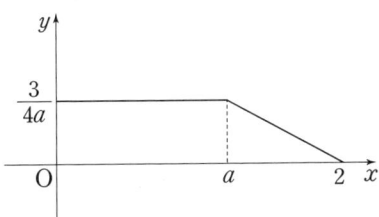

① $\frac{2}{3}$　　　　② $\frac{11}{16}$

③ $\frac{17}{24}$　　　　④ $\frac{35}{48}$

⑤ $\frac{3}{4}$

**08** 다항함수 $f(x)$에 대하여
$$\lim_{h \to 0} \frac{f(1+h)-3}{h} = 2$$ 일 때,
함수 $g(x) = (x+2)f(x)$에 대하여 $g'(1)$의 값은? [3점]

① 5　　　　② 6

③ 7　　　　④ 8

⑤ 9

**09** 두 곡선 $y = x^2$, $y = (x-4)^2$과 $y$축으로 둘러싸인 부분의 넓이를 $S_1$, 두 곡선 $y = x^2$, $y = (x-4)^2$과 직선 $x = 4$로 둘러싸인 부분의 넓이를 $S_2$라 할 때, $S_1 + S_2$의 값은?

[3점]

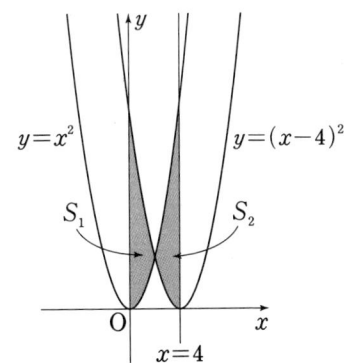

① 30　　　　② 32

③ 34　　　　④ 36

⑤ 38

**10** 확률변수 $X$가 이항분포 $B(5, p)$를 따르고, $P(X=3)=P(X=4)$일 때, $E(6X)$의 값은? (단, $0<p<1$) [3점]

① 5 ② 10
③ 15 ④ 20
⑤ 25

**11** 함수

$$f(x)=\begin{cases} a & (x<1) \\ x+3 & (x\geq 1) \end{cases}$$

에 대하여 함수 $(x-a)f(x)$가 실수 전체의 집합에서 연속이 되도록 하는 모든 실수 $a$의 값의 합은? [3점]

① 1 ② 2
③ 3 ④ 4
⑤ 5

**12** 실수 $x$에 대한 두 조건 $p$, $q$가 다음과 같다.

$$p : (x-a+7)(x+2a-18)=0,$$
$$q : x(x-a)\leq 0$$

$p$가 $q$이기 위한 충분조건이 되도록 하는 모든 정수 $a$의 값의 합은? [3점]

① 24 ② 25
③ 26 ④ 27
⑤ 28

**13** 어느 도시의 직장인들이 하루 동안 도보로 이동한 거리는 평균이 $m\,\mathrm{km}$, 표준편차가 $1.5\,\mathrm{km}$인 정규분포를 따른다고 한다. 이 도시의 직장인들 중에서 36명을 임의추출하여 조사한 결과 36명이 하루 동안 도보로 이동한 거리의 평균은 $\bar{x}\,\mathrm{km}$이었다. 이 결과를 이용하여, 이 도시의 직장인들이 하루 동안 도보로 이동한 거리의 평균 에 대한 신뢰도 95%의 신뢰구간을 구하면 $a\leq m\leq 6.49$이다. $a$의 값은? (단, $Z$가 표준정규분포를 따르는 확률변수일 때, $P(|Z|\leq 1.96)=0.95$로 계산한다.) [3점]

① 5.46 ② 5.51
③ 5.56 ④ 5.61
⑤ 5.66

**14** 수열 $\{a_n\}$은 $a_1=4$이고, 모든 자연수 $n$에 대하여

$$a_{n+1}=\begin{cases} \dfrac{a_n}{2-a_n} & (a_n>2) \\ a_n+2 & (a_n\leq2) \end{cases}$$

이다. $\displaystyle\sum_{k=1}^{m} a_k=12$를 만족시키는 자연수 $m$의 최솟값은? [4점]

① 7           ② 8

③ 9           ④ 10

⑤ 11

**15** 두 양수 $a$, $b\,(a>b)$에 대하여

$$9^a=2^{\frac{1}{b}},\ (a+b)^2=\log_3 64$$

일 때, $\dfrac{a-b}{a+b}$의 값은? [4점]

① $\dfrac{\sqrt{6}}{6}$        ② $\dfrac{\sqrt{3}}{3}$

③ $\dfrac{\sqrt{2}}{2}$        ④ $\dfrac{\sqrt{6}}{3}$

⑤ $\dfrac{\sqrt{30}}{6}$

**16** 1부터 6까지의 자연수가 각각 하나씩 적힌 6장의 카드를 모두 일렬로 나열할 때, 서로 이웃하는 두 카드에 적힌 수를 곱하여 만들어지는 5개의 수가 모두 짝수인 경우의 수는? [4점]

① 120         ② 126

③ 132         ④ 138

⑤ 144

**17** 집합 $X=\{x\,|\,x>0\}$에 대하여 함수 $f:X\to X$가

$$f(x)=\begin{cases} \dfrac{1}{x}+1 & (0<x\leq3) \\ -\dfrac{1}{x-a}+b & (x>3) \end{cases}$$

이다. 함수 $f(x)$가 일대일 대응일 때, $a+b$의 값은? (단, $a$, $b$는 상수이다.) [4점]

① $\dfrac{13}{4}$        ② $\dfrac{10}{3}$

③ $\dfrac{41}{12}$        ④ $\dfrac{7}{2}$

⑤ $\dfrac{43}{12}$

**18** 그림과 같이 한 변의 길이가 4인 정사각형 $A_1B_1C_1D_1$이 있다. 4개의 선분 $A_1B_1$, $B_1C_1$, $C_1D_1$, $D_1A_1$을 1 : 3으로 내분하는 점을 각각 $E_1$, $F_1$, $G_1$, $H_1$이라 하고, 정사각형 $A_1B_1C_1D_1$의 내부에 점 $E_1$, $F_1$, $G_1$, $H_1$각각을 중심으로 하고 반지름의 길이가 $\frac{1}{4}\overline{A_1B_1}$인 4개의 반원을 그린 후 이 4개의 반원의 내부에 색칠하여 얻은 그림을 $R_1$이라 하자.

그림 $R_1$에서 점 $A_1$을 지나고 중심이 $H_1$인 색칠된 반원의 호에 접하는 직선과 점 $B_1$을 지나고 중심이 $E_1$인 색칠된 반원의 호에 접하는 직선의 교점을 $A_2$, 점 $B_1$을 지나고 중심이 $E_1$인 색칠된 반원의 호에 접하는 직선과 점 $C_1$을 지나고 중심이 $F_1$인 색칠된 반원의 호에 접하는 직선의 교점을 $B_2$, 점 $C_1$을 지나고 중심이 $F_1$인 색칠된 반원의 호에 접하는 직선과 점 $D_1$을 지나고 중심이 $G_1$인 색칠된 반원의 호에 접하는 직선의 교점을 $C_2$, 점 $D_1$을 지나고 중심이 $G_1$인 색칠된 반원의 호에 접하는 직선과 점 $A_1$을 지나고 중심이 $H_1$인 색칠된 반원의 호에 접하는 직선의 교점을 $D_2$라 하자. 정사각형 $A_2B_2C_2D_2$의 내부에 그림 $R_1$을 얻은 것과 같은 방법으로 4개의 반원을 그리고 이 4개의 반원의 내부에 색칠하여 얻은 그림을 $R_2$라 하자.

이와 같은 과정을 계속하여 $n$번째 얻은 그림 $R_n$에 색칠되어 있는 부분의 넓이를 $S_n$이라 할 때, $\lim\limits_{n\to\infty}S_n$의 값은? [4점]

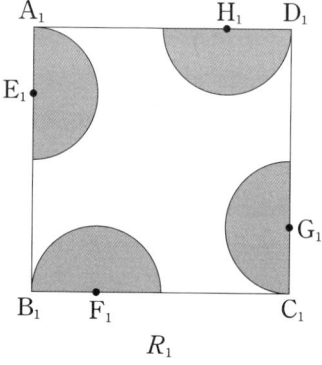

$R_1$

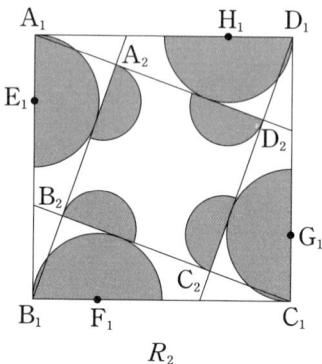

$R_2$

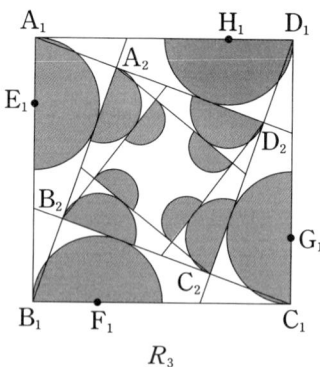

$R_3$

$\vdots$

① $\dfrac{9\sqrt{2}\pi}{4}$  ② $\dfrac{19\sqrt{2}\pi}{8}$

③ $\dfrac{5\sqrt{2}\pi}{2}$  ④ $\dfrac{21\sqrt{2}\pi}{8}$

⑤ $\dfrac{11\sqrt{2}\pi}{4}$

**19** 다음은 자연수 $n$에 대하여 방정식 $a+b+c=3n$을 만족시키는 자연수 $a$, $b$, $c$의 모든 순서쌍 $(a, b, c)$ 중에서 임의로 한 개를 선택할 때, 선택한 순서쌍 $(a, b, c)$가 $a>b$ 또는 $a>c$를 만족시킬 확률을 구하는 과정이다.

---

방정식
$$a+b+c=3n \ \cdots\cdots \ (*)$$
을 만족시키는 자연수 $a$, $b$, $c$의 모든 순서쌍의 개수는 (가) 이다.

방정식 $(*)$을 만족시키는 자연수 $a$, $b$, $c$의 순서쌍 $(a, b, c)$가 $a>b$ 또는 $a>c$를 만족시키는 사건을 $A$라 하면 사건 $A$의 여사건 $A^c$은 방정식 $(*)$을 만족시키는 자연수 $a$, $b$, $c$의 순서쌍 $(a, b, c)$가 $a \le b$와 $a \le c$를 만족시키는 사건이다.

이제 $n(A^c)$의 값을 구하자.

자연수 $k(1 \le k \le n)$에 대하여 $a=k$인 경우, $b \ge k$, $c \ge k$이고 방정식 $(*)$을 만족시키는 자연수 $a$, $b$, $c$의 순서쌍 $(a, b, c)$의 개수는 (나) 이므로 $n(A^c)=\sum\limits_{k=1}^{n}$ (나) 이다.

따라서 구하는 확률은 $P(A)=$ (다) 이다.

---

위의 (가)에 알맞은 식에 $n=2$를 대입한 값을 $p$, (나)에 알맞은 식에 $n=7$, $k=2$를 대입한 값을 $q$, (다)에 알맞은 식에 $n=4$를 대입한 값을 $r$이라 할 때, $p \times q \times r$의 값은?

[4점]

① 88      ② 92
③ 96      ④ 100
⑤ 104

**20** 최고차항의 계수가 1인 사차함수 $f(x)$에 대하여 함수 $g(x)$를

$$g(x)=\begin{cases} f(x) & (f(x) \ge a) \\ 2a-f(x) & (f(x) < a) \end{cases} \ (a \text{는 상수})$$

라 하자. 두 함수 $f(x)$, $g(x)$가 다음 조건을 만족시킨다.

---

(가) 함수 $g(x)$는 $x=4$에서만 미분가능하지 않다.

(나) 함수 $g(x)-f(x)$는 $x=\dfrac{7}{2}$에서 최댓값 $2a$를 가진다.

---

$f\left(\dfrac{5}{2}\right)$의 값은? [4점]

① $\dfrac{5}{4}$      ② $\dfrac{3}{2}$

③ $\dfrac{7}{4}$      ④ 2

⑤ $\dfrac{9}{4}$

2020 기출문제

**21** 함수 $f(x)=(x-2)^3$과 두 실수 $m$, $n$에 대하여 함수 $g(x)$를

$$g(x)=\begin{cases} f(x) & (|x|<a) \\ mx+n & (|x|\geq a) \end{cases} (a>0)$$

이라 하자. 함수 $g(x)$가 실수 전체의 집합에서 연속일 때, 〈보기〉에서 옳은 것만을 있는 대로 고른 것은? [4점]

〈보기〉

ㄱ. $a=1$일 때, $m=13$이다.

ㄴ. 함수 $g(x)$가 $x=a$에서 미분가능할 때, $m=48$이다.

ㄷ. $f(a)-2af'(a)>n-ma$를 만족시키는 자연수 $a$의 개수는 5이다.

① ㄱ　② ㄱ, ㄴ　③ ㄱ, ㄷ　④ ㄴ, ㄷ　⑤ ㄱ, ㄴ, ㄷ

## 주관식 문항(22~30)

**22** $\lim_{n\to\infty}\frac{a\times 3^{n+2}-2^n}{3^n-3\times 2^n}=207$일 때, 상수 $a$의 값을 구하시오. [3점]

**23** 자연수 $n$에 대하여 좌표평면에서 직선 $x=n$이 곡선 $y=x^2$과 만나는 점을 $A_n$, 직선 $x=n$이 직선 $y=-2x$와 만나는 점을 $B_n$이라 할 때, $\sum_{n=1}^{9}\overline{A_nB_n}$의 값을 구하시오. [3점]

**24** 무리함수 $f(x)=\sqrt{ax+b}$에 대하여 두 곡선 $y=f(x)$, $y=f^{-1}(x)$가 점 $(2, 3)$에서 만날 때, $f(-6)$의 값을 구하시오. (단, $a$, $b$는 상수이다.) [3점]

**25** 이차함수 $f(x)$가 $f(0)=0$이고
$$\lim_{x \to 0}\frac{f(x)}{x}=\lim_{x \to 1}\frac{f(x)-x}{x-1}$$
일 때, $60 \times f'(0)$의 값을 구하시오. [3점]

**26** 두 개의 주사위를 동시에 던져서 나온 두 눈의 수의 최대공약수가 1일 때, 나온 두 눈의 수의 합이 8일 확률은 $\frac{q}{p}$이다. $p+q$의 값을 구하시오. (단, $p$와 $q$는 서로소인 자연수이다.) [4점]

**27** 다항함수 $f(x)$가 모든 실수 $x$에 대하여
$$\int_{1}^{x}(2x-1)f(t)dt=x^3+ax+b$$일 때, $40 \times f(1)$의 값을 구하시오. (단, $a$, $b$는 상수이다.) [4점]

**28** 그림과 같이 같은 종류의 검은 공이 각각 1 개, 2개, 3개가 들어 있는 상자 3개가 있다. 1 부터 6까지의 자연수가 각각 하나씩 적힌 6 개의 흰 공을 3개의 상자에 남김없이 나누어 넣으려고 한다. 각각의 상자에 들어 있는 공의 개수가 모두 3의 배수가 되도록 6개의 흰 공을 나누어 넣는 경우의 수를 구하시오. (단, 흰 공이 하나도 들어 있지 않은 상자가 있을 수 있고, 공을 넣는 순서는 고려하지 않는다.) [4점]

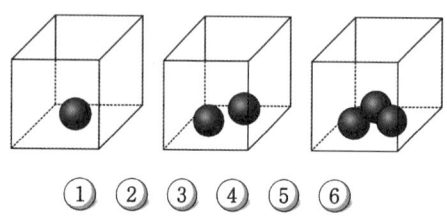

**29** 수열 $\{a_n\}$은 $a_1$이 자연수이고, 모든 자연수 $n$에 대하여

$$a_{n+1}=\begin{cases} a_n-d & (a_n\geq 0) \\ a_n+d & (a_n<0) \end{cases} (d는 \ 자연수)$$

이다. $a_n<0$인 자연수 $n$의 최솟값을 $m$이라 할 때, 수열 $\{a_n\}$은 다음 조건을 만족시킨다.

> (가) $a_{m-2}+a_{m-1}+a_m=3$
> (나) $a_1+a_{m-1}=-9(a_m+a_{m+1})$
> (다) $\sum_{k=1}^{m-1} a_k=45$

$a_1$의 값을 구하시오. (단, $m\geq 3$) [4점]

**30** 두 이차함수 $f(x)$, $g(x)$에 대하여 실수 전체의 집합에서 정의된 함수 $h(x)$가 $0\leq x<4$에서

$$h(x)=\begin{cases} x & (0\leq x<2) \\ f(x) & (2\leq x<3) \\ g(x) & (3\leq x<4) \end{cases}$$

이고, 다음 조건을 만족시킨다.

> (가) 모든 실수 $x$에 대하여 $h(x)=h(x-4)+k$ ($k$는 상수)이다.
> (나) 함수 $h(x)$는 실수 전체의 집합에서 미분가능하다.
> (다) $\int_0^4 h(x)dx=6$

$h\left(\dfrac{13}{2}\right)=\dfrac{q}{p}$일 때, $p+q$의 값을 구하시오. (단, $p$와 $q$는 서로소인 자연수이다.) [4점]

# 2027
# 사관학교
# 10개년 수학

**2019**학년도 기출문제

## 수학영역(가형/나형)

# 제3교시 수학영역(가형)

▶정답 및 해설 292p

**01** 두 벡터 $\vec{a}=(6, 2, 4)$, $\vec{b}=(1, 3, 2)$에 대하여 벡터 $\vec{a}-\vec{b}$의 모든 성분의 합은? [2점]

① 4      ② 5

③ 6      ④ 7

⑤ 8

**02** 함수 $f(x)=\ln(2x+3)$에 대하여

$$\lim_{h \to 0}\frac{f(2+h)-f(2)}{h}$$의 값은? [2점]

① $\dfrac{2}{7}$      ② $\dfrac{5}{14}$

③ $\dfrac{3}{7}$      ④ $\dfrac{1}{2}$

⑤ $\dfrac{4}{7}$

**03** 방정식 $2^x+\dfrac{16}{2^x}=10$의 모든 실근의 합은?

[2점]

① 3      ② $\log_2 10$

③ $\log_2 12$      ④ $\log_2 14$

⑤ 4

**04** 두 사건 $A$, $B$에 대하여

$$P(A)=\frac{1}{2}, P(B)=\frac{2}{5}, P(A\cup B)=\frac{4}{5}$$

일 때, $P(B|A)$의 값은? [3점]

① $\dfrac{1}{10}$      ② $\dfrac{1}{5}$

③ $\dfrac{3}{10}$      ④ $\dfrac{2}{5}$

⑤ $\dfrac{1}{2}$

**05** 좌표공간에서 두 점 $A(5, a, -3)$, $B(6, 4, b)$에 대하여 선분 $AB$를 3:2로 외분하는 점이 $x$축 위에 있을 때, $a+b$의 값은? [3점]

① 3　　　　② 4

③ 5　　　　④ 6

⑤ 7

**06** 이산확률변수 $X$의 확률분포를 표로 나타내면 다음과 같다.

| $X$ | 0 | 1 | 2 | 3 | 합계 |
|---|---|---|---|---|---|
| $P(X=x)$ | $a$ | $\frac{1}{3}$ | $\frac{1}{4}$ | $b$ | 1 |

$E(X)=\frac{11}{6}$일 때, $\frac{b}{a}$의 값은? (단, $a$, $b$는 상수이다.) [3점]

① 1　　　　② 2

③ 3　　　　④ 4

⑤ 5

**07** 좌표평면 위를 움직이는 점 $P$의 시각 $t\,(0<t<\pi)$에서의 위치 $P(x, y)$가 $x=\cos t+2$, $y=3\sin t+1$이다. 시각 $t=\frac{\pi}{6}$에서 점 $P$의 속력은? [3점]

① $\sqrt{5}$　　　　② $\sqrt{6}$

③ $\sqrt{7}$　　　　④ $2\sqrt{2}$

⑤ 3

**08** 실수 전체의 집합에서 연속인 함수 $f(x)$에 대하여 $\int_{1}^{e^2}\frac{f(1+2\ln x)}{x}dx=5$일 때, $\int_{1}^{5}f(x)dx$의 값은? [3점]

① 6　　　　② 7

③ 8　　　　④ 9

⑤ 10

**09** 흰 공이 **4**개와 검은 공 **2**개가 들어 있는 주머니에서 임의로 한 개의 공을 꺼내어 공의 색을 확인한 후 다시 넣는 시행을 **5**회 반복한다. 각 시행에서 꺼낸 공이 흰 공이면 **1**점을 얻고, 검은 공이면 **2**점을 얻을 때, 얻은 점수의 합이 **7**일 확률은? [3점]

① $\dfrac{80}{243}$      ② $\dfrac{1}{3}$

③ $\dfrac{82}{243}$      ④ $\dfrac{83}{243}$

⑤ $\dfrac{28}{81}$

**10** 곡선 $y=e^{\frac{x}{3}}$과 이 곡선 위의 점 $(3,\ e)$에서의 접선 및 $y$축으로 둘러싸인 도형의 넓이는? [3점]

① $\dfrac{e}{2}-1$      ② $e-2$

③ $\dfrac{3}{2}e-3$      ④ $2e-4$

⑤ $\dfrac{5}{2}e-5$

**11** 연속확률변수 $X$가 갖는 값의 범위가 $0\le X\le 4$이고, $X$의 확률밀도함수의 그래프는 그림과 같다. $1<k<2$일 때, $\mathrm{P}(k\le X\le 2k)$가 최대가 되도록 하는 $k$의 값은? [3점]

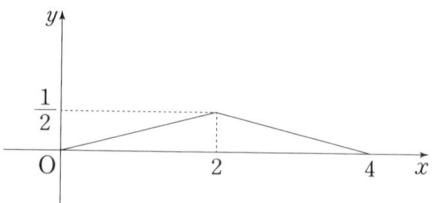

① $\dfrac{7}{5}$      ② $\dfrac{3}{2}$

③ $\dfrac{8}{5}$      ④ $\dfrac{17}{10}$

⑤ $\dfrac{9}{5}$

**12** 실수 전체의 집합에서 미분가능한 함수 $f(x)$ 가 모든 실수 $x$에 대하여

$$xf(x)=x^2e^{-x}+\int_1^x f(t)dt$$를 만족시킬 때, $f(2)$의 값은? [3점]

① $\dfrac{1}{e}$      ② $\dfrac{e+1}{e^2}$

③ $\dfrac{e+2}{e^2}$      ④ $\dfrac{e+3}{e^2}$

⑤ $\dfrac{e+4}{e^2}$

**13** 곡선 $y=\log_3 9x$ 위의 점 $\mathrm{A}(a,\,b)$를 지나고 $x$축에 평행한 직선이 곡선 $y=\log_3 x$와 만나는 점을 B, 점 B를 지나고 $y$축에 평행한 직선이 곡선 $y=\log_3 9x$와 만나는 점을 C라 하자. $\overline{\mathrm{AB}}=\overline{\mathrm{BC}}$일 때, $a+3^b$의 값은? (단, $a$, $b$는 상수이다.) [3점]

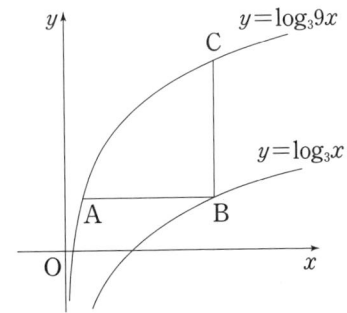

① $\dfrac{1}{2}$      ② $1$

③ $\dfrac{3}{2}$      ④ $2$

⑤ $\dfrac{5}{2}$

**14** 다항함수 $f(x)$에 대하여 $g(x)=f(x)$ $\sin x$가 다음 조건을 만족시킬 때, $f(4)$의 값은? [4점]

> (가) $\displaystyle\lim_{x\to\infty}\frac{g(x)}{x^2}=0$  (나) $\displaystyle\lim_{x\to 0}\frac{g'(x)}{x}=6$

① 11

② 12

③ 13

④ 14

⑤ 15

**15** 그림과 같이 타원 $\dfrac{x^2}{a}+\dfrac{y^2}{12}=1$의 두 초점 중 $x$좌표가 양수인 점을 F, 음수인 점을 F′ 이라 하자. 타원 $\dfrac{x^2}{a}+\dfrac{y^2}{12}=1$ 위에 있고 제 1사분면에 있는 점 P에 대하여 선분 F′P의 연장선 위에 점 Q를 $\overline{F′Q}=10$이 되도록 잡 는다. 삼각형 PFQ가 직각이등변삼각형일 때, 삼각형 QF′F의 넓이는? (단, $a>12$)

[4점]

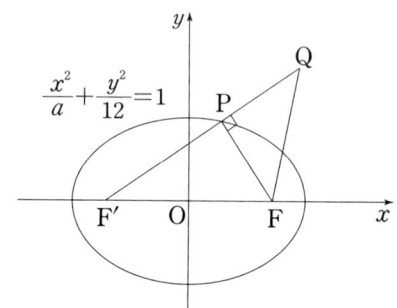

① 15

② $\dfrac{35}{2}$

③ 20

④ $\dfrac{45}{2}$

⑤ 25

**16** 서로 다른 6개의 사탕을 세 명의 어린이 A, B, C에게 남김없이 나누어 줄 때, 어린이 A가 받은 사탕의 개수가 어린이 B가 받은 사탕의 개수보다 많도록 나누어 주는 경우의 수는? (단, 사탕을 하나도 받지 못하는 어린이는 없다.) [4점]

① 180          ② 190

③ 200          ④ 210

⑤ 220

**17** 그림과 같이 서로 다른 두 평면 $\alpha$, $\beta$의 교선 위에 점 A가 있다. 평면 $\alpha$ 위의 세점 B, C, D의 평면 $\beta$ 위로의 정사영을 각각 B′, C′, D′이라 할 때, 사각형 AB′C′D′은 한 변의 길이가 $4\sqrt{2}$인 정사각형이고, $\overline{BB'}=\overline{DD'}$이다. 두 평면 $\alpha$와 $\beta$가 이루는 각의 크기를 $\theta$라 할 때, $\tan\theta=\dfrac{3}{4}$이다. 선분 BC의 길이는? (단, 선분 BD와 평면 $\beta$는 만나지 않는다.)

[4점]

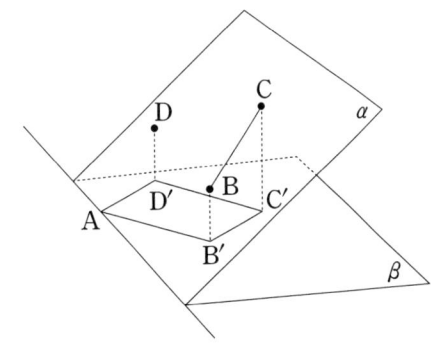

① $\sqrt{35}$          ② $\sqrt{37}$

③ $\sqrt{39}$          ④ $\sqrt{41}$

⑤ $\sqrt{43}$

2019 기출문제

**18** [그림 1]과 같이 5개의 스티커 A, B, C, D, E는 각각 흰색 또는 회색으로 칠해진 9개의 정사각형으로 이루어져 있다. 이 5개의 스티커를 모두 사용하여 [그림 2]의 45개의 정사각형으로 이루어진 ✛ 모양의 판에 빈틈없이 붙여 문양을 만들려고 한다. [그림 3]은 스티커 B를 ✛ 모양의 판의 중앙에 붙여 만든 문양의 한 예이다.

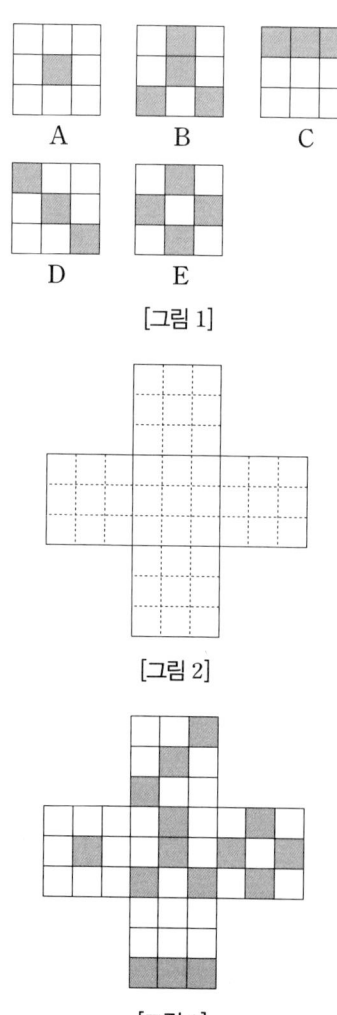

[그림 1]

[그림 2]

[그림 3]

다음은 5개의 스티커를 모두 사용하여 만들 수 있는 서로 다른 문양의 개수를 구하는 과정의 일부이다. (단, ✛ 모양의 판을 회전하여 일치하는 것은 같은 것으로 본다.)

---

✛ 모양의 판의 중앙에 붙이는 스티커에 따라 다음과 같이 3가지 경우로 나눌 수 있다.

(ⅰ) A 또는 E를 붙이는 경우

나머지 4개의 스티커를 붙일 위치를 정하는 경우의 수는 3!

이 각각에 대하여 4개의 스티커를 붙이는 경우의 수는 $1 \times 2 \times 4 \times 4$

그러므로 이 경우의 수는 $2 \times 3! \times 32$

(ⅱ) B 또는 C를 붙이는 경우

나머지 4개의 스티커를 붙일 위치를 정하는 경우의 수는 (가)

이 각각에 대하여 4개의 스티커를 붙이는 경우의 수는 $1 \times 1 \times 2 \times 4$

그러므로 이 경우의 수는 $2 \times$ (가) $\times 8$

(ⅲ) D를 붙이는 경우

나머지 4개의 스티커를 붙일 위치를 정하는 경우의 수는 (나)

이 각각에 대하여 4개의 스티커를 붙이는 경우의 수는 (다)

그러므로 이 경우의 수는 (나) $\times$ (다)

---

위의 (가), (나), (다)에 알맞은 수를 각각 $a$, $b$, $c$라 할 때, $a+b+c$의 값은? [4점]

① 52       ② 54

③ 56       ④ 58

⑤ 60

**19** 그림과 같이 선분 BC를 빗변으로 하고, $\overline{BC}=8$인 직각삼각형 ABC가 있다. 점 B를 중심으로 하고 반지름의 길이가 $\overline{AB}$인 원이 선분 BC와 만나는 점을 D, 점 C를 중심으로 하고 반지름의 길이가 $\overline{AC}$인 원이 선분 BC와 만나는 점을 E라 하자. $\angle ACB=\theta$라 할 때, 삼각형 AED의 넓이를 $S(\theta)$라 하자. $\displaystyle\lim_{\theta\to 0+}\frac{S(\theta)}{\theta^2}$의 값은? [4점]

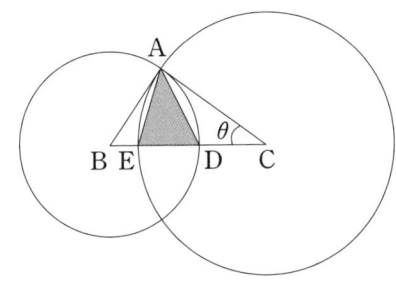

① 16

② 20

③ 24

④ 28

⑤ 32

**20** 좌표평면에서 점 $A(0, 12)$와 양수 $t$에 대하여 점 $P(0, t)$와 점 Q가 다음 조건을 만족시킨다.

> (가) $\overrightarrow{OA}\cdot\overrightarrow{PQ}=0$    (나) $\dfrac{t}{3}\leq|\overrightarrow{PQ}|\leq\dfrac{t}{2}$

$6\leq t\leq 12$에서 $|\overrightarrow{AQ}|$의 최댓값을 $M$, 최솟값을 $m$이라 할 때, $Mm$의 값은? [4점]

① $12\sqrt{2}$

② $14\sqrt{2}$

③ $16\sqrt{2}$

④ $18\sqrt{2}$

⑤ $20\sqrt{2}$

**21** 함수 $f(x) = |x^2 - x|e^{4-x}$이 있다. 양수 $k$에 대하여 함수 $g(x)$를

$$g(x) = \begin{cases} f(x) & (f(x) \le kx) \\ kx & (f(x) > kx) \end{cases}$$ 라 하자.

구간 $(-\infty, \infty)$에서 함수 $g(x)$가 미분가능하지 않은 $x$의 개수를 $h(k)$라 할 때, 〈보기〉에서 옳은 것만을 있는 대로 고른 것은? [4점]

─〈보기〉─

ㄱ. $k = 2$일 때, $g(2) = 4$이다.

ㄴ. 함수 $h(k)$의 최댓값은 4이다.

ㄷ. $h(k) = 2$를 만족시키는 $k$의 값의 범위는 $e^2 \le k < e^4$이다.

① ㄱ           ② ㄱ, ㄴ

③ ㄱ, ㄷ      ④ ㄴ, ㄷ

⑤ ㄱ, ㄴ, ㄷ

**주관식 문항(22~30)**

**22** $\left(3x^2 + \dfrac{1}{x}\right)^6$의 전개식에서 상수항을 구하시오. [3점]

**23** 함수 $f(x) = \begin{cases} -14x + a & (x \le 1) \\ \dfrac{5\ln x}{x-1} & (x > 1) \end{cases}$이 실수 전체의 집합에서 연속일 때, 상수 $a$의 값을 구하시오. [3점]

**24** 곡선 $x^2+y^3-2xy+9x=19$ 위의 점 $(2,$ $1)$에서의 접선의 기울기를 구하시오. [3점]

**26** 함수 $f(x)=\dfrac{2x}{x+1}$의 그래프 위의 두 점 $(0, 0)$, $(1, 1)$에서의 접선을 각각 $l$, $m$이 라 하자. 두 직선 $l$, $m$이 이루는 예각의 크기 를 $\theta$라 할 때, $12\tan\theta$의 값을 구하시오.

[4점]

**25** 모평균이 85, 모표준 편차가 6인 정규분포 를 따르는 모집단에 서 크기가 16인 표본 을 임의추출하여 구 한 표본평균을 $\overline{X}$라 할 때, $P(\overline{X} \geq k)=0.0228$을 만족시키는 상수 $k$의 값을 오른쪽 표준정규분포표를 이 용하여 구하시오. [3점]

| $z$ | $P(0 \leq Z \leq z)$ |
|-----|------------------|
| 0.5 | 0.1915 |
| 1.0 | 0.3413 |
| 1.5 | 0.4332 |
| 2.0 | 0.4772 |

**27** 그림과 같이 $\overline{AB}=3$, $\overline{BC}=4$인 삼각형 ABC에서 선분 AC를 1:2로 내분하는 점 을 D, 선분 AC를 2:1로 내분하는 점을 E라 하자. 선분 BC의 중점을 F라 하고, 두 선분 BE, DF의 교점을 G라 하자. $\overrightarrow{AG} \cdot \overrightarrow{BE}=0$ 일 때, $\cos(\angle ABC)=\dfrac{q}{p}$이다. $p+q$의 값 을 구하시오. (단, $p$와 $q$는 서로소인 자연수 이다.) [4점]

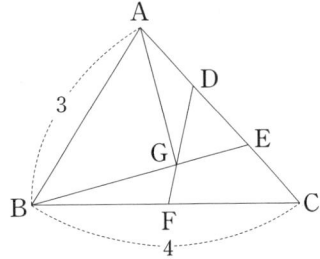

2019 기출문제

**28** 1부터 11까지의 자연수가 하나씩 적혀 있는 11장의 카드 중에서 임의로 두 장의 카드를 동시에 택할 때, 택한 카드에 적혀 있는 숫자를 각각 $m$, $n$ ($m < n$)이라 하자. 좌표평면 위의 세 점 $A(1, 0)$, $B\left(\cos\dfrac{m\pi}{6}, \sin\dfrac{m\pi}{6}\right)$, $C\left(\cos\dfrac{n\pi}{6}, \sin\dfrac{n\pi}{6}\right)$에 대하여 삼각형 ABC가 이등변삼각형일 확률이 $\dfrac{q}{p}$일 때, $p+q$의 값을 구하시오. (단, $p$와 $q$는 서로소인 자연수이다.) [4점]

**29** 좌표공간에 평면 $\alpha : 2x+y+2z-9=0$과 구 $S : (x-4)^2+(y+3)^2+z^2=2$가 있다. $|\overrightarrow{OP}| \leq 3\sqrt{2}$인 평면 $\alpha$ 위의 점 P와 구 $S$ 위의 점 Q에 대하여 $\overrightarrow{OP} \cdot \overrightarrow{OQ}$의 최댓값이 $a+b\sqrt{2}$일 때, $a+b$의 값을 구하시오. (단, 점 O는 원점이고, $a$, $b$는 유리수이다.) [4점]

**30** 함수 $f(x) = \dfrac{x}{e^x}$에 대하여 구간 $\left[\dfrac{12}{e^{12}}, \infty\right)$에서 정의된 함수 $g(t) = \displaystyle\int_0^{12} |f(x) - t| \, dx$가 $t=k$에서 극솟값을 갖는다. 방정식 $f(x)=k$의 실근의 최솟값을 $a$라 할 때, $g'(1) + \ln\left(\dfrac{6}{a}+1\right)$의 값을 구하시오. [4점]

# 제3교시 수학영역(나형)

▶정답 및 해설 300p

**01** 함수 $f(x)=(x^2+2x)(2x+1)$에 대하여 $f'(1)$의 값은? [2점]

① 14      ② 15

③ 16      ④ 17

⑤ 18

**02** $\lim\limits_{n\to\infty}\dfrac{an^2+2}{3n(2n-1)-n^2}=3$을 만족시키는 상수 $a$의 값은? [2점]

① 15      ② 16

③ 17      ④ 18

⑤ 19

**03** 자연수 7을 3개의 자연수로 분할하는 방법의 수는? [2점]

① 2      ② 3

③ 4      ④ 5

⑤ 6

**04** 다항함수 $f(x)$가 $\lim\limits_{h\to 0}\dfrac{f(1+2h)-3}{h}=3$을 만족시킬 때, $f(1)+f'(1)$의 값은? [3점]

① $\dfrac{5}{2}$      ② 3

③ $\dfrac{7}{2}$      ④ 4

⑤ $\dfrac{9}{2}$

**05** 모든 항이 양수인 등비수열 $\{a_n\}$에 대하여 $a_2a_4=2a_5$, $a_5=a_4+12a_3$일 때, $\log_2 a_{10}$의 값은? [3점]

① 15      ② 16

③ 17      ④ 18

⑤ 19

**06** 두 사건 $A$, $B$에 대하여
$$\mathrm{P}(A)=\frac{1}{2},\ \mathrm{P}(B)=\frac{2}{5},\ \mathrm{P}(A\cup B)=\frac{4}{5}$$
일 때, $\mathrm{P}(B\,|\,A)$의 값은? [3점]

① $\dfrac{1}{10}$      ② $\dfrac{1}{5}$

③ $\dfrac{3}{10}$      ④ $\dfrac{2}{5}$

⑤ $\dfrac{1}{2}$

**07** 수열 $\{a_n\}$이 모든 자연수 $n$에 대하여
$$a_{n+1}=\begin{cases} \dfrac{a_n+2}{2} & (a_n \text{은 짝수}) \\[2mm] \dfrac{a_n-1}{2} & (a_n \text{은 홀수}) \end{cases}$$
를 만족시킨다.

$a_1=20$일 때, $\displaystyle\sum_{k=1}^{10} a_k$의 값은? [3점]

① 38      ② 42

③ 46      ④ 50

⑤ 54

**08** 연속확률변수 $X$가 갖는 값의 범위가 $0\le X\le 4$이고, $X$의 확률밀도함수의 그래프가 그림과 같을 때, $\mathrm{P}\left(\dfrac{1}{2}\le X\le 3\right)$의 값은? [3점]

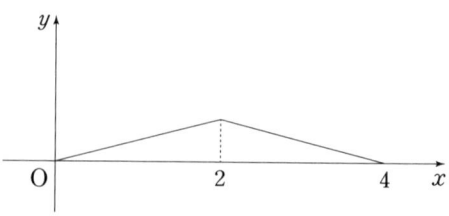

① $\dfrac{25}{32}$      ② $\dfrac{13}{16}$

③ $\dfrac{27}{32}$      ④ $\dfrac{7}{8}$

⑤ $\dfrac{29}{32}$

**09** 등차수열 $\{a_n\}$에 대하여 첫째항부터 제$n$항까지의 합을 $S_n$이라 하자. $S_5 = a_1$, $S_{10} = 40$일 때, $a_{10}$의 값은? [3점]

① 10      ② 13

③ 16      ④ 19

⑤ 22

**10** 모평균이 85, 모표준편차가 6인 정규분포를 따르는 모집단에서 크기가 16인 표본을 임의추출하여 구한 표본평균을 $\overline{X}$라 할 때, $\mathrm{P}(\overline{X} \geq k) = 0.0228$을 만족시키는 상수 $k$의 값을 오른쪽 표준정규분포표를 이용하여 구하시오. [3점]

| $z$ | $\mathrm{P}(0 \leq Z \leq z)$ |
|-----|------------------|
| 0.5 | 0.1915 |
| 1.0 | 0.3413 |
| 1.5 | 0.4332 |
| 2.0 | 0.4772 |

① 86      ② 87

③ 88      ④ 89

⑤ 90

**11** 함수 $y = f(x)$의 그래프가 그림과 같다. 최고차항의 계수가 1인 이차함수 $g(x)$에 대하여
$$\lim_{x \to 0+} \frac{g(x)}{f(x)} = 1, \quad \lim_{x \to 1-} f(x-1)g(x) = 3$$
일 때, $g(2)$의 값은? [3점]

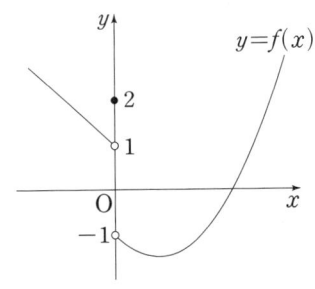

① 3      ② 5

③ 7      ④ 9

⑤ 11

**12** 일차함수 $f(x)$에 대하여 함수 $y = \dfrac{f(x)+5}{2-f(x)}$의 그래프의 점근선은 두 직선 $x=4$, $y=-1$이다. $f(1)=5$일 때, $f(2)$의 값은? [3점]

① 4      ② 6

③ 8      ④ 10

⑤ 12

2019 기출문제

**13** 실수 $x$에 대한 두 조건 $p : x^2+ax-8>0$, $q : |x-1| \leq b$가 있다. $\sim p$가 $q$이기 위한 필요충분조건이 되도록 하는 두 상수 $a$, $b$에 대하여 $b-a$의 값은? [3점]

① $-1$  ② $1$

③ $3$  ④ $5$

⑤ $7$

**14** 다항함수 $f(x)$가 모든 실수 $x$에 대하여

$$f(x)=\frac{3}{4}x^2+\left(\int_0^1 f(x)dx\right)^2$$을 만족시킬

때, $\int_0^2 f(x)dx$의 값은? [4점]

① $\dfrac{9}{4}$  ② $\dfrac{5}{2}$

③ $\dfrac{11}{4}$  ④ $3$

⑤ $\dfrac{13}{4}$

**15** 전체집합 $U=\{1, 2, 3, 4, 5, 6, 7, 8\}$의 두 부분집합 $A=\{3, 4\}$, $B=\{4, 5, 6\}$에 대하여 $U$의 부분집합 $X$가 $A \cup X=X$, $(B-A) \cap X=\{6\}$을 만족시킨다. $n(X)=5$일 때, 모든 $X$의 개수는? [4점]

① $4$  ② $5$

③ $6$  ④ $7$

⑤ $8$

**16** 자연수 $n$에 대하여 삼차함수 $y=n(x^3-3x^2)+k$의 그래프가 $x$축과 만나는 점의 개수가 3이 되도록 하는 정수 $k$의 개수를 $a_n$이라 할 때, $\sum_{n=1}^{10} a_n$의 값은? [4점]

① $195$  ② $200$

③ $205$  ④ $210$

⑤ $215$

**17** 그림과 같이 두 양수 $a$, $b$에 대하여 함수 $f(x)=a\sqrt{x+5}+b$의 그래프와 역함수 $f^{-1}(x)$의 그래프가 만나는 점을 A라 하자. 곡선 $y=f(x)$ 위의 점 B$(-1, 7)$과 곡선 $y=f^{-1}(x)$ 위의 점 C에 대하여 삼각형 ABC는 $\overline{\text{AB}}=\overline{\text{AC}}$인 이등변삼각형이다. 삼각형 ABC의 넓이가 64일 때, $ab$의 값은? (단, 점 C의 $x$좌표는 점 A의 $x$좌표보다 작다.) [4점]

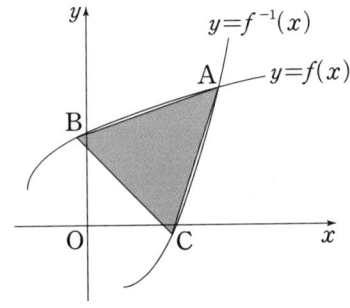

① 6      ② 8

③ 10      ④ 12

⑤ 14

**18** 흰색 탁구공 3개와 주황색 탁구공 4개를 서로 다른 3개의 비어 있는 상자 A, B, C에 남김없이 넣으려고 할 때, 다음 조건을 만족시키도록 넣는 경우의 수는? (단, 탁구공을 하나도 넣지 않은 상자가 있을 수 있다.) [4점]

> (가) 상자 A에는 흰색 탁구공을 1개 이상 넣는다.
>
> (나) 흰색 탁구공만 들어 있는 상자는 없도록 넣는다.

① 35      ② 37

③ 39      ④ 41

⑤ 43

**19** 그림과 같이 한 변의 길이가 2인 정사각형 $A_1B_1C_1D_1$의 내부에 네 점 $A_2$, $B_2$, $C_2$, $D_2$를 네 삼각형 $A_2A_1B_1$, $B_2B_1C_1$, $C_2C_1D_1$, $D_2D_1A_1$이 모두 한 내각의 크기가 $150°$인 이등변삼각형이 되도록 잡는다. 네 삼각형 $A_1A_2D_2$, $B_1B_2A_2$, $C_1C_2B_2$, $D_1D_2C_2$의 내부를 색칠하여 얻은 그림을 $R_1$이라 하자.

그림 $R_1$에서 정사각형 $A_2B_2C_2D_2$의 내부에 네 점 $A_3$, $B_3$, $C_3$, $D_3$을 네 삼각형 $A_3A_2B_2$, $B_3B_2C_2$, $C_3C_2D_2$, $D_3D_2A_2$가 모두 한 내각의 크기가 $150°$인 이등변삼각형이 되도록 잡는다. 네 삼각형 $A_2A_3D_3$, $B_2B_3A_3$, $C_2C_3B_3$, $D_2D_3C_3$의 내부를 색칠하여 얻은 그림을 $R_2$라 하자.

이와 같은 과정을 계속하여 $n$번째 얻은 그림 $R_n$에 색칠되어 있는 부분의 넓이를 $S_n$이라 할 때, $\lim\limits_{n\to\infty}S_n$의 값은? [4점]

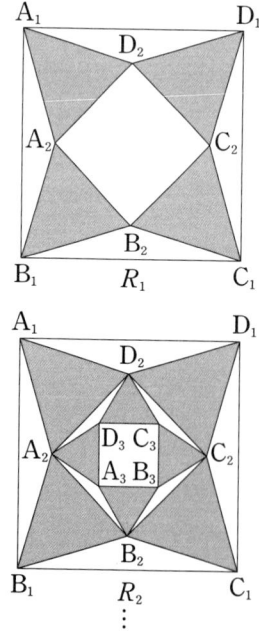

① $5-\dfrac{3}{2}\sqrt{3}$  ② $6-2\sqrt{3}$

③ $7-\dfrac{5}{2}\sqrt{3}$  ④ $8-3\sqrt{3}$

⑤ $9-\dfrac{7}{2}\sqrt{3}$

**20** [그림 1]과 같이 5개의 스티커 A, B, C, D, E는 각각 흰색 또는 회색으로 칠해진 9개의 정사각형으로 이루어져 있다. 이 5개의 스티커를 모두 사용하여 [그림 2]의 45개의 정사각형으로 이루어진 ✠ 모양의 판에 빈틈없이 붙여 문양을 만들려고 한다. [그림 3]은 스티커 B를 ✠ 모양의 판의 중앙에 붙여 만든 문양의 한 예이다.

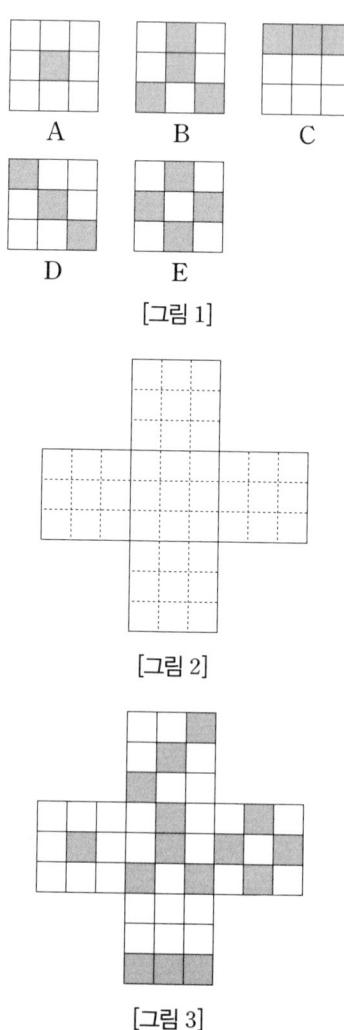

다음은 5개의 스티커를 모두 사용하여 만들 수 있는 서로 다른 문양의 개수를 구하는 과정의 일부이다. (단, ✠ 모양의 판을 회전하여 일치하는 것은 같은 것으로 본다.)

✚ 모양의 판의 중앙에 붙이는 스티커에 따라 다음과 같이 3가지 경우로 나눌 수 있다.

(ⅰ) A 또는 E를 붙이는 경우

나머지 4개의 스티커를 붙일 위치를 정하는 경우의 수는 3!

이 각각에 대하여 4개의 스티커를 붙이는 경우의 수는 $1 \times 2 \times 4 \times 4$

그러므로 이 경우의 수는 $2 \times 3! \times 32$

(ⅱ) B 또는 C를 붙이는 경우

나머지 4개의 스티커를 붙일 위치를 정하는 경우의 수는 (가)

이 각각에 대하여 4개의 스티커를 붙이는 경우의 수는 $1 \times 1 \times 2 \times 4$

그러므로 이 경우의 수는 $2 \times$ (가) $\times 8$

(ⅲ) D를 붙이는 경우

나머지 4개의 스티커를 붙일 위치를 정하는 경우의 수는 (나)

이 각각에 대하여 4개의 스티커를 붙이는 경우의 수는 (다)

그러므로 이 경우의 수는 (나) $\times$ (다)

**위의 (가), (나), (다)에 알맞은 수를 각각 $a$, $b$, $c$라 할 때, $a+b+c$의 값은?** [4점]

① 52
② 54
③ 56
④ 58
⑤ 60

**21** 실수 $k$에 대하여 함수 $f(x)$가 $f(x)=x|x-k|$이다. 함수 $g(x)=x^2-3x-4$에 대하여 합성함수 $y=(g \circ f)(x)$의 그래프가 $x$축과 만나는 점의 개수를 $h(k)$라 할 때, 〈보기〉에서 옳은 것만을 있는 대로 고른 것은? [4점]

───〈보기〉───

ㄱ. $h(2)=2$

ㄴ. $h(k)=4$를 만족시키는 자연수 $k$의 최솟값은 6이다.

ㄷ. $h(k)=3$을 만족시키는 모든 실수 $k$의 값의 합은 2이다.

① ㄱ
② ㄱ, ㄴ
③ ㄱ, ㄷ
④ ㄴ, ㄷ
⑤ ㄱ, ㄴ, ㄷ

2019 기출문제

**22** $\sqrt{3\sqrt[4]{27}}=3^{\frac{q}{p}}$일 때, $p+q$의 값을 구하시오. (단, $p$와 $q$는 서로소인 자연수이다.) [3점]

**23** $\left(3x^2+\dfrac{1}{x}\right)^6$의 전개식에서 상수항을 구하시오. [3점]

**24** 수열 $\{a_n\}$에 대하여

$\displaystyle\sum_{k=1}^{10}(2k+1)^2 a_k=100$, $\displaystyle\sum_{k=1}^{10}k(k+1)$

$a_k=23$일 때,

$\displaystyle\sum_{k=1}^{10}a_k$의 값을 구하시오. [3점]

**25** 함수 $f(x)=\begin{cases} \dfrac{x^2-8x+a}{x-6} & (x\ne6) \\ b & (x=6) \end{cases}$ 이 실

수 전체의 집합에서 연속일 때, $a+b$의 값을 구하시오. (단, $a$, $b$는 상수이다.) [3점]

**26** 확률변수 $X$가 가지는 값이 0부터 25까지의 정수이고, $0 < p < \dfrac{1}{2}$인 실수 $p$에 대하여 $X$의 확률질량함수는 $\mathrm{P}(X=x)=_{25}\mathrm{C}_x p^x (1-p)^{25-x}$ $(x=0, 1, 2, \cdots, 25)$이다. $\mathrm{V}(X)=4$일 때, $\mathrm{E}(X^2)$의 값을 구하시오.

[4점]

**27** 곡선 $y=x^3+x-3$과 이 곡선 위의 점 $(1, -1)$에서의 접선으로 둘러싸인 부분의 넓이가 $\dfrac{q}{p}$일 때, $p+q$의 값을 구하시오. (단, $p$와 $q$는 서로소인 자연수이다.) [4점]

**28** 삼차함수 $f(x)$가 다음 조건을 만족시킬 때, $f(3)$의 값을 구하시오. [4점]

> (가) $\displaystyle\lim_{x \to -2}\frac{1}{x+2}\int_{-2}^{x}f(t)dt=12$
>
> (나) $\displaystyle\lim_{x \to \infty}xf\left(\frac{1}{x}\right)+\lim_{x \to 0}\frac{f(x+1)}{x}=1$

**29** 그림과 같이 1열, 2열, 3열에 각각 2개씩 모두 6개의 좌석이 있는 놀이기구가 있다. 이 놀이기구의 6개의 좌석에 6명의 학생 A, B, C, D, E, F가 각각 한 명씩 임의로 앉을 때, 다음 조건을 만족시키도록 앉을 확률은 $\dfrac{q}{p}$이다. $p+q$의 값을 구하시오. (단, $p$와 $q$는 서로소인 자연수이다.) [4점]

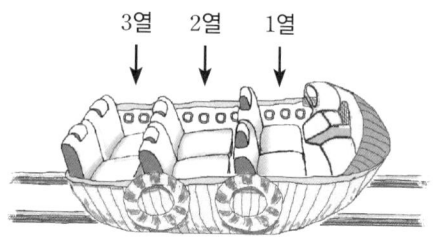

3열   2열   1열

> (가) 두 학생 A, B는 같은 열에 앉는다.
> (나) 두 학생 C, D는 서로 다른 열에 앉는다.
> (다) 학생 E는 1열에 앉지 않는다.

**30** 최고차항의 계수가 1이고 $f'(0)=0$인 사차함수 $f(x)$가 있다. 실수 전체의 집합에서 정의된 함수 $g(t)$가 다음 조건을 만족시킨다.

> (가) 방정식 $f(x)=t$의 실근이 존재하지 않을 때, $g(t)=0$이다.
> (나) 방정식 $f(x)=t$의 실근이 존재할 때, $g(t)$는 $f(x)=t$의 실근의 최댓값이다.

함수 $g(t)$가 $t=k$, $t=30$에서 불연속이고 $\displaystyle\lim_{t \to k+} g(t)=-2$, $\displaystyle\lim_{t \to 30+} g(t)=1$일 때, 실수 $k$의 값을 구하시오. (단, $k<30$) [4점]

# 2027
# 사관학교
#  10개년 수학

**2018**학년도 기출문제
## 수학영역(가형/나형)

**01** 두 벡터 $\vec{a}=(2, 1)$, $\vec{b}=(-1, k)$에 대하여 두 벡터 $\vec{a}$, $\vec{a}-\vec{b}$가 서로 수직일 때, $k$의 값은? [2점]

① 4                    ② 5

③ 6                    ④ 7

⑤ 8

**02** 확률변수 $X$가 이항분포 $\mathrm{B}\left(50, \dfrac{1}{4}\right)$을 따를 때, $\mathrm{V}(4X)$의 값은? [2점]

① 50                   ② 75

③ 100                  ④ 125

⑤ 150

**03** 함수 $f(x)=x^2 e^{x-1}$에 대하여 $f'(1)$의 값은? [2점]

① 1                    ② 2

③ 3                    ④ 4

⑤ 5

**04** $\displaystyle\int_0^{\frac{\pi}{3}}\tan x\,dx$의 값은? [3점]

① $\dfrac{\ln 2}{2}$              ② $\dfrac{\ln 3}{2}$

③ $\ln 2$                  ④ $\ln 3$

⑤ $2\ln 2$

**05** 좌표공간의 두 점 $A(1, 2, -1)$, $B(3, 1, -2)$에 대하여 선분 $AB$를 $2:1$로 외분하는 점의 좌표는? [3점]

① $(5, 0, -3)$  ② $(5, 3, -4)$

③ $(4, 0, -3)$  ④ $(4, 3, -3)$

⑤ $(3, 0, -4)$

**06** 함수 $f(x)=a\sin bx+c$ $(a>0,\ b>0)$의 최댓값은 4, 최솟값은 $-2$이다. 모든 실수 $x$에 대하여 $f(x+p)=f(x)$를 만족시키는 양수 $p$의 최솟값이 $\pi$일 때, $abc$의 값은? (단, $a,\ b,\ c$는 상수이다.) [3점]

① $6$  ② $8$

③ $10$  ④ $12$

⑤ $14$

**07** 실수 전체의 집합에서 연속인 함수 $f(x)$가 모든 실수 $x$에 대하여

$$\int_1^x (x-t)f(t)dt=e^{x-1}+ax^2-3x+1$$

을 만족시킬 때, $f(a)$의 값은? (단, $a$는 상수이다.) [3점]

① $-3$  ② $-1$

③ $0$  ④ $1$

⑤ $3$

**08** 그림과 같이 직선 $3x+4y-2=0$이 $x$축의 양의 방향과 이루는 각의 크기를 $\theta$라 할 때, $\tan\left(\dfrac{\pi}{4}+\theta\right)$의 값은? [3점]

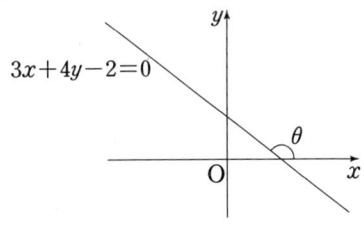

① $\dfrac{1}{14}$  ② $\dfrac{1}{7}$

③ $\dfrac{3}{14}$  ④ $\dfrac{2}{7}$

⑤ $\dfrac{5}{14}$

2018 기출문제

**09** 함수 $f(x)$가 $\displaystyle\lim_{x \to \infty}\left\{f(x)\ln\left(1+\dfrac{1}{2x}\right)\right\}=4$ 를 만족시킬 때, $\displaystyle\lim_{x \to \infty}\dfrac{f(x)}{x-3}$의 값은? [3점]

① 6      ② 8

③ 10      ④ 12

⑤ 14

**10** 상자 A에는 흰 공 2개, 검은 공 3개가 들어 있고, 상자 B에는 흰 공 3개, 검은 공 4개가 들어 있다. 한 개의 동전을 던져 앞면이 나오면 상자 A를, 뒷면이 나오면 상자 B를 택하고, 택한 상자에서 임의로 두 개의 공을 동시에 꺼내기로 한다. 이 시행을 한 번 하여 꺼낸 공의 색깔이 서로 같았을 때, 상자 A를 택하였을 확률은? [3점]

① $\dfrac{11}{29}$      ② $\dfrac{12}{29}$

③ $\dfrac{13}{29}$      ④ $\dfrac{14}{29}$

⑤ $\dfrac{15}{29}$

**11** 다음 표는 어느 고등학교의 수학 점수에 대한 성취도의 기준을 나타낸 것이다.

| 성취도 | 수학 점수 |
|--------|-----------|
| A | 89점 이상 |
| B | 79점 이상~89점 미만 |
| C | 67점 이상~79점 미만 |
| D | 54점 이상~67점 미만 |
| E | 54점 미만 |

예를 들어, 어떤 학생의 수학 점수가 89점 이상이면 성취도는 A이고, 79점 이상이고 89점 미만이면 성취도는 B이다. 이 학교 학생들의 수학 점수는 평균이 67점, 표준편차가 12점인 정규분포를 따른다고 할 때, 이 학교의 학생 중에서 수학 점수에 대한 성취도가 A 또는 B인 학생의 비율을 오른쪽 표준 정규분포표를 이용하여 구한 것은? [3점]

| $z$ | $P(0 \le Z \le z)$ |
|-----|--------------------|
| 0.5 | 0.1915 |
| 1.0 | 0.3413 |
| 1.5 | 0.4332 |
| 2.0 | 0.4772 |

① 0.0228      ② 0.0668

③ 0.1587      ④ 0.1915

⑤ 0.3085

**12** 좌표공간에서 점 $(0, a, b)$를 지나고 평면 $x+3y-z=0$에 수직인 직선이 구 $(x+1)^2+y^2+(z-2)^2=1$과 두 점 A, B 에서 만난다. $\overline{\mathrm{AB}}=2$일 때, $a+b$의 값은?

[3점]

① $-4$　　　　② $-2$

③ $0$　　　　④ $2$

⑤ $4$

**13** 그림과 같이 곡선 $y=\ln\dfrac{1}{x}$ $\left(\dfrac{1}{e}\leq x\leq 1\right)$ 과 직선 $x=\dfrac{1}{e}$, 직선 $x=1$ 및 직선 $y=2$ 로 둘러싸인 도형을 밑면으로 하는 입체도형이 있다. 이 입체도형을 $x$축 위의 $x=t$ $\left(\dfrac{1}{e}\leq t\leq 1\right)$인 점을 지나고 $x$축에 수직인 평면으로 자른 단면이 한 변의 길이가 $t$인 직사각형일 때, 이 입체도형의 부피는? [3점]

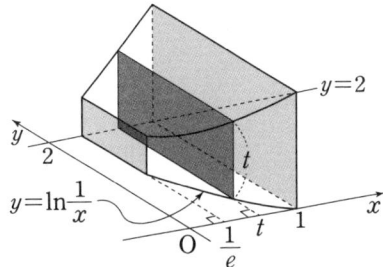

① $\dfrac{1}{2}-\dfrac{1}{3e^2}$　　　　② $\dfrac{1}{2}-\dfrac{1}{4e^2}$

③ $\dfrac{3}{4}-\dfrac{1}{3e^2}$　　　　④ $\dfrac{3}{4}-\dfrac{1}{4e^2}$

⑤ $\dfrac{3}{4}-\dfrac{1}{5e^2}$

2018 기출문제

**14** 집합 $S=\{a,\,b,\,c,\,d\}$의 공집합이 아닌 모든 부분집합 중에서 임의로 한 개씩 두 개의 부분집합을 차례로 택한다. 첫 번째로 택한 집합을 $A$, 두 번째로 택한 집합을 $B$라 할 때, $n(A)\times n(B)=2\times n(A\cap B)$가 성립할 확률은? (단, 한 번 택한 집합은 다시 택하지 않는다.) [4점]

① $\dfrac{2}{35}$      ② $\dfrac{3}{35}$

③ $\dfrac{4}{35}$      ④ $\dfrac{1}{7}$

⑤ $\dfrac{6}{35}$

**15** 평면 $\alpha$ 위에 있는 서로 다른 두 점 A, B와 평면 $\alpha$ 위에 있지 않은 점 P에 대하여 삼각형 PAB는 $\overline{\text{PB}}=4$, $\angle\text{PAB}=\dfrac{\pi}{2}$인 직각이등변삼각형이고, 평면 PAB와 평면 $\alpha$가 이루는 각의 크기는 $\dfrac{\pi}{6}$이다. 점 P에서 평면 $\alpha$에 내린 수선의 발을 H라 할 때, 사면체 PHAB의 부피는? [4점]

① $\dfrac{\sqrt{6}}{6}$      ② $\dfrac{\sqrt{6}}{3}$

③ $\dfrac{\sqrt{6}}{2}$      ④ $\dfrac{2\sqrt{6}}{3}$

⑤ $\dfrac{5\sqrt{6}}{6}$

**16** 그림과 같이 10개의 공이 들어 있는 주머니와 일렬로 나열된 네 상자 A, B, C, D가 있다. 이 주머니에서 2개의 공을 동시에 꺼내어 이웃한 두 상자에 각각 한 개씩 넣는 시행을 5회 반복할 때, 네 상자 A, B, C, D에 들어 있는 공의 개수를 각각 $a$, $b$, $c$, $d$라 하자. $a$, $b$, $c$, $d$의 모든 순서쌍 $(a,\,b,\,c,\,d)$의 개수는? (단, 상자에 넣은 공은 다시 꺼내지 않는다.) [4점]

① 21      ② 22

③ 23      ④ 24

⑤ 25

**17** 1부터 $(2n-1)$까지의 자연수가 하나씩 적혀 있는 $(2n-1)$장의 카드가 있다. 이 카드 중에서 임의로 서로 다른 3장의 카드를 택할 때, 택한 3장의 카드 중 짝수가 적힌 카드의 개수를 확률변수 $X$라 하자. 다음은 $\mathrm{E}(X)$를 구하는 과정이다. (단, $n$은 4 이상의 자연수이다.)

---

정수 $k\,(0\leq k\leq 3)$에 대하여 확률변수 $X$의 값이 $k$일 확률은 짝수가 적혀 있는 카드 중에서 $k$장의 카드를 택하고, 홀수가 적혀 있는 카드 중에서 ($\boxed{\text{(가)}}-k$)장의 카드를 택하는 경우의 수를 전체 경우의 수로 나눈 값이므로

$$\mathrm{P}(X=0)=\frac{n(n-2)}{2(2n-1)(2n-3)}$$

$$\mathrm{P}(X=1)=\frac{3n(n-1)}{2(2n-1)(2n-3)}$$

$$\mathrm{P}(X=2)=\boxed{\text{(나)}}$$

$$\mathrm{P}(X=3)=\frac{(n-2)(n-3)}{2(2n-1)(2n-3)}$$

이다. 그러므로

$$\mathrm{E}(X)=\sum_{k=0}^{3}\{k\times \mathrm{P}(X=k)\}$$

$$=\frac{\boxed{\text{(다)}}}{2n-1}$$

이다.

---

위의 (가)에 알맞은 수를 $a$라 하고, (나), (다)에 알맞은 식을 각각 $f(n)$, $g(n)$이라 할 때, $a\times f(5)\times g(8)$의 값은? [4점]

① 22      ② $\dfrac{45}{2}$

③ 23      ④ $\dfrac{47}{2}$

⑤ 24

**18** 좌표평면에서 자연수 $n$에 대하여 다음 조건을 만족시키는 정사각형의 개수를 $a_n$이라 하자.

---

(가) 한 변의 길이가 $n$이고 네 꼭짓점의 $x$좌표와 $y$좌표가 모두 자연수이다.

(나) 두 곡선 $y=\log_2 x$, $y=\log_{16}x$와 각각 서로 다른 두 점에서 만난다.

---

$a_3+a_4$의 값은? [4점]

① 21      ② 23

③ 25      ④ 27

⑤ 29

**19** 좌표평면 위를 움직이는 점 $\mathrm{P}$의 시각 $t\,(t>0)$에서의 위치 $(x, y)$가 $x=t^3+2t$, $y=\ln(t^2+1)$이다. 점 $\mathrm{P}$에서 직선 $y=-x$에 내린 수선의 발을 $\mathrm{Q}$라 하자. $t=1$일 때, 점 $\mathrm{Q}$의 속력은? [4점]

① $\dfrac{3\sqrt{2}}{2}$      ② $2\sqrt{2}$

③ $\dfrac{5\sqrt{2}}{2}$      ④ $3\sqrt{2}$

⑤ $\dfrac{7\sqrt{2}}{2}$

2018 기출문제

**20** 그림과 같이 $\overline{AB}=2$, $\overline{BC}=2\sqrt{3}$, $\angle ABC=\dfrac{\pi}{2}$인 직각삼각형 ABC가 있다.

선분 CA 위의 점 P에 대하여 $\angle ABP=\theta$ 라 할 때, 선분 AB 위의 점 O를 중심으로 하고 두 선분 AP, BP에 동시에 접하는 원의 넓이를 $f(\theta)$라 하자. 이 원과 선분 PO가 만나는 점을 Q라 할 때, 선분 PQ를 지름으로 하는 원의 넓이를 $g(\theta)$라 하자.

$\displaystyle\lim_{\theta \to 0+}\dfrac{f(\theta)+g(\theta)}{\theta^2}$의 값은? [4점]

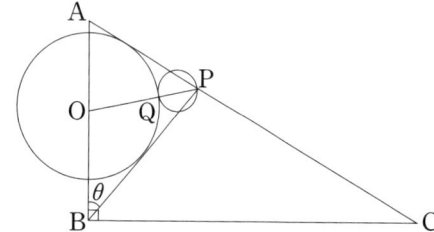

① $\dfrac{17-5\sqrt{3}}{3}\pi$     ② $\dfrac{18-5\sqrt{3}}{3}\pi$

③ $\dfrac{19-5\sqrt{3}}{3}\pi$     ④ $\dfrac{18-4\sqrt{3}}{3}\pi$

⑤ $\dfrac{19-4\sqrt{3}}{3}\pi$

**21** 자연수 $n$에 대하여 한 개의 주사위를 반복하여 던져서 나오는 눈의 수에 따라 다음과 같은 규칙으로 $a_n$을 정한다.

> (가) $a_1=0$이고, $a_n(n\geq2)$는 세 수 $-1$, 0, 1 중 하나이다.
> (나) 주사위를 $n$번째 던져서 나온 눈의 수가 짝수이면 $a_{n+1}$은 $a_n$이 아닌 두 수 중에서 작은 수이고, 홀수이면 $a_{n+1}$은 $a_n$이 아닌 두 수 중에서 큰 수이다.

〈보기〉에서 옳은 것만을 있는 대로 고른 것은? [4점]

> ───── 〈보기〉 ─────
> ㄱ. $a_2=1$일 확률은 $\dfrac{1}{2}$이다.
> ㄴ. $a_3=1$일 확률과 $a_4=0$일 확률은 서로 같다.
> ㄷ. $a_9=0$일 확률이 $p$이면 $a_{11}=0$일 확률은 $\dfrac{1-p}{4}$이다.

① ㄱ        ② ㄷ

③ ㄱ, ㄴ      ④ ㄴ, ㄷ

⑤ ㄱ, ㄴ, ㄷ

**22** $(2x+1)^5$의 전개식에서 $x^3$의 계수를 구하시오. [3점]

**23** 직선 $y=-4x$가 곡선 $y=\dfrac{1}{x-2}-a$에 접하도록 하는 모든 실수 $a$의 값의 합을 구하시오. [3점]

**24** 좌표평면에서 타원 $\dfrac{x^2}{25}+\dfrac{y^2}{9}=1$의 두 초점을 $F(c, 0)$, $F'(-c, 0)$ $(c>0)$이라 하자. 이 타원 위의 제1사분면에 있는 점 P에 대하여 점 $F'$을 중심으로 하고 점 P를 지나는 원과 직선 $PF'$이 만나는 점 중 P가 아닌 점을 Q라 하고, 점 F를 중심으로 하고 점 P를 지나는 원과 직선 PF가 만나는 점 중 P가 아닌 점을 R라 할 때, 삼각형 PQR의 둘레의 길이를 구하시오. [3점]

**25** 도함수가 실수 전체의 집합에서 연속인 함수 $f(x)$가 다음 조건을 만족시킨다.

> (가) 모든 실수 $x$에 대하여
> $\quad f(-x)=-f(x)$이다.
> (나) $f(\pi)=0$
> (다) $\displaystyle\int_0^\pi x^2 f'(x)\,dx=-8\pi$

$\displaystyle\int_{-\pi}^{\pi}(x+\cos x)f(x)\,dx=k\pi$일 때, $k$의 값을 구하시오. [3점]

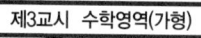
**26** 한 변의 길이가 1인 정육각형의 6개의 꼭짓점 중에서 임의로 서로 다른 3개의 점을 택하여 이 3개의 점을 꼭짓점으로 하는 삼각형을 만들 때, 이 삼각형의 넓이를 확률변수 $X$라 하자. $P\left(X \geq \dfrac{\sqrt{3}}{2}\right) = \dfrac{q}{p}$일 때, $p+q$의 값을 구하시오. (단, $p$와 $q$는 서로소인 자연수이다.) [4점]

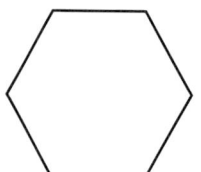

**27** 그림과 같이 7개의 좌석이 있는 차량에 앞줄에 2개, 가운데 줄에 3개, 뒷줄에 2개의 좌석이 배열되어 있다. 이 차량에 1학년 생도 2명, 2학년 생도 2명, 3학년 생도 2명이 탑승하려고 한다. 이 7개의 좌석 중 6개의 좌석에 각각 한 명씩 생도 6명이 앉는다고 할 때, 3학년 생도 2명 중 한 명은 운전석에 앉고 1학년 생도 2명은 같은 줄에 이웃하여 앉는 경우의 수를 구하시오. [4점]

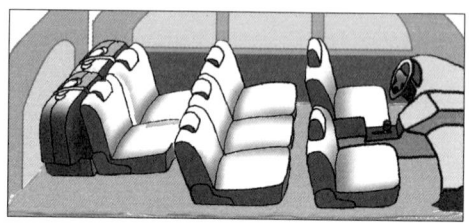

**28** 함수 $f(x)=(x^3-a)e^x$과 실수 $t$에 대하여 방정식 $f(x)=t$의 실근의 개수를 $g(t)$라 하자. 함수 $g(t)$가 불연속인 점의 개수가 2가 되도록 하는 10 이하의 모든 자연수 $a$의 값의 합을 구하시오. (단, $\lim\limits_{x \to -\infty} f(x)=0$)

[4점]

**29** 그림과 같이 한 변의 길이가 2인 정삼각형 ABC와 반지름의 길이가 1이고 선분 AB와 직선 BC에 동시에 접하는 원 O가 있다. 원 O 위의 점 P와 선분 BC 위의 점 Q에 대하여 $\overrightarrow{AP} \cdot \overrightarrow{AQ}$의 최댓값과 최솟값의 합은 $a+b\sqrt{3}$이다. $a^2+b^2$의 값을 구하시오. (단, $a$, $b$는 유리수이고, 원 O의 중심은 삼각형 ABC의 외부에 있다.) [4점]

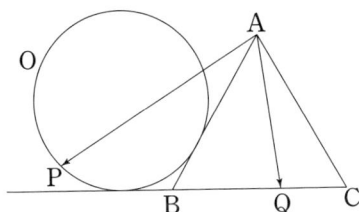

**30** 함수 $f(x)=x^3+ax^2-ax-a$의 역함수가 존재할 때, $f(x)$의 역함수를 $g(x)$라 하자. 자연수 $n$에 대하여 $n \times g'(n)=1$을 만족시키는 실수 $a$의 개수를 $a_n$이라 할 때, $\sum\limits_{n=1}^{27} a_n$의 값을 구하시오. [4점]

2018 기출문제

**01** 전체집합 $U=\{1, 2, 3, 4, 5, 6\}$의 두 부분 집합 $A=\{2, 4, 6\}$, $B=\{3, 4, 5, 6\}$에 대하여 집합 $A^c \cap B$의 모든 원소의 합은?

[2점]

① 4      ② 5

③ 6      ④ 7

⑤ 8

**02** $\lim\limits_{n \to \infty} \dfrac{3 \times 4^n + 3^n}{4^{n+1} - 2 \times 3^n}$의 값은? [2점]

① $\dfrac{1}{2}$      ② $\dfrac{3}{4}$

③ 1      ④ $\dfrac{5}{4}$

⑤ $\dfrac{3}{2}$

**03** 다항함수 $f(x)$에 대하여
$$\lim\limits_{h \to 0} \frac{f(1+3h) - f(1)}{2h} = 6$$일 때, $f'(1)$의 값은? [2점]

① 2      ② 4

③ 6      ④ 8

⑤ 10

**04** 서로 독립인 두 사건 $A$, $B$에 대하여
$$P(A)=\frac{1}{3}, \ P(A \cap B^c)=\frac{1}{5}$$일 때, $P(B)$의 값은? (단, $B^c$은 $B$의 여사건이다.)

[3점]

① $\dfrac{4}{15}$      ② $\dfrac{1}{3}$

③ $\dfrac{2}{5}$      ④ $\dfrac{7}{15}$

⑤ $\dfrac{8}{15}$

**05** 곡선 $y=x^3-4x$ 위의 점 $(-2,\, 0)$에서의 접선의 기울기는? [3점]

① 4      ② 5

③ 6      ④ 7

⑤ 8

**06** 함수 $f(x)=\dfrac{bx+1}{x+a}$의 역함수 $y=f^{-1}(x)$의 그래프가 점 $(2,\, 1)$에 대하여 대칭일 때, $a+b$의 값은? (단, $a$, $b$는 $ab\neq1$인 상수이다.) [3점]

① $-3$      ② $-1$

③ 1      ④ 3

⑤ 5

**07** 함수 $y=f(x)$의 그래프가 다음과 같다.

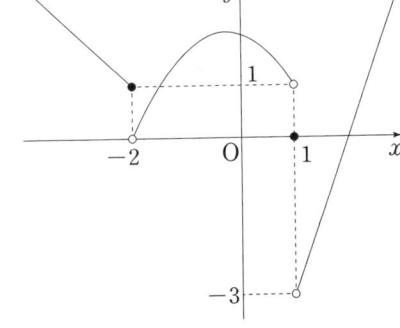

$\displaystyle\lim_{x\to1+}f(x)+\lim_{x\to-2-}f(x)$의 값은? [3점]

① $-3$      ② $-2$

③ $-1$      ④ 0

⑤ 1

**08** $\log6=a$, $\log15=b$라 할 때, 다음 중 $\log2$를 $a$, $b$로 나타낸 것은? [3점]

① $\dfrac{2a-2b+1}{3}$      ② $\dfrac{2a-b+1}{3}$

③ $\dfrac{a+b-1}{3}$      ④ $\dfrac{a-b+1}{2}$

⑤ $\dfrac{a+2b-1}{2}$

**09** 빨간 공 3개, 파란 공 2개, 노란 공 2개가 있다. 이 7개의 공을 모두 일렬로 나열할 때, 빨간 공끼리는 어느 것도 서로 이웃하지 않도록 나열하는 경우의 수는? (단, 같은 색의 공은 서로 구별하지 않는다.) [3점]

① 45　　　　　② 50

③ 55　　　　　④ 60

⑤ 65

**10** 함수 $f(x)=\begin{cases} \dfrac{\sqrt{x+7}-a}{x-2} & (x\neq 2) \\ b & (x=2) \end{cases}$ 가

$x=2$에서 연속일 때, $ab$의 값은? (단, $a$, $b$는 상수이다.) [3점]

① $\dfrac{1}{2}$　　　　　② $\dfrac{3}{4}$

③ $1$　　　　　④ $\dfrac{5}{4}$

⑤ $\dfrac{3}{2}$

**11** 집합 $X=\{2, 4, 6, 8\}$에서 $X$로의 일대일 대응 $f(x)$가 $f(6)-f(4)=f(2)$, $f(6)+f(4)=f(8)$을 모두 만족시킬 때, $(f\circ f)(6)+f^{-1}(4)$의 값은? [3점]

① 8　　　　　② 10

③ 12　　　　　④ 14

⑤ 16

**12** 점 $(-2, 2)$를 지나는 함수 $y=\sqrt{ax}$의 그래프를 $y$축의 방향으로 $b$만큼 평행이동한 후 $x$축에 대하여 대칭이동한 그래프가 점 $(-8, 5)$를 지날 때, $ab$의 값은? (단, $a$, $b$는 상수이다.) [3점]

① 12　　　　　② 14

③ 16　　　　　④ 18

⑤ 20

**13** 다음 표는 어느 고등학교의 수학 점수에 대한 성취도의 기준을 나타낸 것이다.

| 성취도 | 수학 점수 |
|---|---|
| A | 89점 이상 |
| B | 79점 이상~89점 미만 |
| C | 67점 이상~79점 미만 |
| D | 54점 이상~67점 미만 |
| E | 54점 미만 |

예를 들어, 어떤 학생의 수학 점수가 89점 이상이면 성취도는 A이고, 79점 이상이고 89점 미만이면 성취도는 B이다. 이 학교 학생들의 수학 점수는 평균이 67점, 표준편차가 12점인 정규분포를 따른다고 할 때, 이 학교의 학생 중에서 수학 점수에 대한 성취도가 A 또는 B인 학생의 비율을 오른쪽 표준정규분포표를 이용하여 구한 것은? [3점]

| $z$ | $P(0 \leq Z \leq z)$ |
|---|---|
| 0.5 | 0.1915 |
| 1.0 | 0.3413 |
| 1.5 | 0.4332 |
| 2.0 | 0.4772 |

① 0.0228
② 0.0668
③ 0.1587
④ 0.1915
⑤ 0.3085

**14** 원점에서 동시에 출발하여 수직선 위를 움직이는 두 점 P, Q의 시각 $t$ $(t \geq 0)$에서의 속도를 각각 $f(t)$, $g(t)$라 하면 $f(t) = t^2 + t$, $g(t) = 5t$이다. 두 점 P, Q가 출발 후 처음으로 만날 때까지 점 P가 움직인 거리는? [4점]

① 82
② 84
③ 86
④ 88
⑤ 90

**15** 함수 $f(x) = 4x^2 + ax$에 대하여 $\lim\limits_{n \to \infty} \dfrac{1}{n^2} \sum\limits_{k=1}^{n} kf\left(\dfrac{k}{2n}\right) = 2$가 성립하도록 하는 상수 $a$의 값은? [4점]

① $\dfrac{19}{2}$
② $\dfrac{39}{4}$
③ 10
④ $\dfrac{41}{4}$
⑤ $\dfrac{21}{2}$

**16** 전체집합 $U=\{x \,|\, x$는 7 이하의 자연수$\}$의 두 부분집합 $A=\{1,2,3\}$, $B=\{2,3,5,7\}$에 대하여 $A\cap X \neq \varnothing$, $B\cap X \neq \varnothing$을 모두 만족시키는 $U$의 부분집합 $X$의 개수는? [4점]

① 102
② 104
③ 106
④ 108
⑤ 110

**17** 그림과 같이 길이가 4인 선분 AB를 지름으로 하는 반원이 있다. 이 반원의 호 AB를 이등분하는 점을 M이라 하고 선분 OM을 $3:1$로 외분하는 점을 C라 하자. 선분 OC를 대각선으로 하는 정사각형 CDOE를 그리고, 정사각형의 내부와 반원의 외부의 공통부분인 ⌃ 모양의 도형에 색칠하여 얻은 그림을 $R_1$이라 하자.

그림 $R_1$에 두 선분 CD, CE를 각각 지름으로 하는 두 반원을 정사각형 CDOE의 외부에 그리고, 각각의 두 반원에서 그림 $R_1$을 얻는 것과 같은 방법으로 만들어지는 ⌃ 모양의 두 도형에 색칠하여 얻은 그림을 $R_2$라 하자.

이와 같은 과정을 계속하여 $n$번째 얻은 그림 $R_n$에 색칠되어 있는 부분의 넓이를 $S_n$이라 할 때, $\lim_{n \to \infty} S_n$의 값은? [4점]

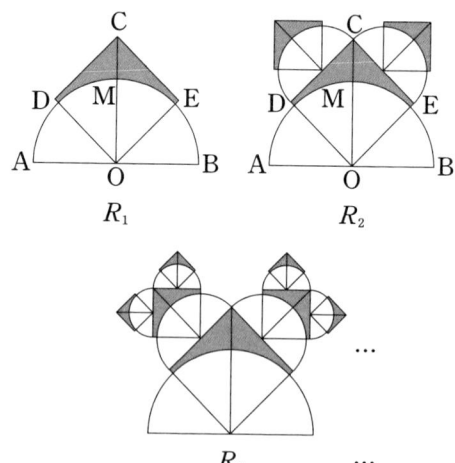

$R_1$     $R_2$

$R_3$   …

① $\dfrac{36-8\pi}{5}$
② $\dfrac{58-12\pi}{7}$
③ $\dfrac{72-16\pi}{7}$
④ $\dfrac{83-18\pi}{8}$
⑤ $\dfrac{91-20\pi}{8}$

**18** 그림과 같이 10개의 공이 들어 있는 주머니와 일렬로 나열된 네 상자 A, B, C, D가 있다. 이 주머니에서 2개의 공을 동시에 꺼내어 이웃한 두 상자에 각각 한 개씩 넣는 시행을 5회 반복할 때, 네 상자 A, B, C, D에 들어 있는 공의 개수를 각각 $a, b, c, d$라 하자. $a, b, c, d$의 모든 순서쌍 $(a, b, c, d)$의 개수는? (단, 상자에 넣은 공은 다시 꺼내지 않는다.) [4점]

 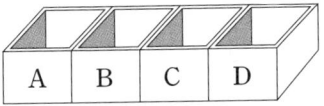

① 21      ② 22

③ 23      ④ 24

⑤ 25

**19** 1부터 $(2n-1)$까지의 자연수가 하나씩 적혀 있는 $(2n-1)$장의 카드가 있다. 이 카드 중에서 임의로 서로 다른 3장의 카드를 택할 때, 택한 3장의 카드 중 짝수가 적힌 카드의 개수를 확률변수 $X$라 하자. 다음은 $E(X)$를 구하는 과정이다. (단, $n$은 4 이상의 자연수이다.)

---

정수 $k$ $(0 \le k \le 3)$에 대하여 확률변수 $X$의 값이 $k$일 확률은 짝수가 적혀 있는 카드 중에서 $k$장의 카드를 택하고, 홀수가 적혀 있는 카드 중에서 ( (가) $-k$)장의 카드를 택하는 경우의 수를 전체 경우의 수로 나눈 값이므로

$$P(X=0) = \frac{n(n-2)}{2(2n-1)(2n-3)}$$

$$P(X=1) = \frac{3n(n-1)}{2(2n-1)(2n-3)}$$

$$P(X=2) = \boxed{(나)}$$

$$P(X=3) = \frac{(n-2)(n-3)}{2(2n-1)(2n-3)}$$

이다. 그러므로

$$E(X) = \sum_{k=0}^{3} \{k \times P(X=k)\}$$

$$= \frac{\boxed{(다)}}{2n-1}$$

이다.

---

위의 (가)에 알맞은 수를 $a$라 하고, (나), (다)에 알맞은 식을 각각 $f(n), g(n)$이라 할 때, $a \times f(5) \times g(8)$의 값은? [4점]

① 22      ② $\dfrac{45}{2}$

③ 23      ④ $\dfrac{47}{2}$

⑤ 24

**20** 최고차항의 계수가 1이고 다음 조건을 만족시키는 모든 삼차함수 $f(x)$에 대하여 $f(6)$의 최댓값과 최솟값의 합은? [4점]

> (가) $f(2)=f'(2)=0$
> (나) 모든 실수 $x$에 대하여 $f'(x) \geq -3$이다.

① 128      ② 144

③ 160      ④ 176

⑤ 192

**21** 자연수 $n$에 대하여 함수 $f(x)$를
$$f(x)=x^2+\frac{1}{n}$$
이라 하고 함수 $g(x)$를
$$g(x)=\begin{cases}(x-1)f(x) & (x \geq 1) \\ (x-1)^2 f(x) & (x < 1)\end{cases}$$
이라 할 때, 〈보기〉에서 옳은 것만을 있는 대로 고른 것은? [4점]

> ──────〈보기〉──────
> ㄱ. $\displaystyle\lim_{x \to 1-}\frac{g(x)}{x-1}=0$
> ㄴ. $n=1$일 때, 함수 $g(x)$는 $x=1$에서 극솟값을 갖는다.
> ㄷ. 함수 $g(x)$가 극대 또는 극소가 되는 $x$의 개수가 1인 $n$의 개수는 5이다.

① ㄱ      ② ㄱ, ㄴ

③ ㄱ, ㄷ      ④ ㄴ, ㄷ

⑤ ㄱ, ㄴ, ㄷ

**22** 확률변수 $X$가 이항분포 $\mathrm{B}\left(300, \dfrac{2}{5}\right)$를 따를 때, $\mathrm{V}(X)$의 값을 구하시오. [3점]

**23** 등차수열 $\{a_n\}$에 대하여
$a_2=14,\ a_4+a_5=23$일 때, $a_7+a_8+a_9$의 값을 구하시오. [3점]

**24** 곡선 $y=x^3$과 $y$축 및 직선 $y=8$로 둘러싸인 부분의 넓이를 구하시오. [3점]

**25** $\left(x^n+\dfrac{1}{x}\right)^{10}$의 전개식에서 상수항이 $45$일 때, 자연수 $n$의 값을 구하시오. [3점]

**26** 실수 $x$에 대한 두 조건

$p : -3 \leq x < 5$, $q : k-2 < x \leq k+3$

에 대하여 명제 '어떤 실수 $x$에 대하여 $p$이고 $q$이다.'가 참이 되도록 하는 정수 $k$의 개수를 구하시오. [4점]

**27** 한 변의 길이가 1인 정육각형의 6개의 꼭짓점 중에서 임의로 서로 다른 3개의 점을 택하여 이 3개의 점을 꼭짓점으로 하는 삼각형을 만들 때, 이 삼각형의 넓이가 $\dfrac{\sqrt{3}}{2}$ 이상일 확률은 $\dfrac{q}{p}$이다. $p+q$의 값을 구하시오. (단, $p$와 $q$는 서로소인 자연수이다.) [4점]

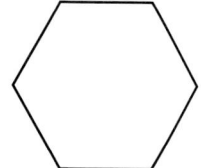

**28** 2 이상의 자연수 $n$에 대하여 $n^{\frac{4}{k}}$의 값이 자연수가 되도록 하는 자연수 $k$의 개수를 $f(n)$이라 하자. 예를 들어 $f(6)=3$이다.

$f(n)=8$을 만족시키는 $n$의 최솟값을 구하시오. [4점]

**29** 자연수 $n$에 대하여 좌표평면 위에 두 점 $P_n(n, 2n)$, $Q_n(2n, 2n)$이 있다. 선분 $P_nQ_n$과 곡선 $y=\dfrac{1}{k}x^2$이 만나도록 하는 자연수 $k$의 개수를 $a_n$이라 할 때, $\displaystyle\sum_{n=1}^{15} a_n$의 값을 구하시오. [4점]

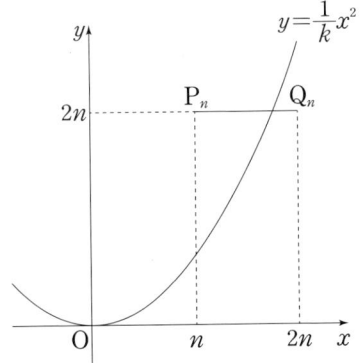

**30** $a \leq 35$인 자연수 $a$와 함수 $f(x)=-3x^4+4x^3+12x^2+4$에 대하여 함수 $g(x)$를 $g(x)=|f(x)-a|$라 할 때, $g(x)$가 다음 조건을 만족시킨다.

> (가) 함수 $y=g(x)$의 그래프와 직선 $y=b$ $(b>0)$이 서로 다른 4개의 점에서 만난다.
>
> (나) 함수 $|g(x)-b|$가 미분가능하지 않은 실수 $x$의 개수는 4이다.

두 상수 $a$, $b$에 대하여 $a+b$의 값을 구하시오. [4점]

With regard to excellence, it is not enough to know,

but we must try to have and use it.

탁월하다는 것은 아는 것만으로는 충분치 않으며, 탁월해지기 위해,

이를 발휘하기 위해 노력해야 한다.

– 아리스토텔레스(Aristotle)

# 2027
# 사관학교  10개년 수학

**2017**학년도 기출문제
## 수학영역(가형/나형)

**01** $\int_1^2 \dfrac{1}{x^2} dx$의 값은? [2점]

① $\dfrac{1}{10}$      ② $\dfrac{1}{8}$

③ $\dfrac{1}{6}$      ④ $\dfrac{1}{4}$

⑤ $\dfrac{1}{2}$

**03** 좌표공간에서 세 점 $A(6, 0, 0)$, $B(0, 3, 0)$, $C(0, 0, -3)$을 꼭짓점으로 하는 삼각형 $ABC$의 무게중심을 $G$라 할 때, 선분 $OG$의 길이는? (단, $O$는 원점이다.) [2점]

① $\sqrt{2}$      ② $2$

③ $\sqrt{6}$      ④ $2\sqrt{2}$

⑤ $\sqrt{10}$

**02** 이항분포 $B\left(n, \dfrac{1}{4}\right)$을 따르는 확률변수 $X$의 평균이 5일 때, 자연수 $n$의 값은? [2점]

① 12      ② 14

③ 16      ④ 18

⑤ 20

**04** 자연수 10의 분할 중에서 짝수로만 이루어진 것의 개수는? [3점]

① 7      ② 8

③ 9      ④ 10

⑤ 11

**05** 한 개의 주사위를 던질 때 짝수의 눈이 나오는 사건을 $A$, 소수의 눈이 나오는 사건을 $B$라 하자. $P(B|A) - P(B|A^C)$의 값은? (단, $A^C$은 $A$의 여사건이다.) [3점]

① $-\dfrac{1}{3}$  　　　　② $-\dfrac{1}{6}$

③ $0$  　　　　④ $\dfrac{1}{6}$

⑤ $\dfrac{1}{3}$

**06** $\lim\limits_{x \to \frac{\pi}{2}}(1-\cos x)^{\sec x}$의 값은? [3점]

① $\dfrac{1}{e^2}$  　　　　② $\dfrac{1}{e}$

③ $1$  　　　　④ $e$

⑤ $e^2$

**07** 확률변수 $X$의 확률분포를 표로 나타내면 다음과 같다.

| $X$ | 0 | 1 | 2 | 합계 |
|---|---|---|---|---|
| $P(X=x)$ | $a$ | $b$ | $c$ | 1 |

$E(X)=1$, $V(X)=\dfrac{1}{4}$일 때, $P(X=0)$의 값은? [3점]

① $\dfrac{1}{32}$  　　　　② $\dfrac{1}{16}$

③ $\dfrac{1}{8}$  　　　　④ $\dfrac{1}{4}$

⑤ $\dfrac{1}{2}$

**08** 그림과 같이 한 변의 길이가 2인 정삼각형 ABC를 밑변으로 하고 $\overline{OA}=2$, $\overline{OA} \perp \overline{AB}$, $\overline{OA} \perp \overline{AC}$인 사면체 OABC가 있다. $|\overrightarrow{OA}+\overrightarrow{OB}-\overrightarrow{OC}|$의 값은? [3점]

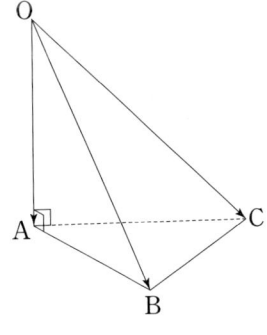

① $2$  　　　　② $2\sqrt{2}$

③ $2\sqrt{3}$  　　　　④ $4$

⑤ $2\sqrt{5}$

**09** 두 학생 A, B를 포함한 8명의 학생을 임의로 3명, 3명, 2명씩 3개의 조로 나눌 때, 두 학생 A, B가 같은 조에 속할 확률은? [3점]

① $\dfrac{1}{8}$     ② $\dfrac{1}{4}$

③ $\dfrac{3}{8}$     ④ $\dfrac{1}{2}$

⑤ $\dfrac{5}{8}$

**10** 그림과 같이 포물선 $y^2=4x$ 위의 한 점 P를 중심으로 하고 준선과 점 A에서 접하는 원이 $x$축과 만나는 두 점을 각각 B, C라 하자. 부채꼴 PBC의 넓이가 부채꼴 PAB의 넓이의 2배일 때, 원의 반지름의 길이는? (단, 점 P의 $x$좌표는 1보다 크고, 점 C의 $x$좌표는 점 B의 $x$좌표보다 크다.) [3점]

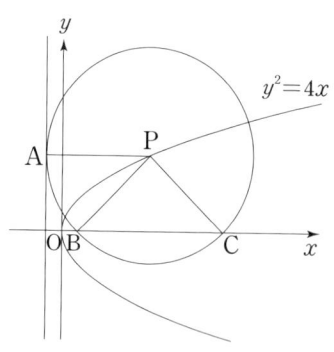

① $2+2\sqrt{3}$     ② $3+2\sqrt{2}$

③ $3+2\sqrt{3}$     ④ $4+2\sqrt{2}$

⑤ $4+2\sqrt{3}$

**11** 어느 공장에서 생산하는 군용 위장크림 1개의 무게는 평균이 $m$, 표준편차가 $\sigma$인 정규분포를 따른다고 한다. 이 공장에서 생산하는 군용 위장크림 중에서 임의로 택한 1개의 무게가 50 이상일 확률은 0.1587이다. 이 공장에서 생산하는 군용 위장크림 중에서 임의추출한 4개의 무게의 평균이 50 이상일 확률은 오른쪽 표준정규분포표를 이용하여 구한 것은? (단, 무게의 단위는 g이다.) [3점]

| $z$ | $P(0 \leq Z \leq z)$ |
|-----|------|
| 0.5 | 0.1915 |
| 1.0 | 0.3413 |
| 1.5 | 0.4332 |
| 2.0 | 0.4772 |

① 0.0228     ② 0.0668

③ 0.1587     ④ 0.3085

⑤ 0.4332

**12** 곡선 $y=\tan\dfrac{x}{2}$와 직선 $x=\dfrac{\pi}{2}$ 및 $x$축으로 둘러싸인 부분의 넓이는? [3점]

① $\dfrac{1}{4}\ln2$  ② $\dfrac{1}{2}\ln2$

③ $\ln2$  ④ $2\ln2$

⑤ $4\ln2$

**13** 그림과 같이 곡선 $y=|\log_a x|$가 직선 $y=1$ 과 만나는 점을 각각 A, B라 하고 $x$축과 만나는 점을 C라 하자. 두 직선 AC, BC가 서로 수직이 되도록 하는 모든 양수 $a$의 값의 합은? (단, $a\neq1$) [3점]

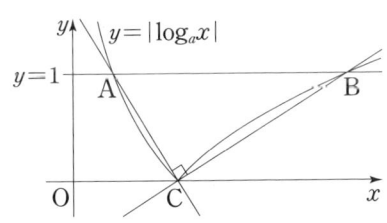

① $2$  ② $\dfrac{5}{2}$

③ $3$  ④ $\dfrac{7}{2}$

⑤ $4$

**14** 같은 종류의 볼펜 6개, 같은 종류의 연필 6 개, 같은 종류의 지우개 6개가 필통에 들어 있다. 이 필통에서 8개를 동시에 꺼내는 경우의 수는? (단, 같은 종류끼리는 서로 구별하지 않는다.) [4점]

① 18  ② 24

③ 30  ④ 36

⑤ 42

**15** 그림과 같이 한 모서리의 길이가 12인 정사면체 ABCD에서 두 모서리 BD, CD의 중점을 각각 M, N이라 하자. 사각형 BCNM의 평면 AMN 위로의 정사영의 넓이는?

[4점]

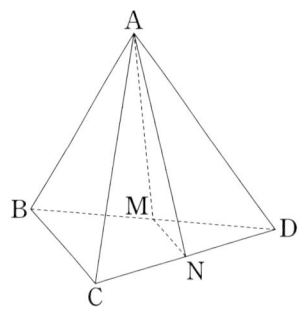

① $\dfrac{15\sqrt{11}}{11}$  ② $\dfrac{18\sqrt{11}}{11}$

③ $\dfrac{21\sqrt{11}}{11}$  ④ $\dfrac{24\sqrt{11}}{11}$

⑤ $\dfrac{27\sqrt{11}}{11}$

**16** 자연수 $n$에 대하여

$$S_n = 1 - \frac{1}{3} + \frac{1}{5} - \frac{1}{7} + \cdots + (-1)^{n-1} \cdot \frac{1}{2n-1}$$

이라 할 때, 다음은 $\lim\limits_{n\to\infty} S_n$의 값을 구하는 과정이다.

$1 - x^2 + x^4 - x^6 + \cdots + (-1)^{n-1} \cdot x^{2n-2}$

$= \boxed{(가)} - (-1)^n \cdot \dfrac{x^{2n}}{1+x^2}$ 이므로

$S_n = 1 - \dfrac{1}{3} + \dfrac{1}{5} - \dfrac{1}{7} + \cdots + (-1)^{n-1} \cdot$

$\dfrac{1}{2n-1}$

$= \displaystyle\int_0^1 \{1 - x^2 + x^4 - x^6 + \cdots$

$\qquad + (-1)^{n-1} \cdot x^{2n-2}\} dx$

$= \displaystyle\int_0^1 \boxed{(가)} dx - (-1)^n \int_0^1 \dfrac{x^{2n}}{1+x^2} dx$

이다. 한편, $0 \le \dfrac{x^{2n}}{1+x^2} \le x^{2n}$ 이므로

$0 \le \displaystyle\int_0^1 \dfrac{x^{2n}}{1+x^2} dx \le \int_0^1 x^{2n} dx = \boxed{(나)}$

이다. 따라서 $\lim\limits_{n\to\infty} \displaystyle\int_0^1 \dfrac{x^{2n}}{1+x^2} dx = 0$ 이므로

$\lim\limits_{n\to\infty} S_n = \displaystyle\int_0^1 \boxed{(가)} dx$ 이다.

$x = \tan\theta \left(-\dfrac{\pi}{2} < \theta < \dfrac{\pi}{2}\right)$로 놓으면

$\lim\limits_{n\to\infty} S_n = \displaystyle\int_0^1 \boxed{(가)} dx$

$\qquad = \displaystyle\int_0^{\frac{\pi}{4}} \dfrac{\sec^2\theta}{1+\tan^2\theta} d\theta = \boxed{(다)}$

이다.

위의 (가), (나)에 알맞은 식을 각각 $f(x)$, $g(n)$, (다)에 알맞은 수를 $k$라 할 때, $k \times f(2) \times g(2)$의 값은? [4점]

① $\dfrac{\pi}{40}$  ② $\dfrac{\pi}{60}$

③ $\dfrac{\pi}{80}$  ④ $\dfrac{\pi}{100}$

⑤ $\dfrac{\pi}{120}$

**17** 좌표공간에 평행한 두 평면

$\alpha : 2x-y+2z=0$, $\beta : 2x-y+2z=6$

위에 각각 점 $A(0, 0, 0)$, $B(2, 0, 1)$이 있다. 평면 $\alpha$ 위의 점 P와 평면 $\beta$ 위의 점 Q에 대하여 $\overline{AQ}+\overline{QP}+\overline{PB}$의 최솟값은? [4점]

① 6
② $\sqrt{37}$

③ $\sqrt{38}$
④ $\sqrt{39}$

⑤ $2\sqrt{10}$

**18** 함수 $f(x)=\int_1^x e^{t^3}dt$에 대하여

$\int_0^1 xf(x)dx$의 값은? [4점]

① $\dfrac{1-e}{2}$
② $\dfrac{1-e}{3}$

③ $\dfrac{1-e}{4}$
④ $\dfrac{1-e}{5}$

⑤ $\dfrac{1-e}{6}$

**19** 실수 $t$에 대하여 다음 조건을 만족시키는 점 P가 나타내는 도형의 둘레의 길이를 $f(t)$라 하자.

> (가) 점 P는 구 $x^2+y^2+z^2=25$ 위의 점이다.
> (나) 점 $A(t+5, 2t+4, 3t-2)$에 대하여 $\overrightarrow{OP}\cdot\overrightarrow{AP}=0$이다.

〈보기〉에서 옳은 것만을 있는 대로 고른 것은? (단, O는 원점이다.) [4점]

> ─────〈보기〉─────
> ㄱ. $f(0)=\dfrac{20}{3}\pi$
> ㄴ. $\displaystyle\lim_{t\to\infty}f(t)=10\pi$
> ㄷ. $f(t)$는 $t=-1$에서 최솟값을 갖는다.

① ㄱ
② ㄷ

③ ㄱ, ㄴ
④ ㄴ, ㄷ

⑤ ㄱ, ㄴ, ㄷ

**20** 지수함수 $f(x)=a^x\ (0<a<1)$의 그래프가 직선 $y=x$와 만나는 점의 $x$좌표를 $b$라 하자. 함수 $g(x)=\begin{cases} f(x) & (x\le b) \\ f^{-1}(x) & (x>b) \end{cases}$가 실수 전체의 집합에서 미분가능할 때, $ab$의 값은? [4점]

① $e^{-e-1}$  ② $e^{-e-\frac{1}{e}}$

③ $e^{-e+\frac{1}{e}}$  ④ $e^{e-1}$

⑤ $e^{e+1}$

**21** 실수 전체의 집합에서 미분가능한 함수 $f(x)$가 다음 조건을 만족시킨다.

> (가) $f(0)=0$, $f'(0)=1$
> (나) 모든 실수 $x$, $y$에 대하여
> $$f(x+y)=\frac{f(x)+f(y)}{1+f(x)f(y)}$$이다.

$f(-1)=k\,(-1<k<0)$일 때,

$\displaystyle\int_0^1\{f(x)\}^2dx$의 값을 $k$로 나타낸 것은?

[4점]

① $1-k^2$  ② $1-2k$

③ $1-k$  ④ $1+k$

⑤ $1+k^2$

**22** $\sin^2\theta=\dfrac{4}{5}\left(0<\theta<\dfrac{\pi}{2}\right)$일 때,

$\cos\left(\theta+\dfrac{\pi}{4}\right)=p$이다. $\dfrac{1}{p^2}$의 값을 구하시오.

[3점]

**23** 어느 부대가 그림과 같은 바둑판 모양의 도로망에서 장애물(어두운 부분)을 피해 A 지점에서 B 지점으로 도로를 따라 이동하려고 한다. A 지점에서 출발하여 B 지점까지 최단거리로 가는 경우의 수를 구하시오. [3점]

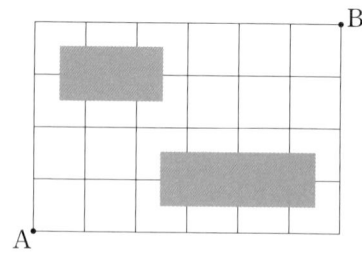

**24** 두 초점 F, F′을 공유하는 타원 $\dfrac{x^2}{a}+\dfrac{y^2}{16}=1$과 쌍곡선 $\dfrac{x^2}{4}-\dfrac{y^2}{5}=1$이 있다. 타원과 쌍곡선이 만나는 점 중 하나를 P라 할 때, $|\overline{\mathrm{PF}}^2-\overline{\mathrm{PF}'}^2|$의 값을 구하시오. (단, $a$는 양수이다.) [3점]

**25** 매개변수 $t\,(t>0)$으로 나타내어진 함수 $x=t^3$, $y=2t-\sqrt{2t}$의 그래프 위의 점 $(8,a)$에서의 접선의 기울기는 $b$이다. $100ab$의 값을 구하시오. [3점]

**26** 곡선 $y=\sin^2 x\ (0\le x\le \pi)$의 두 변곡점을 각각 A, B라 할 때, 점 A에서의 접선과 점 B에서의 접선이 만나는 점의 $y$좌표는 $p+q\pi$이다. $40(p+q)$의 값을 구하시오. (단, $p$, $q$는 유리수이다.) [4점]

**27** 주머니에 1, 2, 3, 4, 5, 6의 숫자가 하나씩 적혀 있는 6개의 공이 들어 있다. 이 주머니에서 임의로 3개의 공을 차례로 꺼낸다. 꺼낸 3개의 공에 적힌 수의 곱이 짝수일 때, 첫 번째로 꺼낸 공에 적힌 수가 홀수이었을 확률은 $\dfrac{q}{p}$이다. $p+q$의 값을 구하시오. (단, 꺼낸 공은 다시 넣지 않고, $p$와 $q$는 서로소인 자연수이다.) [4점]

2017 기출문제

**28** 그림과 같이 반지름의 길이가 5인 원 $C$와 원 $C$ 위의 점 A에서의 접선 $l$이 있다. 원 $C$ 위의 점 P와 $\overline{\mathrm{AB}}=24$를 만족시키는 직선 $l$ 위의 점 B에 대하여 $\overrightarrow{\mathrm{PA}} \cdot \overrightarrow{\mathrm{PB}}$의 최댓값을 구하시오. [4점]

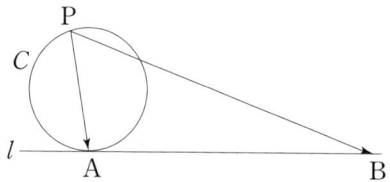

**29** 그림과 같이 반지름의 길이가 1이고 중심각의 크기가 $\dfrac{\pi}{3}$인 부채꼴 OAB가 있다. 호 AB 위의 점 P를 지나고 선분 OB와 평행한 직선이 선분 OA와 만나는 점을 Q라 하고 $\angle \mathrm{AOP}=\theta$라 하자. 점 A를 지름의 한 끝점으로 하고 지름이 선분 AQ 위에 있으며 선분 PQ에 접하는 반원의 반지름의 길이를 $r(\theta)$라 할 때, $\lim\limits_{\theta \to 0+} \dfrac{r(\theta)}{\theta}=a+b\sqrt{3}$이다. $a^2+b^2$의 값을 구하시오. (단, $0<\theta<\dfrac{\pi}{3}$이고, $a$, $b$는 유리수이다.) [4점]

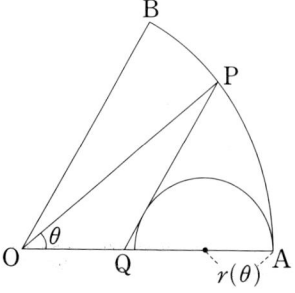

**30** 좌표공간에 평면 $z=1$ 위의 세 점 A$(1, -1, 1)$, B$(1, 1, 1)$, C$(0, 0, 1)$이 있다. 점 P$(2, 3, 2)$를 지나고 벡터 $\vec{d}=(a, b, 1)$과 평행한 직선이 삼각형 ABC의 둘레 또는 내부를 지날 때, $|\vec{d}+3\overrightarrow{\mathrm{OA}}|^2$의 최솟값을 구하시오. (단, O는 원점이고, $a$, $b$는 실수이다.) [4점]

# 제**3**교시 수학영역(나형)

▶ 정답 및 해설 326p

**01** $\left(2^{\frac{1}{3}} \times 2^{-\frac{4}{3}}\right)^{-2}$의 값은? [2점]

① $\dfrac{1}{4}$　　　　② $\dfrac{1}{2}$

③ 1　　　　④ 2

⑤ 4

**02** $\displaystyle\lim_{n\to\infty}\dfrac{3^n+2^{n+1}}{3^{n+1}-2^n}$의 값은? [2점]

① $\dfrac{1}{3}$　　　　② $\dfrac{1}{2}$

③ 1　　　　④ 2

⑤ 3

**03** 이항분포 $\mathrm{B}\left(n, \dfrac{1}{4}\right)$을 따르는 확률변수 $X$의 평균이 5일 때, 자연수 $n$의 값은? [2점]

① 16　　　　② 20

③ 24　　　　④ 28

⑤ 32

**04** 실수 $x$에 대한 두 조건

$p : x^2-(2+a)x+2a\le 0$

$q : x^2-2x-15\le 0$

에 대하여 $p$가 $q$이기 위한 충분조건이 되도록 하는 정수 $a$의 개수는? [3점]

① 7　　　　② 8

③ 9　　　　④ 10

⑤ 11

**05** 함수 $f(x)$의 그래프가 그림과 같다.

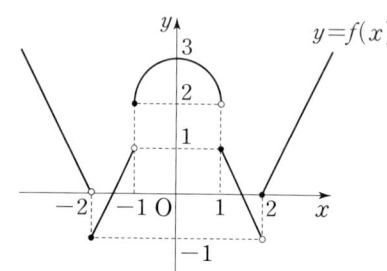

$\lim\limits_{x \to 1-} f(x) + \lim\limits_{x \to 0+} f(x-2)$의 값은? [3점]

① $-2$      ② $-1$

③ $0$      ④ $1$

⑤ $2$

**06** 한 개의 주사위를 던질 때 짝수의 눈이 나오는 사건을 $A$, 소수의 눈이 나오는 사건을 $B$라 하자. $\mathrm{P}(B|A) - \mathrm{P}(B|A^c)$의 값은? (단, $A^c$은 $A$의 여사건이다.) [3점]

① $-\dfrac{1}{3}$      ② $-\dfrac{1}{6}$

③ $0$      ④ $\dfrac{1}{6}$

⑤ $\dfrac{1}{3}$

**07** 1이 아닌 두 양수 $a$, $b$에 대하여 등식 $\log_3 a = \dfrac{1}{\log_b 27}$이 성립할 때, $\log_a b^2 + \log_b a^2$의 값은? [3점]

① $6$      ② $\dfrac{20}{3}$

③ $\dfrac{22}{3}$      ④ $8$

⑤ $\dfrac{26}{3}$

**08** 함수 $f(x)=x(x-3)(x-a)$의 그래프 위의 점 $(0,0)$에서의 접선과 점 $(3,0)$에서의 접선이 서로 수직이 되도록 하는 모든 실수 $a$의 값의 합은? [3점]

① $\dfrac{3}{2}$  ② $2$

③ $\dfrac{5}{2}$  ④ $3$

⑤ $\dfrac{7}{2}$

**09** 주머니 속에 흰 공이 5개, 검은 공이 3개 들어 있다. 이 주머니에서 임의로 4개의 공을 동시에 꺼낼 때, 나오는 검은 공의 개수를 확률변수 $X$라 하자. $E(X)$의 값은? [3점]

① $\dfrac{3}{2}$  ② $\dfrac{7}{4}$

③ $2$  ④ $\dfrac{9}{4}$

⑤ $\dfrac{5}{2}$

**10** 집합 $A=\{1,3,5,7,9\}$에 대하여 집합 $P$를 $P=\left\{\dfrac{x_1}{10}+\dfrac{x_2}{10^2}+\dfrac{x_3}{10^3}\,\middle|\,x_1\in A,\ x_2\in A,\ x_3\in A\right\}$라 하자. 집합 $P$의 원소 중 41번째로 큰 원소는 $\dfrac{a}{10}+\dfrac{b}{10^2}+\dfrac{c}{10^3}$이다. $a+b+c$의 값은? [3점]

① $11$  ② $13$

③ $15$  ④ $17$

⑤ $19$

**11** 두 학생 A, B를 포함한 8명의 학생을 임의로 3명, 3명, 2명씩 3개의 조로 나눌 때, 두 학생 A, B가 같은 조에 속할 확률은? [3점]

① $\dfrac{1}{8}$  ② $\dfrac{1}{4}$

③ $\dfrac{3}{8}$  ④ $\dfrac{1}{2}$

⑤ $\dfrac{5}{8}$

**12** 어느 공장에서 생산하는 군용 위장크림 1개의 무게는 평균이 $m$, 표준편차가 $\sigma$인 정규분포를 따른다고 한다. 이 공장에서 생산하는 군용 위장크

| $z$ | $\mathrm{P}(0 \leq Z \leq z)$ |
|-----|-------------------------------|
| 0.5 | 0.1915 |
| 1.0 | 0.3413 |
| 1.5 | 0.4332 |
| 2.0 | 0.4772 |

림 중에서 임의로 택한 1개의 무게가 50 이상일 확률은 0.1587이다. 이 공장에서 생산하는 군용 위장크림 중에서 임의추출한 4개의 무게의 평균이 50 이상일 확률은 오른쪽 표준정규분포표를 이용하여 구한 것은? (단, 무게의 단위는 g이다.) [3점]

① 0.0228        ② 0.0668

③ 0.1587        ④ 0.3085

⑤ 0.4332

**13** 모든 실수 $x$에 대하여 부등식 $x^4 - 4x^3 + 12x \geq 2x^2 + a$가 성립할 때, 실수 $a$의 최댓값은? [3점]

① $-11$        ② $-10$

③ $-9$         ④ $-8$

⑤ $-7$

**14** 두 집합 $A = \{1, 2, 3, 4\}$, $B = \{2, 3, 4, 5\}$ 에 대하여 두 함수 $f : A \rightarrow B$, $g : B \rightarrow A$ 가 다음 조건을 만족시킨다.

(가) $f(3) = 5$, $g(2) = 3$
(나) 어떤 $x \in B$에 대하여 $g(x) = x$이다.
(다) 모든 $x \in A$에 대하여
$(f \circ g \circ f)(x) = x + 1$이다.

$f(1) + g(3)$의 값은? [4점]

① 5        ② 6

③ 7        ④ 8

⑤ 9

**15** 공비가 양수인 등비수열 $\{a_n\}$의 첫째항부터 제$n$항까지의 합을 $S_n$이라 하자. $S_6-S_3=6$, $S_{12}-S_6=72$일 때, $a_{10}+a_{11}+a_{12}$의 값은? [4점]

① 48      ② 51
③ 54      ④ 57
⑤ 60

**16** 이차함수 $f(x)=x^2+mx-8$이

$$\lim_{n\to\infty}\frac{1}{n}\sum_{k=1}^{n}f\left(\frac{k}{n}\right)=\lim_{n\to\infty}\frac{1}{n}\sum_{k=1}^{n}f\left(1+\frac{k}{n}\right)$$

를 만족시킬 때, 함수 $g(x)=\int_0^x f(t)\,dt$는 $x-a$에서 극소이다. $a$의 값은? (단, $m$은 상수이다.) [4점]

① $-4$      ② $-2$
③ 1      ④ 2
⑤ 4

**17** 주머니에 1, 2, 3, 4, 5의 숫자가 하나씩 적혀 있는 다섯 개의 구슬이 들어 있다. 주머니에서 임의로 한 개의 구슬을 꺼내어 구슬에 적혀 있는 숫자를 확인한 후 다시 넣는다. 이와 같은 시행을 4회 반복하여 얻은 4개의 수 중에서 3개의 수의 합의 최댓값을 $N$이라 하자. 다음은 $N\geq14$일 확률을 구하는 과정이다.

---

(i) $N=15$인 경우

5가 적힌 구슬이 4회 나올 확률은 $\dfrac{1}{625}$이고, 5가 적힌 구슬이 3회, 4 이하의 수가 적힌 구슬 중 한 개가 1회 나올 확률은 $\dfrac{\boxed{(가)}}{625}$이다.

(ii) $N=14$인 경우

5가 적힌 구슬이 2회, 4가 적힌 구슬이 2회 나올 확률은 $\dfrac{6}{625}$이고, 5가 적힌 구슬이 2회, 4가 적힌 구슬이 1회, 3 이하의 수가 적힌 구슬 중 한 개가 1회 나올 확률은 $\dfrac{\boxed{(나)}}{625}$이다.

(i), (ii)에서 구하는 확률은 $\dfrac{\boxed{(다)}}{625}$이다.

---

위의 (가), (나), (다)에 알맞은 수를 각각 $p$, $q$, $r$라 할 때, $p+q+r$의 값은? [4점]

① 96      ② 101
③ 106      ④ 111
⑤ 116

**18** 그림과 같이 함수 $f(x)=(x-1)^2$의 그래프 위의 점 A(3, 4)에서 $x$축, $y$축에 내린 수선의 발을 각각 B, C라 하자. 직사각형 OBAC의 내부에서 연립부등식 $\begin{cases} y \le f(x) \\ y \le k \end{cases}$ 를 만족시키는 영역의 넓이를 $S_1$, 직사각형 OBAC의 내부에서 연립부등식 $\begin{cases} y \ge f(x) \\ y \ge k \end{cases}$ 를 만족시키는 영역의 넓이를 $S_2$라 하자. $S_1=S_2$일 때, 상수 $k$의 값은? (단, $1 < k < 4$이다.) [4점]

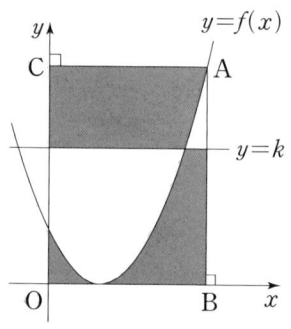

① $\dfrac{7}{3}$  ② $\dfrac{8}{3}$

③ 3  ④ $\dfrac{10}{3}$

⑤ $\dfrac{11}{3}$

**19** 그림과 같이 한 변의 길이가 6인 정사각형 ABCD가 있다. 두 선분 AB, CD의 중점을 각각 M, N이라 하자. 두 선분 BC, AD 위에 $\overline{ME}=\overline{MF}=\overline{AB}$가 되도록 각각 점 E, F를 잡고, 중심이 M인 부채꼴 MEF를 그린다. 두 선분 BC, AD 위에 $\overline{NG}=\overline{NH}=\overline{AB}$가 되도록 각각 점 G, H를 잡고, 중심이 N인 부채꼴 NHG를 그린다. 두 부채꼴 MEF, NHG의 내부에서 공통부분을 제외한 나머지 부분에 ⋈와 같이 색칠하여 얻은 그림을 $R_1$이라 하자.

그림 $R_1$에서 두 부채꼴 MEF, NHG의 공통부분인 마름모의 각 변에 꼭짓점이 있고, 네 변이 정사각형 ABCD의 네 변과 각각 평행한 정사각형을 그린다. 새로 그려진 정사각형에 그림 $R_1$을 얻은 방법과 같은 방법으로 2개의 부채꼴을 각각 그린 다음 2개의 부채꼴의 내부에서 공통부분을 제외한 나머지 부분에 ⋈와 같이 색칠하여 얻은 그림을 $R_2$라 하자.

이와 같은 과정을 계속하여 $n$번째 얻은 그림 $R_n$에서 색칠된 부분의 넓이를 $S_n$이라 할 때, $\lim\limits_{n \to \infty} S_n$의 값은? [4점]

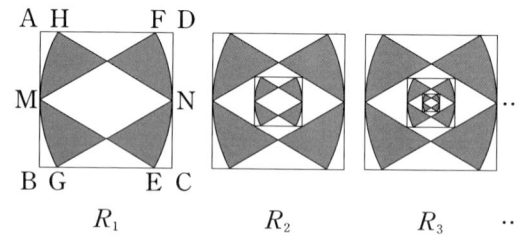

$R_1$  $R_2$  $R_3$  ⋯

① $8\sqrt{3}(\pi-\sqrt{3})$  ② $9\sqrt{3}(\pi-\sqrt{3})$

③ $10\sqrt{3}(\pi-\sqrt{3})$  ④ $11\sqrt{3}(\pi-\sqrt{3})$

⑤ $12\sqrt{3}(\pi-\sqrt{3})$

**20** 그림과 같이 직선 $y=x+k$ $(3<k<9)$가 곡선 $y=-x^2+9$와 만나는 두 점을 각각 P, Q라 하고, $y$축과 만나는 점을 R라 하자. 〈보기〉에서 옳은 것만을 있는 대로 고른 것은? (단, O는 원점이고, 점 P의 $x$좌표는 점 Q의 $x$좌표보다 크다.) [4점]

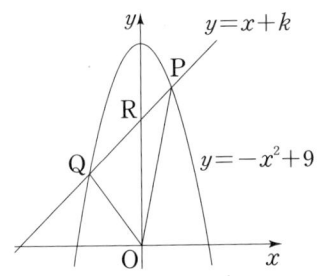

───〈 보기 〉───

ㄱ. 선분 PQ의 중점의 $x$좌표는 $-\dfrac{1}{2}$이다.

ㄴ. $k=7$일 때, 삼각형 ORQ의 넓이는 삼각형 OPR의 넓이의 2배이다.

ㄷ. 삼각형 OPQ의 넓이는 $k=6$일 때 최대이다.

① ㄱ      ② ㄷ

③ ㄱ, ㄴ      ④ ㄴ, ㄷ

⑤ ㄱ, ㄴ, ㄷ

**21** 함수 $f(x)=x^3+3x^2-9x$가 있다. 실수 $t$에 대하여 함수 $g(x)=\begin{cases} f(x) & (x<a) \\ t-f(x) & (x\geq a) \end{cases}$ 가 실수 전체의 집합에서 연속이 되도록 하는 실수 $a$의 개수를 $h(t)$라 하자. 예를 들어 $h(0)=3$이다. $h(t)=3$을 만족시키는 모든 정수 $t$의 개수는? [4점]

① 55      ② 57

③ 59      ④ 61

⑤ 63

### 주관식 문항(22~30)

**22** 등차수열 $\{a_n\}$에 대하여 $a_3=1$, $a_5=7$일 때, $a_9$의 값을 구하시오. [3점]

**23** 두 함수 $f(x)=4x+5$, $g(x)=\sqrt{2x+1}$ 에 대하여 $(f \circ g^{-1})(3)$의 값을 구하시오. [3점]

**25** 방정식 $(x+y+z)(s+t)=49$를 만족시키는 자연수 $x, y, z, s, t$의 모든 순서쌍 $(x, y, z, s, t)$의 개수를 구하시오. [3점]

**24** 이차함수 $f(x)$가 다음 조건을 만족시킨다.

> (가) $\lim\limits_{x \to \infty} \dfrac{f(x)}{2x^2-x-1}=\dfrac{1}{2}$
>
> (나) $\lim\limits_{x \to 1} \dfrac{f(x)}{2x^2-x-1}=4$

$f(2)$의 값을 구하시오. [3점]

**26** 사관학교에서는 사관생도들에게 세 국가 A, B, C에서 해외 파견 교육을 받을 수 있도록 하고 있다. 해외 파견 교육 대상 사관생도를 선발하기 위해 희망자를 조사하였더니 하나 이상의 국가를 신청한 사관생도의 수가 70명이었고, 그 결과는 다음과 같았다.

> (가) A 또는 B를 신청한 사관생도는 43명이다.
> (나) B 또는 C를 신청한 사관생도는 51명이다.
> (다) A와 C를 동시에 신청한 사관생도는 없다.

B를 신청한 사관생도의 수를 구하시오. [4점]

**27** 그림과 같이 5개의 영역으로 나누어진 도형을 서로 다른 4가지 색을 사용하여 모든 영역을 칠하려고 한다. 다음 조건을 만족시키도록 한 영역에 한 가지 색만을 칠할 때, 그 결과로 나타날 수 있는 모든 경우의 수를 구하시오. (단, 경계가 일부라도 닿은 두 영역은 서로 이웃한 영역으로 본다.) [4점]

> (가) 4가지의 색의 전부 또는 일부를 사용한다.
> (나) 서로 이웃한 영역은 서로 다른 색으로 칠한다.

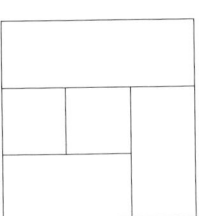

**28** 두 집합 $A = \{1, 2, 3, 4, 5\}$, $B = \{3, 4, 5, 6, 7, 8\}$에 대하여 $X \not\subset A$, $X \not\subset B$, $X \subset (A \cup B)$를 만족시키는 집합 $X$의 개수를 구하시오. [4점]

**29** 자연수 $n$에 대하여 원 $x^2 + y^2 = n^2$과 곡선 $y = \dfrac{k}{x}$ $(k > 0)$이 서로 다른 네 점에서 만날 때, 이 네 점을 꼭짓점으로 하는 직사각형을 만든다. 이 직사각형에서 긴 변의 길이가 짧은 변의 길이의 2배가 되도록 하는 $k$의 값을 $f(n)$이라 하자. $\displaystyle\sum_{n=1}^{12} f(n)$의 값을 구하시오.

[4점]

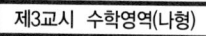

**30** 실수 전체의 집합에서 정의된 함수 $f(x)$가 다음 조건을 만족시킨다.

> (가) $x \geq 0$일 때, $f(x) = x^2 - 2x$이다.
>
> (나) 모든 실수 $x$에 대하여
> $f(-x) + f(x) = 0$이다.

실수 $t$에 대하여 닫힌 구간 $[t, t+1]$에서 함수 $f(x)$의 최솟값을 $g(t)$라 하자. 좌표평면에서 두 곡선 $y = f(x)$와 $y = g(x)$로 둘러싸인 부분의 넓이는 $\dfrac{q}{p}$이다. $p+q$의 값을 구하시오. (단, $p$와 $q$는 서로소인 자연수이다.) [4점]

육사 | 해사 | 공사 | 국군간호사관

# 사관학교 기출문제

## 수 학

2026~2017

**10** 개년

연차별 동형
기출문제

# 정답 및 해설

# 빠른 정답찾기 🔍

## 2026학년도

| 01 ② | 02 ③ | 03 ③ | 04 ② | 05 ④ | 06 ⑤ | 07 ③ | 08 ① | 09 ④ | 10 ① |
|---|---|---|---|---|---|---|---|---|---|
| 11 ④ | 12 ② | 13 ③ | 14 ⑤ | 15 ④ | 16 27 | 17 19 | 18 324 | 19 7 | 20 14 |
| 21 24 | 22 9 | | | | | | | | |

[확률과 통계]

| 23 ② | 24 ⑤ | 25 ① | 26 ④ | 27 ⑤ | 28 ① | 29 112 | 30 107 |
|---|---|---|---|---|---|---|---|

[미적분]

| 23 ③ | 24 ① | 25 ④ | 26 ② | 27 ④ | 28 ① | 29 120 | 30 74 |
|---|---|---|---|---|---|---|---|

[기하]

| 23 ② | 24 ④ | 25 ③ | 26 ⑤ | 27 ⑤ | 28 ② | 29 32 | 30 139 |
|---|---|---|---|---|---|---|---|

## 2025학년도

| 01 ④ | 02 ⑤ | 03 ③ | 04 ② | 05 ⑤ | 06 ① | 07 ② | 08 ② | 09 ③ | 10 ⑤ |
|---|---|---|---|---|---|---|---|---|---|
| 11 ④ | 12 ② | 13 ③ | 14 ① | 15 ③ | 16 10 | 17 25 | 18 36 | 19 64 | 20 118 |
| 21 19 | 22 156 | | | | | | | | |

[확률과 통계]

| 23 ⑤ | 24 ② | 25 ③ | 26 ④ | 27 ④ | 28 ② | 29 165 | 30 13 |
|---|---|---|---|---|---|---|---|

[미적분]

| 23 ① | 24 ③ | 25 ③ | 26 ④ | 27 ④ | 28 ⑤ | 29 15 | 30 30 |
|---|---|---|---|---|---|---|---|

[기하]

| 23 ⑤ | 24 ⑤ | 25 ① | 26 ① | 27 ③ | 28 ② | 29 220 | 30 40 |
|---|---|---|---|---|---|---|---|

## 2024학년도

| 01 ④ | 02 ② | 03 ⑤ | 04 ③ | 05 ① | 06 ⑤ | 07 ④ | 08 ③ | 09 ② | 10 ① |
|---|---|---|---|---|---|---|---|---|---|
| 11 ② | 12 ④ | 13 ⑤ | 14 ① | 15 ⑤ | 16 62 | 17 16 | 18 184 | 19 12 | 20 11 |
| 21 29 | 22 54 | | | | | | | | |

[확률과 통계]

| 23 ③ | 24 ① | 25 ② | 26 ④ | 27 ⑤ | 28 ④ | 29 8 | 30 166 |
|---|---|---|---|---|---|---|---|

[미적분]

| 23 ⑤ | 24 ② | 25 ③ | 26 ① | 27 ④ | 28 ③ | 29 20 | 30 13 |
|---|---|---|---|---|---|---|---|

[기하]

| 23 ④ | 24 ⑤ | 25 ① | 26 ② | 27 ③ | 28 ⑤ | 29 23 | 30 17 |
|---|---|---|---|---|---|---|---|

## 2023학년도

| 01 ③ | 02 ② | 03 ④ | 04 ④ | 05 ① | 06 ⑤ | 07 ③ | 08 ② | 09 ④ | 10 ② |
|---|---|---|---|---|---|---|---|---|---|
| 11 ⑤ | 12 ① | 13 ④ | 14 ② | 15 ⑤ | 16 8 | 17 6 | 18 10 | 19 64 | 20 14 |
| 21 35 | 22 11 | | | | | | | | |

**[확률과 통계]**

| 23 ② | 24 ③ | 25 ④ | 26 ③ | 27 ① | 28 ④ | 29 25 | 30 27 |
|---|---|---|---|---|---|---|---|

**[미적분]**

| 23 ② | 24 ③ | 25 ① | 26 ④ | 27 ③ | 28 ② | 29 49 | 30 4 |
|---|---|---|---|---|---|---|---|

**[기하]**

| 23 ① | 24 ⑤ | 25 ④ | 26 ③ | 27 ② | 28 ⑤ | 29 261 | 30 7 |
|---|---|---|---|---|---|---|---|

## 2022학년도

| 01 ① | 02 ④ | 03 ④ | 04 ⑤ | 05 ⑤ | 06 ③ | 07 ④ | 08 ② | 09 ③ | 10 ① |
|---|---|---|---|---|---|---|---|---|---|
| 11 ② | 12 ③ | 13 ② | 14 ④ | 15 ① | 16 18 | 17 12 | 18 9 | 19 16 | 20 290 |
| 21 27 | 22 56 | | | | | | | | |

**[확률과 통계]**

| 23 ② | 24 ① | 25 ③ | 26 ④ | 27 ⑤ | 28 ② | 29 80 | 30 41 |
|---|---|---|---|---|---|---|---|

**[미적분]**

| 23 ⑤ | 24 ② | 25 ④ | 26 ③ | 27 ① | 28 ④ | 29 19 | 30 64 |
|---|---|---|---|---|---|---|---|

**[기하]**

| 23 ③ | 24 ⑤ | 25 ① | 26 ② | 27 ④ | 28 ⑤ | 29 66 | 30 37 |
|---|---|---|---|---|---|---|---|

## 2021 학년도

**[가형]**

| 01 ③ | 02 ② | 03 ⑤ | 04 ② | 05 ⑤ | 06 ④ | 07 ① | 08 ① | 09 ④ | 10 ⑤ |
|---|---|---|---|---|---|---|---|---|---|
| 11 ③ | 12 ④ | 13 ① | 14 ④ | 15 ⑤ | 16 ④ | 17 ② | 18 ① | 19 ② | 20 ③ |
| 21 ③ | 22 12 | 23 19 | 24 9 | 25 151 | 26 10 | 27 395 | 28 8 | 29 259 | 30 6 |

**[나형]**

| 01 ④ | 02 ② | 03 ⑤ | 04 ② | 05 ④ | 06 ① | 07 ⑤ | 08 ③ | 09 ① | 10 ③ |
|---|---|---|---|---|---|---|---|---|---|
| 11 ① | 12 ① | 13 ② | 14 ④ | 15 ⑤ | 16 ③ | 17 ⑤ | 18 ② | 19 ③ | 20 ④ |
| 21 ② | 22 11 | 23 12 | 24 4 | 25 5 | 26 6 | 27 50 | 28 17 | 29 282 | 30 36 |

## 2020 학년도

### [가형]

| 01 ⑤ | 02 ① | 03 ④ | 04 ③ | 05 ① | 06 ④ | 07 ② | 08 ⑤ | 09 ⑤ | 10 ① |
|---|---|---|---|---|---|---|---|---|---|
| 11 ③ | 12 ⑤ | 13 ② | 14 ② | 15 ③ | 16 ② | 17 ④ | 18 ③ | 19 ④ | 20 ① |
| 21 ⑤ | 22 12 | 23 6 | 24 149 | 25 20 | 26 450 | 27 14 | 28 9 | 29 7 | 30 16 |

### [나형]

| 01 ④ | 02 ① | 03 ① | 04 ③ | 05 ④ | 06 ③ | 07 ② | 08 ⑤ | 09 ② | 10 ④ |
|---|---|---|---|---|---|---|---|---|---|
| 11 ⑤ | 12 ① | 13 ② | 14 ③ | 15 ④ | 16 ⑤ | 17 ⑤ | 18 ① | 19 ③ | 20 ② |
| 21 ⑤ | 22 23 | 23 375 | 24 7 | 25 30 | 26 25 | 27 50 | 28 81 | 29 17 | 30 21 |

## 2019 학년도

### [가형]

| 01 ③ | 02 ① | 03 ⑤ | 04 ② | 05 ② | 06 ④ | 07 ③ | 08 ⑤ | 09 ① | 10 ③ |
|---|---|---|---|---|---|---|---|---|---|
| 11 ③ | 12 ② | 13 ⑤ | 14 ② | 15 ③ | 16 ④ | 17 ④ | 18 ① | 19 ⑤ | 20 ④ |
| 21 ② | 22 135 | 23 19 | 24 11 | 25 88 | 26 9 | 27 37 | 28 68 | 29 21 | 30 18 |

### [나형]

| 01 ⑤ | 02 ① | 03 ③ | 04 ⑤ | 05 ⑤ | 06 ② | 07 ④ | 08 ③ | 09 ② | 10 ③ |
|---|---|---|---|---|---|---|---|---|---|
| 11 ④ | 12 ① | 13 ④ | 14 ② | 15 ③ | 16 ④ | 17 ① | 18 ① | 19 ② | 20 ① |
| 21 ③ | 22 15 | 23 135 | 24 8 | 25 16 | 26 29 | 27 31 | 28 42 | 29 49 | 30 21 |

## 2018 학년도

### [가형]

| 01 ④ | 02 ⑤ | 03 ③ | 04 ③ | 05 ① | 06 ① | 07 ⑤ | 08 ② | 09 ② | 10 ④ |
|---|---|---|---|---|---|---|---|---|---|
| 11 ③ | 12 ⑤ | 13 ④ | 14 ③ | 15 ④ | 16 ① | 17 ② | 18 ① | 19 ② | 20 ⑤ |
| 21 ③ | 22 80 | 23 16 | 24 36 | 25 8 | 26 17 | 27 288 | 28 49 | 29 40 | 30 30 |

### [나형]

| 01 ⑤ | 02 ② | 03 ② | 04 ③ | 05 ⑤ | 06 ③ | 07 ② | 08 ④ | 09 ④ | 10 ① |
|---|---|---|---|---|---|---|---|---|---|
| 11 ① | 12 ④ | 13 ③ | 14 ⑤ | 15 ⑤ | 16 ④ | 17 ③ | 18 ① | 19 ② | 20 ① |
| 21 ② | 22 72 | 23 24 | 24 12 | 25 4 | 26 13 | 27 17 | 28 64 | 29 191 | 30 36 |

## 2017 학년도

### [가형]

| 01 ⑤ | 02 ⑤ | 03 ③ | 04 ① | 05 ① | 06 ② | 07 ③ | 08 ② | 09 ② | 10 ④ |
|---|---|---|---|---|---|---|---|---|---|
| 11 ① | 12 ③ | 13 ③ | 14 ④ | 15 ⑤ | 16 ④ | 17 ② | 18 ⑤ | 19 ③ | 20 ① |
| 21 ④ | 22 10 | 23 62 | 24 40 | 25 25 | 26 30 | 27 28 | 28 180 | 29 5 | 30 32 |

### [나형]

| 01 ⑤ | 02 ① | 03 ② | 04 ③ | 05 ④ | 06 ① | 07 ② | 08 ④ | 09 ① | 10 ⑤ |
|---|---|---|---|---|---|---|---|---|---|
| 11 ② | 12 ① | 13 ③ | 14 ② | 15 ③ | 16 ⑤ | 17 ④ | 18 ③ | 19 ① | 20 ③ |
| 21 ⑤ | 22 19 | 23 21 | 24 13 | 25 90 | 26 24 | 27 72 | 28 168 | 29 195 | 30 35 |

# 2026학년도 기출문제 정답 및 해설

## 2026학년도 [수학] 정답 및 해설

### ▌[수학] 2026학년도 | 정답

| 01 | ② | 02 | ③ | 03 | ③ | 04 | ② | 05 | ④ |
|----|----|----|----|----|----|----|----|----|----|
| 06 | ⑤ | 07 | ③ | 08 | ① | 09 | ④ | 10 | ① |
| 11 | ④ | 12 | ② | 13 | ③ | 14 | ⑤ | 15 | ④ |
| 16 | 27 | 17 | 19 | 18 | 324 | 19 | 7 | 20 | 14 |
| 21 | 24 | 22 | 9 | | | | | | |

[확률과 통계]

| 23 | ② | 24 | ⑤ | 25 | ① | 26 | ④ | 27 | ⑤ |
|----|----|----|----|----|----|----|----|----|----|
| 28 | ① | 29 | 112 | 30 | 107 | | | | |

[미적분]

| 23 | ③ | 24 | ① | 25 | ④ | 26 | ② | 27 | ④ |
|----|----|----|----|----|----|----|----|----|----|
| 28 | ③ | 29 | 120 | 30 | 74 | | | | |

[기하]

| 23 | ② | 24 | ④ | 25 | ③ | 26 | ⑤ | 27 | ③ |
|----|----|----|----|----|----|----|----|----|----|
| 28 | ② | 29 | 32 | 30 | 139 | | | | |

### [수학] 2026학년도 | 해설

**01**  지수의 계산  ②

$$2^{2\times\left(-\frac{1}{2}\right)} \times 2^{4\times\left(\frac{1}{2}\right)} = 2^{-1} \times 2^2 = 2$$

$$\therefore 2$$

**02**  적분의 계산  ③

$$f(x) = x^4 - x^2 + C$$
$$f(1) = 1 - 1 + C = 2$$
$$\therefore C = 2$$

따라서, $f(2) = 16 - 4 + 2 = 14$

**03**  삼각함수의 계산  ③

$\dfrac{\pi}{2} < \theta < \pi$ 의 구간에서 $\tan\theta < 0$, $\cos\theta < 0$ 이고,

$\sin\theta = \dfrac{3}{5}$ 이므로, $\tan\theta = -\dfrac{3}{4}$, $\cos\theta - \dfrac{4}{5}$

$\therefore \tan\theta - \cos\theta = -\dfrac{3}{4} + \dfrac{4}{5} = \dfrac{1}{20}$

**04**  접선의 방정식  ②

곡선 $y = g(x)$ 위의 점 $(0, g(0))$에서의 접선의 방정식이
$y = 5x + 2$이므로,
접선의 방정식의 기울기의 값은 $g'(0) = 5$
또한, 위 방정식은 점 $(0, g(0))$을 지남으로 $g(0) = 2$,
따라서 $f(0) = 1$
함수 $g(x) = (x + 2)f(x)$의 양변을 미분하고
$x$에 0을 대입하면
$g'(0) = f(0) + 2f'(0) = 1 + 2f'(0) = 5$
$\therefore f'(0) = 2$

## 05          수열의 합       ④

$$\sum_{k=1}^{9}(a_k + 2) = \sum_{k=1}^{9}a_k + 18 = \left(\sum_{k=1}^{10}a_k - a_{10}\right) + 18 = 20$$

이때, $\sum_{k=1}^{10}a_k = 10$이므로, $(10 - a_{10}) + 18 = 20$

$\therefore a_{10} = 8$

## 06          함수의 추론       ⑤

조건 $\lim_{x \to 1}\dfrac{f(x)}{x^2 + 3x - 4} = -1$에서

$\lim_{x \to 1}\dfrac{f(x)}{x^2 + 3x - 4} = \lim_{x \to 1}\dfrac{f(x)}{(x-1)(x+4)} = -1$이므로

함수 $f(x)$는 $(x-1)$을 인수로 가진다.

또한, 조건 $\lim_{x \to \infty}\dfrac{f(x)}{x^2 + 3x - 4} = 2$에서

함수 $f(x)$의 최고차항의 계수가 2인 이차함수임을 알 수 있다.

따라서 함수 $f(x) = 2(x-1)(x-k)$라 하면,

$\lim_{x \to 1}\dfrac{f(x)}{x^2 + 3x - 4} = \lim_{x \to 1}\dfrac{2(x-1)(x-k)}{(x-1)(x+4)} = \dfrac{2(1-k)}{5} = -1$

$\therefore k = \dfrac{7}{2}$

따라서 $f(x) = 2(x-1)\left(x - \dfrac{7}{2}\right)$이므로

$\therefore f(0) = 2 \times -1 \times -\dfrac{7}{2} = 7$

## 07    지수함수와 로그함수의 성질    ③

함수 $f(x) = \begin{cases} \log_2(x+1) + a & (0 \le x < 3) \\ \left(\dfrac{1}{2}\right)^{x+b} + 2 & (3 \le x \le 5) \end{cases}$ 의

최댓값이 3, 최솟값이 $\dfrac{1}{2}$임을 해석해보자.

우선, 함수 $f(x) = \left(\dfrac{1}{2}\right)^{x+b} + 2 (3 \le x \le 5)$에서

점근선은 $y = 2$이므로, $3 \le x \le 5$의 구간에서는

최솟값 $\dfrac{1}{2}$이 존재할 수 없다.

또한, 함수 $f(x) = \log_2(x+1) + a (0 \le x < 3)$에서

$f(3)$의 값은 존재하지 않으므로, $0 \le x < 3$의 구간에서는 최댓값 3이 존재할 수 없다.

따라서, 이를 그래프로 그리면 함수 $f(x)$는 다음과 같다.

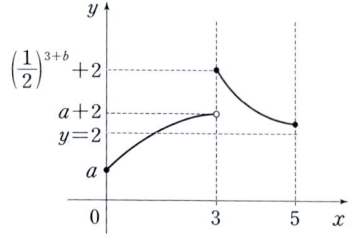

$y = a$에서 최솟값 $\dfrac{1}{2}$, $y = \left(\dfrac{1}{2}\right)^{3+b} + 2$에서

최댓값 3을 가지므로

$\therefore a = \dfrac{1}{2}$, $b = -3$

따라서 $a + b = -\dfrac{5}{2}$

## 08       정적분의 성질       ①

$\displaystyle\int_{1}^{x} tf(t)\,dt = 3x^4 - 2ax^3 + x^2$의 양변에

$x = 1$을 대입하면

$0 = 3 - 2a + 1 \; \therefore a = 2$

또한 $\displaystyle\int_{1}^{x} tf(t)\,dt = 3x^4 - 2ax^3 + x^2$의 양변을 미분하면

$xf(x) = 12x^3 - 6ax^2 + 2x = 12x^3 - 12x^2 + 2x$

이때, 다항함수 $f(x)$가 모든 실수 $x$에 대하여 만족함으로

양변을 $x$로 나누어 줄 수 있다.

$\therefore f(x) = 12x^2 - 12x + 2$

따라서

$\begin{aligned} \int_{-a}^{a} f(x)\,dx &= \int_{-2}^{2}(12x^2 - 12x + 2)\,dx \\ &= 2\int_{0}^{2}(12x^2 + 2)\,dx \\ &= 2 \times \left[4x^3 + 2x\right]_{0}^{2} \\ &= 2 \times (32 + 4) = 72 \end{aligned}$

$\therefore 72$

## 09       삼각함수의 성질       ④

$0 \le x < 2\pi$의 구간에서

방정식 $\left|\cos\left(x + \dfrac{\pi}{3}\right) + \dfrac{1}{6}\right| = \dfrac{5}{6}$에서 경우를 나누어보면 다음과 같다.

$\cos\left(x + \dfrac{\pi}{3}\right) + \dfrac{1}{6} = \dfrac{5}{6} \; \therefore \cos\left(x + \dfrac{\pi}{3}\right) = \dfrac{2}{3} \cdots ①$

$\cos\left(x + \dfrac{\pi}{3}\right) + \dfrac{1}{6} = -\dfrac{5}{6} \; \therefore \cos\left(x + \dfrac{\pi}{3}\right) = -1 \cdots ②$

이때, $x + \dfrac{\pi}{3} = k$라 하면 $\dfrac{\pi}{3} \le k < \dfrac{7}{3}\pi$이고

$\cos k = \dfrac{2}{3}$ or $-1$이므로

이를 그래프로 나타내면 다음과 같다.

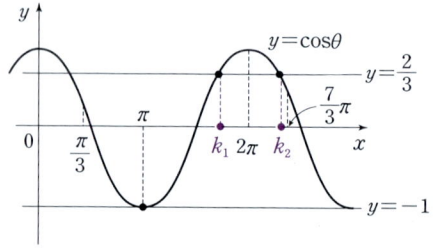

$\cos k = -1$을 만족시키는 $k$의 값은 $\pi$이므로

$x + \dfrac{\pi}{3} = \pi$, $\therefore x = \dfrac{2}{3}\pi$

또한, $\cos k = \dfrac{2}{3}$을 만족시키는 $k$의 값을 각각 $k_1$, $k_2$라 하고,

이 때의 $x$의 값을 각각 $x_1$, $x_2$라 하면

$\cos k_1 = \cos\left(x_1 + \dfrac{\pi}{3}\right) = \dfrac{2}{3}$,

$\cos k_2 = \cos\left(x_2 + \dfrac{\pi}{3}\right) = \dfrac{2}{3}$이고,

$k_1$, $k_2$는 $2\pi$를 기준으로 대칭인 두 값이므로, 이를 이용하면

$4\pi = k_1 + k_2 = \left(x_1 + \dfrac{\pi}{3}\right) + \left(x_2 + \dfrac{\pi}{3}\right)$,

$\therefore x_1 + x_2 = \dfrac{10}{3}\pi$

따라서 모든 실수 $x$의 값의 합은 $\dfrac{2}{3}\pi + \dfrac{10}{3}\pi = 4\pi$

---

**10**      미적분의 활용      ①

수직선 위를 움직이는 점 $P$의 시각 $t(t \geq 0)$에서의 위치 $x$가

$x = t^3 + at^2 + bt$이고, 시각 $t = 2$에서의 점 $P$의 위치가

$20$이므로

$2 = 8 + 4a + 2b$, $\therefore 4a + 2b = -6 \cdots$ ①

또한 $x = t^3 + at^2 + bt$에서 양변을 $t$에 대하여 미분하고, 이 때의 식을 $v$라 하면 $v = 3t^2 + 2at + b$이고, 이는 속도를 나타낸다. 시각 $t = 2$에서의 점 $P$의 속도가 각각 $3$이므로

$3 = 12 + 4a + b$ $\therefore 4a + b = -9 \cdots$ ②

따라서 ①과 ②를 연립하여 $a$와 $b$를 구하면

$\therefore a = -3$, $b = 3$

한편, $v = 3t^2 + 2at + b$에서 양변을 $t$에 대하여 미분하고, 이때의 식을 $c$라 하면 $c = 6t + 2a$이고, 이는 가속도를 나타낸다.

따라서 시각 $t = b$에서의 점 $P$의 가속도는

$c = 6b + 2a = 6 \times 3 + 2 \times -3 = 12$

---

**11**      삼각함수의 활용      ④

삼각형 $ABC$에서 $\overline{BC} = 8$이고 $\overline{BD} = \overline{CE} = 3$이므로 $\overline{DE} = 2$이다. 또한 선분 $FG$의 길이가 $l$, 선분 $AD$의 길이가 $\sqrt{5}$이며 $\angle A$의 값을 $\theta$라 하면 주어진 그림에 다음과 같이 표시할 수 있다.

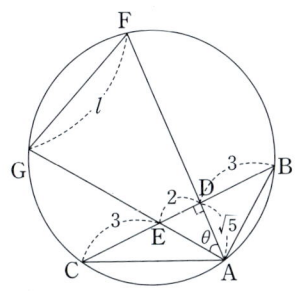

선분 $AE$의 길이는 $2^2 + (\sqrt{5})^2 = 3$이므로

$\therefore \sin\theta = \dfrac{2}{3}$

이때, 사인법칙을 이용하면 $2R = \dfrac{l}{\frac{2}{3}}$,

$\therefore l = \dfrac{4}{3}R$

한편, 선분 $AC$의 길이는 $\sqrt{30}$, 선분 $AB$의 길이는 $\sqrt{14}$이고, $\angle C$의 값을 $z$라 하자. 이때 코사인법칙을 이용하면

$(\sqrt{14})^2 = 8^2 + (\sqrt{30})^2 - 2 \times \sqrt{30} \times 8 \times \cos z$,

$14 = 64 + 30 - 16\sqrt{30} \times \cos z$,

따라서 $\cos z = \dfrac{\sqrt{30}}{6}$이고 이를 이용하면

$\sin z = \dfrac{\sqrt{6}}{6}$이다.

주어진 그림에서 $\angle C$를 기준으로 사인법칙을 이용하면

$2R = \dfrac{\sqrt{14}}{\frac{\sqrt{6}}{6}} = \sqrt{84}$

$\therefore R \times l = \dfrac{4}{3}R^2 = \dfrac{4}{3} \times \left(\dfrac{\sqrt{84}}{2}\right)^2 = 28$

---

**12**      적분과 넓이      ②

$B - C = \dfrac{3}{2}$이므로 함수 $y = x + k$와

함수 $y = x^2$를 이용하면

$B - C = \displaystyle\int_0^3 (x + k - x^2)dx = \left[\dfrac{1}{2}x^2 + kx - \dfrac{1}{3}x^3\right]_0^3$

$\quad = \dfrac{27}{2} + 3k - 9 = 3k + \dfrac{9}{2}$

따라서 $3k + \dfrac{9}{2} = \dfrac{3}{2}$

$\therefore k = 2$

한편, 함수 $y = x + 2$와 함수 $y = x^2$의 교점을 구하면

$x^2 = x + 2$, $x^2 - x - 2 = 0$, $(x + 1)(x - 2) = 0$

따라서, 점 $P$의 $x$의 값은 $-1$이므로,

이를 이용하여 넓이 $A$를 구하면

$$A = \int_{-1}^{0} (x + 2 - x^2)dx$$
$$= \left[\frac{1}{2}x^2 + 2x - \frac{1}{3}x^3\right]_{-1}^{0}$$
$$= \frac{1}{2} - 2 + \frac{1}{3} = \frac{7}{6}$$
$$\therefore k \times A = 2 \times \frac{7}{6} = \frac{7}{3}$$

### 13 수열의 성질 ③

조건 (나)에서 $a_3 = 2$이므로 이는 조건 (가)에서 $|a_n|$이 짝수인 경우에 해당한다.

따라서 $a_4 = \frac{1}{2}a_3 + k$, $a_4 = k + 1$

한편, $a_3 = 2$가 될 수 있는 조건을 따져보면 다음과 같다.

i) $|a_2|$이 홀수인 경우

$a_3 = -a_2 + 1 + k$, $a_2 = k - 1$

조건 (나)에서 $|a_2 \times a_4| = 8$이므로

$|(k-1)(k+1)| = 8$, $k^2 - 1 = 8$, $k^2 = 9$, $k = \pm 3$

이 때, $a_2 = k - 1$의 값은 항상 짝수이므로 $|a_2|$이 홀수라는 가정이 성립하지 않는다.

ii) $|a_2|$이 짝수인 경우

$a_3 = \frac{1}{2}a_2 + k$, $a_2 = -2k + 4$

조건 (나)에서 $|a_2 \times a_4| = 8$이므로

$|(-2k+4)(k+1)| = 8$, $|-2k^2 + 2k + 4| = 8$

$(A)$ $-2k^2 + 2k + 4 = 8$인 경우

$2k^2 - 2k + 4 = 0$, $k^2 - k + 2 = 0$

이때, 판별식 $D = 1 - 8 = -7$이므로 $k$는 정수라는 조건에 위배된다.

$(B)$ $-2k^2 + 2k + 4 = -8$인 경우

$2k^2 - 2k + 12 = 0$, $k^2 - k + 6 = 0$,

$(k-3)(k+2) = 0$

$(a)$ $k = 3$일 때

$k = 3$이면 $a_2 = -2$이므로

이때 $a_1$의 값을 구하면

$a_2 = \begin{cases} -a_1 + 4 & (a_1) \\ \frac{1}{2}a_1 + 3 & (a_1) \end{cases}$

$a_1 = \begin{cases} 6 & (a_1) \\ -10 & (a_1) \end{cases}$

따라서 $a_1 = 6$은 조건을 만족시키지 않으므로

$a_1 = -10$만 가능하다.

$(b)$ $k = -2$일 때

$k = -2$이면, $a_2 = 8$이므로 이때 $a_1$의 값을 구하면

$a_2 = \begin{cases} -a_1 - 1 & (a_1)\text{이 홀수일 때} \\ \frac{1}{2}a_1 - 2 & (a_1)\text{이 짝수일 때} \end{cases}$

$a_1 = \begin{cases} -9 & (a_1)\text{이 홀수일 때} \\ 20 & (a_1)\text{이 짝수일 때} \end{cases}$

$a_1 = -9$, $a_1 = 20$ 모두 조건을 만족시킨다.

따라서 모든 수열 $\{a_n\}$의 첫째항의 합은

$-10 - 9 + 20 = 1$

### 14 함수의 추론 ⑤

함수 $g(x) = \begin{cases} -x + 4 & (x \le 0 \text{ 또는 } x \ge 6) \\ f(x) & (0 < x < 6) \end{cases}$ 가

조건 (가)에 따라 연속이므로

$g(0) = f(0) = 4$, $g(6) = f(6) = -2$

한편, 이차함수 $f(x)$의 최고차항의 계수가 양수인지 음수인지 경우를 나누어 조건 (나)를 만족하는 $g(x)$를 찾아보면 다음과 같다.

i) 이차함수 $f(x)$의 최고차항의 계수가 음수일 때

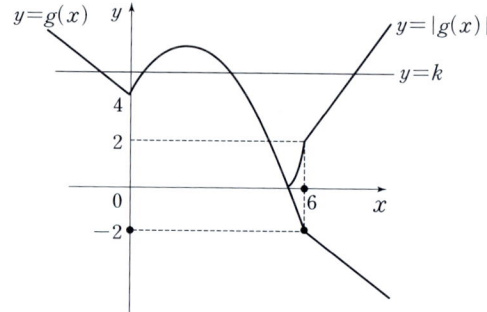

이 경우, 위 그림과 같이 $|g(x)| = k$의 서로 다른 양의 실근의 개수가 3이 되도록 하는 양수 $k$의 개수는 무수히 많으므로 조건 (나)를 만족하지 않는다.

ii) 이차함수 $f(x)$의 최고차항의 계수가 양수일 때

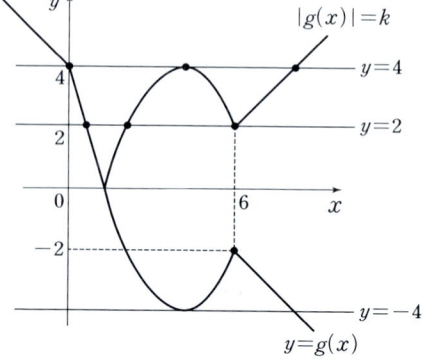

이 경우, 만약, 함수 $f(x)$의 꼭짓점이 $y = 4$인 직선위에 존재하지 않는다면 $|g(x)| = k$의 서로 다른 양의 실근의 개수가 3이 되도록 하는 양수 $k$의 개수가 무수히 많아진다.

따라서, $k = 2$일 때만 오직 $g(x)$와 만나는 서로 다른 양의 실근의 개수가 3인 조건을 만족하기 위해서는 $y = 4$인 직선이 위 그림과 같이 $(0, 4)$을 지나면서 함수 $f(x)$의 꼭짓점 또한 $y = 4$인 직선위에 존재해야 한다.

한편, $f(0) = 4$를 이용하여

이차함수 $f(x) = ax^2 + bx + 4$라 하면

$f(x) = a\left(x + \dfrac{b}{2a}\right)^2 - \dfrac{b^2}{4a} + 4$ 이고

따라서, 꼭짓점의 좌표는 $\left(-\dfrac{b}{2a}, -\dfrac{b^2}{4a} + 4\right)$이므로

$-\dfrac{b^2}{4a} + 4 = -4, \therefore b^2 = 32a \cdots$ ①

또한 $f(6) = -2$이므로

$36a + 6b + 4 = -2, \therefore b = -6a - 1 \cdots$ ②

①, ②를 연립하면

$36a^2 - 20a + 1 = 0$

$(2a-1)(18a-1) = 0$

$\therefore a = \dfrac{1}{2}, b = -4$ 또는 $a = \dfrac{1}{18}, b = -\dfrac{4}{3}$

이차함수 $f(x)$의 대칭축은 $-\dfrac{b}{2a}$이고, 이는 0과 6 사이에 존재해야 하므로 $a = \dfrac{1}{2}, b = -4$의 값만 가능하다.

따라서 $f(x) = \dfrac{1}{2}x^2 - 4x + 4$

$g(f(2))$의 값을 구하면 $f(2) = 2 - 8 + 4 = -2$

$g(-2) = 6$

$\therefore 6$

## 15 지수함수의 그래프 ④

점 $A$의 좌표를 $(a, 2^a)$, 점 $B$의 좌표를 $(b, 2^b)$라 하면 점 $A$와 점 $B$를 지나는 직선의 기울기가 1이므로

$\therefore \dfrac{2^b - 2^a}{b - a} = 1$

한편, 선분 $AB$의 중점이 $M$이므로 점 $A$의 좌표, 점 $B$의 좌표를 이용하여 점 $M$의 좌표를 찾으면

$M\left(\dfrac{a+b}{2}, \dfrac{2^a + 2^b}{2}\right)$

또한 점 $N$은 $x$의 좌표가 $\dfrac{a+b}{2}$이고, 곡선 $y = 2^x$의 위에 있으므로 $N\left(\dfrac{a+b}{2}, 2^{\frac{a+b}{2}}\right)$

이때, $\overline{MN} = \dfrac{1}{6}\overline{A'B'}$이므로

$\therefore \dfrac{2^a + 2^b}{2} - 2^{\frac{a+b}{2}} = \dfrac{1}{6}(2^b - 2^a)$

$A = 2^a, B = 2^b$라고 하면,

$\dfrac{A+B}{2} - \sqrt{AB} = \dfrac{1}{6}(B - A)$,

$3A + 3B - 6\sqrt{AB} = B - A$,

$2A + B = 3\sqrt{AB}$,

$4A^2 + 4AB + B^2 = 9AB$

$4A^2 - 5AB + B^2 = 0$

$(4A - B)(A - B) = 0$

$\therefore A = \dfrac{1}{4}B$

따라서 $2^a = 2^{b-2}, a = b - 2$이므로, $B$의 $y$좌표를 구하면

$\dfrac{2^b - 2^a}{b - a} = \dfrac{2^b - 2^{b-2}}{-2} = 1$.

$2^b - 2^{b-2} = 2$

$\dfrac{3}{4} \times 2^b = 2$

$\therefore 2^b = \dfrac{8}{3}$

## 16 로그의 계산 27

$\log_3 x = \dfrac{3}{2} + \dfrac{1}{2}\log_3 x, \; 2\log_3 x = 3 + \log_3 x$

$\therefore x = 27$

## 17 함수의 극대와 극소 19

$f(x) = x^3 - ax^2 + 9x + 15$의 양변을 미분하면

$f'(x) = 3x^2 - 2ax + 9$이고 $x = 3$에서 극솟값을 가지므로 $f'(3) = 27 - 6a + 9 = 0, \therefore a = 6$

따라서 $f'(x) = 3x^2 - 18x + 9 = 3(x-1)(x-3)$이므로 함수 $f(x)$는 $x = 1$에서 극댓값을 가진다.

$\therefore f(1) = 1 - 6 + 9 + 15 = 19$

## 18 등비수열의 성질 324

등비수열 $\{a_n\}$에서 $a_n = ar^{n-1}$이라 하면

$\dfrac{S_3}{a_1} = \dfrac{ar^2 + ar + a}{a} = r^2 + r + 1 = 13$

$r^2 + r - 12 = 0, \; (r+4)(r-3) = 0$

등비수열 $\{a_n\}$은 모든 항이 양수이므로 $r = 3$

따라서 $S_2 = ar + a = 4a = 16, \; a = 4$

$\therefore a_5 = 4 \times 3^4 = 324$

### 19  다항함수의 계산  7

주어진 다항함수의 우변인 $x^2 + x\int_0^a f(t)\,dt + \dfrac{3}{2}a$ 는

최고차항의 계수가 1인 이차함수임을 알 수 있다.

따라서 좌변도 마찬가지로 최고차항의 계수가 1인 이차함수이므로

좌변 $xf(x) - f(x) = (x-1)f(x)$ 에서

$f(x) = x + k$ 라 하면

$x^2 + (k-1)x - k = x^2 + x\int_0^a (x+k)\,dx + \dfrac{3}{2}a$.

$x^2 + (k-1)x - k = x^2 + x\left(\dfrac{a^2}{2} + ka\right) + \dfrac{3}{2}a$.

$\therefore\ k - 1 = \dfrac{a^2}{2} + ka,\ k = -\dfrac{3}{2}a$

두 식을 연립하면 $-\dfrac{3a}{2} - 1 = \dfrac{a^2}{2} - \dfrac{3a^2}{2}$.

$2a^2 - 3a - 2 = 0,\ (a-2)(2a+1) = 0$

$\therefore\ a = 2\ (a > 0),\ k = -3$

따라서 $f(10) = 10 - 3 = 7$

### 20  극한을 이용한 함수의 추론  14

$\displaystyle\lim_{x\to k} \dfrac{f(x)}{f'(x)f(x-4)}$ 의 값이 존재하지 않기 위해서는

$x \to k$ 일 때 분모가 0이어야 한다. 이때, $f(x)$ 는 최고차항의 계수가 1인 이차함수임으로 $f(x)$ 의 근의 개수에 따라 경우를 나누어 볼 수 있다.

i) 함수 $f(x)$ 가 허근을 갖는 경우

함수 $f(x)$ 가 허근을 갖는다면 $f(x)$ 를 $x$축의 방향으로 4만큼 이동시킨 $f(x-4)$ 또한 허근을 갖는다.

따라서 $f(x) = 0,\ f(x-4) = 0$ 이 되는 값을 가질 수 없고, $f'(x) = 0$ 이 가능한 값을 1개만 가지므로 주어진 조건에 모순이다.

ii) 함수 $f(x)$ 가 중근을 갖는 경우

함수 $f(x)$ 가 중근을 가지므로 $f(x) = (x-a)^2$ 라 하면

$f(x-4) = (x-4-a)^2,\ f'(x) = 2(x-a)$ 이므로

$\displaystyle\lim_{x\to k} \dfrac{f(x)}{f'(x)f(x-4)} = \lim_{x\to k} \dfrac{(x-a)^2}{2(x-a)(x-4-a)^2}$

$\qquad\qquad\qquad = \displaystyle\lim_{x\to k} \dfrac{(x-a)}{2(x-4-a)^2}$

따라서 분모인 $2(x-4-a)^2$ 가 0이 되는 $k$의 값은 $4+a$ 의 1개뿐이므로 주어진 조건에 모순이다.

iii) 함수 $f(x)$ 가 서로 다른 두 실근을 갖는 경우

함수 $f(x) = (x-a)(x-b)$ 라 하면

$f(x-4) = (x-a-4)(x-b-4)$,

$f'(x) = 2\left(x - \dfrac{a+b}{2}\right)$ 이므로

$\displaystyle\lim_{x\to k} \dfrac{f(x)}{f'(x)f(x-4)}$

$= \displaystyle\lim_{x\to k} \dfrac{(x-a)(x-b)}{2\left(x - \dfrac{a+b}{2}\right)(x-a-4)(x-b-4)}$

이때, 분모가 0이 되는 $k$의 값은 $\dfrac{a+b}{2}$, $a+4$, $b+4$ 이지만 주어진 조건에 따라 $p$, 4의 2개만 존재해야 하므로, 이 조건을 만족하기 위해서는 분자와 분모가 약분되거나, 분모의 세 근중 두 근이 중근이 되어야 한다.

㉮ 분자와 분모가 약분되는 경우

$\displaystyle\lim_{x\to k} \dfrac{(x-a)(x-b)}{2\left(x - \dfrac{a+b}{2}\right)(x-a-4)(x-b-4)}$ 에서

$\dfrac{a+b}{2}$ 는 $a$와 $b$ 사이의 값이므로 분자와 함께 약분될 수 없다.

한편, $a-4$ 는 $a$의 값을 4만큼 양의 방향으로 평행이동시킨 값이고, $b-4$ 는 $b$값을 4만큼 양의 방향으로 평행이동시킨 값이므로 $(x-a)$ 과 $(x-a-4)$, $(x-b)$ 과 $(x-b-4)$ 는 각각 약분될 수 없다.

따라서 $(x-a)$ 과 $(x-b-4)$ 이 약분된다고 가정하면, $a = b + 4$ 이므로

$\displaystyle\lim_{x\to k} \dfrac{(x-a)(x-b)}{2\left(x - \dfrac{a+b}{2}\right)(x-a-4)(x-b-4)}$

$= \displaystyle\lim_{x\to k} \dfrac{(x-b)}{2\left(x - \dfrac{a+b}{2}\right)(x-a-4)}$

$= \displaystyle\lim_{x\to k} \dfrac{(x-b)}{2\left(x - \dfrac{2b+4}{2}\right)(x-b-8)}$

$= \displaystyle\lim_{x\to k} \dfrac{(x-b)}{2\{x-(b+2)\}(x-b-8)}$

즉, 분모에서 $x$의 값은 $x = b+2$, $x = b+8$ 이고 이들이 $p(p<4)$ 와 4이므로

$\therefore\ b = -4,\ p = -2,\ a = 0$

따라서 $f(x) = x(x+4)$ 이므로

$\therefore\ f(1) = 5 \cdots ①$

㉯ 분모의 세 근중 두 근이 중근인 경우

분모에서 $(x-a-4)$ 과 $(x-b-4)$ 는 중근이 될 수 없으므로 $\left(x - \dfrac{a+b}{2}\right)$ 과 $(x-a-4)$ 가 중근이 된다고 가정하자.

$\dfrac{a+b}{2} = a + 4,\ \therefore\ b = a + 8$

따라서

$\displaystyle\lim_{x\to k} \dfrac{(x-a)(x-b)}{2\left(x - \dfrac{a+b}{2}\right)(x-a-4)(x-b-4)}$

$= \displaystyle\lim_{x\to k} \dfrac{(x-a)(x-a-8)}{2\left(x - \dfrac{2a+8}{2}\right)(x-a-4)(x-a-12)}$

$= \displaystyle\lim_{x\to k} \dfrac{(x-a)(x-a-8)}{2(x-a-4)^2(x-a-12)}$

즉, 분모에서 $x$의 값은 $x = a + 4$, $x = a + 12$이고

이들이 $p (p < 4)$와 $4$이므로

$\therefore a = -8$, $p = -4$, $b = 0$

따라서 $f(x) = x(x - 8)$이므로

$\therefore f(1) = 9 \cdots$ ②

①과 ②의 값의 합은 $5 + 9 = 14$

| 21 | 등차수열의 활용 | 24 |
|---|---|---|

조건 (나)에서 만약, $a_k$, $a_{k+1}$, $a_{k+2}$가 모두 양수이거나 모두 음수라면 $|a_{k+2}| < |a_{k+1}| < |a_k|$ 또는 $|a_k| < |a_{k+1}| < |a_{k+2}|$의 경우밖에 없음으로 $|a_{k+1}| < |a_{k+2}| < |a_k|$를 만족할 수 없으며, 조건 (가)에 따라 $a_4 = \frac{5}{2}$이고 공차가 정수이므로 항의 값은 $0$이 될 수 없다.

따라서 $a_k$, $a_{k+1}$, $a_{k+2}$는 양수와 음수가 섞여서 이루어진 등차수열임을 알 수 있다.

이를 이용하여 공차가 양수인 경우와 음수인 경우로 나누어 보면 다음과 같다.

i) 공차가 양수인 경우

공차가 양수이면서 $a_k$, $a_{k+1}$, $a_{k+2}$의 부호가 변화하는 경우는 두 가지가 있다.

$(A)$ $a_k < 0$, $a_{k+1} > 0$, $a_{k+2} > 0$

이 경우, 조건 (나) $|a_{k+1}| < |a_{k+2}| < |a_k|$에 따라 $a_k$의 절댓값이 가장 커야 하는데, $\{a_n\}$은 등차수열이므로 $a_k$와 $a_{k+2}$의 사이에 $0$이 있다고 보면 $a_{k+2}$가 $0$에서 가장 멀리 떨어져 있으므로 $|a_{k+2}|$가 가장 크다는 것을 알 수 있다. 따라서 위 경우는 조건 (나)를 만족하지 않는다.

$(B)$ $a_k < 0$, $a_{k+1} < 0$, $a_{k+2} > 0$

위와 마찬가지로 $\{a_n\}$이 등차수열이므로 $a_{k+1}$과 $a_{k+2}$의 사이에 $0$이 있다고 보면 $a_k$가 $0$에서 가장 멀리 떨어져 있음으로 $|a_k|$가 가장 크다는 것을 알 수 있다. 따라서 조건 (가) $a_4 = \frac{5}{2}$를 이용하여 $a_k < 0$, $a_{k+1} < 0$, $a_{k+2} > 0$를 만족하는 $k$의 값을 구해보면

$d = 2$일 때 $a_1 = -\frac{7}{2}$, $a_2 = -\frac{3}{2}$, $a_3 = \frac{1}{2}$ : 불가능

$d = 3$일 때 $a_2 = -\frac{7}{2}$, $a_3 = -\frac{1}{2}$, $a_4 = \frac{5}{2}$ : 가능

$d = 4$일 때 $a_2 = -\frac{11}{2}$, $a_3 = -\frac{3}{2}$, $a_4 = \frac{5}{2}$ : 가능

$d = 5$일 때 $a_2 = -\frac{15}{2}$, $a_3 = -\frac{5}{2}$, $a_4 = \frac{5}{2}$ : 불가능

$\sum_{n=1}^{6} a_n = a_1 + a_2 + a_3 + a_4 + a_5 + a_6 = 3(a_3 + a_4)$

이므로

$\therefore d = 3$일 때 $3\left(-\frac{1}{2} + \frac{5}{2}\right) = 6$

$\therefore d = 4$일 때 $3\left(-\frac{3}{2} + \frac{5}{2}\right) = 3$

ii) 공차가 음수인 경우

위의 i)과 마찬가지로 두 가지 경우로 나누어 보면

$(A)$ $a_k > 0$, $a_{k+1} < 0$, $a_{k+2} < 0$

$a_k$과 $a_{k+1}$의 사이에 $0$이 있다고 보면 $a_{k+2}$가 $0$에서 가장 멀리 떨어져 있으므로 $|a_{k+2}|$가 가장 크다는 것을 알 수 있다. 따라서 위 경우는 조건 (나)를 만족하지 않는다.

$(B)$ $a_k > 0$, $a_{k+1} > 0$, $a_{k+2} < 0$

$a_{k+1}$과 $a_{k+2}$의 사이에 $0$이 있다고 보면 $a_k$가 $0$에서 가장 멀리 떨어져 있으므로 $|a_k|$가 가장 크다는 것을 알 수 있다.

따라서 조건 (가) $a_4 = \frac{5}{2}$를 이용하여 $a_k > 0$, $a_{k+1} > 0$,

$a_{k+2} < 0$를 만족하는 $k$의 값을 구해보면

$d = -1$일 때 $a_5 = \frac{3}{2}$, $a_6 = \frac{1}{2}$, $a_7 = -\frac{1}{2}$ : 불가능

$d = -2$일 때 $a_4 = \frac{5}{2}$, $a_5 = \frac{1}{2}$, $a_6 = -\frac{3}{2}$ : 가능

$d = -3$일 때 $a_3 = \frac{11}{2}$, $a_4 = \frac{5}{2}$, $a_5 = -\frac{1}{2}$ : 불가능

$\therefore d = -2$일 때 $3\left(\frac{9}{2} + \frac{5}{2}\right) = 21$

따라서 $M + N = 21 + 3 = 24$

| 22 | 함수의 연속 성질을 이용한 그래프 추론 | 9 |
|---|---|---|

주어진 정보를 종합하면

i) 함수 $f(x)$는 최고차항의 계수가 $1$인 사차함수이고 $x = 0$에서 극대이므로 $f'(0) = 0$이며, $f(-2) = 0$이다.

ii) $|g(x)| = |f(x)|$이므로 $g(x) = f(x)$,

$g(x) = -f(x)$로 나타낼 수 있으며, 이는 $x$축을 기준으로 위 아래로 동일한 모양으로 그려지는 그래프이다.

iii) 함수 $g(x)$는 서로 다른 두 양수 $a$, $b$에 대하여 $x = a$와 $x = b$에서만 미분가능하지 않으므로 $g(a) = 0$, $g(b) = 0$이고 $x = a$, $x = b$에서 꺾이는 형태의 그래프이다.

iv) 방정식 $g(x) = t$의 서로 다른 실근의 개수를 $h(t)$라고 했을 때 모든 실수 $t$에 대하여 $h(t) > 0$이므로 함수 $y = g(x)$와 직선 $y = t$는 모든 실수 $t$에서 적어도 $1$개의 점에서 만나야한다.

v) $h\left(\frac{64}{3}\right) = 4$이므로 함수 $y = g(x)$와 직선 $y = t$가 만나는 점이 $4$개인 부분이 존재해야하며, 이때 $t$의 값은 $\frac{64}{3}$이다.

이를 만족하려면 함수 $f(x)$의 극댓값인 $f(0)$가 $f(0) = \frac{64}{3}$

이 되어야 한다.

i) ~ v)까지의 5가지 조건을 종합하여 그래프를 그리면 다음과 같다.

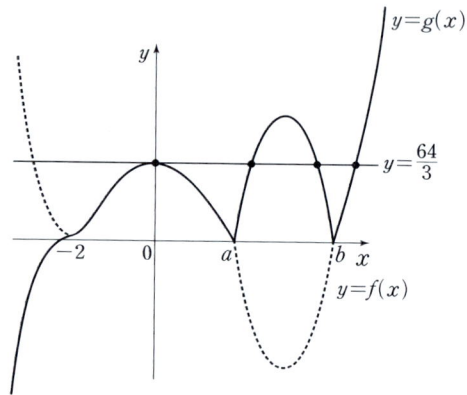

위 그래프를 식으로 나타내어 함수 $f(x)$를 구하면

$f(0) = \dfrac{64}{3}$, $f(x) = (x+2)^2(x-a)(x-b)$에서

$f(0) = 4ab = \dfrac{64}{3}$, $\therefore ab = \dfrac{16}{3}$ ··· ①

한편, i)에서 $f'(0) = 0$이므로

$f'(x) = 2(x+2)(x-a)(x-b) + (x+2)^2(x-b)$
$\quad + (x+2)^2(x-a)$,

$f'(0) = 4ab - 4b - 4a = 0$, $\dfrac{16}{3} - b - a = 0$

$\therefore a + b = \dfrac{16}{3}$ ··· ②

따라서 ①과 ②를 연립하여 $a, b$의 값을 구하면

$a = \dfrac{4}{3}$, $b = 4$ $(a > 0, b > 0)$

$f(x) = (x+2)^2\left(x - \dfrac{4}{3}\right)(x-4)$

구하고자 하는 값은

$|g(-3) + g(0)| = |-f(-3) + f(0)|$이므로

$|-f(-3) + f(0)| = \left|-\dfrac{91}{3} + \dfrac{64}{3}\right| = 9$

$\therefore 9$

### 확률과 통계

### 23 이항정리의 성질 활용 ②

$_4C_2 \times 2^2 = 6 \times 4 = 24$

### 24 독립사건 ⑤

$P(A) = a$, $P(B) = b$라고 하면

$a + b = 1$, $a(1-b) = \dfrac{4}{9}$이므로

$a^2 = \dfrac{4}{9}$

$\therefore a = \dfrac{2}{3}$

### 25 경우의 수 ①

$A$가 적혀 있는 두 장의 카드 사이에 한 장의 카드만 있도록 나열하는 경우는 다음과 같다.

i) $ABA$로 나열되어 있는 경우

$ABA$의 한 묶음과 남은 카드 $B, C, D$를 나열하는 경우의 수는 $4! = 24$

ii) $ACA$로 나열되어 있는 경우

$ACA$의 한 묶음과 남은 카드 $B, B, D$를 나열하는 경우의 수는 $B$가 2장 중복됨으로 $\dfrac{4!}{2!} = 12$

iii) $ADA$

$ADA$의 한 묶음과 남은 카드 $B, B, C$를 나열하는 경우의 수는 $B$가 2장 중복됨으로 $\dfrac{4!}{2!} = 12$

$\therefore 24 + 12 + 12 = 48$

### 26 정규분포 ④

$P(a - 3 \le X \le a + 1)$에서 $a = 10$을 대입하면

$P(7 \le X \le 11)$이므로, 7과 9의 가운데 값이 평균이 되고 그 값이 $X = 9$인 정규분포임을 알 수 있다.

이때, 최댓값 0.6을 가지므로 $P(7 \le X \le 9) = 0.3$, $P(9 \le X \le 11) = 0.3$이다.

한편, 구하려는 값 $P(X \ge 10) + P(8 \le X \le 11)$에서

$P(8 \le X \le 11) = P(7 \le X \le 10)$로 바꿀 수 있으므로

$P(X \ge 10) + P(8 \le X \le 11)$
$= P(X \ge 10) + P(7 \le X \le 10)$
$= P(X \ge 7)$

$P(7 \le X \le 9) = 0.3$이고, $P(X \ge 9) = 0.5$이므로

$\therefore 0.3 + 0.5 = 0.8$

### 27 확률의 계산 ⑤

숫자 1과 3을 각각 홀수 개씩 선택하여야 함으로 경우를 나누어 보면 다음과 같다.

i) 숫자 1과 3을 각각 1개씩 선택하는 경우

1, 3은 이미 선택되어 있고 0, 2, 4 중에서 나머지 3개를 더 선택할 수 있으나, 첫 번째 자리에 0은 올 수 없으므로 이를 제외하여 계산하면

$\dfrac{5!}{3!} \times 3 \times 3 \times 3 - \dfrac{4!}{2!} \times 3 \times 3 = 540 - 108 = 432$

ii) 숫자 1을 3개, 3을 1개 선택하는 경우

마찬가지로 1, 3은 이미 선택되어 있고 0, 2, 4 중에서 나머지 1개를 더 선택할 수 있으나, 첫 번째 자리에 0은 올 수 없으므로 이를 제외하여 계산하면

$\dfrac{5!}{3!} \times 3 - \dfrac{4!}{2!} = 60 - 4 = 56$

iii) 숫자 1을 1개, 3을 1개 선택하는 경우

ii)와 동일함으로 56

$\therefore\ 432 + 56 \times 2 = 544$

---

| **28** | 독립시행의 활용 | ① |
|---|---|---|

주어진 조건에서 모든 양의 약수의 개수가 9가 되기 위해서는 점수가 $a^x b^y$의 형태 즉, $(x+1)(y+1) = 9$가 되어야 한다.

따라서 $x = 2$, $y = 2$ 또는 $x = 8$, $y = 1$ 또는 $x = 1$, $y = 8$이 되어야한나.

이를 이용하여 앞면이 나온 횟수를 기준으로 경우를 나누어보면 다음과 같다.

i) 앞면이 나온 횟수가 0인 경우

앞면이 나온 횟수가 0일 때의 확률은 $\dfrac{1}{2} \times \dfrac{1}{2} = \dfrac{1}{4}$이다. 그러나 이 경우, 주사위를 한번만 던질 수 있음으로 가장 큰 수인 6이 나오더라도 $6 = 2^1 \times 3^1$이므로 약수의 개수는 4개이다.

ii) 앞면이 나온 횟수가 1인 경우

앞면이 나온 횟수가 1일 때의 확률은 $\dfrac{1}{2}$이다.

이 경우, 주사위를 2번 던지므로 주사위에서 6, 6이 나오면 $2^2 \times 3^2$이므로 $(x+1)(y+1) = 9$가 가능한 값이 존재한다. 이외의 다른 경우는 불가능함으로 확률을 계산하면

$\therefore\ \dfrac{1}{2} \times \dfrac{1}{6} \times \dfrac{1}{6} = \dfrac{1}{72}$

iii) 앞면이 나온 횟수가 2인 경우

앞면이 나온 횟수가 2일 때의 확률은 $\dfrac{1}{2} \times \dfrac{1}{2} = \dfrac{1}{4}$이다.

이 경우, 주사위가 $(1, 6, 6)$, $(2, 3, 6)$, $(3, 3, 4)$, $(4, 4, 5)$이 나오면 각각 $1^1 \times 2^2 \times 3^2$, $2 \times 3 \times 2 \times 3$, $3 \times 3 \times 2 \times 2$, $2^2 \times 2^2 \times 5$로 나타낼 수 있으며, 양의 약수의 개수가 모두 9임을 확인할 수 있다. 따라서 확률을 계산하면

$\dfrac{1}{4}\left(\dfrac{3+6+3+3}{6 \times 6 \times 6}\right) = \dfrac{5}{288}$

$\therefore\ \dfrac{1}{72} + \dfrac{5}{288} = \dfrac{1}{32}$

---

| **29** | 기댓값과 분산 | 112 |
|---|---|---|

---

$a + b + \dfrac{1}{9} = 1$이므로 $a + b = \dfrac{8}{9}$.

또한, $E(X) = \dfrac{7}{3}$이므로

$a + 5b + \dfrac{1}{3} = \dfrac{7}{3}$, $a + 5b = 2$

따라서 $a = \dfrac{11}{18}$, $b = \dfrac{5}{18}$

한편, $V(X) = E(X^2) - \{E(X)\}^2$이므로

$E(X^2) - \{E(X)\}^2 = \dfrac{11 + 18 + 125}{18} - \dfrac{49}{9} = \dfrac{28}{9}$

$\sigma(2\overline{X} + 1) = 2 \times \sigma(\overline{X})$이므로 $\sigma(\overline{X}) \le \dfrac{1}{6}$.

따라서 $V(\overline{X}) = \dfrac{28}{9n} \le \dfrac{1}{36}$이다.

$\therefore\ n \ge 112$

---

| **30** | 확률의 계산 | 107 |
|---|---|---|

주어진 조건에서 $a \times b \times (c+1) \times (d+1)$이 홀수가 되기 위해서는 구성된 모든 수가 홀수가 되어야 한다.

따라서 $a$, $b$는 홀수, $c$, $d$는 짝수이다.

한편, $b \times c$는 3의 배수이므로 $b$, $c$ 중 적어도 하나는 3의 배수이다.

따라서, $1 \le a \le b \le c \le d \le 10$의 조건과 위의 조건을 모두 만족하는 경우를 $b$를 기준으로 나누어보면 다음과 같다.

i) $b$가 3의 배수일 때

$b$가 3의 배수이면서 홀수가 되어야 하므로 가능한 $b$의 값은 3, 9이다.

1) $b$가 3일 때, 가능한 $(c, d)$의 경우는

$(4, 4)$, $(4, 6)$, $(4, 8)$, $(4, 10)$,

$(6, 6)$, $(6, 8)$, $(6, 10)$,

$(8, 8)$, $(8, 10)$,

$(10, 10)$

로서 총 10개이며, 이때 $a$는 1, 3이 가능하므로

$\therefore\ 10 \times 2 = 20$, 20개 ⋯ ①

2) $b$가 9일 때, 가능한 $(c, d)$의 경우는

$(10, 10)$

로서 총 1개이며, 이때 $a$는 1, 3, 5, 7, 9가 가능하므로

$\therefore\ 1 \times 5 = 5$, 5개 ⋯ ②

ii) $b$가 3의 배수가 아닐 때

$b$가 3의 배수가 아니므로 $c$가 3의 배수가 되어야 한다.

따라서 $c$가 3의 배수이면서 짝수가 되어야 하므로 가능한 $c$의 값은 6이다.

이때, 가능한 $(a, b)$의 경우는

$(1, 1)$, $(1, 5)$,

$(1, 1)$, $(5, 5)$

로서 총 4개이며, 이때 $d$는 6, 8, 10이 가능하므로

$\therefore 4 \times 3 = 12$, 12개 ··· ③

전체 경우의 수는 $a$, $b$는 홀수, $c$, $d$는 짝수일 조건이나,

설사 $c$, $d$가 홀수이더라도 그 수에 $+1$을 한 것과 결과가

같으므로 1부터 10까지 중 중복을 허락하여 4개를 선택하는

경우는 $_5H_4 = {}_8C_4 = 70$

$\therefore \dfrac{①+②+③}{70} = \dfrac{37}{70}$

$p + q = 37 + 70 = 107$

---

**미적분**

## 23 극한값 계산 ③

$\lim\limits_{x \to 0} \dfrac{e^{ax} - 1}{\ln(x + b)} = 2$ 의 분자가 0으로 수렴하므로

분모도 0으로 수렴한다.

따라서, $\ln(x + b) = 0$, $b = 1$

또한, $\lim\limits_{x \to 0} \dfrac{e^{ax} - 1}{\ln(x + 1)} = \lim\limits_{x \to 0} \dfrac{\dfrac{e^{ax} - 1}{ax}}{\dfrac{\ln(x + 1)}{x}} = a = 2$ 이므로

$\therefore a + b = 2 + 1 = 3$

## 24 곡선과 직선 사이의 넓이 ①

곡선 $y = e^{-x}$ 와 직선 $y = e^{-4}$ 의 교점의 $x$좌표는 4이므로,

위의 두 함수와 $x = 1$로 둘러쌓인 부분의 넓이를 구하면

$\displaystyle\int_1^4 (e^{-x} - e^{-4}) dx = [-e^{-x} - e^{-4}x]_1^4$

$= -\dfrac{1}{e^4} - \dfrac{4}{e^4} + \dfrac{1}{e} + \dfrac{1}{e^4}$

$= \dfrac{1}{e} - \dfrac{4}{e^4}$

$\therefore \dfrac{1}{e} - \dfrac{4}{e^4}$

## 25 접선의 방정식 ④

접선의 기울기를 찾기 위해 곡선 $2\ln y = x^2 + 2x + 2$ 의

양변을 미분하면

$\dfrac{2}{y} y' = 2x + 2$

$(-2, e)$를 대입하면 $\dfrac{2}{e} y' = -4 + 2$

$\therefore y' = -e$

따라서 접선의 방정식은 $y = -e(x + 2) + e$ 이다.

이때, 해당 접선의 $x$절편은 $y = 0$일때의 $x$의 값이므로

$0 = -e(x + 2) + e$, $-e = -e(x + 2)$, $x = -1$

$\therefore -1$

## 26 입체도형의 부피 ②

주어진 입체도형을 관찰하면 $x$축에 수직인 평면으로 자른 단면이

모두 정삼각형이고 삼각형의 두 꼭짓점이 각각 $x$축과 $\dfrac{1}{\sqrt{x \ln x}}$

위에 존재함으로 $x$축 위의 한 점을 $a$라 했을 때, 해당 정삼각형의

한 변의 길이는 $\dfrac{1}{\sqrt{a \ln a}}$ 임을 알 수 있다.

따라서 정삼각형의 넓이는

$\dfrac{\sqrt{3}}{4} \displaystyle\int_{\sqrt{e}}^{e} \dfrac{1}{x \ln x} dx$

$\ln x = t$ 라고 하면 $\dfrac{1}{x} dx = dt$ 이고,

$\dfrac{\sqrt{3}}{4} \displaystyle\int_{\sqrt{e}}^{e} \dfrac{1}{x \ln x} dx = \dfrac{\sqrt{3}}{4} \displaystyle\int_{\frac{1}{2}}^{1} \dfrac{1}{t} dt$

$= \dfrac{\sqrt{3}}{4} \times [\ln t]_{\frac{1}{2}}^{1} = \dfrac{\sqrt{3}}{4} \times -\ln \dfrac{1}{2} = \dfrac{\sqrt{3}}{4} \ln 2$

$\therefore \dfrac{\sqrt{3}}{4} \ln 2$

## 27 매개변수로 나타낸 함수 ④

매개변수 $t$로 나타내어진 두 곡선

$x = 2t - \sin 2t \cos 2t$, $y = \sin^2 2t$ 의 양변을 미분하면

$x = 2t - \sin 2t \cos 2t = 2t - \dfrac{1}{2} \sin 4t \cos 2t$,

$\therefore \dfrac{dx}{dt} = 2 - 2\cos 4t$

$\therefore \dfrac{dy}{dt} = 4 \sin 2t \cos 2t = 2 \sin 4t$

이때, $0 \le t \le \dfrac{3}{8}\pi$ 에서 곡선의 길이는

$\displaystyle\int_0^{\frac{3}{8}\pi} \sqrt{(2 - 2\cos 4t)^2 + (2\sin 4t)^2}\, dt$

$= \displaystyle\int_0^{\frac{3}{8}\pi} \sqrt{4 - 8\cos 4t + 4\cos^2 4t + 4\sin^2 4t}\, dt$

$= \displaystyle\int_0^{\frac{3}{8}\pi} \sqrt{4(\cos^2 4t + \sin^2 4t) + 4(1 - 2\cos 4t)}\, dt$

$= \displaystyle\int_0^{\frac{3}{8}\pi} \sqrt{4(1 - \cos 4t)}\, dt$

$= 4 \displaystyle\int_0^{\frac{3}{8}\pi} \sin 2t\, dt$

$= -\dfrac{1}{2} [\cos 2t]_0^{\frac{3}{8}\pi}$

$= -2 \left( \cos \dfrac{3}{4}\pi - 1 \right)$

$= -2 \left( -\dfrac{\sqrt{2}}{2} - 1 \right)$

$\therefore \sqrt{2} + 2$

## 28 | 삼각함수의 극한 ③

사각형 $CDQP$의 넓이는 $\triangle ACD - \triangle APQ$이므로
$\triangle ACD$와 $\triangle APQ$의 넓이를 구하면 $S(\theta)$의 값을 구할 수 있다.

$\overline{AB} = 3$이고, $\angle BAC = \angle CAD = \angle DAE = \theta$이므로
점 $B$와 점 $D$를 연결하고, 점 $B$와 점 $C$를 연결하면
$\angle ADB$와 $\angle ACB$는 직각이다.

이를 이용하여 $\overline{AC}$와 $\overline{AD}$의 길이를 구하면

$$\therefore \overline{AC} = 3\cos\theta, \ \overline{AD} = 3\cos 2\theta$$

따라서 $\triangle ACD$의 넓이를 구하면,

$$\triangle ACD = \frac{1}{2} \times 3\cos\theta \times 3\cos 2\theta \times \sin\theta \ \cdots ①$$

한편, $\angle AEB$가 직각이므로 $\overline{AE} = 3\cos 3\theta$이다.

이를 이용하여 $\overline{AQ}$, $\overline{AP}$의 길이를 구하면 다음과 같다.

$$3\cos 3\theta = \overline{AQ} \times \cos\theta, \ \overline{AQ} = \frac{3\cos 3\theta}{\cos\theta}$$

$$3\cos 3\theta = \overline{AP} \times \cos 2\theta, \ \overline{AP} = \frac{3\cos 3\theta}{\cos 2\theta}$$

따라서 $\triangle APQ$의 넓이를 구하면

$$\triangle APQ = \frac{1}{2} \times \frac{9\cos^2 3\theta}{\cos\theta \times \cos 2\theta} \times \sin\theta \ \cdots ②$$

①과 ②를 이용하여 $S(\theta)$의 값을 구하면

$$S(\theta) = \frac{9}{2}\sin\theta\left(\cos\theta \times \cos 2\theta - \frac{\cos^2 3\theta}{\cos\theta \times \cos 2\theta}\right)$$

$$= \frac{9}{2}\frac{\sin\theta}{\cos\theta\cos 2\theta}(\cos^2\theta \times \cos^2 2\theta - \cos^2 3\theta)$$

$$= \frac{9}{2}\frac{\sin\theta}{\cos\theta\cos 2\theta}\{\cos^2\theta \times \cos^2 2\theta$$
$$- (\cos\theta\cos 2\theta - \sin\theta\sin 2\theta)^2\}$$

$$= \frac{9}{2}\frac{\sin\theta}{\cos\theta\cos 2\theta}(2\sin\theta\cos\theta\sin 2\theta\cos 2\theta$$
$$+ \sin^2\theta\sin^2 2\theta)$$

$$= \frac{9}{2}\frac{\sin\theta}{\cos\theta\cos 2\theta}(\sin^2 2\theta\cos 2\theta + \sin^2\theta\sin^2 2\theta)$$

$$= \frac{9}{2}\frac{\sin\theta\sin^2 2\theta}{\cos\theta\cos 2\theta}(\cos 2\theta + \sin^2\theta)$$

따라서 $\displaystyle\lim_{\theta \to 0+}\frac{S(\theta)}{\theta^3}$의 값을 구하면

$$\lim_{\theta \to 0+}\frac{S(\theta)}{\theta^3} = \lim_{\theta \to 0+}\frac{1}{\theta^3} \times \frac{9}{2}\frac{\sin\theta\sin^2 2\theta}{\cos\theta\cos 2\theta}(\cos 2\theta + \sin^2\theta)$$

$$= \lim_{\theta \to 0+}\frac{9}{2} \times \frac{\sin\theta}{\theta}\frac{\sin^2 2\theta}{\theta^2}\frac{1}{\cos\theta\cos 2\theta}(\cos 2\theta + \sin^2\theta)$$

$$= \frac{9}{2} \times 1 \times 4 \times 1$$

$$= 18$$

$$\therefore 18$$

## 29 | 등비수열 활용 | 120

주어진 조건에서 급수 $\displaystyle\sum_{n=1}^{\infty}a_n$, $\displaystyle\sum_{n=1}^{\infty}b_n$이 각각 수렴하므로
등비수열 $\{a_n\}$, $\{b_n\}$을 각각 $a_1 r_1^{n-1}$, $b_1 r_2^{n-1}$이라 할 때
$-1 < r_1 < 1$, $-1 < r_2 < 1$이어야 한다.

한편, $25 \times \dfrac{a_2}{b_3} = 25 \times \dfrac{a_1 r_1}{b_1 r_2^2}$이고

$b_1 = \dfrac{5}{2}a_1$은 $\dfrac{a_1}{b_1} = \dfrac{2}{5}$이므로

$$25 \times \frac{a_1 r_1}{b_1 r_2^2} = 25 \times \frac{2}{5} \times \frac{r_1}{r_2^2} = 10 \times \frac{r_1}{r_2^2}$$이다.

또한 $\displaystyle\sum_{n=1}^{\infty}\frac{b_{2n}}{a_{2n}} = \dfrac{\dfrac{b_1 r_2}{a_1 r_1}}{1 - \dfrac{r_2^2}{r_1^2}} = \dfrac{5}{3}$이고 $\dfrac{b_1}{a_1} = \dfrac{5}{2}$이므로

$$\frac{\dfrac{5r_2}{2r_1}}{1 - \dfrac{r_2^2}{r_1^2}} = \frac{5}{3}$$이때 $\dfrac{r_2}{r_1} = t$라고 하면

$$\frac{\dfrac{5}{2}t}{1 - t^2} = \frac{5}{3}, \ \frac{5}{2}t = \frac{5}{3}(1 - t^2),$$

$$2t^2 + 3t - 2 = 0, \ (2t - 1)(t + 2) = 0$$

$$t = \frac{1}{2} \ \text{또는} \ t = -2$$

$\dfrac{r_2}{r_1} = -2$일 때 급수 $\displaystyle\sum_{n=1}^{\infty}\frac{b_{2n}}{a_{2n}}$는 수렴하지 않으므로

$$\therefore \frac{r_2}{r_1} = \frac{1}{2},$$ 따라서 $2r_2 = r_1$

$$\left|\sum_{n=1}^{\infty}(a_n - b_n)\right| = \left|\sum_{n=1}^{\infty}a_n\right|$$에서

$$\sum_{n=1}^{\infty}(a_n - b_n) = \pm\sum_{n=1}^{\infty}a_n$$이다.

만약, $\displaystyle\sum_{n=1}^{\infty}(a_n - b_n) = +\sum_{n=1}^{\infty}a_n$이라고 하면

$\displaystyle\sum_{n=1}^{\infty}a_n - \sum_{n=1}^{\infty}b_n = \sum_{n=1}^{\infty}a_n$, $\displaystyle\sum_{n=1}^{\infty}b_n = 0$이므로 첫째항과 공비가
각각 0이 아니라는 문제의 조건에 위배된다.

따라서 $\displaystyle\sum_{n=1}^{\infty}(a_n - b_n) = -\sum_{n=1}^{\infty}a_n$이므로

$$\sum_{n=1}^{\infty}b_n = 2\sum_{n=1}^{\infty}a_n, \ \frac{b_1}{1 - r_2} = \frac{2a_1}{1 - r_1}$$

$\dfrac{b_1}{a_1} = \dfrac{5}{2}$와 $2r_2 = r_1$을 이용하면

$$\frac{\dfrac{5}{2}a_1}{1 - r_2} = \frac{2a_1}{1 - r_1}, \ \frac{\dfrac{5}{2}a_1}{1 - r_2} = \frac{2a_1}{1 - 2r_2},$$

$$5(1 - 2r_2) = 4(1 - r_2), \ 6r_2 = 1$$

$$\therefore r_2 = \frac{1}{6}, \ r_1 = \frac{1}{3}$$

따라서 $10 \times \dfrac{r_1}{r_2^2} = 10 \times \dfrac{\dfrac{1}{3}}{\dfrac{1}{36}} = 10 \times 12 = 120$

$$\therefore 120$$

정답 및 해설

**30** 그래프의 추론 74

함수 $g(x)$를 미분하면 다음과 같다.

$$g'(x) = 2\ln(f(x) + p) \times \frac{f'(x)}{f(x) + p}$$

( $f(x) \geq 0$일 때)

또는

$$g'(x) = 2\ln(-f(x) + p) \times \frac{-f'(x)}{-f(x) + p}$$

( $f(x) < 0$일 때)

이때, 조건 ㈏에 따라 $g'(x)$는 서로 다른 세 실근을 갖고 함수 $f(x)$는 최고차항의 계수가 1이고 극값을 갖는 삼차함수이므로

$\dfrac{f'(x)}{f(x) + p}$ 또는 $\dfrac{-f'(x)}{-f(x) + p}$가 서로 다른 두 근을 가지며,

$2\ln(f(x) + p)$ 또는 $2\ln(-f(x) + p)$가 나머지 한 근을

가진다.

따라서 $2\ln(f(x) + p) = 2\ln(-f(x) + p) = 0$이므로

$\therefore p = 1$

한편, 조건 ㈎에 따라 함수 $g(x)$는 $x = 2$에서 극대이므로 함수

$g(x) = \{\ln(|f(x)| + p)\}^2$의 $|f(x)|$, $\ln(|f(x)| + p)$,

$\{\ln(|f(x)| + p)\}^2$는 증가와 감소의 방향이 모두 같으므로

$y = |f(x)|$도 $x = 2$일 때 극댓값을 갖는다.

$g'(x) = 0$의 서로 다른 실근이 크기 순서대로 공비가 2인

등비수열을 이루고, 함수 $g(x)$가 $x = 2$에서 극대이므로

$x = 1$, $x = 4$에서 극소와 근을 갖는다.

따라서 함수 $|f(x)|$를 이용하여 $g(x)$의 그래프의 개형을 추론

해보면 다음과 같다.

①

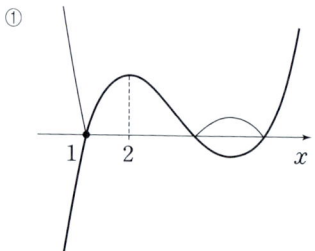

②

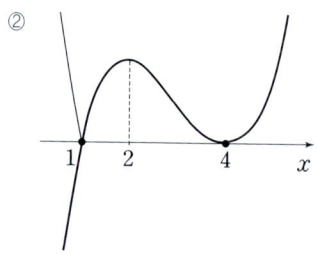

③

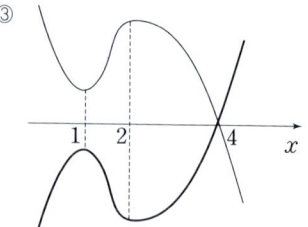

위 그래프에서 ①은 $g'(x)$의 근의 개수가 5개이고,

②는 $g(1) = 0$이기 때문에 주어진 조건들과 모순이다.

따라서 함수 $g(x)$의 개형은 ③이므로 이를 이용하여

$f(p + 5) = f(6)$의 값을 구하면

삼차함수 $f(x)$의 최고차항의 계수가 1이므로 이를 미분하면

$f'(x) = 3(x - 1)(x - 2) = 3x^2 - 9x + 6$이다.

또한 $f(4) = 0$이므로 $f'(x)$를 다시 적분하면

$$f(x) = \int(3x^2 - 9x + 6)dx = x^3 - \frac{9}{2}x^2 + 6x + C$$

$f(4) = 64 - 72 + 24 + C = 0$, $C = -16$

따라서 $f(x) = x^3 - \frac{9}{2}x^2 + 6x - 16$이므로

$\therefore f(6) = 74$

**23** 쌍곡선에서의 접선 ②

쌍곡선 $\dfrac{x^2}{20} - \dfrac{y^2}{5} = 1$의 양변을 미분하면

$\dfrac{2x}{20} - \dfrac{2yy'}{5} = 0$이므로, $(6, 2)$를 대입하면

$\dfrac{12}{20} - \dfrac{4y'}{5} = 0$, $y' = \dfrac{3}{4}$

따라서 점 $(6, 2)$에서의 접선의 방정식을 구하면

$y = \dfrac{3}{4}(x - 6) + 2$이므로 $x$절편은 $\dfrac{10}{3}$

$\therefore \dfrac{10}{3}$

**24** 벡터의 내분점과 외분점 ④

점 $P$의 위치벡터는 선분 $AB$를 2:1로 내분함으로

$\vec{p} = \dfrac{\vec{a} + 2\vec{b}}{3}$이고, 점 $Q$의 위치벡터는 선분 $AB$를 1:4로

외분함으로 $\vec{q} = \dfrac{\vec{b} - 4\vec{a}}{-3}$이다.

따라서 $\vec{p} + \vec{q} = \dfrac{\vec{a} + 2\vec{b}}{3} + \dfrac{\vec{b} - 4\vec{a}}{-3} = \dfrac{5\vec{a} + \vec{b}}{3}$

이므로

$$\therefore m - n = \frac{5}{3} - \frac{1}{3} = \frac{4}{3}$$

## 25      정사영의 계산      ③

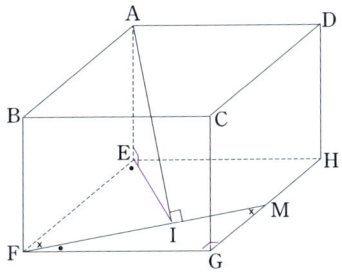

위 그림과 같이 선분 $EI$를 연결하면 $\triangle AEI$는 $\angle E = 90°$인 직사각형이 된다.

한편, $\triangle MFG$에서 $\angle FMG = \times$, $\angle MFG = \bullet$ 라 하면 $\triangle EFI$에서 $\angle EFI = \times$, $\angle FEI = \bullet$ 이므로 $\triangle MFG$와 $\triangle EFI$는 닮음임을 알 수 있다.

따라서 $\overline{EI} : \overline{EF} = \overline{FG} : \overline{FM}$ 이므로

$\overline{EF} \times \overline{FG} = \overline{FM} \times \overline{EI}$,

$4 \times 3 = \sqrt{3^2 + 2^2} \times \overline{EI}$

$$\therefore \overline{EI} = \frac{12}{\sqrt{13}}$$

따라서

$$\overline{AI} = \sqrt{(\overline{AE})^2 + (\overline{EI})^2} = \sqrt{2^2 + \left(\frac{12}{\sqrt{13}}\right)^2} = \frac{14\sqrt{13}}{13}$$

## 26      입체도형의 계산      ⑤

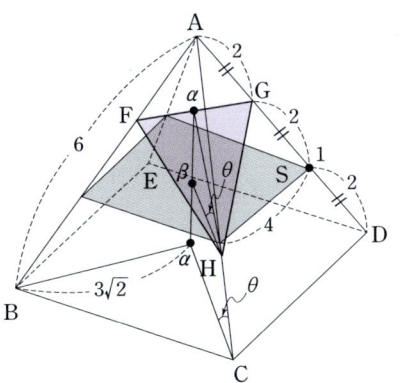

$\overline{AC}$ 를 2:1로 내분하는 점이 $H$, $\overline{AD}$ 를 1:2로 내분하는 점이 $G$임으로 $\overline{AD}$ 를 2:1로 내분하는 점을 $I$라고 할 때 $\overline{AG} : \overline{GI} : \overline{ID} = 1 : 1 : 1$임을 알 수 있다.

---

한편, 밑면 $BCDE$와 평행하면서 점$H$, 점$I$를 포함하는 평면을 $S$라고 하면, 두 평면 $FHG$와 $BCDE$가 이루는 예각의 크기 $\theta$는 두 평면 $FHG$와 평면 $S$가 이루는 예각의 크기와 같다.

따라서 $\overline{FG}$ 의 중점을 $\alpha$ 라 하고, $\alpha$ 에서 평면 $S$로 내린 수선의 발을 $\beta$, $\alpha$ 에서 평면 $BCDE$로 내린 수선의 발을 $\gamma$ 라고 하면,

$\overline{\alpha\beta}$ 는 $\frac{1}{3}\overline{A\gamma}$ 이다.

그러므로 $\overline{A\gamma}$ 의 길이를 구하기 위해 $\overline{B\gamma}$ 의 길이를 구하면

$$\overline{B\gamma} = \frac{1}{2}\sqrt{6^2 + 6^2} = 3\sqrt{2}$$

$$\overline{A\gamma} = \sqrt{(\overline{AB})^2 - (\overline{B\gamma})^2} = \sqrt{6^2 - (3\sqrt{2})^2} = 3\sqrt{2}$$

$$\therefore \overline{\alpha\beta} = \sqrt{2}$$

또한 $\overline{\beta H} = \frac{2}{3}\overline{\beta\gamma}$ 이므로

$$\therefore \overline{\beta H} = \frac{2}{3} \times 3\sqrt{2} = 2\sqrt{2}$$

$\triangle \alpha\beta H$ 에서 빗변 $\overline{\alpha H}$ 의 길이는

$$\overline{\alpha H} = \sqrt{(\overline{\alpha\beta})^2 \times (\overline{\beta H})^2} = \sqrt{2 + 8} = \sqrt{10}$$

따라서 구하고자 하는 $\cos\theta$ 의 값은

$$\therefore \cos\theta = \frac{2\sqrt{2}}{\sqrt{10}} = \frac{2\sqrt{5}}{5}$$

## 27      타원의 방정식      ③

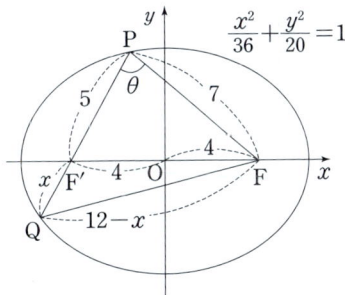

타원 $\frac{x^2}{36} + \frac{y^2}{20} = 1$ 의 초점의 좌표는 $c^2 = 36 - 20$ 이므로 $c = \pm 4$ 임을 알 수 있다.

따라서 $\overline{F'F} = 8$이므로 $\overline{FO} = \overline{F'O} = 4$이고 장축의 길이는 12. $\overline{PF'} = 12 - 7 = 5$이다. 또한 구하고자 하는 길이 $\overline{F'Q}$ 를 $\overline{F'Q} = x$ 라고 하면 $\overline{FQ} = 12 - x$ 이다.

한편 $\angle F'PF = \theta$라고 하면 $\cos\theta$ 는

$$\therefore \cos\theta = \frac{5^2 + 7^2 - 8^2}{2 \times 5 \times 7} = \frac{25 + 49 - 64}{70} = \frac{1}{7}$$

따라서 $\triangle FPQ$에서 코사인법칙을 이용하면

$$(12 - x)^2 = (5 + x)^2 + 7^2 - 2 \times (5 + x) \times 7 \times \cos\theta$$

$144 - 24x + x^2 = 25 + 10x + x^2 + 49 - 10 - 2x$,

$32x = 80$

$\therefore x = \dfrac{5}{2}$

## 28　좌표공간에서의 무게중심　②

좌표공간의 세 점 $A(6, 0, 0)$, $B(0, 3, 0)$, $C(0, 0, 3)$의 무게중심 $G$를 구하면

$$G = \left( \dfrac{6+0+0}{3}, \dfrac{0+3+0}{3}, \dfrac{0+0+3}{3} \right) = (2, 1, 1)$$

이다.

이때, 구 $S$의 중심은 무게중심 $G$이므로 구 $S$의 반지름의 길이는 $r = \sqrt{2^2 + 1^2} = \sqrt{5}$ 이다. 따라서 구의 방정식을 구하면

$(x-2)^2 + (y-1)^2 + (z-1)^2 = 5$

한편, 구하고자 하는 길이는 구 $S$와 선분 $AC$가 만나는 두 점 $P$, $Q$의 길이이므로 $x$축과 $z$축을 기준으로 구 $S$와 만나는 부분의 단면으로 길이를 구할 수 있다.

따라서 $y = 0$을 대입하여 구 $S$를 중심이 $K$인 원으로 바꾸면

$(x-2)^2 + (z-1)^2 + 1 = 5$,

$(x-2)^2 + (z-1)^2 = 4$,

원점 $K$의 좌표는 $(2, 1)$이고

$A(6, 0)$과 $C(0, 3)$을 지나는 직선의 방정식을 구하면

$z = -\dfrac{1}{2}x + 3$이다.

이를 그림으로 나타내면 다음과 같다.

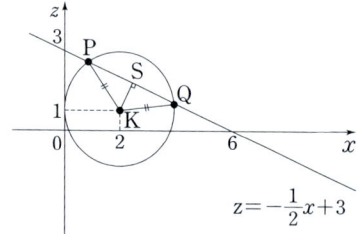

원의 반지름의 길이가 2이므로 $\overline{KP} = \overline{KQ} = 2$이고

원점 $K$에서 직선 $z = -\dfrac{1}{2}x + 3$에 내린 수선의 발을

점 $S$라고 하면 점과 직선의 방정식을 이용하여 $\overline{KS}$의 값을 구할 수 있다.

$\therefore \overline{KS} = \dfrac{|2 + 2 - 6|}{\sqrt{5}} = \dfrac{2}{\sqrt{5}}$

따라서 $\overline{PS}$의 길이를 구하면

$\overline{PS} = \sqrt{(\overline{PK})^2 - (\overline{KS})^2} = \sqrt{2^2 - \left( \dfrac{2}{\sqrt{5}} \right)^2} = \sqrt{4 - \dfrac{4}{5}}$

$= \dfrac{4\sqrt{5}}{5}$

$\therefore \overline{PQ} = \dfrac{8\sqrt{5}}{5}$

## 29　쌍곡선에서의 초점　32

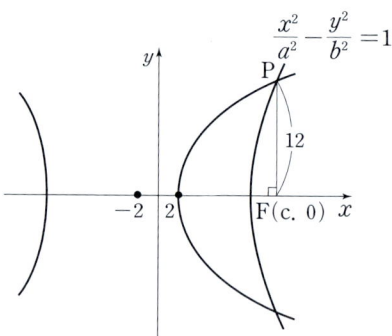

$\overline{PF} = 12$이므로 점 $P$에서 쌍곡선까지의 준선의 거리가 12이다. 따라서 꼭짓점 $(2, 0)$에서 초점 $(c, 0)$까지의 거리는 6이므로 $c - 2 = 6$, $c = 8$임을 알 수 있다.

쌍곡선에서 $c^2 = a^2 + b^2$이므로

$\therefore 64 = a^2 + b^2 \cdots$ ①

한편, $P(8, 12)$를 $\dfrac{x^2}{a^2} - \dfrac{y^2}{b^2} = 1$에 대입하면

$\dfrac{64}{a^2} - \dfrac{144}{b^2} = 1$, $\dfrac{64}{a^2} - \dfrac{144}{b^2} = 1$

$\therefore (144 + b^2)a^2 = 64b^2 \cdots$ ②

따라서 ①과 ②를 연립하면

$b^2 = 64 - a^2$이므로, $(144 + 64 - a^2)a^2 = 64(64 - a^2)$

$a^4 - 208a^2 + 64^2 - 64a^2 = 0$,

$a^4 - 272a^2 + 64^2 = 0$

$(a^2 - 16)(a^2 - 256) = 0$

$\therefore a^2 = 16$, $b^2 = 64 - 16 = 48$

따라서 $|a^2 - b^2| = |16 - 48| = 32$

## 30　좌표평면의 내적　139

조건 ㈎에서 $4\overrightarrow{CP} + \overrightarrow{CB} = \overrightarrow{AB} + \overrightarrow{AC}$를 변형하면

$\overrightarrow{CB} = \overrightarrow{AB} - \overrightarrow{AC}$이므로

$4\overrightarrow{CP} + \overrightarrow{AB} - \overrightarrow{AC} = \overrightarrow{AB} + \overrightarrow{AC}$,

$4\overrightarrow{CP} = 2\overrightarrow{AC}$, $2\overrightarrow{CP} = \overrightarrow{AC}$

$\therefore \overrightarrow{CP} = \dfrac{1}{2}\overrightarrow{AC}$

또한 $\overrightarrow{CP} = \overrightarrow{AP} - \overrightarrow{AC}$이므로

$\overrightarrow{AP} - \overrightarrow{AC} = \dfrac{1}{2}\overrightarrow{AC}$,

$\therefore \overrightarrow{AP} = \dfrac{3}{2}\overrightarrow{AC}$

따라서 $\overline{AC} = 4$이므로, $\overline{CP} = 2$ $\overline{AP} = 6$이다.

한편, 조건 ㈏에 따라 $\overrightarrow{CP} \cdot \overrightarrow{BC} = 1$이므로

$\overrightarrow{CP} \cdot \overrightarrow{CB} = -1 = -2 \times \dfrac{1}{2}$임을 알 수 있다.

또한 조건 ㈐에서 $\overrightarrow{PQ} \cdot \overrightarrow{BQ} = 0$이므로 $\overrightarrow{PQ}$와 $\overrightarrow{BQ}$가 수직이다. 따라서 점 $Q$는 $\overline{BP}$를 지름으로 하는 원이므로 주어진 조건들을 이용하여 그림을 그리면 다음과 같다.

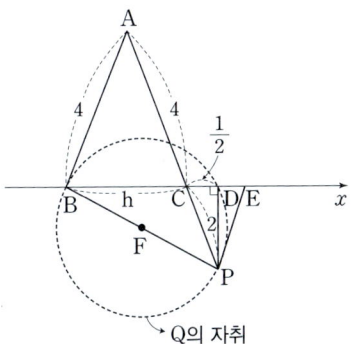

↳ Q의 자취

위의 그림에서 $\overline{BC} = h$라 하고, 점 $P$에서 $x$축으로 내린 수선의 발을 $D$, $\overline{PC} = \overline{PE}$를 만족하는 한 점 $E$를 정해 이등변삼각형 $\triangle PCE$를 그리면 $\triangle ABC$와 $\triangle PCE$는 닮음이다. 이때, $\overrightarrow{CP} \cdot \overrightarrow{CB} = -1 = -2 \times \frac{1}{2}$을 이용하면 $\overline{CD} = \frac{1}{2}$임을 알 수 있으므로 $\overline{CE} = 1$, $h = 2$를 구할 수 있다.

따라서 $\overline{BC} = \overline{CP} = 2$인 이등변삼각형이고 $\overline{CD} = \frac{1}{2}$, $\overline{CP} = 2$이므로 $\overline{DP} = \frac{\sqrt{15}}{2}$임을 구할 수 있다.

한편, $\overline{BP}$를 지름으로 하는 원의 중점을 $F$라 하고 점 $B$의 좌표를 $(0, 0)$라고 하면 점 $A$의 좌표는 $(1, \sqrt{15})$, 점 $P$의 좌표는 $\left(\frac{5}{2}, -\frac{\sqrt{15}}{2}\right)$이고, 점 $F$의 좌표는 점 $P$의 좌표의 절반인 $\left(\frac{5}{4}, -\frac{\sqrt{15}}{4}\right)$가 된다. 이때, $\overline{BF}$의 길이를 구하면

$$\overline{BF} = \sqrt{\left(\frac{5}{4}\right)^2 + \left(-\frac{\sqrt{15}}{4}\right)^2} = \sqrt{\frac{40}{16}} = \frac{\sqrt{10}}{2}$$

조건들을 이용하여 $\overrightarrow{AP}$를 구하면

$$\overrightarrow{AP} = \left(\frac{5}{2}, -\frac{\sqrt{15}}{2}\right) - (1, \sqrt{15}) = \left(\frac{3}{2}, -\frac{3\sqrt{15}}{2}\right)$$

따라서 $\overrightarrow{AP} \cdot \overrightarrow{BQ}$를 구하면

$$\overrightarrow{AP} \cdot \overrightarrow{BQ} = \overrightarrow{AP} \cdot (\overrightarrow{FQ} - \overrightarrow{FB})$$
$$= (\overrightarrow{AP} \cdot \overrightarrow{FQ}) - (\overrightarrow{AP} \cdot \overrightarrow{FB})$$
$$= (\overrightarrow{AP} \cdot \overrightarrow{FQ}) - \left(\frac{3}{2}, -\frac{3\sqrt{15}}{2}\right) \times \left(-\frac{5}{4}, \frac{\sqrt{15}}{4}\right)$$
$$= (\overrightarrow{AP} \cdot \overrightarrow{FQ}) - \left(-\frac{15}{8} - \frac{45}{8}\right)$$
$$= 6 \times \frac{\sqrt{10}}{2} \times \cos\theta + \frac{15}{2}$$
$$= 3\sqrt{10} \times \cos\theta + \frac{15}{2}$$

이때, $\overrightarrow{AP} \cdot \overrightarrow{FQ}$를 내적해보면 두 벡터가 이루는 각($\theta$)에 따라 $\cos\theta$의 길이가 달라짐으로 $\cos\theta$가 최대일 때 $\overrightarrow{AP} \cdot \overrightarrow{BQ}$의 값도 최대, $\cos\theta$가 최소일 때 $\overrightarrow{AP} \cdot \overrightarrow{BQ}$의

값도 최소가 된다. 따라서 가능한 $\cos\theta$의 값의 최대와 최소는 $1$, $-1$이므로

$$M = 3\sqrt{10} + \frac{15}{2}, \quad m = -3\sqrt{10} + \frac{15}{2}$$
$$\therefore |M \times m| = \left|\left(\frac{15}{2}\right)^2 - (3\sqrt{10})^2\right| = \left|\frac{225}{4} - 90\right| = \frac{135}{4}$$

따라서 $p + q = 139$

정답 및 해설

# 2025학년도 기출문제 정답 및 해설

2025학년도

[수학]

정답 및 해설

## ▌[수학] 2025학년도 | 정답

| 01 | ④ | 02 | ⑤ | 03 | ③ | 04 | ② | 05 | ⑤ |
|----|----|----|----|----|----|----|----|----|----|
| 06 | ① | 07 | ② | 08 | ② | 09 | ③ | 10 | ⑤ |
| 11 | ④ | 12 | ② | 13 | ③ | 14 | ① | 15 | ③ |
| 16 | 10 | 17 | 25 | 18 | 36 | 19 | 64 | 20 | 118 |
| 21 | 19 | 22 | 156 | | | | | | |

### [확률과 통계]

| 23 | ⑤ | 24 | ② | 25 | ③ | 26 | ④ | 27 | ④ |
|----|----|----|----|----|----|----|----|----|----|
| 28 | ② | 29 | 165 | 30 | 13 | | | | |

### [미적분]

| 23 | ① | 24 | ③ | 25 | ⑤ | 26 | ④ | 27 | ④ |
|----|----|----|----|----|----|----|----|----|----|
| 28 | ⑤ | 29 | 15 | 30 | 30 | | | | |

### [기하]

| 23 | ⑤ | 24 | ⑤ | 25 | ① | 26 | ① | 27 | ③ |
|----|----|----|----|----|----|----|----|----|----|
| 28 | ② | 29 | 220 | 30 | 40 | | | | |

## [수학] 2025학년도 | 해설

### 01      지수의 계산      ④

$$(3^{-1}+3^{-2})^{\frac{1}{2}}=\left(\frac{1}{3}+\frac{1}{9}\right)=\left(\frac{4}{9}\right)^{\frac{1}{2}}=\frac{\sqrt{4}}{\sqrt{9}}=\frac{2}{3}$$

### 02      미분계수      ⑤

$$\lim_{h\to 0}\frac{f(1+h)-f(1)}{h}=f'(1), \; f'(x)=6x-1$$

$$\therefore f'(1)=6-1=5$$

### 03      등비수열      ③

등비수열 $\{a_n\}$의 첫째항부터 제$n$항까지의 합이 $S_n$이므로

$$\frac{S_7-S_4}{S_3}$$

$$=\frac{(a_7+a_6+a_5+a_4+a_3+a_2+a_1)-(a_4+a_3+a_2+a_1)}{(a_3+a_2+a_1)}$$

$$=\frac{a_7+a_6+a_5}{a_3+a_2+a_1}$$

등비수열 $\{a_n\}$의 첫째항을 $a$, 공비를 $r$이라 하면
$\{a_n\}$의 일반항은 $ar^{n-1}$이므로

$$\frac{a_7+a_6+a_5}{a_3+a_2+a_1}=\frac{ar^6+ar^5+ar^4}{ar^2+ar+a}=\frac{ar^4(r^2+r+1)}{a(r^2+r+1)}$$

$$=r^4=\frac{1}{9}$$

따라서, $\dfrac{a_5}{a_7}=\dfrac{ar^4}{ar^6}=\dfrac{1}{r^2}$이므로

$$\therefore \frac{1}{r^2}=3$$

### 04      곱의 미분      ②

$g(x)=(x^3+2x+2)f(x)$에서
$g'(x)=(3x^2+2)f(x)+(x^3+2x+2)f'(x)$
이때, $g'(1)=10$이므로

$g'(1)=(3+2)f(1)+(1+2+2)f'(1)=5f(1)+5f'(1)$
$\qquad =10$
$\therefore f(1)+f'(1)=2$

---

## 05        삼각함수       ⑤

함수 $y=a\sin ax+b$(단, $a>0$)에서

주기는 $\dfrac{2\pi}{|a|}$이고, 최솟값은 $-a+b$이므로

$\dfrac{2\pi}{|a|}=\pi,\ a=2$

$-a+b=-2+b=5,\ b=7$

$\therefore a+b=9$

---

## 06        함수의 극한       ①

다항함수 $f(x)$에서 $\displaystyle\lim_{x\to\infty}\dfrac{x^2}{f(x)}=2$이므로

$f(x)$는 최고차항의 계수가 $\dfrac{1}{2}$인 이차함수이다.

또한 $\displaystyle\lim_{x\to 3}\dfrac{f(x-1)}{x-3}=4$에서 $f(2)=0$이므로

$f(x)$는 $(x-2)$를 인수로 가진다.

따라서 $f(x)=\dfrac{1}{2}(x-2)(x-k)$이므로

$\displaystyle\lim_{x\to 3}\dfrac{f(x-1)}{x-3}=\lim_{x\to 3}\dfrac{\dfrac{1}{2}(x-1-2)(x-1-k)}{x-3}$

$\qquad =\displaystyle\lim_{x\to 3}\dfrac{\dfrac{1}{2}(x-3)(x-1-k)}{x-3}=\lim_{x\to 3}\dfrac{1}{2}(x-1-k)$

$\qquad =\dfrac{1}{2}(2-k)=4,\ k=-6$

따라서 $f(x)=\dfrac{1}{2}(x-2)(x+6)$이므로

$\therefore f(4)=\dfrac{1}{2}\times(4-2)\times(4+6)=10$

---

## 07        수열       ②

$\displaystyle\sum_{k=1}^{10}(2a_k+b_k+k)=60,\ \sum_{k=1}^{10}(a_k-2b_k+1)=10$에서

$\displaystyle\sum_{k=1}^{10}a_k=A,\ \sum_{k=1}^{10}b_k=B$라고 하면

$\displaystyle\sum_{k=1}^{10}(2a_k+b_k+k)=2\sum_{k=1}^{10}a_k+\sum_{k=1}^{10}b_k+\dfrac{10\times 11}{2}$

$\qquad =2A+B+55=60$

$\therefore 2A+B=5$

$\displaystyle\sum_{k=1}^{10}(a_k-2b_k+1)=\sum_{k=1}^{10}a_k-2\sum_{k=1}^{10}b_k+10$

$\qquad =A-2B+10=10$

$\therefore A=2B$

따라서 $A=2,\ B=1$

$\therefore \displaystyle\sum_{k=1}^{10}(a_k+b_k)=\sum_{k=1}^{10}a_k+\sum_{k=1}^{10}b_k=A+B=3$

---

## 08        부정적분       ②

이차함수 $f(x)$는 최고차항의 계수가 3이므로 $f(x)$의 부정적분인 $F(x)$는 최고차항의 계수가 1인 삼차함수임을 알 수 있다.

또한 $f(1)=F'(1)=0,\ F(1)=0$이므로

$\therefore F(x)=(x-1)^2(x-k)$

$F(2)=(2-1)^2(2-k)=4,\ k=-2$

따라서 $F(x)=(x-1)^2(x+2)$이므로

$F(3)=(3-1)^2\times(3+2)=20$

---

## 09        적분의 활용       ③

두 점 $P,\ Q$의 시각$t(t\geq 0)$에서의 속도가 각각 $v_1(t),\ v_2(t)$이므로 이때의 거리를 각각 $x_1(t),\ x_2(t)$라 하면

$x_1(t),\ x_2(t)$는 속도 $v_1(t),\ v_2(t)$를 적분한 값으로 다음과 같다.

$x_1(t)=2t^3-9t^2+7t+9,\ x_2(t)=t^2+t+1$

두 점 $P,\ Q$사이의 거리가 $f(t)$이므로

$f(t)=|x_1(t)-x_2(t)|$

$\qquad =|(2t^3-9t^2+7t+9)-(t^2+t+1)|$

$\qquad =|2t^3-10t^2+6t+8|$

이때, $g(t)=2t^3-10t^2+6t+8$라 하면

$g'(t)=6t^2-20t+6=2(3t-1)(t-3)$이므로

함수 $g(t)$는 $\dfrac{1}{3}$에서 극댓값을 갖고, 3에서 극솟값을 갖는다.

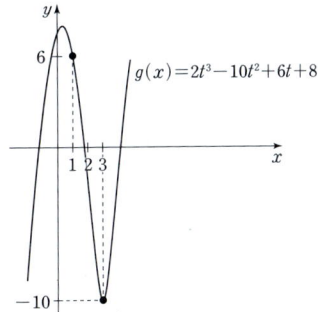

함수 $f(x)$는 위의 그래프에 절댓값을 씌운 함수이므로 닫힌구간 $[1,\ 3]$에서 함수 $f(t)$의 최댓값은

정답 및 해설

$f(3)=|-10|=10$

---

**10**　　　　로그함수의 그래프　　　⑤

두 곡선 $y=\log_2(x+1)$, $y=\log_{\frac{1}{2}}(-x)+1$에 $x=t$를 대입하여 점 $A$, $B$의 좌표를 구하면

$A(t,\ \log_2(t+1))$, $B(t,\ \log_{\frac{1}{2}}(-t)+1)$

이때, $\overline{AB}=\log_2 9$이므로

$\overline{AB}=\log_{\frac{1}{2}}(-t)+1-\log_2(t+1)$

$\qquad=-\log_2(-t)+1-\log_2(t+1)=\log_2 9$

따라서,

$\log_2(-t)+\log_2(t+1)+\log_2 9=1$,

$\log_2 9(-t)(t+1)=1$, $-9t^2-9t=2$

$9t^2+9t+2=0$, $(3t+2)(3t+1)=0$

이때, $t$의 범위가 $-\dfrac{1}{2}<t<0$이므로 $t=-\dfrac{1}{3}$

따라서 점 $B$의 좌표는 $B\left(-\dfrac{1}{3},\ \log_{\frac{1}{2}}\left(\dfrac{1}{3}\right)+1\right)$이다.

점 $B$와 점 $C$의 $y$의 좌표가 동일함으로 점 $C$의 $x$좌표를 $k$라 하면

$\log_2(k+1)=\log_{\frac{1}{2}}\left(\dfrac{1}{3}\right)+1=\log_2 3+\log_2 2=\log_2 6$

$\therefore k=5$

따라서 선분 $\overline{BC}$의 길이는 $\dfrac{1}{3}+5=\dfrac{16}{3}$

---

**11**　　　대칭함수, 함수의 추론　　　④

주어진 조건을 활용하여 함수 $f(x)$를 구해보면,

(i) 사차함수 $f(x)$는 최고차항의 계수가 $-1$이다.

(ii) 조건 (가)에서

모든 실수 $x$에 대하여 $f(3-x)=f(3+x)$이므로

$f(x)$는 $x=3$에서 대칭인 함수이다.

(iii) 조건 (나)에서

함수 $f(x)$의 최댓값을 $g(t)$라 할 때, $-1\le t\le1$인 모든 실수 $t$에 대하여 $g(t)=g(1)$이므로 이는 즉, $-1\le t\le1$범위 사이에 있는 모든 $t$의 값에서 함수 $f(x)$의 최댓값이 $g(1)$로 고정됨을 의미한다.

$t$의 값에 $-1\le t\le1$범위의 실수를 대입해보면

$t=1$일 때, 닫힌구간 $[0,\ 2]$에서의 최댓값.

$t=-1$일 때, 닫힌구간 $[-2,\ 0]$에서의 최댓값.

$t=0$일 때, 닫힌구간 $[-1,\ 1]$에서의 최댓값.

...

따라서 $-1\le t\le1$인 모든 실수 $t$에 대하여 닫힌구간 $[t-1,\ t+1]$은 항상 0을 포함하므로 $f(0)$일 때 최댓값을 갖고, 이는 닫힌구간 $[0,\ 2]$에서의 최댓값이므로, 함수 $f(x)$는 $x=0$에서 극댓값을 갖는다.

위의 (i), (ii), (iii)을 조합한 함수 $f(x)$의 그래프는 다음과 같다.

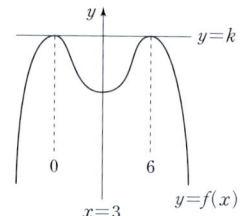

따라서 $f(x)=-x^2(x-6)^2+k$이고 $f(2)=0$이므로

$f(2)=-2^2\times(2-6)^2+k=-4\times16+k=0$, $k=64$

$\therefore f(5)=-5^2\times(5-6)^2+64=-25\times1+64=39$

---

**12**　　　　　거듭제곱　　　　　②

2이상의 자연수 $n$에 대하여 $-(n-k)^2+8$의 $n$제곱근 중 실수인 것의 개수가 $f(n)$이므로

$x^n=-(n-k)^2+8$이라 하면

$n$이 홀수인 경우 $-(n-k)^2+8$의 부호와 관계없이 $n$제곱근 중 실수인 것의 개수는 1개이다.

따라서

$f(3)+f(4)+f(5)+f(6)+f(7)$

$=1+f(4)+1+f(6)+1=7$, $f(4)+f(6)=4$

또한, $n$이 짝수인 경우 $-(n-k)^2+8$의 $n$제곱근 중 실수인 것의 개수는 0개 or 1개 or 2개 이므로

$f(4)=2$, $f(6)=2$이 되어야 한다.

따라서 이를 만족하기 위해서는

(i) $-(4-k)^2+8>0$, $(4-k)^2<8$이므로

가능한 자연수 $k=2,\ 3,\ 4,\ 5,\ 6$

(ii) $-(6-k)^2+8>0$, $(6-k)^2<80$이므로

가능한 자연수 $k=4,\ 5,\ 6,\ 7,\ 8$

이때, (i)과 (ii)를 모두 만족하는 자연수 $k$는 4, 5, 6이므로

$4+5+6=15$

---

**13**　　　　　함수의 연속　　　　　③

$x$에 대한 방정식 $\{f(x)-t\}\{f(x-1)-t\}=0$에서

$f(x)=t$, $f(x-1)=t$이고, $f(x)$의 그래프를 $x$축의 방향으로

+1만큼 이동하면 $f(x-1)$의 그래프가 된다.

이때, $f(x)=2x(2-x)$이므로 $f(x)$, $f(x-1)$을 그래프로 나타내면 $0 \leq x \leq 3$, $-6 \leq t \leq 2$의 범위에서 다음과 같다.

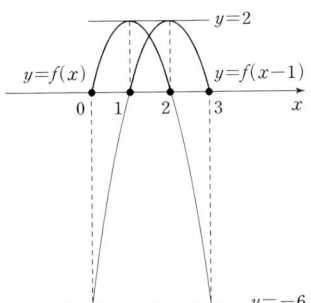

함수 $g(t)$는 $\{x \mid 0 \leq x \leq 3\}$에 속하는 가장 큰 값과 가장 작은 값의 차이 이므로 $g(t)$의 그래프는 위의 그래프에서 $x$축을 기준으로

$t>0$일 때 $y=t=2$에서 $2-1=1$이고, $y=t=0$에 가까워지면서 점점 1보다 커지다가 최종적으로 $y=t=0$에서 $3-0=3$의 값을 가지게 되고,

$t<0$일 때 $y=t=-6$에서 $3-0=3$이고, $y=t=0$에 가까워지면서 점점 3보다 작아지다가 최종적으로 $y=t=0$에서 $2-1=1$의 값을 가지게 된다.

따라서 함수 $g(t)$가 불연속이 되는 $t$의 값은 $a=0$이다.

$\therefore \lim\limits_{t \to a-} g(t) + \lim\limits_{t \to a+} g(t) = (2-1) + (3-0) = 4$

## 14                 수열의 추론       ①

주어진 조건 (나)에서

2이상의 모든 자연수 $n$에 대하여 $\sum\limits_{k=1}^{n} a_k = 2|a_n|$이므로 $n=2$를 대입하면 $a_1 + a_2 = 2|a_2|$

이때, 조건 (가)에서 $a_2=27$이므로
$a_1 + a_2 = 2|a_2|$, $a_1 + 27 = 2 \times 27$
$\therefore a_1 = 27$

또한, $\sum\limits_{k=1}^{n} a_k = 2|a_n|$에 $n=3$을 대입하면

$a_1 + a_2 + a_3 = 2|a_3|$, $27 + 27 + a_3 = 2|a_3|$
이때, $a_3 > 0$일 때, $a_3 < 0$일 때로 경우를 나누면
(i) $a_3 > 0$일 때
$\quad 54 + a_3 = 2a_3$, $\therefore a_3 = 54$

$\quad \sum\limits_{k=1}^{n} a_k = 2|a_n|$에 $n=4$를 대입하면

$\quad a_1 + a_2 + a_3 + a_4 = 2|a_4|$, $27 + 27 + 54 + a_4 = 2|a_4|$
이때, 조건 (가)에서 $a_3 a_4 > 0$이므로 $a_3$과 $a_4$의 부호가 같고
$a_3 > 0$이므로 $a_4 > 0$이어야 한다.

따라서 $108 + a_4 = 2a_4$, $\therefore a_4 = 108$

이어서 $\sum\limits_{k=1}^{n} a_k = 2|a_n|$에 $n=5$를 대입하면

$a_1 + a_2 + a_3 + a_4 + a_5 = 2|a_5|$,
$27 + 27 + 54 + 108 + a_5 = 2|a_5|$
$a_5 > 0$이면, $216 + a_5 = 2a_5$, $\therefore a_5 = 216$
$a_5 < 0$이면, $216 + a_5 = -2a_5$, $\therefore a_5 = -72$

(ii) $a_3 < 0$일 때

$\quad 54 + a_3 = -2a_3$, $\therefore a_3 = -18$

$\quad \sum\limits_{k=1}^{n} a_k = 2|a_n|$에 $n=4$를 대입하면

$\quad a_1 + a_2 + a_3 + a_4 = 2|a_4|$, $27 + 27 - 18 + a_4 = 2|a_4|$
상기 (i)에서와 마찬가지로 $a_3$과 $a_4$의 부호가 같고 $a_3 < 0$이므로 $a_4 < 0$이어야 한다.

따라서 $36 + a_4 = -2a_4$, $\therefore a_4 = -12$

이어서 $\sum\limits_{k=1}^{n} a_k = 2|a_n|$에 $n=5$를 대입하면

$a_1 + a_2 + a_3 + a_4 + a_5 = 2|a_5|$,
$27 + 27 - 18 - 12 + a_5 = 2|a_5|$
$a_5 > 0$이면, $24 + a_5 = 2a_5$, $\therefore a_5 = 24$
$a_5 < 0$이면, $24 + a_5 = -2a_5$, $\therefore a_5 = -8$

(i), (ii)을 종합하면 $a_5 = 216, 24, -8, -72$
$|a_5|$의 최댓값과 최솟값이 각각 $M$, $N$이므로
$M = |216| = 216$, $N = |-8| = 8$
$\therefore M + N = 216 + 8 = 224$

## 15              함수의 미분가능성       ③

삼차함수 $f(x)$는 최고차항의 계수가 1이고
$f'(0) = f'(2) = 0$이므로
$f'(x) = 3x(x-2) = 3x^2 - 6x$, $f(x) = x^3 - 3x^2 + C$
또한, 양수 $p$와 함수 $f(x)$에 대하여 함수

$$g(x) = \begin{cases} f(x) & (f(x) \geq x) \\ f(x-p) + 3p & (f(x) < x) \end{cases}$$

이므로 이는, 함수 $y=f(x)$와 직선 $y=x$를 비교하여
$f(x) \geq x$이면, 함수 $f(x)$의 그래프가 그려지고
$f(x) < x$이면, 함수 $f(x)$를 $x$축으로 $p$만큼, $y$축으로 $3p$만큼 이동시킨 그래프가 그려진다.

이때, 함수 $g(x)$가 실수 전체의 집합에서 미분이 가능하려면 함수 $f(x)$의 그래프는 다음과 같아야 한다.

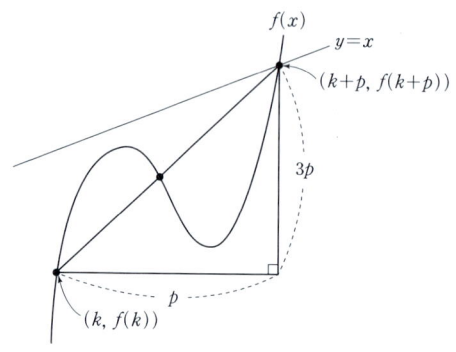

위의 그래프에서 점$(k, f(k))$과 점$(k+p, f(k+p))$의 기울기가 동일해야 하므로

$f'(k)=f'(k+p)$, $3k^2-6k=3(k+p)^2-6(k+p)$,

$3k^2-6k=3k^2+6kp+3p^2-6k-6p$,

$6kp+3p^2-6p=0$,

$\therefore p=-2k+2$

또한, $f(k+p)-f(k)=3p$ 이므로

$k^3+3k^2+3kp^2+p^3-3k^2-6kp-3p^2+C-k^3+3k^2-C=3p$, $3k^2+3kp+p^3-6kp-3p^2=3p$

$\therefore 3k^2+3kp+p^2-6k-3p=3$

이때, $p=-2k+2$를 대입하면

$3k^2+3k(-2k+2)+(-2k+2)^2-6k-3(-2k+2)=3$,

$3k^2-6k^2+6k+4k^2-8k+4-6k+6k-6-3=0$,

$k^2-2k-5=0$, $k=1\pm\sqrt{6}$

만약, $k=1+\sqrt{6}$이라면 $p=-2\sqrt{6}$로 음수가 되므로

$\therefore k=1-\sqrt{6}$, $p=2\sqrt{6}$

이때, 점$(k+p, f(k+p))$는 직선 $y=x$위에 있으므로

점$(1+\sqrt{6}, 1+\sqrt{6})$로 표현할 수 있다.

따라서 $f(x)=x^3-3x^2+C$에서

$f(1+\sqrt{6})=(1+\sqrt{6})^3-3(1+\sqrt{6})^2+C=1+\sqrt{6}$,

$1+3\sqrt{6}+18+6\sqrt{6}-3-6\sqrt{6}-18+C=1+\sqrt{6}$,

따라서 $C=3-2\sqrt{6}$이므로

$\therefore f(0)=3-2\sqrt{6}$

---

## 16　　지수의 부등식　　10

$4^x-9\times2^{x+1}+32\le0$에서 $2^{2x}-18\times2^x+32\le0$

$2^x=t$라고 하면

$t^2-18t+32\le0$, $(t-2)(t-16)\le0$,

$2\le t\le16$, $2\le2^x\le16$이므로

이를 만족하는 $x=1, 2, 3, 4$이다.

따라서 모든 정수 $x$의 값의 합은 10

---

## 17　　등차수열　　25

등차수열 $\{a_n\}$의 공차가 0이 아니므로

$|a_5|=|a_{13}|$에서 $a_5=-a_{13}$, $a_5+a_{13}=0$이다.

$\therefore 2a_9=0$, $a_9=0$

또한, $a_{12}=5$이므로 등차수열 $\{a_n\}$의 공차를 $d$라고 하면 $3d=5$

$\therefore a_{24}=a_{12}+12d=5+20=25$

---

## 18　　기함수와 적분　　36

함수 $f(x)$는 최고차항의 계수가 1이고 조건 (가)에서 모든 실수 $x$에 대하여 $f(-x)=-f(x)$이므로 원점 대칭인 기함수임을 알 수 있다.

따라서 $f(x)=x^3+ax$라 하면

조건 (나)에서

$2\displaystyle\int_0^2 xf(x)dx=2\int_0^2(x^4+ax^2)dx=\dfrac{144}{5}$,

$\dfrac{1}{5}\times2^5+\dfrac{1}{3}a\times2^3=\dfrac{72}{5}$, $\dfrac{32}{5}+\dfrac{8}{3}a=\dfrac{72}{5}$

$\dfrac{8}{3}a=\dfrac{40}{5}$, $a=3$

따라서 $f(x)=x^3+3x$이므로,

$\therefore f(3)=27+9=36$

---

## 19　　삼각함수의 활용　　64

$\triangle ABC$에서 선분 $\overline{AP}=\overline{QC}=k$, $\angle BAC=\theta$라 하고 코사인법칙을 이용하면

$13^2=10^2+7^2-2\times7\times10\times\cos\theta$,

$169=100+49-140\times\cos\theta$, $\cos\theta=-\dfrac{1}{7}$

따라서 $\sin\theta=\sqrt{1-\dfrac{1}{49}}=\dfrac{4\sqrt{3}}{7}$

$\triangle APQ=\triangle ABC-\square PBCQ$ 이므로

$\triangle APQ=\dfrac{1}{2}\times7\times10\times\dfrac{4\sqrt{3}}{7}-14\sqrt{3}$

$=20\sqrt{3}-14\sqrt{3}=6\sqrt{3}$

이때, 선분 $\overline{AQ}$의 길이는 $10-k$이므로

$\triangle APQ=\dfrac{1}{2}\times k\times(10-k)\times\dfrac{4\sqrt{3}}{7}=6\sqrt{3}$,

$k^2-10k+21=0$, $(k-3)(k-7)=0$

$\therefore k=3$

따라서

$\overline{PQ}^2=3^2+7^2-2\times3\times7\times\left(-\dfrac{1}{7}\right)=9+49+6=64$

**20**        접선의 기울기        118

최고차항의 계수가 1인 삼차함수 $f(x)$에 대하여 함수 $f'(x)$는
조건 (가)에서 직선 $x=2$에 대하여 대칭이므로 함수 $f(x)$는 점
$(2, f(2))$에 대하여 점대칭이고, $f'(x)=3(x-2)^2+b$라 할 수
있다.
또한 함수 $g(x)=|f(x)|$일 때, 조건 (나)에서 함수 $g(x)$는
$x=5$에서 미분가능하고, 점 $(5, g(5))$에서의 접선이 $(0, g(0))$
에서 접함으로 이를 만족하는 함수 $g(x)$의 그래프는 다음과 같다.

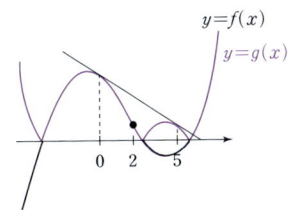

위의 그래프에서 점 $(0, g(0))$와 점 $(5, g(5))$에서의 기울기가
같으므로 $f'(0)=-f'(5)$, $12+b=-27-b$,

$$\therefore b=-\frac{39}{2}$$

이때, 접선의 기울기는 $f'(0)=12-\frac{39}{2}=-\frac{15}{2}$이고

점 $(0, g(0))$에서의 접선 $y=-\frac{15}{2}(x-0)+f(0)$과

점 $(5, g(5))$에서의 접선 $y=-\frac{15}{2}(x-5)-f(5)$이 같으므로

위의 두 식을 전개하면

$y=-\frac{15}{2}x+f(0)$, $y=-\frac{15}{2}x+\frac{75}{2}-f(5)$이다.

따라서 $f(0)=\frac{75}{2}-f(5)$

함수 $f(x)=(x-2)^3-\frac{39}{2}x+C$라고 할 때,

$f(0)=-8+C$ 이고 $\frac{75}{2}-f(5)=108-C$이므로

$\therefore C=58$

$g(8)=|f(8)|$이므로

$|f(8)|=\left|(8-2)^3-\frac{39}{2}\times 8+58\right|$

$=|216-156+58|=118$

**21**        삼각함수의 그래프        19

함수 $f(x)=\cos^2\left(\frac{13}{12}\pi-2x\right)+\sqrt{3}\cos\left(2x-\frac{7}{12}\pi\right)-1$

에서 $\left(2x-\frac{7}{12}\pi\right)=k$라고 하면

$f(x)=\cos^2\left(\frac{13}{12}\pi-2x\right)+\sqrt{3}\cos\left(2x-\frac{7}{12}\pi\right)-1$

$=\cos^2\left(\frac{\pi}{2}+k\right)+\sqrt{3}\cos k-1$

$=\sin^2 k+\sqrt{3}\cos k-1$

$=1-\cos^2 k+\sqrt{3}\cos k-1$

$=-\cos^2 k+\sqrt{3}\cos k$

$=-\left(\cos^2 k-\sqrt{3}\cos k+\frac{3}{4}\right)+\frac{3}{4}$

$=-\left(\cos k-\frac{\sqrt{3}}{2}\right)^2+\frac{3}{4}$

이때, $-1\le\cos k\le 1$이므로 $\cos k=\frac{\sqrt{3}}{2}$일 때 최댓값을 갖고,

$\cos k=-1$일 때 최솟값을 갖는다.

$0\le x\le 2\pi$에서 $-\frac{7}{12}\pi\le k\le\frac{41}{12}\pi$이므로

함수 $f(x)$는 $k=-\frac{1}{6}\pi$일 때 최댓값을 갖고, $k=3\pi$일 때 최솟

값을 갖는다.

$k=-\frac{1}{6}\pi$에서 $2x-\frac{7}{12}\pi=-\frac{1}{6}\pi$, $x=\frac{5}{24}\pi$

$k=3\pi$에서 $2x-\frac{7}{12}\pi=3\pi$, $x=\frac{43}{24}\pi$

$\therefore \alpha=\frac{5}{24}\pi$, $\beta=\frac{43}{24}\pi$

따라서

$\frac{12}{\pi}\times(\beta-\alpha)=\frac{12}{\pi}\times\left(\frac{43}{24}\pi-\frac{5}{24}\pi\right)=\frac{12}{\pi}\times\frac{38}{24}\pi=19$

**22**        삼차함수의 그래프 추론        156

실수 전체의 집합에서 연속인 함수 $h(x)$는
조건 (가)에서 모든 실수 $x$에 대하여
$\{h(x)-f(x)\}\{h(x)-g(x)\}=0$이므로 $h(x)=f(x)$ 또는
$h(x)=g(x)$이다. 즉, 함수 $h(x)$는 함수 $f(x)$와 함수 $g(x)$의
교점을 기준으로 둘 중 하나의 함수를 선택적으로 갖는다.
조건 (나)에서 $h(k)h(k+2)\le 0$을 만족시키는 서로 다른 실수
$k$의 개수는 3이므로 경우를 나누어 생각해보면 다음과 같다.

(i) 어떤 실수 $x$에 대하여 함수 $h(x)$가 음수의 값을 갖는 경우
     $h(k)h(k+2)\le 0$을 만족시키는 $k$의 값이 무수히 많아지므
     로 서로 다른 실수 $k$의 개수가 3인 조건에 어긋난다.

(ii) 모든 실수 $x$에 대하여 함수 $h(x)$가 음수의 값을 갖지 않는
     경우
     $h(k)h(k+2)<0$을 만족하는 $k$의 값은 존재하지 않으나
     $h(k)h(k+2)=0$을 만족할 수는 있고, 그때의 서로 다른
     실수 $k$의 개수를 3개라 할 수 있다.

이때, 함수 $f(x)=x^2-2x=x(x-2)$는 $f(0)=0$, $f(2)=0$이므로 $k=-2$일 때 $h(-2)h(0)=0$, $k=0$일 때 $h(0)h(2)=0$, $k=2$일 때 $h(2)h(4)=0$을 만족하므로 서로 다른 실수 $k$는 $-2$, $0$, $2$로 3개이다.

또한 함수 $f(x)$는 $0<x<2$의 범위에서 음수이므로 함수 $h(x)$는 $0<x<2$의 범위에서 $g(x)$의 그래프가 그려지고 이때, 함수 $g(x)$는 최고차항의 계수가 1인 삼차함수 이므로 $x<0$의 범위에서는 $f(x)$의 그래프가 그려지는 것을 알 수 있다. 그리고 $h(10)>80$이므로 $x=10$일 때 함수 $h(x)$는 함수 $g(x)$의 그래프가 그려진다.

따라서 함수 $h(x)$의 그래프는 다음과 같은 두 가지 개형을 가질 수 있다.

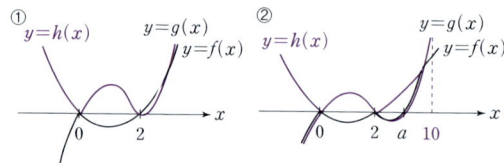

위의 그래프 ①에서 함수 $g(x)=x(x-2)^2$이므로 $\int_{-3}^{2}h(x)dx=26$을 이용하면

$$\int_{-3}^{2}h(x)dx=\int_{-3}^{0}f(x)dx+\int_{0}^{2}g(x)dx$$
$$=\int_{-3}^{0}(x^2-2x)dx+\int_{0}^{2}x(x-2)^2dx$$
$$=\left[\frac{1}{3}x^3-x^2\right]_{-3}^{0}+\frac{1}{3\times4}(2-0)^4$$
$$=18+\frac{4}{3}\neq26$$

따라서 그래프 ①의 개형은 채택할 수 없다.

한편, 위의 그래프 ②는 함수 $g(x)=x(x-2)(x-a)$이므로 $\int_{-3}^{2}h(x)dx=26$을 이용하면

$$\int_{-3}^{2}h(x)dx=\int_{-3}^{0}f(x)dx+\int_{0}^{2}g(x)dx$$
$$=\int_{-3}^{0}(x^2-2x)dx+\int_{0}^{2}x(x-2)(x-a)dx$$
$$=18+\int_{0}^{2}\{x^3-(a+2)x^2+2ax\}dx=26$$
$$\therefore \int_{0}^{2}\{x^3-(a+2)x^2+2ax\}dx=8$$
$$\left[\frac{1}{4}x^4-\frac{a+2}{3}x^3+ax^2\right]_{0}^{2}=4-\frac{8(a+2)}{3}+4a=8$$
$$3-2(a+2)+3a=6 \quad \therefore a=7$$

따라서 함수 $g(x)=x(x-2)(x-7)$이고 $h(1)+h(6)+h(9)$의 값을 구하면
$$h(1)+h(6)+h(9)=g(1)+f(6)+g(9)$$
$$=6+24+126=156$$

---

확률과 통계

## 23         분산         ⑤

확률변수 $X$가 이항분포 $B\left(49, \frac{3}{7}\right)$를 따르므로

$X$의 분산 $V(X)=49\times\frac{3}{7}\times\frac{4}{7}=12$이고

$V(2X)=4V(X)$이므로 $4V(X)=48$

## 24         독립사건         ②

두 사건 $A$와 $B$는 서로 독립이므로

$P(A|B)=P(A)=\frac{1}{2}$이고

$P(A\cup B)=P(A)+P(B)-P(A\cap B)=\frac{7}{10}$이므로

$\frac{1}{2}+P(B)-\frac{1}{2}P(B)=\frac{7}{10}$

$\therefore P(B)=\frac{2}{5}$

## 25         이항정리         ③

$(x^2+y)^4$에서 $x^2$을 $n$번 뽑는다면, $y$는 $4-n$번 뽑게 되므로 이를 식으로 표현하면 ${}_4C_n(x^2)^ny^{4-n}$이다.

마찬가지로 $\left(\frac{2}{x}+\frac{1}{y^2}\right)^5$에서 $\frac{2}{x}$를 $m$번 뽑는다면 $\frac{1}{y^2}$은 $5-m$번 뽑게 되므로 이를 식으로 표현하면 ${}_5C_m\left(\frac{2}{x}\right)^m\left(\frac{1}{y^2}\right)^{5-m}$이다.

따라서 $\frac{x^4}{y^5}$의 계수를 구하기 위해서는

$2n-m=4$, $(4-n)-(10-2m)=5$이어야 하므로 두 식을 연립하면 $n=3$, $m=2$이고 이때 계수를 구하면 ${}_4C_3\cdot {}_5C_2\cdot 2^2=4\times10\times4=160$

## 26         정규분포         ④

사관학교 생도의 일주일 수면 시간을 확률변수 $X$라 하면 평균이 45시간이고 표준편차가 1시간인 정규분포를 따르므로 $X\sim N(45, 1^2)$이고, 사관생도 중 36명을 임의추출 했으므로 표본평균 $\overline{X}\sim N\left(45, \left(\frac{1}{6}\right)^2\right)$라 할 수 있다. 이때 사관생도 36명의 일주일 수면 시간의 표본평균이 44시간 45분 이상, 45시간 20분 이하일 확률을 구해야 하므로

$P\left(44+\dfrac{3}{4} \le X \le 45+\dfrac{1}{3}\right)$,

$P\left(\dfrac{44+\dfrac{3}{4}-45}{\dfrac{1}{6}} \le Z \le \dfrac{44+\dfrac{1}{3}-45}{\dfrac{1}{6}}\right)$

$=P(-1.5 \le Z \le 2)$

따라서 $P(-1.5 \le Z \le 0)+P(0 \le Z \le 2)$이므로

$\therefore 0.4332+0.4772=0.9104$

---

## 27        집합과 함수        ④

조건 (나)에서 치역의 원소의 개수가 2이므로 집합 $X=\{1, 2, 3, 4, 5\}$에서 원소 2개를 고르는 경우의 수는 $_5C_2=10$

조건 (가)에서 $x=1, 2, 3$일 때 $f(x) \le f(x+1)$이므로 $f(1) \le f(2) \le f(3) \le f(4)$이다.

따라서 이를 경우를 나누어 생각해보면

(i) $f(1)=f(2)=f(3)=f(4)$일 때

$f(1)$부터 $f(4)$까지는 치역 2개 중 하나의 값을 갖고 $f(5)$가 나머지 하나의 값을 가지므로 이때의 경우의 수는 2 가지이다.

(ii) $f(1)$부터 $f(4)$까지가 치역 2개의 값을 가질 때

$f(1) \ne f(4)$이므로 필연적으로 $f(1)$과 $f(4)$는 치역 2개 중 각각 작은 값과 큰 값을 가지며, 이어서 $f(2), f(3)$은 두 가지 모두 작은 값으로 가는 경우, 큰 값으로 가는 경우, 각각의 값으로 가는 경우의 총 3가지 경우가 존재한다. 이때 $f(5)$는 치역 2개 중 작은 값과 큰 값을 자유롭게 고를 수 있으므로 2가지이다.

따라서 $3 \times 2=6$가지

$\therefore 10 \times (2+6)=80$

---

## 28        경우의 수        ②

숫자들을 더할 때 홀수가 짝수개 있으면 그 값은 짝수가, 홀수가 홀수개 있으면 그 값은 홀수가 나온다.

따라서 $a+b+c+d+e+f$의 값이 짝수가 되기 위해서는 $a, b, c, d, e, f$중 홀수의 개수가 짝수개 필요함을 알 수 있다.

한편, 숫자카드들 중 짝수인 2, 2, 4, 4, 4를 먼저 나열하고 남은 두 장의 숫자카드1을 위 카드 사이에 배분하면 다음과 같은 경우들이 발생한다.

(i) 2, 2, 4, 4, 4에서 두 장의 숫자카드1을 이웃하게 하여 한곳에 배분하는 경우

양 끝 중 어느 한곳에 배분한다면 $a, b, c, d, e, f$ 중 홀수의 개수가 1개 생기므로 $a+b+c+d+e+f$의 값이 홀수가

된다.

반면, 양 끝을 제외한 숫자들 사이에 배분한다면 $a, b, c, d, e, f$ 중 홀수의 개수가 2개 생기므로 $a+b+c+d+e+f$의 값이 짝수가 된다.

$\therefore \dfrac{5!}{3!2!} \times {_4}C_1=40$

(ii) 2, 2, 4, 4, 4에서 양 끝을 제외한 숫자들 사이에 배분하는 경우

$a, b, c, d, e, f$ 중 홀수의 개수가 2개씩 총 4개 생기므로 $a+b+c+d+e+f$의 값이 짝수가 된다.

$\therefore \dfrac{5!}{3!2!} \times {_4}C_2=60$

(iii) 2, 2, 4, 4, 4에서 한 장은 양 끝 중 한곳에, 남은 한 장은 숫자들 사이에 배분하는 경우

$a, b, c, d, e, f$ 중 홀수의 개수가 총 3개 생기므로 $a+b+c+d+e+f$의 값이 홀수가 된다.

(iv) 2, 2, 4, 4, 4에서 두 장을 양 끝에 배분하는 경우

$a, b, c, d, e, f$ 중 홀수의 개수가 총 2개 생기므로 $a+b+c+d+e+f$의 값이 짝수가 된다.

$\therefore \dfrac{5!}{3!2!} \times 1=10$

따라서 $a+b+c+d+e+f$의 값이 짝수가 되도록 카드를 나열하는 경우의 수는 $40+60+10=110$

---

## 29        조합과 확률변수        165

서로 다른 색깔의 공이 4개가 들어있는 주머니에서 임의로 하나의 공을 꺼내어 색을 확인한 후 다시 넣는 시행을 4번 반복함으로, 가능한 총 경우의 수는 $4^4=256$이다.

이때 확률변수 $X$를 경우를 나누어보면 다음과 같다.

(i) $X=1$인 경우

4번 시행 시 모두 같은 색깔의 공이 나오는 경우의 수는 4가지이므로, $\therefore \dfrac{4}{256}$

(ii) $X=2$인 경우

우선 4개의 색깔 중 2개의 색깔이 나와야 함으로 이때의 경우의 수는 $_4C_2$이다. 또한 나온 두 개의 색깔이 각각 1개, 3개일 때와 2개, 2개일 때로 구분하면

1개, 3개일 때에는 $\dfrac{4!}{3!}$이므로 $\dfrac{4!}{3!} \times 2$

2개, 2개일 때에는 $\dfrac{4!}{2!2!}$

$\therefore {_4}C_2 \times \left(\dfrac{4!}{3!} \times 2 + \dfrac{4!}{2!2!}\right)=\dfrac{84}{256}$

(iii) $X=4$인 경우

4번 시행 시 모두 다른 색깔의 공이 나오는 경우의 수는 4!

이므로

$$\therefore \frac{4!}{256}=\frac{24}{256}$$

(iv) $X=3$인 경우

전체확률 1에서 $X=1,\ 2,\ 4$일 때의 확률을 모두 제외하면

$$\therefore 1-\frac{4+84+24}{256}=\frac{144}{256}$$

따라서

$$E(X)=1\times\frac{4}{256}+2\times\frac{84}{256}+3\times\frac{144}{256}+4\times\frac{24}{256}$$

$$=\frac{175}{64}$$

$$E(64X-10)=64E(X)-10=64\times\frac{175}{64}-10=165$$

---

**30**  경우의 수와 확률  13

주머니에 남아 있는 공의 색의 종류의 수가 처음으로 2가 되면 시행을 멈추고, 흰 공의 개수가 1개이므로 꺼낸 공 중에 흰 공이 있으려면 흰 공은 반드시 4번째에 뽑혀야 한다. 또한 검은 공의 개수는 6개이므로 검은 공을 모두 뽑는 것은 불가능하다.
이러한 조건을 고려할 때 주머니에 남아 있는 공의 색의 종류의 수가 처음으로 2가 되려면 4번째에 뽑히는 공은 노란 공 또는 흰 공이다.

(1) 4번째에 뽑히는 공이 노란 공인 경우

1회부터 3회까지 검은 공 2개, 노란 공 1개가 뽑혀야 하고 그 순서가 바뀔 수 있으므로

$$\therefore {}_3C_2\times\frac{6}{9}\times\frac{5}{8}\times\frac{2}{7}\times\frac{1}{6}=\frac{5}{84}$$

(2) 4번째에 뽑히는 공이 흰 공인 경우

노란 공이 주머니에 한 개는 남아있어야 함으로 다시 경우를 나누어보면

(i) 노란 공이 2개 남아 있는 경우

1회부터 3회까지 검은 공 3개가 뽑혀야 함으로

$$\therefore \frac{6}{9}\times\frac{5}{8}\times\frac{4}{7}\times\frac{1}{6}=\frac{5}{126}$$

(ii) 노란 공이 1개 남아 있는 경우

1회부터 3회까지 검은 공 2개, 노란 공 1개가 뽑혀야 하고 그 순서가 바뀔 수 있으므로

$$\therefore {}_3C_2\times\frac{6}{9}\times\frac{5}{8}\times\frac{2}{7}\times\frac{1}{6}=\frac{5}{84}$$

따라서 꺼낸 공 중에 흰 공이 있을 확률은

$$\frac{\frac{5}{126}+\frac{5}{84}}{\frac{5}{84}+\frac{5}{126}+\frac{5}{84}}=\frac{\frac{5}{3}+\frac{5}{2}}{\frac{5}{2}+\frac{5}{3}+\frac{5}{2}}=\frac{10+15}{15+10+15}$$

$$=\frac{5}{8}$$

---

$$\therefore p+q=8+5=13$$

---

**미적분**

**23**  극한값의 계산  ①

$$\lim_{n\to\infty}n\left(\sqrt{4+\frac{1}{n}}-2\right)=\lim_{n\to\infty}\frac{n\left(\sqrt{4+\frac{1}{n}}-2\right)\left(\sqrt{4+\frac{1}{n}}+2\right)}{\left(\sqrt{4+\frac{1}{n}}+2\right)}$$

$$=\lim_{n\to\infty}\frac{1}{\sqrt{4+\frac{1}{n}}+2}=\frac{1}{\sqrt{4}+2}=\frac{1}{4}$$

---

**24**  무한급수의 계산  ③

$$\lim_{n\to\infty}\sum_{k=1}^{n}\frac{k}{n^2}f\left(\frac{k}{n}\right)=\lim_{n\to\infty}\sum_{k=1}^{n}\frac{k}{n}f\left(\frac{k}{n}\right)\times\frac{1}{n}$$

$$=\int_0^1 xf(x)dx=\int_0^1 xe^{x^2}dx$$

$$=\frac{1}{2}\int_0^1 2xe^{x^2}dx=\frac{1}{2}\left[e^{x^2}\right]_0^1=\frac{1}{2}e-\frac{1}{2}$$

---

**25**  역함수와 미분  ③

함수 $h(x)=\{g(x)\}^2$의 양변을 미분하면

$h'(x)=2g(x)\cdot g'(x)$이므로

따라서 $h'(\ln4)=2g(\ln4)\cdot g'(\ln4)$

한편, $f(x)=\ln(e^x+2)$의 역함수가 $g(x)$일 때,

$f(\ln2)=\ln4$ 이므로 $g(\ln4)=\ln2$

또한 $f'(x)=\frac{e^x}{e^x+2}$이므로 $f'(\ln2)=\frac{2}{2+2}=\frac{1}{2}$

$$\therefore h'(\ln4)=2g(\ln4)\cdot g'(\ln4)=2\times\ln2\times\frac{1}{2}=4\ln2$$

---

**26**  삼각함수와 극한  ④

점 $A(t,\ 0)$일 때, 점 $B\left(t,\ \sin\frac{t}{2}\right)$이므로

$$\therefore f(t)=\frac{1}{2}\times t\times\sin\frac{t}{2}=\frac{t}{2}\sin\frac{t}{2}$$

또한 $g(t)=\triangle OAC-\triangle OAD$이고 $C\left(t,\ \tan\frac{t}{2}\right)$이므로

$$\therefore g(t)=\frac{t}{2}\tan\frac{t}{2}-\frac{t}{2}\sin\frac{t}{2}$$

따라서

$$\lim_{t \to 0+} \frac{g(t)}{\{f(t)\}^2} = \lim_{t \to 0+} \frac{\dfrac{t}{2}\tan\dfrac{t}{2} - \dfrac{t}{2}\sin\dfrac{t}{2}}{\left(\dfrac{t}{2}\sin\dfrac{t}{2}\right)^2}$$

$$= \lim_{t \to 0+} \frac{\dfrac{t}{2}\sin\dfrac{t}{2} \times \left[\dfrac{1}{\cos\dfrac{t}{2}} - 1\right]}{\left(\dfrac{t}{4}\sin\dfrac{t}{2}\right)^2}$$

$$= \lim_{t \to 0+} \frac{1}{\dfrac{t}{2}\sin\dfrac{t}{2}} \times \left(\dfrac{1-\cos\dfrac{t}{2}}{\cos\dfrac{t}{2}}\right) \times \left(\dfrac{1+\cos\dfrac{t}{2}}{1+\cos\dfrac{t}{2}}\right)$$

$$= \lim_{t \to 0+} \frac{1}{\dfrac{t}{2}\sin\dfrac{t}{2}} \times \left[\dfrac{\sin^2\dfrac{t}{2}}{\cos\dfrac{t}{2}}\right] \times \dfrac{1}{\left(1+\cos\dfrac{t}{2}\right)}$$

$$= 1 \times \frac{1}{1(1+1)} = \frac{1}{2}$$

---

## 27     정적분과 부피     ④

$$\int_1^3 \frac{\ln(1+x)}{x^2} = \left[-\frac{1}{x}\ln(1+x)\right]_1^3 + \int_1^3 \left(\frac{1}{x} \times \frac{1}{1+x}\right)dx$$

$$= -\frac{1}{3}\ln 4 + \ln 2 + \int_1^3 \left(\frac{1}{x} - \frac{1}{x+1}\right)dx$$

$$= \frac{1}{3}\ln 2 + \left[\ln x - \ln(x+1)\right]_1^3$$

$$= \frac{1}{3}\ln 2 + \ln\frac{3}{4} - \ln\frac{1}{2}$$

$$= \frac{1}{3}\ln\frac{27}{4}$$

---

## 28     정적분 넓이     ⑤

$\displaystyle\int_0^x (x-t)f(t)dt = e^{2x} - 2x + a$에서 $x=0$을 대입하면

$0 = 1 - 0 + a, \therefore a = -1$

$x\displaystyle\int_0^x f(t)dt - \int_0^x tf(t)dt = e^{2x} - 2x - 1$의 양변을 $x$에 대하여

미분하면,

$$\int_0^x f(t) + xf(x) - xf(x) = 2e^{2x} - 2,$$

$$\therefore \int_0^x f(t) = 2e^{2x} - 2$$

이를 한번 더 미분하면

$$\therefore f(x) = 4e^{2x}$$

곡선 $y=f(x)$위의 점 $(-1, f(-1))$에서의 접선을 $l$이라 할 때,

$f'(x) = 8e^{2x}$이므로 $l$의 식을 구하면

$$y = 8e^{-2}(x+1) + 4e^{-2} = 8e^{-2}x + 12e^{-2}$$

곡선 $y=f(x)$와 직선 $l$ 및 $y$축으로 둘러싸인 부분의 넓이를 그래프로 그리면 다음과 같다.

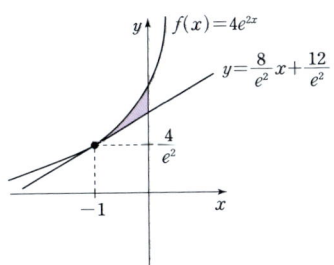

따라서 구하고자하는 넓이는

$$\int_{-1}^0 4e^{2x} - (8e^{-2}x + 12e^{-2})dx$$

$$= \left[2e^{2x} - 4e^{-2}x^2 - 12e^{-2}x\right]_{-1}^0 = 2 - 10e^{-2}$$

---

## 29     극값의 추론     15

$x$에 대한 방정식 $x^2 + ax + b = 0$의 두 근이 $\alpha, \beta$이므로 $\alpha + \beta = -a$, $\alpha\beta = b$, $(x-\alpha)(x-\beta) = 0$이라고 표현할 수 있다.

이때, $t = x^2 + ax + b = (x-\alpha)(x-\beta)$라 하면 함수 $t$는 최고 차항의 계수가 1이고, 아래로 볼록하며, $\dfrac{\alpha+\beta}{2}$에서 최솟값을 가진다.

위 식에 $x = \dfrac{\alpha+\beta}{2}$를 대입하면

$$\frac{\beta-\alpha}{2} \times \frac{\alpha-\beta}{2} = \frac{-(\alpha^2 + 2\alpha\beta + \beta^2)}{4} = -\frac{1}{4}(\alpha-\beta)^2$$

$(\alpha-\beta)^2 = \dfrac{34}{3}\pi$이므로, $\therefore -\dfrac{1}{4}(\alpha-\beta)^2 = -\dfrac{17}{6}\pi$

이어서, 함수 $f(x) = \sin(x^2 + ax + b)$에서 $f(x)$의 양변을 $x$에 대하여 미분하면

$f'(x) = (2x+a) \times \cos(x^2 + ax + b)$이고 열린구간 $(\alpha, \beta)$사이에서 $2x + a = 0$ 또는 $\cos(x^2 + ax + b) = 0$을 만족하는 $x$값을 찾아야 한다.

(i) $2x + a = 0$인 경우

    $2x + a = 0$에서 $x = -\dfrac{a}{2} = \dfrac{\alpha+\beta}{2}$이므로 이때의 함숫값은

    $-\dfrac{17}{6}\pi$이다. $\therefore c = -\dfrac{17}{6}\pi$

(ii) $\cos(x^2 + ax + b) = 0$인 경우

    $t = x^2 + ax + b$이므로 함수 $t$는 열린구간 $(\alpha, \beta)$사이의 값이므로 $-\dfrac{17}{6}\pi \le t < 0$인 범위이고 이때, $\cos t = 0$을 만족하는 $t$의 값은 $-\dfrac{\pi}{2}, -\dfrac{3\pi}{2}, -\dfrac{5\pi}{2}$이다.

    이때, $t = -\dfrac{\pi}{2}, -\dfrac{3\pi}{2}, -\dfrac{5\pi}{2}$를 갖는 $x$의 값은 각각 2개씩

정답 및 해설

이므로 $c$는 6개이다.

따라서 (i), (ii)에 따라 $c$는 총 7개이므로 $n=7$

$$\therefore (1-n) \times \sum_{k=1}^{n} f(c_k) = -6 \sum_{k=1}^{7} f(c_k)$$

$$= -6\{f(c_1)+f(c_2)+f(c_3)+f(c_4)+f(c_5)+f(c_6)+f(c_7)\}$$

$$= -6\left\{\sin\left(-\frac{\pi}{2}\right)+\sin\left(-\frac{3\pi}{2}\right)+\sin\left(-\frac{5\pi}{2}\right)+\sin\left(-\frac{17\pi}{6}\right)\right\}$$

$$\left\{+\sin\left(-\frac{17\pi}{6}\right)+\sin\left(-\frac{5\pi}{2}\right)+\sin\left(-\frac{3\pi}{2}\right)+\sin\left(-\frac{\pi}{2}\right)\right\}$$

## 30 함수의 연속    30

함수 $g(x)$에 대하여 경우를 나누어보면 다음과 같다.

(1) $|x-2|>1$인 경우 ($x<1$, $x>3$의 범위)

$$g(x)=\lim_{n\to\infty} \frac{|x-2|^{2n+1}+f(x)}{|x-2|^{2n}+k}$$

$$=\frac{|x-2|+0}{1+0}=|x-2|$$

(2) $|x-2|<1$인 경우 ($1<x<3$의 범위)

$$g(x)=\lim_{n\to\infty} \frac{|x-2|^{2n+1}+f(x)}{|x-2|^{2n}+k}$$

$$=\frac{0+f(x)}{0+k}=\frac{f(x)}{k}$$

(3) $|x-2|=1$인 경우 ($x=1$, $x=3$)

$$g(x)=\frac{|f(x+1)|}{k+1}$$

이때, 함수 $g(x)$는 실수 전체의 집합에서 연속이므로 $x=1$, $x=3$일 때 연속이어야 한다.

(i) $x=1$일 때 연속성 확인

$$\lim_{x\to 1-} g(x)=\lim_{x\to 1-} |x-2|=1$$

$$\lim_{x\to 1+} g(x)=\lim_{x\to 1+} \frac{f(x)}{k}=\frac{f(1)}{k}$$

$$g(1)=\frac{|f(2)|}{k+1}$$

따라서 $1=\frac{f(1)}{k}=\frac{|f(2)|}{k+1}$이므로

$$\therefore f(1)=k, |f(2)|=k+1$$

(ii) $x=3$일 때 연속성 확인

$$\lim_{x\to 3-} g(x)=\lim_{x\to 3-} \frac{f(x)}{k}=\frac{f(3)}{k}$$

$$\lim_{x\to 3+} g(x)=\lim_{x\to 3+} |x-2|=1$$

$$g(3)=\frac{|f(4)|}{k+1}$$

따라서 $\frac{f(3)}{k}=1=\frac{|f(4)|}{k+1}$이므로

$$\therefore f(3)=k, |f(4)|=k+1$$

(i), (ii)를 이용하여 최고차항의 계수가 $a$인 이차함수 $f(x)$를 $f(x)=a(x-1)(x-3)+k$라 하면 $a$의 부호에 따라 $f(x)$의 그래프 개형이 달라진다.

① $a>0$인 경우

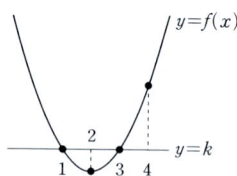

함수 $f(x)=a(x-1)(x-3)+k$에 $x=2$, $4$를 대입하면 $f(2)=-a+k, f(4)=3a+k$

이때, $|f(2)|=k+1$, $|f(4)|=k+1$이므로 $f(2)=-k-1, f(4)=k+1$

따라서 이들을 연립하여 $a$, $k$의 값을 구하면

$a=\frac{1}{3}$, $k=-\frac{1}{3}$이므로 $k$가 양수라는 조건을 만족하지 못한다.

② $a<0$인 경우

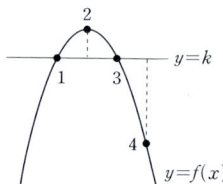

함수 $f(x)=a(x-1)(x-3)+k$에 $x=2$, $4$를 대입하면 $f(2)=-a+k, f(4)=3a+k$

이때, $|f(2)|=k+1$, $|f(4)|=k+1$이므로 $f(2)=k+1, f(4)=-k-1$

따라서 이들을 연립하여 $a$, $k$의 값을 구하면

$a=-1$, $k=1$이므로 $k$가 양수라는 조건을 만족한다.

즉, 함수 $f(x)$는 $f(x)=-(x-1)(x-3)+1$이다.

닫힌구간 $[1, 3]$에서 함수 $f(g(x))$의 최댓값과 최솟값을 구하면 $1\le x\le 3$에서 함수 $g(x)$의 범위는 $1\le g(x)\le 2$이고 함수 $f(g(x))$의 범위는 $1\le f(g(x))\le 2$이다.

따라서 최댓값 $M=2$, 최솟값 $m=1$이므로

$$\therefore 10(M+m)=10\times 3=30$$

### 기하

## 23 좌표공간    ⑤

좌표공간 점 $A(1, -2, 3)$을 $y$축에 대하여 대칭이동하면 점 $P(-1, -2, -3)$가 되고, 점 $A(1, -2, 3)$를 $zx$평면에 대하여 대칭이동하면 점 $Q(1, 2, 3)$이 된다.

$$\therefore \overline{PQ}=\sqrt{2^2+4^2+6^2}=\sqrt{56}=2\sqrt{14}$$

## 24 　　　벡터와 각의 크기 계산　　　⑤

법선벡터 $\vec{n}=(1,-2)$인 직선 $m$을 방향벡터로 바꾸면 $\vec{u'}=(2,1)$로 둘 수 있다.

$$\cos\theta=\frac{|\vec{u}\cdot\vec{u'}|}{|\vec{u}||\vec{u'}|}=\frac{|6+1|}{\sqrt{10}\cdot\sqrt{3}}=\frac{7}{5\sqrt{2}}=\frac{7\sqrt{2}}{10}$$

## 25 　　　정육면체의 내분점　　　①

정육면체 $ABCD-EFGH$에서 선분 $EH$를 2:1로 내분하는 점이 $P$, 선분 $EF$를 1:2로 내분하는 점이 $Q$이고 한 모서리의 길이가 3이므로 $\overline{EP}=2$, $\overline{EQ}=1$이고 $\overline{PQ}=\sqrt{5}$임을 알 수 있다.

한편, 점$E$에서 직선 $PQ$에 수직으로 내린 수선과 직선 $PQ$의 접점을 $M$이라 하면

$$\sqrt{5}\times\overline{EM}=2\times 1,\ \overline{EM}=\frac{2}{\sqrt{5}}$$

점 $A$와 직선 $PQ$사이의 거리는 $\overline{AM}$이므로

$$\therefore\ \overline{AM}=\sqrt{3^2+\left(\frac{2}{\sqrt{5}}\right)^2}=\sqrt{9+\frac{4}{5}}=\sqrt{\frac{49}{5}}=\frac{7\sqrt{5}}{5}$$

## 26 　　포물선의 접점과 접선의 방정식　　①

포물선 $y^2=-16x$의 초점이 $F$이므로 $F(-4,0)$이다.

한편, 포물선 $(y+2)^2=16(x-8)$은 포물선 $y^2=-16x$를 $x$축의 방향으로 8만큼, $y$축의 방향으로 $-2$만큼 평행이동시킨 것이므로 이때의 초점은 $(12,-2)$임을 알 수 있다.

따라서 초점 $(12,-2)$에서 포물선 $y=-16x$에 그은 두 접선의 접점을 $P(x_1,y_1)$, $Q(x_2,y_2)$라 하고 이를 그래프로 그리면 다음과 같다.

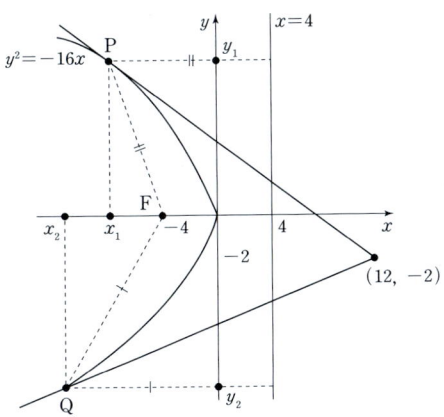

위의 그래프에서 선분 $\overline{PF}$, 선분 $\overline{QF}$의 길이는 각각 점 $P$, $Q$에서 $x=4$에 수직으로 내린 선분의 길이와 같으므로

$\overline{PF}+\overline{QF}=(4-x_1)+(4-x_2)=8-(x_1+x_2)$이다.

점$(12,-2)$에서 포물선 $y^2=-16x$에 그은 접선의방정식을 구하면 접점 $P(x_1,y_1)$이므로 $y_1y=-8(x+x_1)$이고 $(12,-2)$을 대입하면 $-2y=-8(x+12)$이므로 $y=4(x+12)$이다.

이때, 양변을 제곱하면 $y^2=16(x+12)^2$이므로

$-16x=16(x+12)^2,\ -x=x^2+24x+144,$

$\therefore\ x^2+25x+144=0$

근과 계수의 관계를 이용하면 $x_1+x_2=-25$이므로

$$\therefore\ \overline{PF}+\overline{QF}=8+25=33$$

## 27 　　　벡터의 내적 계산　　　③

$\angle PAR=\theta_1$, $\angle QAR=\theta_2$라고 하여 구하고자 하는 값 $\overrightarrow{AR}\cdot(\overrightarrow{AB}+\overrightarrow{AC})$를 정리하면 다음과 같다.

$\overrightarrow{AR}\cdot(\overrightarrow{AB}+\overrightarrow{AC})=\overrightarrow{AR}\cdot\overrightarrow{AB}+\overrightarrow{AR}\cdot\overrightarrow{AC}$

$=|\overrightarrow{AR}||\overrightarrow{AB}|\cos\theta_1+|\overrightarrow{AR}||\overrightarrow{AC}|\cos\theta_2$

$=\overrightarrow{AB}\cdot\overrightarrow{AP}+\overrightarrow{AC}\cdot\overrightarrow{AQ}$

한편, $\angle ABC=\theta$라 하면 코사인 공식을 이용하여

$$\cos\theta=\frac{9^2+7^2-8^2}{2\times 9\times 7}=\frac{81+49-64}{126}=\frac{11}{21}$$이다.

또한 $\triangle ABQ$와 $\triangle ACP$에서 $\overline{AQ}$와 $\overline{AP}$의 길이를 구하면

$$\therefore\ \overline{AQ}=9\cos\theta=9\times\frac{11}{21}=\frac{33}{7}$$

$$\therefore\ \overline{AP}=7\cos\theta=7\times\frac{11}{21}=\frac{11}{3}$$

따라서

$$\overrightarrow{AB}\cdot\overrightarrow{AP}+\overrightarrow{AC}\cdot\overrightarrow{AQ}=9\times\frac{11}{3}+7\times\frac{33}{7}=33+33=66$$

## 28 　　　타원과 쌍곡선　　　②

쌍곡선의 정의를 이용하면

$\overline{PF'}-\overline{PF}=\overline{QF'}=2a$

$\overline{QF}-\overline{QF'}=\overline{QF}-2a=2a$

$\therefore\ \overline{QF}=4a$

$\overline{PQ}=k$라고 하면 조건 (가)에 따라 $\overline{PQ}=\overline{PF}=k$이고

$k+\overline{PF'}=2k+2a=18$, $k+a=9$이므로 $\therefore\ k=9-a$

또한 조건 (나)에서 삼각형 $PQF$의 둘레의 길이가 20이므로

$2k+4a=20$

따라서 $2(9-a)+4a=20$, $\therefore\ a=1$, $k=8$

한편, 타원 $\frac{x^2}{81}+\frac{y^2}{75}=1$에서 두 점 $F$, $F'$이 초점이므로 $F(\sqrt{6},0)$, $F'(-\sqrt{6},0)$이다.

점 $P$에서 $x$축까지 수직인 직선을 그렸을 때 $x$축과 만나는 점을

$H$라 하고, $\overline{PH}=\beta$, $\overline{FH}=\alpha$라 하면 다음과 같이 그릴 수 있다.

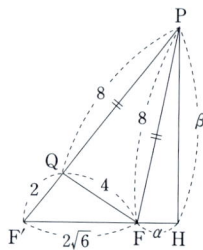

위의 그림에서 $\alpha^2+\beta^2=64$, $(\alpha+2\sqrt{6})^2+\beta^2=100$이므로 이를 연립하면 $\alpha=\dfrac{\sqrt{6}}{2}$이므로 점 $P$의 $x$좌표를 구하면

$$\therefore \sqrt{6}+\frac{\sqrt{6}}{2}=\frac{3}{2}\sqrt{6}$$

**29**        정사영        220

$\overline{OA}=\overline{OB}=\overline{OC}=\overline{OD}=2$이고 선분 $\overline{OA}$의 중점이 $M$이므로 $\overline{AM}=\overline{OM}=1$임을 알 수 있다.

또한 $\overline{AB}=2$이므로 $\triangle OAB$는 한 변의 길이가 2인 정삼각형이다. 따라서 선분 $\overline{BM}$의 길이를 구하면
$\overline{AM}:\overline{AB}:\overline{BM}=1:2:\sqrt{3}$, $\therefore \overline{BM}=\sqrt{3}$

한편, 점 $A$에서 $\triangle OBD$에 수직인 선분을 내릴 때 만나는 점을 $P$라 하면 선분 $\overline{AP}$는 직사각형 $ABCD$위에 다음과 같이 그려진다.

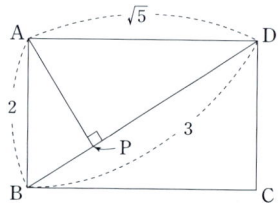

위 그림에서 $\overline{AP}=\dfrac{2\sqrt{5}}{3}$이고

$\triangle OAP:\triangle OMH=2:1$이므로 $\overline{MH}=\dfrac{\sqrt{5}}{3}$

따라서 $\triangle BMH$에서 $k^2+\left(\dfrac{\sqrt{5}}{3}\right)^2=(\sqrt{3})^2$이므로

$$k^2=3-\frac{5}{9}=\frac{22}{9}$$

$$\therefore 90k^2=90\times\frac{22}{9}=220$$

**30**        평면벡터와 내적        40

한 변의 길이가 $4\sqrt{2}$인 정삼각형 $OAB$에 대하여 조건 (가)에서 $|\overrightarrow{AC}|=4$이고 조건 (나)에서 $\overrightarrow{OA}\cdot\overrightarrow{AC}=0$, $\overrightarrow{AB}\cdot\overrightarrow{AC}>0$이므로 점 $C$는 선분 $OA$에 수직인 위치에 존재하고 $\angle BAC$는 예각임을 알 수 있다.

또한 $(\overrightarrow{OP}-\overrightarrow{OC})\cdot(\overrightarrow{OP}-\overrightarrow{OA})=\overrightarrow{CP}\cdot\overrightarrow{AP}=0$이므로 선분 $\overline{AC}$를 지름으로 하는 원 위에 점 $P$가 존재하는 것을 알 수 있다.

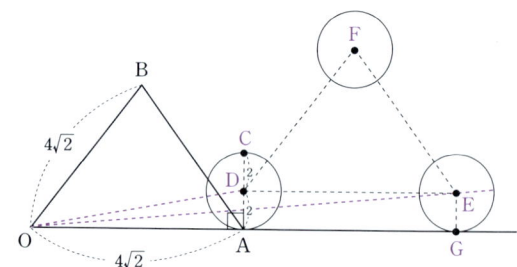

위의 그림에서 점 $Q$가 삼각형 $OAB$의 변 위를 움직임에 따라 점 $P$의 자취는 점 $Q$를 따라 $4\sqrt{2}$만큼 동일하게 움직임으로 $|\overrightarrow{OP}+\overrightarrow{OQ}|$의 최댓값과 최솟값을 구하면 다음과 같다.

(i) $|\overrightarrow{OP}+\overrightarrow{OQ}|$의 최솟값
    선분 $\overline{OD}$에서 원의 반지름을 뺀 값이 최소가 되므로
    $\triangle OAD$에서 $\overline{OD}^2=2^2+(4\sqrt{2})^2$, $\overline{OD}=6$
    $\therefore 6-2=4$

(ii) $|\overrightarrow{OP}+\overrightarrow{OQ}|$의 최댓값
    점 $O$에서 점 $E$까지의 거리와 점 $O$에서 점 $F$까지의 거리를 비교하면 점 $E$까지의 거리가 더 먼 것을 알 수 있으므로, 선분 $\overline{OE}$에서 원의 반지름을 더한 값이 최대가 된다.
    $\triangle OGE$에서 $\overline{OE}^2=(8\sqrt{2})^2+2^2$, $\overline{OE}=2\sqrt{33}$
    $\therefore 2\sqrt{33}+2$
    따라서 $|\overrightarrow{OP}+\overrightarrow{OQ}|$의 최댓값과 최솟값의 합은
    $2\sqrt{33}+2+4=6+2\sqrt{33}$이므로
    $\therefore p^2+q^2=36+4=40$

# 2024학년도 기출문제 정답 및 해설

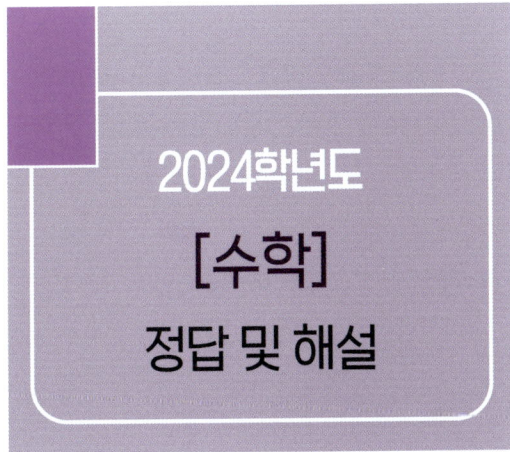

2024학년도

## [수학]
## 정답 및 해설

## ▌[수학] 2024학년도 | 정답

| 01 | ④ | 02 | ② | 03 | ⑤ | 04 | ③ | 05 | ① |
|----|----|----|----|----|----|----|----|----|----|
| 06 | ⑤ | 07 | ④ | 08 | ③ | 09 | ② | 10 | ① |
| 11 | ② | 12 | ④ | 13 | ⑤ | 14 | ① | 15 | ⑤ |
| 16 | 62 | 17 | 16 | 18 | 184 | 19 | 12 | 20 | 11 |
| 21 | 29 | 22 | 54 | | | | | | |

[확률과 통계]

| 23 | ③ | 24 | ① | 25 | ② | 26 | ④ | 27 | ⑤ |
|----|----|----|----|----|----|----|----|----|----|
| 28 | ④ | 29 | 8 | 30 | 166 | | | | |

[미적분]

| 23 | ⑤ | 24 | ② | 25 | ③ | 26 | ① | 27 | ④ |
|----|----|----|----|----|----|----|----|----|----|
| 28 | ③ | 29 | 20 | 30 | 13 | | | | |

[기하]

| 23 | ④ | 24 | ⑤ | 25 | ① | 26 | ② | 27 | ③ |
|----|----|----|----|----|----|----|----|----|----|
| 28 | ⑤ | 29 | 23 | 30 | 17 | | | | |

## [수학] 2024학년도 | 해설

### 01 　　　　　　　로그　　　　　　　④

준식 $=\log_2\dfrac{8}{9}+\log_2 18$

$\log_2\dfrac{8}{9}+\log_2 18=\log_2\left(\dfrac{8}{9}\times 18\right)=\log_2 16=\log_2 2^4=4$

### 02 　　　　　　함수의 극한　　　　　　②

$x\neq 0$이므로, 주어진 식의 분모, 분자를 $x$로 나누면

준식 $=\displaystyle\lim_{x\to\infty}\dfrac{3+\dfrac{1}{x}}{\dfrac{f(x)}{x}+1}$

$\displaystyle\lim_{x\to\infty}\dfrac{f(x)}{x}=2$이므로, 이를 대입하면

$\displaystyle\lim_{x\to\infty}\dfrac{3+\dfrac{1}{x}}{\dfrac{f(x)}{x}+1}=\lim_{x\to\infty}\dfrac{3+\dfrac{1}{x}}{2+1}=\dfrac{3}{3}=1$

### 03 　　　　　　등비수열　　　　　　⑤

등비수열의 첫째항을 $a_1$, 공비를 $r$이라 하자.

등비수열의 합 $S_n=\dfrac{a_1\times(r^n-1)}{r-1}$이므로,

$S_6=21S_2$에서 $\dfrac{a_1\times(r^6-1)}{r-1}=21\times a_1(1+r)$이다.

$a_1\neq 0$이고 $r\neq 1$이므로 양변을 $a_1$으로 나누고 양변에 $(r-1)$을 곱해주면 $r^6-1=21(r^2-1)$이다.

이때 $r^6-1=(r^2-1)(r^4+r^2+1)$이므로

$r^4+r^2+1=21$, $r^4+r^2-20=0$에서

$(r^2+5)(r^2-4)=0$를 얻는다.

주어진 조건에서 공비 $r$은 양수이므로, $r=2$

주어진 식에서 $a_6-a_2=a_2\times r^4-a_2=150$이다.

공비 $r=2$를 대입하면
$15a_2=15$에서 $a_2=1$이므로,
$a_3=a_2\times r=1\times 2=2$

## 04 　　　도함수　　　③

주어진 식 $\lim\limits_{h\to 0}\dfrac{f(1+h)}{h}=5$에서 분모가 0에 수렴하지만 극한값이 존재하므로, 극한의 성질에 의해 분자도 0으로 수렴해야 한다.
$f(1)=0$이므로 주어진 식 $f(x)=x^3+ax+b$에 대입하면
$1+a+b=0$.

$f(1)=0$이므로,
$\lim\limits_{h\to 0}\dfrac{f(1+h)}{h}=\lim\limits_{h\to 0}\dfrac{f(1+h)-f(1)}{h}=5$, $f'(1)=5$이다.
$f'(x)=3x^2+a$에 대입하면 $3+a=5$.
즉 $a=2$, $b=-3$이므로 $ab=-6$

## 05 　　　삼각함수　　　①

주어진 식 $\sin\left(\theta-\dfrac{\pi}{2}\right)=-\dfrac{2}{5}$에서,
$\sin\left(\theta-\dfrac{\pi}{2}\right)=-\sin\left(\dfrac{\pi}{2}-\theta\right)=-\cos\theta$이므로
$-\cos\theta=-\dfrac{2}{5}$, $\cos\theta=\dfrac{2}{5}$.

$\cos\theta=\dfrac{2}{5}$이므로, 삼각비를 그림으로 그려보면 다음과 같다.

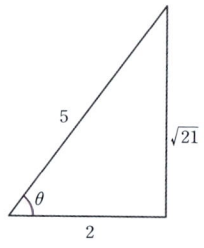

이때 문제조건에서 $\sin\theta<0$이므로
$\tan\theta=\dfrac{\sin\theta}{\cos\theta}<0$, $\tan\theta=-\dfrac{\sqrt{21}}{2}$

## 06 　　　적분법　　　⑤

$(t, f(t))$에서 접선의 기울기가 $-6t^2+2t$이므로,

$f'(t)=-6t^2+2t$.

이를 부정적분하면 $f(t)=-2t^3+t^2+C$이고,
$f(t)$가 $(1, 1)$을 지나므로 대입하면
$f(1)=-2+1+C=1$, $C=2$.
$f(-1)=2+1+2=5$

## 07 　　　수열　　　④

문제조건을 만족하는 모든 유리수들의 합을 나열하면,
$\left(\dfrac{1}{7}+\dfrac{3}{7}+\dfrac{5}{7}+\cdots+\dfrac{61}{7}\right)-\left(\dfrac{1}{7}+\dfrac{3}{7}+\dfrac{5}{7}+\dfrac{7}{7}\right)$
$-\left(\dfrac{21}{7}+\dfrac{35}{7}+\dfrac{49}{7}\right)$.
이를 수열 형태로 나타내면 아래와 같다.
$\dfrac{1}{7}\left(\sum\limits_{k=1}^{31}(2k-1)-(1+3+5+7)-(21+35+49)\right)$

수열의 홀수 합 공식에서 $\sum\limits_{k=1}^{n}(2k-1)=n^2$이므로,
$\dfrac{1}{7}\left(\sum\limits_{k=1}^{31}(2k-1)-16-105\right)=\dfrac{1}{7}(31^2-121)$
$\qquad\qquad\qquad\qquad\qquad =\dfrac{1}{7}\times 840=120$

## 08 　　　적분법　　　③

먼저 $x<1$인 경우, $-5x-4=-x^2-2x$에서
$x^2-3x-4=(x-4)(x+1)=0$이므로
두 함수는 $x=-1$에서 만난다.
또한 $x\geq 1$인 경우, $x^2-2x-8=-x^2-2x$에서
$2x^2=8$, $x^2=4$이므로
두 함수는 $x=2$에서 만난다.

이때 두 곡선으로 둘러싸인 부분의 넓이는
$\int_{-1}^{1}g(x)-f(x)dx=\int_{1}^{2}g(x)-f(x)dx$
$=\int_{-1}^{2}g(x)dx-\int_{-1}^{1}(-5x-4)dx-\int_{1}^{2}(x^2-2x-8)dx$
$=\left[-\dfrac{x^3}{3}-x^2\right]_{-1}^{2}+\left[\dfrac{5}{2}x^2+4x\right]_{-1}^{1}-\left[\dfrac{x^3}{3}-x^2-8x\right]_{1}^{2}$
$=-6+8+\dfrac{26}{3}=\dfrac{32}{3}$

## 09        평면기하     ②

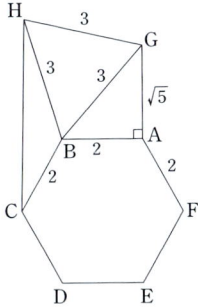

$\triangle$GBA에서 $\overline{AB}=2$, $\overline{AG}=\sqrt{5}$이므로

$\overline{BG}=3$이고 $\triangle$HBG가 정삼각형이므로, $\overline{BH}=3$.

또한 문제조건에서 $\overline{BC}=2$.

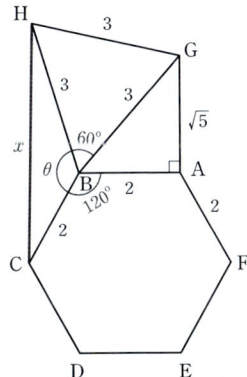

$\angle$HBC$=\theta$라 하자.

$\angle$HBG$=60°$, $\angle$ABC$=120°$이므로

$\angle$GBA$=\pi-\theta$이다. 그러면

$\triangle$GBA에서 $\cos(\pi-\theta)=-\cos\theta=\dfrac{1}{3}$이므로

$\cos\theta=-\dfrac{2}{3}$.


$\triangle$BHC에서, $\overline{CH}=x$라 하면 제2 코사인법칙에 의해

$x^2=3^2+2^2-2\times3\times2\times\cos\theta=21$이므로

$\overline{CH}=\sqrt{21}$


## 10        적분법     ①

주어진 식의 양변을 미분하면

$f(x)=3x^2+bx-5$를 얻는다. 이때 $x=-1$에서 극값을 가지므로 $f'(-1)=0$이고,

이를 대입하면 $-b-2=0$에서 $b=-2$.

---

$f(x)=[t^3-t^2-5t]_a^x=x^3-x^2-5x-a^3+a^2+5a$

이때 $f(-1)=0$이므로, 이를 대입하면

$a^3-a^2-5a-3=0$, $(a+1)^2(a-3)=0$이고

$a>0$이므로 $a=3$.

그러므로 $a+b=3-2=1$


## 11        지수함수     ②

$x\geq a$인 경우 $f(x)=-2^{x-a}+a$이고,

$x<a$인 경우 $f(x)=-2^{-x+a}+a$이므로

$f(x)$는 $(a,\ a-1)$을 기준으로 좌우대칭이며 $x$축과 두 점에서 만난다.

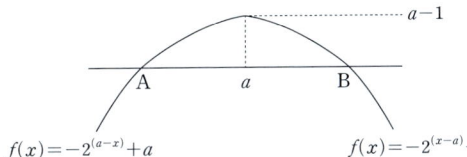

즉, $f(x)$는 이와 같은 형태가 된다.

이때 $\overline{AB}=6$이므로 A$=(a-3,\ 0)$, B$=(a+3,\ 0)$이다.

이를 대입하면 $f(a+3)=-2^3+a=0$이므로 $a=8$.

앞서 구한 $f(x)$의 형태에서, $f(x)$는 $x=a$에서 최댓값 $a-1$을 가지므로, $p+q=2a-1=15$


## 12        미분법     ④

조건 (가)에서,

$\lim\limits_{x\to0}\dfrac{g(x)-g(0)}{x}=\lim\limits_{x\to0}\dfrac{g(x)-g(0)}{x-0}=g'(0)=-4$이므로

$g(x)$는 $x=0$에서 연속이고 미분가능하다.

$g(x)$가 $x=0$에서 연속이므로,

$f(0)=a-f(0)$, $f(0)=\dfrac{a}{2}$이고 상수 $b$에 대하여

$f(x)=-x^2+bx+\dfrac{a}{2}$이다.


$g'(0)=f'(0)=b=-4$이므로 $b=-4$이다. 즉

$x<0$인 경우 $g(x)=-x^2-4x+\dfrac{a}{2}$이고,

$x\geq0$인 경우 $g(x)=x^2-4x+\dfrac{a}{2}$이므로

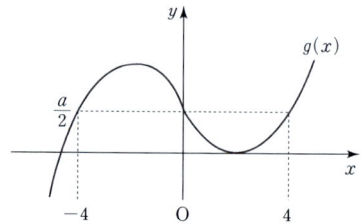

$g(x)$의 형태는 이와 같이 나타난다.

조건 (나)에서 $g(x)$의 극솟값이 0이므로,

$g(2)=4-8+\dfrac{a}{2}=0$에서 $a=8$. 그러므로

$g(-a)=g(-8)=-64+32+4=-28$

## 13        수열        ⑤

주어진 식을 풀어보면

$a_1+a_2+\cdots+a_n=a_{n-1}$, $a_1+a_2+\cdots a_{n-2}+a_n=0$

즉, $-(a_1+a_2+\cdots+a_{n-2})=a_n$가 된다.

$a_2=x$라 하면, 수열 $\{a_n\}$은 아래와 같이 나타난다.

$\{a_n\}=\{-3,\ x,\ 3,\ 3-x,\ -x,\ -3,\ x-3,\ x,\ 3,\ \cdots\}$

이때 $\{a_2,\ a_3,\ a_4,\ a_5,\ a_6,\ a_7\}$이 반복되므로

문제 조건에서 $a_{20}=a_2=1$이고, $x=1$.

이때 $a_2+a_3+a_4+a_5+a_6+a_7=0$이므로,

$\displaystyle\sum_{n=1}^{50}a_n=a_1+(a_2+a_3+a_4+a_5+a_6+a_7)+\cdots$

$+(a_{44}+a_{45}+a_{46}+a_{47}+a_{48}+a_{49})+a_{50}$

$=a_1+a_{50}=-3+x=-3+1=-2$

## 14        미분법        ①

먼저 $0<a$거나 $0>a$인 경우, $f(x)$는 연속함수이므로 $g(x)$는 $x=0$에서 연속이다.

또한 $a<0<a+1$인 경우, $-f(x)$는 연속함수이므로 $g(x)$는 $x=0$에서 연속이다.

마지막으로 $a=0$이거나 $a+1=0$인 경우,

$f(0)=-f(0)=0$이므로 $g(x)$는 $x=0$에서 연속이다.

그러므로 (ㄱ)은 참이다.

$k=4$일 때, $f(x)=x^3-4x$이므로

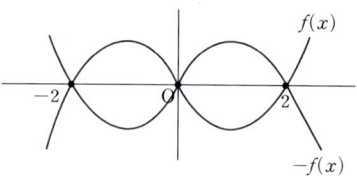

$f(x)$와 $-f(x)$를 그려보면 이와 같다.

이때 $x=a$와 $x=a+1$을 기준으로 $f(x)$와 $-f(x)$가 교차하게 되는데, $g(x)$의 불연속점이 하나이려면 $a$와 $a+1$중 하나는 $f(x)$와 $-f(x)$의 교점의 $x$좌표여야 한다.

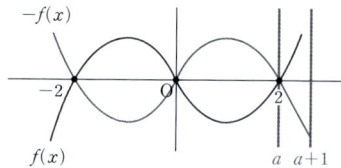

예를 들어, $a=2$인 경우 $g(x)$는 $x=a$에선 연속이지만 $x=a+1$에선 불연속이므로, 1개의 불연속점을 갖는다. 또한 $a+1=2$인 경우에도 1개의 불연속점을 갖는다.

이와 같은 원리로 $a=0$, $a+1=0$, $a=-2$, $a+1=-2$인 경우 $g(x)$는 1개의 불연속점을 갖는다.

즉, $g(x)$가 1개의 불연속점을 갖도록 하는 실수 $a$의 개수는 6이므로, (ㄴ)은 거짓이다.

$f(x)=x^3-kx=x(x^2-k)$이므로

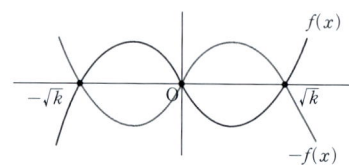

$f(x)$와 $-f(x)$를 그려보면 위와 같다.

이때 $g(x)$가 실수 전체에서 연속이 되기 위한 경우의 수는 다음과 같다.

1) $a=-\sqrt{k}$, $a+1=0$인 경우

　이 경우 $a=-1$이고, $k=1$이므로 가능하다.

2) $a=0$, $a+1=\sqrt{k}$인 경우

　이 경우 $a=0$이고, $k=1$이므로 가능하다.

3) $a=-\sqrt{k}$, $a+1=\sqrt{k}$인 경우

　두 식을 더하면 $2a+1=0$에서 $a=-\dfrac{1}{2}$이고,

　$k=\dfrac{1}{4}$이므로 가능하다.

즉, $g(x)$가 실수 전체의 집합에서 연속이 되게 하는 순서쌍 $(k,a)$는 $(1,-1)$, $(1,0)$, $\left(\dfrac{1}{4},-\dfrac{1}{2}\right)$의 3개이다.

그러므로 (ㄷ)은 거짓이다.

## 15        로그함수        ⑤

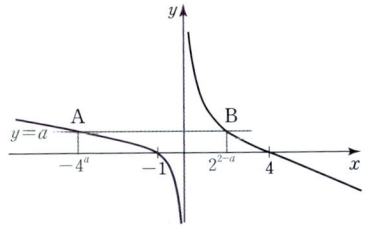

$y=a$와 $f(x)$의 교점 A, B에 대해

$x_1=-4^a$, $x_2=2^{2-a}$이고 문제조건에서 $\left|\dfrac{x_2}{x_1}\right|=\dfrac{1}{2}$이므로

$\left|\dfrac{2^{2-a}}{-2^{2a}}\right|=2^{2-3a}=2^{-1}$, $a=1$.

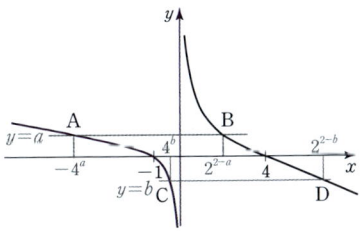

또한 $y=b$와 $f(x)$의 교점 C, D에 대해

$x_3=-4^b$, $x_4=2^{2-b}$인데, $\overline{AC}$와 $\overline{BD}$가 평행하므로

$\dfrac{-b+1}{4^b-4}=\dfrac{b-1}{2^{2-b}-2}$이다. $b\neq 1$이므로 양변을 $b-1$로 나누고
정리하면 $4^b+2^{2-b}-6=0$이고,
양변에 $2^b$를 곱하면 $(2^b)^3-6\times 2^b+4=0$이다.
$2^b=k$라 하면 $(k-2)(k^2+2k-2)=0$.
$k\neq 2$이고 $k>0$이므로 $k=2^b=-1+\sqrt{3}$.
그러므로

$\left|\dfrac{x_4}{x_3}\right|=\left|\dfrac{2^{2-b}}{4^b}\right|=|2^{2-3b}|=\left|\dfrac{4}{(2^b)^3}\right|=\left|\dfrac{4}{(\sqrt{3}-1)^3}\right|$

$=5+3\sqrt{3}$

## 16        지수        62

주어진 식의 양변을 $a^2$로 나누면,
$a^2+a^{-2}=80$이다.

이 식의 양변을 제곱하면,
$a^4+2+a^{-4}=64$.
그러므로 $a^4+a^{-4}=62$

## 17        미분법        16

먼저 $g(2)=4f(2)=-12$이고,
$g'(x)=(3x^2-2)f(x)+(x^3-2x)f'(x)$에서
$g'(2)=10\times(-3)+4\times 4=-14$이다.

점 $(2, g(2))$에서의 접선의 방정식은 기울기가 $-14$이고
$(2, -12)$를 지나므로
$y=-14(x-2)-12$이고, 이를 정리하면
$y=-14x+16$이다.
그러므로 이 접선의 $y$절편은 16이다.

## 18        수열        184

$\displaystyle\sum_{k=1}^{7}(a_k+k)=\sum_{k=1}^{7}a_k+\dfrac{8\times 7}{2}=\sum_{k=1}^{7}a_k+28=50$이므로

$\displaystyle\sum_{k=1}^{7}a_k=22$이다.

$\displaystyle\sum_{k=1}^{7}(a_k+2)^2=\sum_{k=1}^{7}a_k^2+4\sum_{k=1}^{7}a_k+28=\sum_{k=1}^{7}a_k^2+116=300$

$\displaystyle\sum_{k=1}^{7}a_k^2=300-116=184$

## 19        다항함수        12

$x^3-\dfrac{3n}{2}x^2=-7$, $x^2\left(x-\dfrac{3n}{2}\right)=-7$이므로
좌변항을 $f(x)$라 할 때, $f(x)$를 그려보면 다음과 같다.

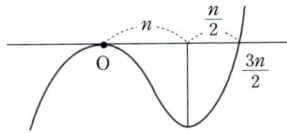

$f(x)=x^2\left(x-\dfrac{3n}{2}\right)=0$은 $x=0$에서 중근을 갖고,

$x=\dfrac{3n}{2}$에서 실근을 가지며 삼차함수의 성질에 의해

$x=n$에서 극값을 갖는다.

이때 우변항 $y=-7$이 이 그래프와 만나는 교점의 $x$좌표가 1보
다 큰 점이 두 개여야 하므로,

정답 및 해설

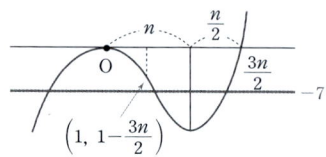

$f(n) < -7 < f(1)$이 성립한다.

오른쪽 부등호를 먼저 풀면 $-7 < 1 - \dfrac{3n}{2}$에서

$n < \dfrac{16}{3}$이므로 가능한 $n$은 1, 2, 3, 4, 5.

왼쪽 부등호를 풀면 $-\dfrac{1}{2}n^3 < -7$에서

$n^3 > 14$이므로 가능한 $n$은 3, 4, 5.

그러므로 가능한 모든 자연수 $n$의 합은 12.

| **20** | 도함수 | 11 |
|---|---|---|

$t = 1$과 $t = \alpha$에서 $P$가 정지하므로, $v(1) = v(\alpha) = 0$.

$v(t) = \displaystyle\int a(t) = t^3 - 4t^2 + 3t + C$이고, $v(1) = 0$이므로

$v(t) = t^3 - 4t^2 + 3t = t(t-1)(t-3)$, $\alpha = 3$.

$t = 1$에서 $t = 3$까지 $P$가 이동한 거리는

$\left| \displaystyle\int_1^3 v(t)dt \right| = \left| \left[ \dfrac{t^4}{4} - \dfrac{3}{4}t^3 + \dfrac{3}{2}t^2 \right]_1^3 \right| = \dfrac{8}{3}$.

그러므로 $p + q = 3 + 8 = 11$

| **21** | 삼각함수 | 29 |
|---|---|---|

먼저 두 그래프가 만나는 점을 보면,

$3a \tan bx = 2a \cos bx$에서 $a > 0$이므로

$3 \tan bx = 2 \cos bx$, $3 \dfrac{\sin bx}{\cos bx} = 2 \cos bx$

$3 \sin bx = 2 \cos^2 bx$, $3 \sin bx = 2(1 - \sin^2 bx)$이다.

$\sin bx = k$라 하면,

$2k^2 + 3k - 2 = (2k-1)(k+2) = 0$에서

$-1 < k < 1$이므로 $k = \sin bx = \dfrac{1}{2}$.

이때 문제조건에서 $0 < x < \dfrac{5}{2b}\pi$이므로

$0 < bx < \dfrac{5}{2}\pi$이다. 즉, $bx = \dfrac{\pi}{6}$, $\dfrac{5\pi}{6}$, $\dfrac{13\pi}{6}$이므로

점 $A_1$, $A_2$, $A_3$의 $x$좌표는 $\dfrac{\pi}{6b}$, $\dfrac{5\pi}{6b}$, $\dfrac{13\pi}{6b}$.

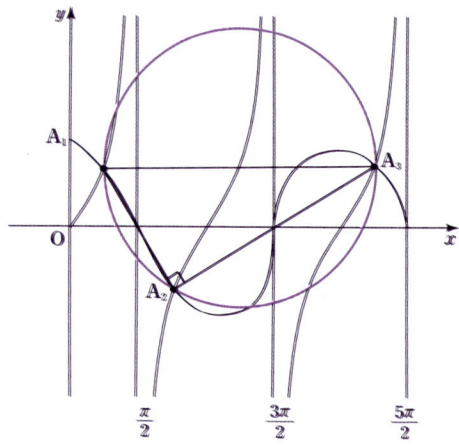

주어진 두 삼각함수의 그래프는 위와 같다.

이때 $\overline{A_1 A_3}$가 원의 지름이고, 원의 넓이가 $\pi$이므로 원의 반지름은 1, 지름은 2이다. 그러므로

$\dfrac{13\pi}{6b} - \dfrac{\pi}{6b} = 2$에서 $b = \pi$.

$b = \pi$를 주어진 함수에 대입하여

세 점 $A_1$, $A_2$, $A_3$의 좌표를 계산하면,

$A_1\left(\dfrac{1}{6}, \sqrt{3}a\right)$, $A_2\left(\dfrac{5}{6}, -\sqrt{3}a\right)$, $A_3\left(\dfrac{13}{6}, \sqrt{3}a\right)$를 얻는다.

이때 $\triangle A_1 A_2 A_3$가 직각삼각형이므로,

$\overline{A_1 A_3} \perp \overline{A_2 A_3}$이다.

즉, $\dfrac{-\sqrt{3}a - \sqrt{3}a}{\dfrac{5}{6} - \dfrac{1}{6}} \times \dfrac{\sqrt{3}a - (-\sqrt{3}a)}{\dfrac{13}{6} - \dfrac{5}{6}} = -1$에서,

$27a^2 = 2$이므로 $a^2 = \dfrac{2}{27}$이다.

$\left(\dfrac{a}{b}\pi\right)^2 = a^2 = \dfrac{2}{27}$이므로, $p + q = 27 + 2 = 29$

| **22** | 미분계수 | 54 |
|---|---|---|

조건 (가)에서, $\displaystyle\lim_{h \to 0+}\left\{ \dfrac{g(t+h)}{h} \times \dfrac{g(t-h)}{h} \right\} > 0$.

$\displaystyle\lim_{h \to 0+}\left\{ \dfrac{g(t+h) - g(t)}{h} \times \dfrac{-(g(t-h) - g(t))}{-h} \right\} < 0$이므로

$\displaystyle\lim_{h \to t+} g'(h) \times \lim_{h \to t-} g'(h) < 0$이다. 이를 만족하는 실수 $t$가 1개이므로, $g(x)$의 $x = t$에서의 좌미분계수와 우미분계수가 다른 지점, 즉 미분불가능한 점이 1개가 된다.

또한 $f(x)$가 중근이나 허근을 가질 경우.

$g(x) = x|f(x)| > 0$이므로 $g(x)$는 미분불가능점을 갖지 않는다.

따라서 $f(x)$는 서로 다른 두 실근을 갖는다.
이때 두 실근을 $\alpha$, $\beta$라 하면($\alpha<\beta$),
$x<\alpha$, $x>\beta$에서 $g(x)=xf(x)$이고
$\alpha<x<\beta$에서 $g(x)=-xf(x)$이므로
가능한 $f(x)$의 형태는 다음과 같다.

1) $\alpha=0$인 경우

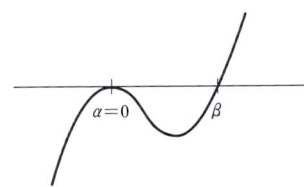

이 경우 $f(x)$는 $x=\alpha$에서 중근을 갖는데,

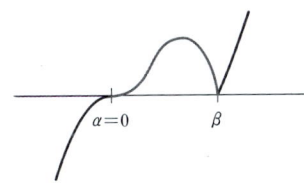

$g(x)$는 $\alpha<x<\beta$에서 그래프가 뒤집어지므로 위와 같이 그려진다.

2) $\beta=0$인 경우

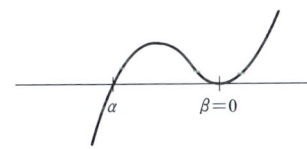

이 경우 $f(x)$는 $x=\beta$에서 중근을 갖는다.

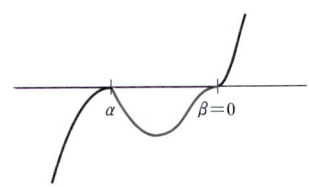

마찬가지로 $g(x)$는 $\alpha<x<\beta$에서 그래프가 뒤집어지므로 위와 같이 그려진다.

이때 조건 (나)에서 $g(x)=0$, $-4$를 만족하는 서로 다른 실근이 4개 존재해야 하는데,
1)의 경우에는 $g(x)=-4$가 1개의 근을 가지기 때문에 불가능하다.

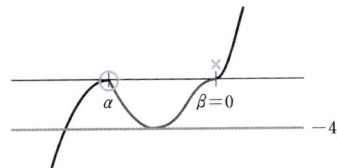

2)의 경우 다음과 같이 $g(x)$가 $y=-4$와 접하는 경우 조건을 만족한다.

삼차함수의 성질에 의해 극점의 $x$좌표는 $\dfrac{2\alpha}{3}$이므로,

$$g\left(\dfrac{2\alpha}{3}\right)=-\dfrac{2\alpha}{3}\times f\left(\dfrac{2\alpha}{3}\right)=-4$$가 성립한다.

$f(x)=x(x-\alpha)$이므로 대입하여 계산하면 $\alpha=-3$.
$f(x)=x(x+3)$이므로 $g(3)=3|f(3)|=54$

## 확률과 통계

### 23　　　이산확률분포　　　③

$\sum \mathrm{P}(\mathrm{X}=x)=1$이므로, $2a+b=1$이다.
또한 문제조건에서 $\mathrm{E}(\mathrm{X})=5$이므로, $6a+6b=5$이다.

두 식을 연립하면 $a=\dfrac{1}{6}$, $b=\dfrac{4}{6}$를 얻는다.

그러므로 $b-a=\dfrac{4}{6}-\dfrac{1}{6}=\dfrac{1}{2}$

### 24　　　확률　　　①

동전의 앞면이 5번 나오는 경우는 다음과 같다.
1) 주사위가 5가 나오고, 모두 앞면인 경우

　이 경우의 확률은 $\dfrac{1}{6}\times\left(\dfrac{1}{2}\right)^5$.

2) 주사위가 6이 나오고, 앞면이 5번, 뒷면이 1번인 경우

　이 경우의 확률은 $\dfrac{1}{6}\times {}_6\mathrm{C}_5\times\left(\dfrac{1}{2}\right)^5\times\left(\dfrac{1}{2}\right)$.

　두 경우의 확률의 합은

$$\dfrac{1}{6}\times\left(\dfrac{1}{2}\right)^5+\dfrac{1}{6}\times {}_6\mathrm{C}_5\times\left(\dfrac{1}{2}\right)^5\times\left(\dfrac{1}{2}\right)=\dfrac{1}{48}$$

### 25　　　이항정리　　　②

$x^5$의 계수와 $x^3$의 계수가 같으므로,
${}_7\mathrm{C}_2 a^5={}_7\mathrm{C}_3 a^3$에서 $a^2=\dfrac{5}{3}$.

$x^2$의 계수는 $_7C_2a^2=35$.

## 26         순열      ④

양 끝에 서로 다른 사관학교의 모자가 놓이는 경우는 다음과 같다.
1) 육군, 해군 사관학교 모자가 끝으로 가는 경우
2) 해군, 공군 사관학교 모자가 끝으로 가는 경우
3) 육군, 공군 사관학교 모자가 끝으로 가는 경우

1)의 경우, 경우의 수는 $2 \times \dfrac{6!}{2! \times 3!} = 120$
2)의 경우, 경우의 수는 $2 \times \dfrac{6!}{2! \times 2! \times 2!} = 180$
3)의 경우, 경우의 수는 $2 \times \dfrac{6!}{3! \times 2!} = 120$
그러므로 모든 경우의 수는 420

## 27         조합      ⑤

조건 (가)에서 $a$와 $b$가 이웃하므로, 둘을 하나로 간주한다. 이때 두 가지 경우로 나누는데,
1) $ab$로 간주하는 경우
    이 경우 $a$와 $c$가 이웃하지 않으므로 $c$가 $ab$ 바로 왼쪽에 올 수 없다.
2) $ba$로 간주하는 경우
    이 경우에는 $c$가 $ba$ 바로 왼쪽에 오더라도 $a$와 $c$가 이웃하지 않으므로 $c$가 $ba$ 바로 왼쪽에 올 수 있다.

먼저 나머지 문자 $d$, $e$, $f$, $g$를 배열하는 경우의 수는 $4!$이며 그 다음 빈칸에 $a$, $b$, $c$를 집어넣는다.
1)의 경우 $ab$와 $c$가 같은 칸에 들어갈 수 없으므로 빈칸 5칸 중 중복하지 않게 2칸을 고르면 된다.
    이때의 경우의 수는 $4! \, _5C_2$.
2)의 경우 $ab$와 $c$가 같은 칸에 들어갈 수 있으므로 빈칸 5칸 중 중복을 허용하면서 2칸을 고르면 된다.
    이때의 경우의 수는 $4! \, _5H_2$.
    그러므로 조건을 만족시킬 확률은
$$\frac{4!(_5C_2 + _5H_2)!}{7!} = \frac{5}{42}$$

## 28         순열      ④

서로 마주보는 두 카드의 수의 차가 같은 경우는 다음과 같다.
1) 차가 1인 경우
    이 경우 $(1, 2)$, $(3, 4)$, $(5, 6)$, $(7, 8)$이 서로 마주보게 된다.
2) 차가 2인 경우
    이 경우 $(1, 3)$, $(2, 4)$, $(5, 7)$, $(6, 8)$이 서로 마주보게 된다.
3) 차가 4인 경우
    이 경우 $(1, 5)$, $(2, 6)$, $(3, 7)$, $(4, 8)$이 서로 마주보게 된다.

1)의 경우, 카드를 나열하는 경우의 수는 1이 적힌 카드를 중심으로 잡고, 나머지 카드들을 집어넣는다고 생각하면 $3! \times 2^3$이다. 나머지 경우에도 카드를 나열하는 경우의 수는 동일하므로 전체 경우의 수는 $3 \times 3! \times 2^3$.
이제 1이 적힌 카드와 2가 적힌 카드가 이웃하는 경우의 수를 보면,
1)의 경우 두 카드가 마주보고 있으므로 불가능하고, 2)의 경우 마찬가지로 1이 적힌 카드를 중심으로 잡고, 나머지 카드들을 집어넣는다고 생각하면 $2 \times 2! \times 2^2$이다. 3)의 경우에도 동일하므로 전체 경우의 수는
$2 \times 2 \times 2! \times 2^2$.
그러므로 조건부확률은 $\dfrac{2 \times 2 \times 2! \times 2^2}{3 \times 3! \times 2^3} = \dfrac{2}{9}$

## 29         정규분포      8

과자 1개의 무게를 $X$라 하면
$X$는 정규분포 $N(150, 9^2)$를 따르고, 이 중에서 임의로 $n$개를 택한 것의 평균을 $\overline{X}$라 하면
$\overline{X}$는 정규분포 $N\left(150, \dfrac{9^2}{n}\right)$을 따른다.
세트 상품이 불량품일 확률은 $P(\overline{X} \leq 145)$이므로,
$n$이 $P(\overline{X} \leq 145) \leq 0.07$을 만족시키면 된다.

$P(\overline{X} \leq 145) \leq 0.07$를 정규화하면
$P\left(Z \leq -5 \times \dfrac{\sqrt{n}}{9}\right) \leq 0.07$이므로
$-\dfrac{5}{9}\sqrt{n} \leq -1.5$, $\sqrt{n} \geq 2.7$, $n \geq 2.7^2 = 7.29$에서
자연수 $n$의 최소값은 8

## 30         조합      166

조건 (가)에서, A가 연필을 4개 이상 받아야 하므로 연필을 나누

어 주는 경우는 다음과 같다.

1) A가 연필 5개를 모두 받는 경우

2) A가 연필을 4개만 받고, 나머지는 다른 사람이 받는 경우

1)의 경우, 조건 (나)에 해당하는 사람은 반드시 A여야 한다. 즉, A는 공책을 5개 이하로 받아야 하며, 이때 경우의 수는 4명에게 공책 5권을 중복을 허용하면서 나누어 주는 경우의 수에서 A가 공책 5개 받는 경우의 수를 빼주면 된다.

그러므로 이 경우는 $_4H_5-1=55$가지이다.

2)의 경우, 조건 (나)에 해당하는 사람이 A인 경우와 아닌 경우로 나눌 수 있다.

조건 (나)에 해당하는 사람이 A인 경우, A를 제외한 사람 중 한 명이 연필 1개와, 공책 1개 이상을 받아야 하므로 이를 받을 사람을 먼저 정하고, 남은 공책 4권을 중복을 허용하면서 4명에게 주면 되는데, 이때 $A$가 공책을 4권 받는 경우를 빼주면 된다.

이 경우는 $3\times(_4H_4-1)=102$가지이다.

조건 (나)에 해당하는 사람이 A가 아닌 경우, A를 제외한 사람 중 한 명이 연필 1개만을 받고, A가 공책 4권 이상을 가져가야 하므로 이를 받을 사람을 먼저 정하고 A가 공책 4권을 가져간 뒤, 남은 1권을 조건 (나)에 해당하는 사람을 제외한 세 명중 한 명이 받으면 된다.

이 경우는 $3\times3=9$가지이다.

그러므로 모든 경우의 수는 $55+102+9=166$가지이다.

### 미적분

**23** 수열 ⑤

$S_n-S_{n-1}=a_n$이므로($n\ge2$) 대입하면
$a_n=4^{n+1}-3n-\{4^n-3(n-1)\}=3\times4^n-3$.

이를 대입하면 $\lim_{n\to\infty}\dfrac{a_n}{4^{n-1}}=\lim_{n\to\infty}\dfrac{3\times4^n-3}{4^{n-1}}$인데,
$4^n>0$이므로

$\lim_{n\to\infty}\dfrac{3\times4^n-3}{4^{n-1}}=\lim_{n\to\infty}\dfrac{3-\frac{3}{4^n}}{\frac{1}{4}}=\dfrac{3}{\frac14}=12$

**24** 적분법 ②

$\lim_{n\to\infty}\dfrac1n\sum_{k=1}^n f\left(\dfrac{n+k}{n}\right)=\int_0^1 f(1+x)dx=\int_1^2 f(x)dx.$

$\int_1^2 f(x)dx=\left[\ln x-\dfrac1x\right]_1^2=\ln2+\dfrac12$

**25** 삼각함수 ③

$x$축과 만나는 점이므로 $y=0$을 대입하면
$\pi\times\cos0+0=3x$에서 $x=\dfrac{\pi}{3}$. 즉 $A\left(\dfrac{\pi}{3},0\right)$이다.

주어진 식을 $x$에 대하여 미분하면
$\pi(-\sin y)y'+y'\sin x+y\cos x=3$
여기에 $\left(\dfrac{\pi}{3},0\right)$를 대입하면 $y'=2\sqrt3$

**26** 무한등비급수 ①

$\triangle OB_1D_1=\dfrac12\times1\times1\times\sin30°=\dfrac14$인데,
$S_1=OB_1D_1C_1A_1-\triangle OB_1A_1=3\triangle OB_1D_1-\triangle OB_1A_1$
$=3\times\dfrac14-\dfrac12=\dfrac14$

$\overline{OB_2}=\dfrac{1}{\sqrt2}$이므로, $S_n$의 공비 $r$은 길이의 공비의 제곱인 $\dfrac12$이다.
그러므로 $\lim_{n\to\infty}S_n=\dfrac{S_1}{1-r}=\dfrac12$

**27** 정적분 ④

주어진 도형의 부피는
$\int_{\frac{\pi}{3}}^{\frac{\pi}{2}}y^2dx=\int_{\frac{\pi}{3}}^{\frac{\pi}{2}}(1+\cos x)^2\sin x\,dx$
$=\int_{\frac{\pi}{3}}^{\frac{\pi}{2}}\sin x+2\sin x\cos x+\sin x\cos^2 x\,dx$
$=\left[-\cos x+\sin^2 x-\dfrac13\cos^3 x\right]_{\frac{\pi}{3}}^{\frac{\pi}{2}}=\dfrac{19}{24}$

**28** 미분법 ③

주어진 곡선이 직선 $y=tx$와 점 $(t,t^2)$에서 접하므로, 다음이 성립한다.
$\begin{cases}(at+b)e^{t-k}=t^2\\(at+a+b)e^{t-k}=t\end{cases}$
이때 아래 식에서 위 식을 빼면, $ae^{t-k}=t-t^2$이므로
$a=f(t)=(t-t^2)e^{k-t}$이다.
이를 위 식에 대입하면, $b=g(t)=t^3 e^{k-t}$이다.

$f(k)=-6$이므로, $f(k)=k-k^2=-6$,
$(k-3)(k+2)=0$에서 $k=3$이다. 그러므로
$g'(k)=(-k^3+3k^2)e^0=-27+27=0$

## 29          삼각함수          20

사인함수는 원점에 대하여 대칭이므로, 주어진 사인함수와 $\overline{PQ}$가
교차하면서 생기는 두 영역의 크기는 같다.
그러므로, $S(t)$는 $\Delta PQR$의 넓이와 같다.

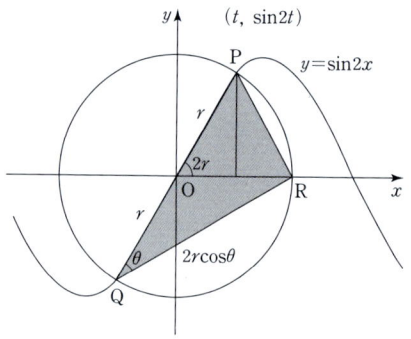

이때 원의 반지름을 $r$, $\angle PQR=\theta$라 하면
$\Delta PQR=\dfrac{1}{2}\times 2r \times 2r\cos\theta \times \sin\theta=r^2(2\sin\theta\cos\theta)$
$=r^2\sin 2\theta=r^2\times\dfrac{\sin 2t}{r}=r\sin 2t$이다.
$r=\sqrt{t^2+\sin^2 2t}$이므로, 이를 대입하면
$\lim\limits_{t\to 0+}\dfrac{S(t)}{t^2}=\lim\limits_{t\to 0+}\dfrac{\sqrt{t^2+\sin^2 2t}\times\sin 2t}{t^2}$
$=\lim\limits_{t\to 0+}\dfrac{\sqrt{t^2+\sin^2 2t}}{t^2}\times\lim\limits_{t\to 0+}\dfrac{\sin 2t}{t}=\sqrt{5}\times 2=2\sqrt{5}$
$k=2\sqrt{5}$이므로, $k^2=20$

## 30          적분법          13

$f(x)$를 적분하면 $f(x)=\dfrac{1}{2}(\ln x)^2-k\ln x+C$인데,
$f(x)$가 $(1, 0)$을 지나므로 이를 대입하면
$f(x)=\dfrac{1}{2}(\ln x)^2-k\ln x$이다.
또한 $f(x)$가 $\left(\dfrac{1}{e^2}, 0\right)$을 지나므로 이를 대입하면
$f(x)=\dfrac{1}{2}(\ln x)^2+\ln x$이다.

$f(x)=t$, $\dfrac{1}{2}(\ln x)^2+\ln x=t$,

$(\ln x)^2+2\ln x-2t=0$, $(\ln x+1)^2=1+2t$,
$\ln x+1=\pm\sqrt{1+2t}$인데,
더 작은 $x$좌표를 구해야 하므로
$\ln x=-1-\sqrt{1+2t}$에서 $g(t)=e^{-1-\sqrt{1+2t}}$.

$-1-\sqrt{1+2t}=X$라 하면,
$\displaystyle\int_0^{\frac{3}{2}}e^{-1-\sqrt{1+2t}}dt=\int_{-2}^{-3}(X+1)e^X dx=[Xe^X]_{-2}^{-3}$
$=-3e^{-3}+2e^{-2}=\dfrac{2e-3}{e^3}$이다.
$a=2$, $b=-3$이므로 $a^2+b^2=4+9=13$

### 기하

## 23          공간좌표          ④

점 $P$가 $x$축 위에 있으므로 $P(a, 0, 0)$이라 하면
$\overline{AP}^2=\overline{BP}^2$, $(a-4)^2+4+9=(a+2)^2+9+1$,
$12a=15$, $a=\dfrac{5}{4}$.
그러므로 점 $P$의 $x$좌표는 $\dfrac{5}{4}$.

## 24          이차곡선          ⑤

두 쌍곡선의 방정식을 기본형으로 변형하면
$\dfrac{(x-1)^2}{1}-\dfrac{(y+1)^2}{\frac{1}{9}}=1$, $\dfrac{(x-1)^2}{1}-\dfrac{(y+1)^2}{\frac{1}{9}}=-1$
을 얻는다.
즉, 중심이 $(1, -1)$로 같고, 점근선의 기울기가 $\pm\dfrac{1}{3}$인 두 쌍곡선
이다.

이 경우 두 쌍곡선의 중심과 점근선이 같으므로, 두 쌍곡선과 만
나지 않는 두 개의 직선은 두 개의 점근선이다. 기울기가 $\pm\dfrac{1}{3}$이
고, 중심 $(1, -1)$을 지나는 두 직선의 방정식은
$y=\dfrac{1}{3}x-\dfrac{4}{3}$, $y=-\dfrac{1}{3}x-\dfrac{2}{3}$이므로
$ac+bd=-\dfrac{1}{9}+\dfrac{8}{9}=\dfrac{7}{9}$

| 25 | 평면벡터 | ① |
|---|---|---|

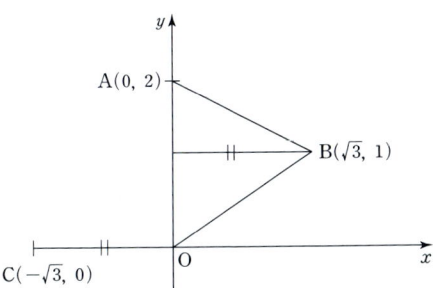

$\Delta$AOB가 정삼각형이므로, B($\sqrt{3}$, 1)이고
$\overrightarrow{OA}=(0, 2)$, $\overrightarrow{BC}=\overrightarrow{OC}-\overrightarrow{OB}=(-\sqrt{3}, 0)-(\sqrt{3}, 1)$
$=(-2\sqrt{3}, -1)$이다.
그러므로 $|\overrightarrow{OA}+\overrightarrow{BC}|=|(0, 2)+(-2\sqrt{3}, -1)|$
$=|(-2\sqrt{3}, 1)|=\sqrt{13}$

| 26 | 정사영 | ② |
|---|---|---|

$\Delta$BID를 평면 EFGH에 정사영하면 $\Delta$FGH가 되는데, 이때
$\Delta$BID$\times\cos\theta=\Delta$FGH=1이므로
$\cos\theta=\dfrac{1}{\Delta\mathrm{BID}}$이다.

$\Delta$ABD에서 $\overline{BD}$는 빗변이므로 $\overline{BD}=\sqrt{5}$,
마찬가지로 $\overline{BI}$와 $\overline{ID}$도 빗변이므로
$\overline{BI}=2\sqrt{2}$, $\overline{ID}=\sqrt{5}$.

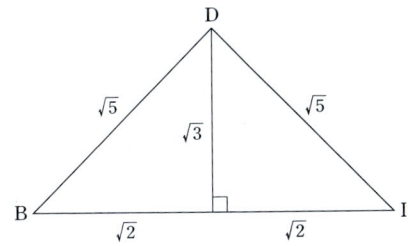

이때 $\Delta$BID는 이등변삼각형이므로
$\Delta\mathrm{BID}=\dfrac{1}{2}\times 2\sqrt{2}\times\sqrt{3}=\sqrt{6}$이다.
그러므로 $\cos\theta=\dfrac{1}{\sqrt{6}}=\dfrac{\sqrt{6}}{6}$.

| 27 | 이차곡선 | ③ |
|---|---|---|

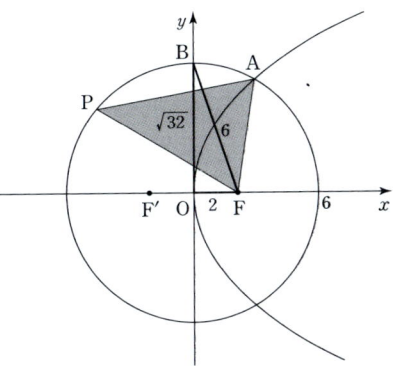

타원이 $y$축과 만나는 점 중 $y$좌표가 양수인 점을 B라고 하자. 타원의 장축의 길이가 12이므로 $\overline{BF}=6$, $\overline{OB}=\sqrt{36-4}=\sqrt{32}$이고, 이때 타원의 방정식은
$\dfrac{x^2}{36}+\dfrac{y^2}{32}=1$이다.
또한 포물선의 경우 초점이 F(2, 0)이므로, 포물선의 방정식은
$y^2=8x$이다.

$\dfrac{x^2}{36}+\dfrac{y^2}{32}=1$에 $y^2=8x$을 대입하여 풀면, A($3$, $2\sqrt{6}$)을 얻는다.

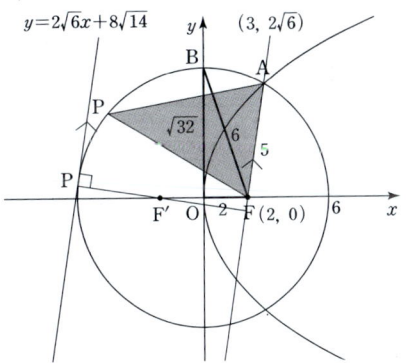

$\overrightarrow{FA}$의 기울기가 $2\sqrt{6}$이므로, 이것과 평행하면서 타원에 접하는 직선 중 위에 있는 직선과 타원의 교점이 P가 된다.
접선의 기울기가 $2\sqrt{6}$이고 타원 $\dfrac{x^2}{36}+\dfrac{y^2}{32}=1$에 접하는 직선의 방정식은
$y=2\sqrt{6}x+\sqrt{36\times24+32}=2\sqrt{6}x+8\sqrt{14}$이다.
이 직선과 $F(2,0)$사이의 거리를 구해보면
$\dfrac{4\sqrt{6}+8\sqrt{14}}{\sqrt{(2\sqrt{6})^2+1^2}}=\dfrac{4\sqrt{6}+8\sqrt{14}}{5}$이므로,
$\Delta\mathrm{APF}=\dfrac{1}{2}\times\overline{AF}\times\dfrac{4\sqrt{6}+8\sqrt{14}}{5}=\dfrac{1}{2}\times5\times\dfrac{4\sqrt{6}+8\sqrt{14}}{5}$
$=2\sqrt{6}+4\sqrt{14}$

**28** 평면벡터 ⑤

조건 (가)에서

$$\overrightarrow{AB} \cdot \overrightarrow{AC} = \frac{1}{3}|\overrightarrow{AB}|^2 = |\overrightarrow{AB}| \times \left|\frac{1}{3}\overrightarrow{AB}\right|$$이므로,

$\overrightarrow{AC}$를 $\overrightarrow{AB}$ 위로 정사영하면 $\frac{1}{3}\overrightarrow{AB}$가 된다.

즉 $C$에서 $\overrightarrow{AB}$에 내린 수선의 발은 $\overrightarrow{AB}$를 1:2로 내분한다.
또한 조건 (나)에서

$$\overrightarrow{AB} \cdot \overrightarrow{CB} = \frac{2}{3}|\overrightarrow{AB}|^2 = \frac{2}{5}|\overrightarrow{AC}|^2$$이므로,

$|\overrightarrow{AC}| = \frac{\sqrt{15}}{3}|\overrightarrow{AB}|$이다. 이제 $\triangle ABC$를 그려 보면,

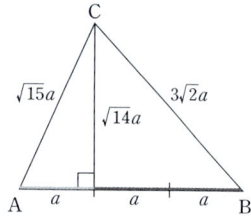

$\overrightarrow{AB} = 3a$라 할 때 $\triangle ABC$는 위와 같이 된다.

$\overrightarrow{AB}$에 수직인 직선과 $\overrightarrow{AC}$가 만나는 점이 $D$이므로, 이를 그려보면 다음과 같다.

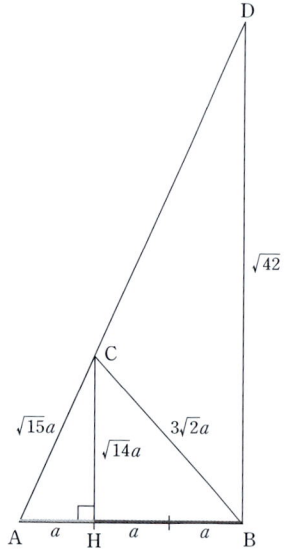

이때 C에서 $\overline{AB}$에 내린 수선의 발을 H라 하면,
$\triangle AHC$와 $\triangle ABD$는 1:3닮음이므로

$3 \times \sqrt{14}a = \sqrt{42}$, $a = \frac{\sqrt{3}}{3}$이다.

그러므로,

$$\triangle ABC = \frac{1}{2} \times 3a \times \sqrt{14}a = \frac{3}{2}\sqrt{14}a^2 = \frac{\sqrt{14}}{2}$$

**29** 이차곡선 23

$\overline{FA}:\overline{FB} = 1:3$이므로, $A\left(\frac{a^2}{4p}, a\right)$, $B\left(\frac{b^2}{4p}, b\right)$라 하면

$$3\left(\frac{a^2}{4p} + p\right) = \frac{b^2}{4p} + p,\ 2p = \frac{b^2 - 3a^2}{4p},\ 8p^2 = b^2 - 3a^2.$$

또한 $F'(-p, 0)$, A, B가 한 직선 위에 있으므로
$\overrightarrow{F'A}$와 $\overrightarrow{F'B}$의 기울기가 같다.

즉 $\dfrac{a}{\dfrac{a^2}{4p} + p} = \dfrac{b}{\dfrac{b^2}{4p} + p}$이고, 정리하면

$$\frac{ab}{4p}(b-a) = p(b-a),\ ab = 4p^2$$이다.

$8p^2 = b^2 - 3a^2$이므로 $2ab = b^2 - 3a^2$에서

$b = 3a$, $a = \frac{1}{3}b$를 얻는다.

이를 $ab = 4p^2$에 대입하면 $b^2 = 12p^2$.

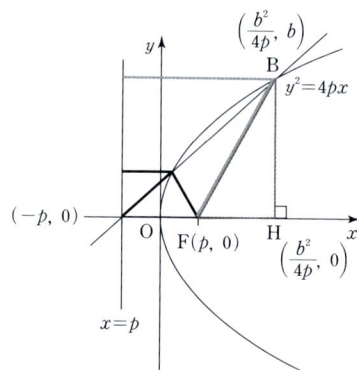

$\triangle BFH = \frac{1}{2} \times \left(\frac{b^2}{4p} - p\right) \times p = 2\sqrt{3}p^2 = 46\sqrt{30}$이므로,

$p^2 = 23$.

**30**        공간좌표        17

$C_1$과 $C_2$ 모두 $x>0$, $y>0$, $z>0$인 공간에 있으므로 이 둘을 연결한 최단거리는 $C_2$를 $x$축, $y$축에 대하여 대칭이동시킨 구를 $C_2{}'$이라 할 때 $\overline{C_1C_2{}'}$가 된다.

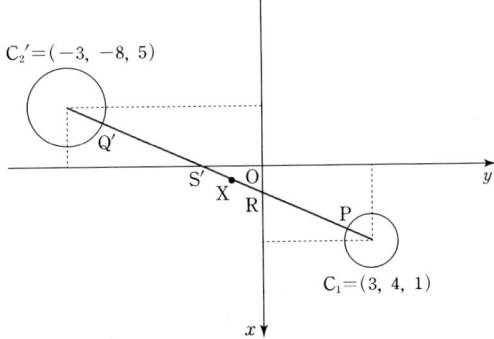

이를 $z$축 위에서 내려다보면 이와 같이 되며, 이때 $C_1$과 $C_2{}'$의 중심 사이의 거리는

$\sqrt{36+144+16}=14$이다.

$\overline{PR}+\overline{RX}=\overline{XS}+\overline{SQ'}$이므로, $X$는 $\overline{PQ'}$을

1:1로 내분하는 점이 된다.

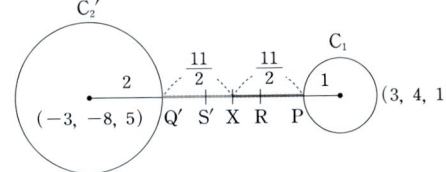

이때 $C_1$과 $C_2{}'$의 반지름이 1, 2이므로

$X$는 $C_1$과 $C_2{}'$를 13:15로 내분하는 점이 된다.

그러면 $X$의 $x$좌표는 $\dfrac{15\times3-3\times13}{28}=\dfrac{3}{14}$이므로,

$p+q=14+3=17$.

사관학교 10개년 수학 ▼

# 2023학년도 기출문제 정답 및 해설

🖉 제3교시 **수학영역**

| | | | | | |
|---|---|---|---|---|---|
| 01 ③ | 02 ② | 03 ④ | 04 ④ | 05 ① | 06 ⑤ |
| 07 ③ | 08 ② | 09 ④ | 10 ② | 11 ⑤ | 12 ① |
| 13 ④ | 14 ② | 15 ⑤ | 16 8 | 17 6 | 18 10 |
| 19 64 | 20 14 | 21 35 | 22 11 | | |

**[확률과 통계]**

| | | | | | |
|---|---|---|---|---|---|
| 23 ② | 24 ③ | 25 ④ | 26 ③ | 27 ① | 28 ④ |
| 29 25 | 30 27 | | | | |

**[미적분]**

| | | | | | |
|---|---|---|---|---|---|
| 23 ② | 24 ③ | 25 ① | 26 ④ | 27 ⑤ | 28 ② |
| 29 49 | 30 4 | | | | |

**[기하]**

| | | | | | |
|---|---|---|---|---|---|
| 23 ① | 24 ⑤ | 25 ④ | 26 ③ | 27 ② | 28 ⑤ |
| 29 261 | 30 7 | | | | |

**01** 준 식 $=\dfrac{4}{\dfrac{1}{3^2}+\dfrac{1}{3^3}}$ 이고,

분자와 분모에 $3^3$을 곱하면

∴ 준 식 $=\dfrac{4\times 3^3}{3+1}=\dfrac{4\times 3^3}{4}=3^3=27$

**02** 주어진 함수 $f(x)$의 양변을 미분하면,

$f'(x)=(3x^2-4x)(ax+1)+(x^3-2x^2+3)\times a$이다.

$f'(0)=3a=15$이므로

∴ $a=5$

**03** 첫째항을 $a_1$, 공비를 $r$이라 하면

$a_2=a_1r=40$이고,

$\dfrac{(a_3)^2}{a_1\times a_7}=\dfrac{(a_1\times r^2)^2}{a_1\times(a_1\times r^6)}=\dfrac{(a_1)^2\times r^4}{(a_1)^2\times r^6}=\dfrac{1}{r^2}=20$이므로

$r^2=\dfrac{1}{2}$이다.

∴ $a_4=a_1\times r^3=a_1\times r\times r^2=a_2\times r^2=4\times\dfrac{1}{2}=2$

**04** $1<x<2$에서 $f(x)=-x+3$이므로

$\displaystyle\lim_{x\to 1+}f(x)=\lim_{x\to 1+}-x+3=2$

$2<x<3$에서 $f(x)=(x-3)^2+2$이므로

$\displaystyle\lim_{x\to 3-}f(x)=\lim_{x\to 3-}(x-3)^2+2=2$

∴ $\displaystyle\lim_{x\to 1+}f(x)+\lim_{x\to 3-}f(x)=4$

**05** 근과 계수의 관계에 의하여 $\sin\theta+\cos\theta=\dfrac{1}{5}$,

$\sin\theta\times\cos\theta=\dfrac{a}{5}$

$\sin^2\theta+\cos^2\theta=(\sin\theta+\cos\theta)^2-2\sin\theta\cos\theta$

$\qquad\qquad\qquad=\left(\dfrac{1}{5}\right)^2-\dfrac{2a}{5}=1$

이므로

∴ $-\dfrac{2a}{5}=1-\dfrac{1}{5^2}=\dfrac{24}{25}$, $a=\dfrac{24}{25}\times\left(-\dfrac{5}{2}\right)=-\dfrac{12}{5}$

**06** $f'(x)=2x^3+2ax=2x(x^2+a)$에서

Ⅰ) $a\geq 0$인 경우, $x^2+a\geq 0$이므로 $f'(x)=2x(x^2+a)$는 $x=0$에서 극솟값을 갖지만, 극댓값을 갖지 않는다.

Ⅱ) 문제 조건에서 $f(x)$는 극댓값을 가지므로, $a\geq 0$이 아니다. $a<0$인 경우, $f(x)=2x(x^2+a)$는 $x=\pm\sqrt{(-a)}$ 에서 극솟값을 가지며 $x=0$에서 극댓값을 갖는다.

이때, $a<0$이므로 $a=-\sqrt{(-a)}$, $a^2=-a$, $a^2+a=0$,

$a(a+1)=0$에서 $a=-1$이다.

또한 $f(0)=b=a+8$에서 $b=7$이다.

∴ $a+b=-1+7=6$

**07** $A$의 $x$좌표를 $t$라 하면 $\overline{AB}:\overline{AC}=2:1$이므로 $B(3t,\ 0)$이다.

$B$는 $y=mx+2$위의 점이므로 대입하면 $3mt+2=0$,

$mt=-\dfrac{2}{3}$

또한, $A\left(t,\ \dfrac{1}{3}\left(\dfrac{1}{2}\right)^{t-1}\right)$도 $y=mx+2$위의 점이므로

이를 대입하면 $mt+2=\dfrac{1}{3}\left(\dfrac{1}{2}\right)^{t-1}$,

$mt+2=\dfrac{4}{3}=\dfrac{1}{3}\left(\dfrac{1}{2}\right)^{t-1}$, $4=\left(\dfrac{1}{2}\right)^{-2}=\left(\dfrac{1}{2}\right)^{t-1}$이고,

$-2=t-1$이므로 $t=-1$이다. 이를 $mt=-\dfrac{2}{3}$에 대입하면

∴ $m=-\dfrac{2}{3t}=\dfrac{2}{3}$

**08** $f(x)$가 실수 전체 집합에서 연속이므로

$\lim_{x \to a-} f(x) = \lim_{x \to a+} f(x)$, $a^2 - 2a = 2a + b$이고

$f(x)$가 실수 전체 집합에서 미분가능하므로

$\lim_{x \to a-} f'(x) = \lim_{x \to a+} f'(x)$,

$2a - 2 = 2$에서 $a = 2$이고, $a^2 - 2a = 2a + b$에 대입하면

$b = -4$이다.

$\therefore a + b = 2 - 4 = 2$

**09** 곡선 $y = |\log_2(-x)|$를 주어진 조건에 맞게 이동시키면,

$f(x) = |\log_2(x-k)|$이므로 $f(x)$와 $y = |\log_2(-x+8)|$

을 그려보면 다음과 같다.

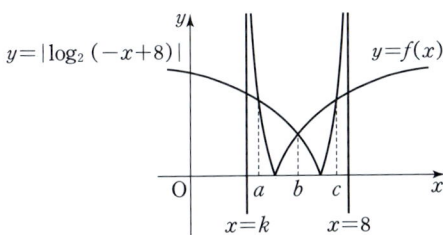

이때, 세 교점의 $x$좌표를 작은 순서대로 $a$, $b$, $c$라 하면,

$f(x)$와 $y = |\log_2(-x+8)|$는 $x = b$를 기준으로 좌우대칭

이므로 $\dfrac{a+c}{2} = b$이고,

$a + b + c = (a+c) + b = 2b + b = 3b = 18$이므로

$b = 6$이다.

따라서

$f(6) = |\log_2(6-k)| = |\log_2(-6+8)| = |\log_2 2| = 1$

이고

$k < b = 6$이므로, $|\log_2(6-k)| = 1$에서

$\therefore k = 4$

**10** 조건 (나)에서 $1 < x < 3$에서 $xf'(x) > 0$이므로

$f(x)$는 $x = 0$, $x = 1$, $x = 3$에서 극값을 갖는다.

$f'(x) = ax(x-1)(x-3)$라 하면 $f'(4) = -24$이므로

$a = -2$이다.

따라서 $f'(x) = -2x(x-1)(x-3) = -2x^3 + 8x^2 - 6x$

이를 부정적분하면 $f(x) = -\dfrac{1}{2}x^4 + \dfrac{8}{3}x^3 - 3x^2 + C$

(단, $C$는 적분상수),

이때, $f(0) = 2$이므로 $C = 2$이고,

$\therefore f(2) = -8 + \dfrac{64}{3} - 12 + 2 = \dfrac{10}{3}$

**11** $\overline{Q_nR_n} \geq \dfrac{n}{2}$인 경우, $a_n = \overline{P_nQ_n} = n - \dfrac{1}{20}n\left(n+\dfrac{1}{3}\right)$이므로,

이 경우를 찾으면

$\overline{Q_nR_n} = \dfrac{1}{20}n\left(n+\dfrac{1}{3}\right) \geq \dfrac{n}{2}$에서, $3n^2 - 29n \geq 0$을 만족하는

$n = 10$으로 유일하다.

ⅰ) $1 \leq n \leq 9$인 경우, $a = \overline{Q_nR_n} = \dfrac{1}{20}n\left(n+\dfrac{1}{3}\right)$이므로

$\displaystyle\sum_{n=1}^{9} a_n = \sum_{n=1}^{9} \dfrac{1}{20}n\left(n+\dfrac{1}{3}\right) = \dfrac{1}{20}\sum_{n=1}^{9} n^2 + \dfrac{1}{60}\sum_{n=1}^{9} n$

$\quad\quad\quad = \dfrac{17}{4} + \dfrac{3}{4} = 15$

ⅱ) $n = 10$인 경우, $a = \overline{P_nQ_n} = n - \dfrac{1}{20}n\left(n+\dfrac{1}{3}\right)$이므로

$a_{10} = 10 - \dfrac{1}{20} \times 10 \times \left(10 + \dfrac{1}{3}\right) = \dfrac{29}{6}$

$\therefore \displaystyle\sum_{n=1}^{10} a_n = \sum_{n=1}^{9} a_n + a_{10} = 15 + \dfrac{29}{6} = \dfrac{119}{6}$

**12** $f(a) + \lim_{x \to a+} f(x) = 4$를 만족하는 경우는 다음의 두 가지이다.

ⅰ) $x \neq 2$인 경우, 함수 $f(x)$는 연속이므로 $f(x) = 2$일 때 만족한다.

이때, $x \leq 2$에서는 $\pm 1$이 이를 만족하고,

$x > 2$에서는 함수 $f(x) = ax + b$ 즉, 일차함수이므로 한 점에서만 만족하는데 이 점을 $(t, 2)$라 하자.

ⅱ) 위의 과정에서 $f(a) + \lim_{x \to a+} f(x) = 4$를 만족하는 $x$가 세 개 존재하였으므로 $x = 2$인 경우에도 이를 만족한다.

$f(2) + \lim_{x \to 2+} f(x) = 2^2 + 1 + \lim_{x \to 2+} f(x) = 4$이므로

$\lim_{x \to 2+} f(x) = 2a + b = -1$

$a = -1$, $1$, $2$, $t$이고 이때 합이 $8$이므로 $t = 6$이다. 따라서

$(6, 2)$가 $f(x) = ax + b$ 위에 있으므로 $6a + b = 2$이다. 이를

$2a + b = -1$와 연립하면 $a = \dfrac{3}{4}$, $b = -\dfrac{5}{2}$

$\therefore a + b = -\dfrac{7}{4}$

**13** (가) 사인법칙에서 마주보는 변과 각의 사인값의 비는 외접원

의 지름이므로 $\dfrac{\overline{BD}}{\sin A} = 2r$

(나)

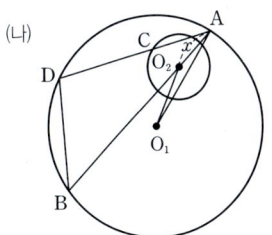

$\overline{AO_2}$의 길이를 $x$라 하자.

$\triangle O_1O_2A$에서 $\overline{O_1O_2} + \overline{O_2A} \geq \overline{O_1A}$이므로 $x + 2 \geq r$이고,

$x \geq r - 2$이므로

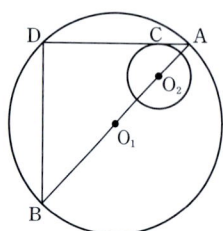

$\overrightarrow{AO_2}$의 최솟값은 직선 $\overrightarrow{AD}$가 점 $C$에서 원 $C_2$와 접할 때인 $r-2$

(다) 직선 $AD$가 점 $C$에서 원 $C_2$와 접할 때 $\overline{O_1C}$의 길이를 $y$라 하자.

$\Delta O_1O_2C$에서 $\overline{O_1O_2}=2$, $\overline{O_2C}=1$이고

$\cos\angle O_1O_2C = -\cos\angle AO_2C = -\dfrac{1}{r-2}$이므로,

$\overline{O_1C}^2 = y^2 = 2^2 + 1^2 - 2 \times 2 \times \left(-\dfrac{1}{r-2}\right) = 5 + \dfrac{4}{r-2}$

$\therefore f(4) \times g(5) \times h(6) = 8 \times 3 \times 6 = 144$

**14**  ㄱ. $\lim\limits_{x\to 1^-} g(x) = f(1) = \lim\limits_{x\to 1^+} g(x) = 2f(1) - f(1) = f(1)$
이므로 참이다.

ㄴ. $2 \times g(-1) - 6 = 0$이므로 $g(-1) = f(-1) = 3$이고,

$\lim\limits_{h\to 0^+} \dfrac{g(-1+h) + g(-1-h) - 6}{h}$

$= \lim\limits_{h\to 0^+} \dfrac{g(-1+h) - g(-1)}{h}$

$\qquad\qquad - \lim\limits_{h\to 0^+} \dfrac{g(-1-h) - g(-1)}{-h}$

$= f'(-1) - f'(-1) = 0$이므로 $a=0$이다.

상수 $m$, $n$에 대하여 $f(x) = (x-1)^2 + m(x-1) + n$라 하면

$g(1) = f(1) = 1$이므로 $n=1$이고, $f(-1)=3$이므로 $m=1$이다.

$f(x) = (x-1)^2 + (x-1) + 1$에서 $f(0) = 1$이고,

$g(a) = g(0) = f(0) = 1$이므로 참이다.

ㄷ. $2 \times g(b) - 6 = 0$이므로 $g(b) = 3$이고

$\lim\limits_{h\to 0^+} \dfrac{g(b+h) + g(b-h) - 6}{h}$

$= \lim\limits_{h\to 0^+} \dfrac{g(b+h) - g(b)}{h}$

$\quad - \lim\limits_{h\to 0^+} \dfrac{g(b-h) - g(b)}{-h} = g'(b+) - g'(b-) = 4$

(단, $g'(b+)$와 $g'(b-)$는 $x=b$에서의 우미분계수, 좌미분계수)에서

$g'(b+) \neq g'(b-)$이므로 $b=1$이고,

$g'(1+) - g'(1-) = 4$이므로 $-f'(1) - f'(1) = 4$이다.

상수 $m$, $n$에 대하여 $f(x) = (x-1)^2 + m(x-1) + n$라 하면 $f(1) = 3$, $f'(1) = -2$이므로 대입하면

$f(x) = (x-1)^2 - 2(x-1) + 3$을 얻는다.

$g(4) = 2f(1) - f(4) = 2 \times 3 - 6 = 0$이므로 거짓이다.

**15**  조건 (가)에서 $f(x)$는 주기가 $\pi$인 주기함수이므로 다음의 두 가지 경우로 나눈다.

ⅰ) $(a-2)(b-2) = 0$일 때, $f(x)$의 주기가 $\pi$이므로 절댓값을 제외한 안쪽의 함수의 주기는 $2\pi$가 된다.

$\cos\dfrac{b}{2}x$의 주기는 $\dfrac{4}{b}\pi$이므로 $\dfrac{4}{b}\pi = 2\pi$에서 $b=2$이고

이때 $0 < 2a-1 < 2a$이므로 모든 $a$에 대하여 만족한다.

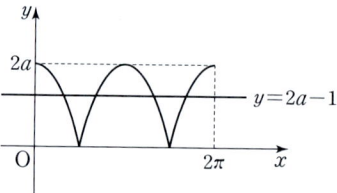

ⅱ) $(a-2)(b-2) \neq 0$일 때, 절댓값을 제외한 안쪽의 함수의 주기가 $\pi$이다.

그러므로 $a \neq 2$, $b \neq 2$이고, $\dfrac{4}{b}\pi = \pi$에서 $b=4$를 얻는다.

이때, 만약 $a=1$인 경우, $f(x) \geq 0$이므로 그래프가 이와 같이 그려지며 만족한다.

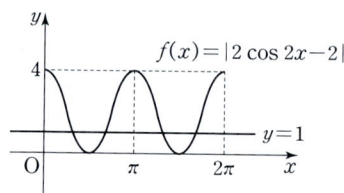

또한 $a \neq 1$인 경우, 다음과 같이 그려지며 $4 < 2a-1 < 4a-4 (a \geq 3)$을 항상 만족하므로 $a = 3, 4, \cdots, 10$이 이 경우를 만족한다.

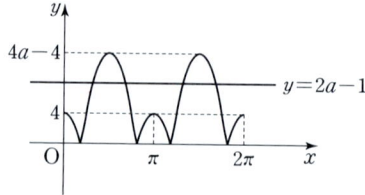

$\therefore$ 그러므로 모든 경우는 $10 + 1 + 8 = 19$가지이다.

**16**  $\dfrac{\log a}{\log 3} \times \dfrac{\log b}{\log 3} = 2$이므로 $\log a \times \log b = 2(\log 3)^2$이고

$\dfrac{\log 3}{\log a} + \dfrac{\log 3}{\log b} = \dfrac{\log 3 \times (\log a + \log b)}{\log a \times \log b}$

$\qquad\qquad = \dfrac{\log 3 \times (\log ab)}{2(\log 3)^2} = \dfrac{\log ab}{2 \times \log 3} = 4$이므로

$\log ab = 8 \times \log 3$이다.

$$\therefore \log_3 ab = \frac{\log ab}{\log 3} = \frac{8 \times \log 3}{\log 3} = 8$$

**17** $f'(x) = 9x^2 - 1$이고, $f(1) = 2 + a$, $f'(1) = 8$이므로
$x = 1$에서의 접선은 $y = 8(x-1) + 2 + a$이다.
이때, 이 접선이 원점을 지나므로 $(0, 0)$을 대입하면
$0 = -8 + 2 + a$
$\therefore a = 6$

**18**

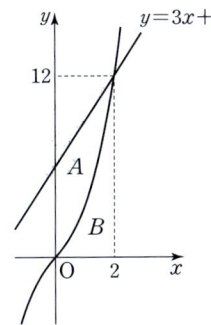

$y = x^3 + 2x$와 $y = 3x + 6$를 연립하여 교점 $(2, 12)$를 얻는다.
영역 $A$, 영역 $B$, 영역 $A+B$의 넓이를 $S_A$, $S_B$, $S_T$라 하면
$$\therefore S_A = S_T - S_B = 18 - \int_0^2 (x^3 + 2x) dx = 18 - 8 = 10$$

**19** $a_7 = 3a_3 = 3 \times 3a_1 = 90$이고,
$a_k = 73 - 9 = 64 = 2^5 \times 2 = 2^5 a_2 = a_{64}$이므로
$\therefore k = 64$

**20** $v(t) = 0$을 만족하는 $t = t_0$, $t_1$ $(t_0 < t_1)$라 하자. 이때, $[t_0, t_1]$에서 $P$가 이동한 거리를 $S$라고 하면 $x(k)$와 $s(k)$는 다음과 같이 그려진다.

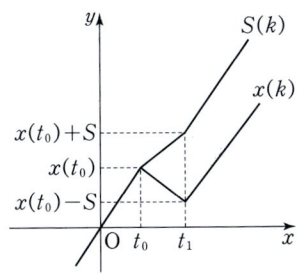

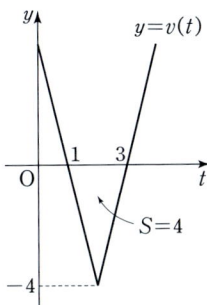

이때, 조건 (가)와 (나)에서 $t_1 = 3$을 유추할 수 있고, $2S = 8$이므로 $S = 4$이다.
또한, $y = v(t)$에서 $t = 0$아래에 있는 삼각형의 넓이가 $4$이므로 $t_0 = 1$을 알 수 있다.

$t = \frac{b}{a}$일 때 기울기가 음수에서 양수로 변화하므로

$\frac{b}{a} = \frac{t_0 + t_1}{2} = 2$, $b = 2a$이고

$v(t) = |at - 2a| - 4$가 $(3, 0)$을 지나므로 대입하면 $a > 0$이므로 $a = 4$를 얻는다.
$v(t) = |4t - 8| - 4$에서 $v(6) = 12$이므로
$\therefore t = 1$에서 $t = 6$까지 $P$의 위치의 변화량은
$$\int_1^6 v(t) dt = 14$$

**21** 조건 (나)에서 등차수열의 대칭성에 의해 $a_1 + a_{13} = 1$,
$a_2 + a_{12} = 1$, $a_3 + a_{11} = 1$, $a_4 + a_{10} = 1$
$a_5 + a_9 = 1$, $a_6 + a_8 = 1$임을 알 수 있다.
또한, 조건 (가)에서 $a_6 + a_7 = -\frac{1}{2}$이므로, 등차수열의 공차 $d$는 $d = \frac{3}{2}$이다.

$$S = a_1 + a_2 + \cdots + a_{14} = 14 \times \frac{a_1 + a_{14}}{2} = 14 \times \frac{a_7 + a_8}{2}$$

$$= 14 \times \frac{(a_6 + d) + (a_7 + d)}{2} = 14 \times \frac{(a_6 + a_7) + 2d}{2}$$

$$= 14 \times \frac{\left(-\frac{1}{2}\right) + 2\left(\frac{3}{2}\right)}{2} = 7 \times \left\{\left(-\frac{1}{2}\right) + 3\right\} = \frac{35}{2}$$

$\therefore 2S = 35$

**22** 주어진 조건에서, $f(1) = 1$, $f'(1) = 0$이므로 $f(x) = 1$은 $x = 1$에서 중근을 갖는다.
조건 (가)에서, $f(x) = g(x) = f(x) + |f(x) - 1|$의 모든 해의 $x$좌표의 합이 $3$이므로
$f(x) = 1$은 $x = 1$에서 중근, $x = 2$에서 근을 갖는다.
따라서 $f(x)$의 최고차항의 계수를 $a$라 하면
$f(x) = a(x-1)^2(x-2) + 1$

정답 및 해설

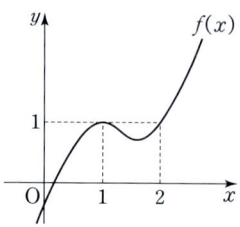

이때, $a>0$이면 $g(x)=1 \ (x<2)$인데, 이 경우 조건 (나)에서 $n<\int_0^n g(x)dx$를 만족하지 못하므로 $a<0$이다.

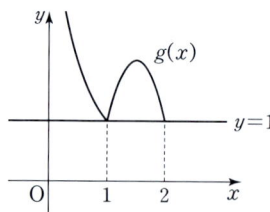

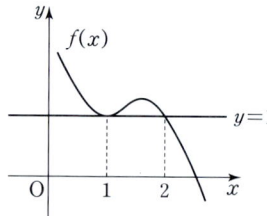

$f(x)$와 $g(x)$를 그려보면 이와 같은데,

조건 (나)에서 모든 자연수 $n$에 대하여 $n<\int_0^n g(x)dx$를 만족하며

$n=3$이후로는 적분값이 일정하게 증가하기 때문에

$\int_0^n g(x)dx<n+16$을 고려할 필요가 없다. 때문에

$\int_0^1 g(x)dx<17$과 $\int_0^2 g(x)dx<18$만 만족하면 되는데,

$g(x)=2f(x)-1 \ (x\le2)$이므로 대입하면

$\int_0^1 f(x)dx<9$와 $\int_0^2 f(x)dx<10$을 만족해야 한다.

이를 풀어보면

$$\int_0^1 f(x)dx=a\int_0^1 (x-1)^2(x-2)dx$$
$$=a\int_{-1}^0 x^2(x-1)dx<9$$

에서

$a>-\dfrac{96}{7}$을 얻고,

$$\int_0^2 f(x)dx=a\int_0^2 (x-1)^2(x-2)dx$$
$$=a\int_{-1}^1 x^2(x-1)dx<10$$

에서 $a>-12$를 얻는다.

둘의 공통 범위는 $a>-12$이고, $a<0$이므로 $-12<a<0$이다.

$\therefore -12<a<0$에서 가능한 정수 $a$는 11개이므로 조건을 만족하는 $f(x)$는 11개

확률과 통계

23  $x^4$의 계수는 $(x+2)^6$에서 $x$를 4번, 2를 2번 고르는 경우의 수와 같으므로
$\therefore {}_6C_4\times 2^2=60$

24  $P(X=1)+P(X=2)+P(X=3)=1$이므로
$a+\dfrac{a}{2}+\dfrac{a}{3}=\dfrac{11}{6}a=1, \ a=\dfrac{6}{11}$이고
$E(X)=\sum_{X=1}^3 X\times P(X)=3a=\dfrac{18}{11}$이다.
$\therefore E(11X+2)=11\times E(X)+2=20$

25  표본평균의 평균은 모평균과 같으므로
$E(\overline{X})=E(X)=42$이다.
또한 표본평균의 분산은 모분산을 표본의 크기로 나눈 것이므로 $V(X)=\dfrac{V(X)}{n}=\dfrac{\sigma^2}{n}=\dfrac{16}{4}=4$이다.
이때, 표본평균의 표준 편차는
$\sigma(\overline{X})=\sqrt{V(\overline{X})}=\sqrt{4}=2$이므로
$$\therefore P(\overline{X}\ge43)=P\left(Z\ge\dfrac{43-E(\overline{X})}{\sigma(\overline{X})}\right)$$
$$=P(Z\ge0.5)=0.3085$$

26  $C$를 기준으로 볼 때, $A$와 $B$가 앉을 수 있는 자리는 $C$의 양 옆을 제외한 세 자리이므로 $A$와 $B$가 먼저 앉는 경우의 수는 ${}_3P_2$이다.
또한, $A, B, C$를 제외한 나머지 세 학생이 세 자리에 앉는 경우의 수는 ${}_3P_3$이므로
$\therefore$ 총 경우의 수는 ${}_3P_2\times {}_3P_3=36$

27  $ax^2+2bx+a-3\le0$의 해가 존재하려면
$y=ax^2+2bx+a-3$의 판별식 $D\ge0$이어야 하므로
$D=4b^2-4a(a-3)\ge0, \ b^2\ge a(a-3)$에서 이를 만족하는 $(b, a)$의 쌍을 찾아보면

| $b$ | $a$ |
| --- | --- |
| 1 | 1, 2, 3 |
| 2 | 1, 2, 3, 4 |
| 3 | 1, 2, 3, 4 |
| 4 | 1, 2, 3, 4, 5 |
| 5 | 1, 2, 3, 4, 5, 6 |
| 6 | 1, 2, 3, 4, 5, 6 |

다음과 같이 28쌍이므로

∴ 해가 존재할 확률은 $\dfrac{28}{36}=\dfrac{7}{9}$

**28** $f(1)+f(2)+f(3)+f(4)=8$이므로, 8을 $f(1), f(2), f(3), f(4)$가 나누어 갖는다고 하면 $_4H_8=_{11}C_8=165$가지이다. 이때, 이 중에서 $(0, 0, 0, 8)$의 꼴 $_4P_1=4$가지와 $(0, 0, 1, 7)$의 꼴 $_4P_2=12$가지를 제외해야 하므로

∴ 전체 $f$의 개수는 $165-4-12=149$

**29** 조건 (가)에서 $P(X \le 11)=P(Y \ge 11)$이므로 $f(x)$와 $g(x)$는 $x=11$에 대하여 좌우대칭이다.

이때, 두 정규분포의 평균의 평균값이 대칭축과 같으므로 $\dfrac{a+(2b-a)}{2}=11$, $b=11$을 얻는다.

또한, 조건 (나)에서 $x=11$까지의 거리가 가장 짧은 $g(10)$이 $f(17)$과 $f(15)$사이에 위치하므로, $x=11$을 기준으로 오른쪽에 $X$가, 왼쪽에 $Y$가 있다는 것을 유추할 수 있으므로 이를 그래프로 나타내면 다음과 같다.

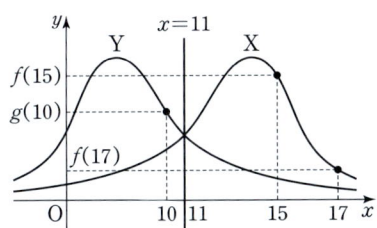

이때 세 점 $(17, f(17))$, $(10, g(10))$, $(15, f(15))$를 $A$, $B$, $C$라 하고 $A$, $B$, $C$의 정규분포의 평균으로부터의 거리를 $d_A$, $d_B$, $d_C$라 하면 $d_A>d_B>d_C$이므로, 이를 식으로 표현하면

$17-a>a-12>15-a$와 같다. 따라서 $a$값의 범위는

$\dfrac{27}{2}<a<\dfrac{29}{2}$

이때, $a$는 자연수이므로 $a=14$

∴ $a+b=14+11=25$

**30** 4번째 시행의 결과 주머니 $A$에 들어 있는 공의 개수가 0일 사건을 $X$, 2번째 시행의 결과 주머니 $A$에 들어 있는 흰 공의 개수가 1이상일 사건을 $Y$라 하자.

$p=\dfrac{P(X \cap Y)}{P(X)}$이므로 $P(X)$를 먼저 구해보면,

4번의 시행에서 중간에 시행이 끝나지 않고 4번째 시행의 결과 $A$에 들어 있는 공의 개수가 0일 경우는 다음의 두 가지이다.

Ⅰ) (같은 색, 다른 색, 다른 색, 다른 색)으로 공을 뽑는 경

우: $P(X_1)=\dfrac{1}{2}\times\dfrac{2}{3}\times\dfrac{1}{2}\times\dfrac{2}{3}=\dfrac{1}{9}$

Ⅱ) (다른 색, 같은 색, 다른 색, 다른 색)으로 공을 뽑는 경

우: $P(X_2)=\dfrac{1}{2}\times\dfrac{1}{3}\times 1\times\dfrac{2}{3}=\dfrac{1}{9}$

그러므로 $P(X)=P(X_1)+P(X_2)=\dfrac{2}{9}$

이제 $P(X \cap Y)$를 구해보면,

Ⅰ) (같은 색, 다른 색, 다른 색, 다른 색)으로 공을 뽑는 경우: 이 경우는 어떤 색을 뽑더라도 2번째 시행 후 처음과 같은 상태가 되기 때문에, 흰 공의 개수가 이상인 것이 무조건 보장되어 앞선 경우의 확률과 같다. 즉,

$$P((X \cap Y)_1)=P(X_1)=\dfrac{1}{9}$$

Ⅱ) (다른 색, 같은 색, 다른 색, 다른 색)으로 공을 뽑는 경우: 이 경우 첫 번째에 $A$에서 흰 공을 뽑게 되면 두 번째 시행 이후 $A$는 (검은색, 검은색)이 되기 때문에, 첫 번째에 다른 색을 뽑되 $A$에서 흰 공을 뽑아야 만족한다.

즉, $P((X \cap Y)_2)=\dfrac{1}{4}\times\dfrac{1}{3}\times 1\times\dfrac{2}{3}=\dfrac{1}{18}$

그러므로
$$P(X \cap Y)=P((X \cap Y)_1)+P((X \cap Y)_2)$$
$$=\dfrac{1}{9}+\dfrac{1}{18}=\dfrac{1}{6}$$

∴ $p=\dfrac{P(X \cap Y)}{P(X)}=\dfrac{\dfrac{1}{6}}{\dfrac{2}{9}}=\dfrac{3}{4}$이므로

$36p=36\times\dfrac{3}{4}=27$

**23** $\displaystyle\lim_{n\to\infty}\dfrac{1}{\sqrt{an^2+bn}-\sqrt{n^2-1}}$

$=\displaystyle\lim_{n\to\infty}\dfrac{\sqrt{an^2+bn}+\sqrt{n^2-1}}{(a-1)n^2+bn+1}$

$=\displaystyle\lim_{n\to\infty}\dfrac{\sqrt{a+\dfrac{b}{n}}+\sqrt{1-\dfrac{1}{n^2}}}{(a-1)n+b+\dfrac{1}{n}}$에서

극한값이 0이 아니므로 $a-1=0$에서 $a=1$이다.

그러므로 $\displaystyle\lim_{n\to\infty}\dfrac{\sqrt{1+\dfrac{b}{n}}+\sqrt{1-\dfrac{1}{n^2}}}{b+\dfrac{1}{n}}=\displaystyle\lim_{n\to\infty}\dfrac{2}{b}=4$에서 $b=\dfrac{1}{2}$

이다.

∴ $ab=1\times\dfrac{1}{2}=\dfrac{1}{2}$

**24** $f(1)=5$이므로 $g(5)=1$이고 $f'(1)=6$이므로

$g'(5)=\dfrac{1}{f'(1)}=\dfrac{1}{6}$이다.

∴ $(h\circ g)'(5)=h'(g(5))\times g'(5)=h'(1)\times\dfrac{1}{6}=\dfrac{e}{6}$

**25**

$$\lim_{n\to\infty}\sum_{k=1}^{n}\frac{2}{n+k}f\left(1+\frac{k}{n}\right)=\lim_{n\to\infty}\sum_{k=1}^{n}\frac{1}{n}\times\frac{2}{1+\frac{k}{n}}f\left(1+\frac{k}{n}\right)$$

$$=\int_{0}^{1}\frac{2}{1+x}f(1+x)dx$$

$$=\int_{1}^{2}\frac{2}{x}f(x)dx$$

$$=\int_{1}^{2}2xe^{x^2-1}dx=e^3-1$$

**26** $f'(x)=\dfrac{\ln x}{x^2}$이므로

$$f(x)=\int f'(x)dx=\ln x\times\left(-\frac{1}{x}\right)-\int\frac{1}{x}\times\left(-\frac{1}{x}\right)dx$$

$$=-\frac{\ln x}{x}-\frac{1}{x}+C$$

$f(1)=0$이므로 $C=1$이다.

$$\therefore f(e)=-\frac{1}{e}-\frac{1}{e}+1=\frac{e-2}{e}$$

**27**

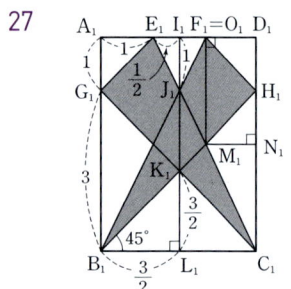

$R_1$에서 $\overline{A_1D_1}$의 중점을 $I_1$, $\overline{B_1C_1}$의 중점을 $L_1$이라 하고 이를 잇는 선분이 도형과 만나는 점을 $J_1$, $K_1$이라 하자.

그러면 $\overline{B_1L_1}=\dfrac{3}{2}$이고 $\angle K_1B_1L_1=45°$이므로

$$\Delta K_1B_1C_1=\frac{9}{4}$$

또한 $\Delta E_1I_1J_1$과 $\Delta E_1D_1C_1$은 1:4닮음이므로 $\overline{I_1J_1}=1$

그러므로 $\Delta A_1E_1G_1=\Delta E_1F_1J_1=\Delta F_1D_1H_1=\dfrac{1}{2}$

또한 $\overline{B_1H_1}$과 $\overline{E_1C_1}$의 교점을 $M_1$이라 하고 여기에서 $\overline{D_1C_1}$, $\overline{A_1D_1}$에 내린 수선의 발을 $N_1$, $O_1$이라 하자.

$\overline{M_1N_1}=t$라 하면 $\Delta E_1I_1J_1$과 $\Delta E_1O_1M_1$은 닮음이므로 $\overline{E_1O_1}:\overline{O_1M_1}=2-t:1+t$에서 $t=1$이므로 $F_1=O_1$이고

$$\Delta M_1H_1C_1=\frac{3}{2}$$

즉 $S_1=12-\dfrac{9}{4}-\left(\dfrac{1}{2}\times3\right)-\left(\dfrac{3}{2}\times2\right)=\dfrac{21}{4}$

또한, 공비를 구하면, $\overline{B_1C_1}=\overline{A_2B_2}+\overline{A_2D_2}+\overline{D_2C_2}$에서

$\overline{A_2D_2}=\dfrac{3}{11}\times\overline{A_1D_1}$이므로

넓이의 공비 $r=\left(\dfrac{3}{11}\right)^2=\dfrac{9}{121}$

$$\therefore \lim_{n\to\infty}S_n=\frac{S_1}{1-r}=\frac{\frac{21}{4}}{1-\frac{9}{121}}=\frac{363}{64}$$

**28** 두 함수의 교점의 $x$좌표를 $t$라 하면 $\sin t=a\tan t$이므로 $\cos t=a$이다.

그러므로

$$f(a)=\int_{0}^{t}\sin x-a\tan x\,dx=-\cos t+1+a\ln\cos t$$

$$=-a+1+a\ln a$$를 얻는다.

$f'(a)=\ln a$이므로

$$\therefore f'\left(\frac{1}{e^2}\right)=\ln\frac{1}{e^2}=-2$$

**29**

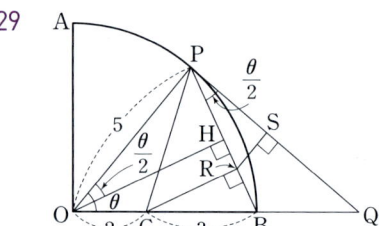

$\Delta OCP$에서

$$f(\theta)=\frac{1}{2}\times\overline{OP}\times\overline{OC}\times\sin\theta=\frac{1}{2}\times5\times2\times\sin\theta=5\sin\theta$$

를 얻는다.

$O$에서 $\overline{PB}$에 내린 수선의 발을 $H$라 하면

$\angle POH=\dfrac{\theta}{2}$이므로 $\overline{PH}=5\sin\dfrac{\theta}{2}$이고,

또한 $\overline{HR}:\overline{RH}=2:3$이므로 $\overline{HR}=2\sin\dfrac{\theta}{2}$이다.

$\Delta PRS$에서 $\overline{PR}=7\sin\dfrac{\theta}{2}$이고 $\angle RPS=\dfrac{\theta}{2}$이므로,

$\overline{PS}=7\sin^2\dfrac{\theta}{2}\cos\dfrac{\theta}{2}$, $RS=7\sin^2\dfrac{\theta}{2}$이고

$g(h)=\dfrac{49}{2}\sin^3\dfrac{\theta}{2}\cos\dfrac{\theta}{2}$이다.

$$\therefore 80\times\lim_{\theta\to0+}\frac{g(\theta)}{\theta^2\times f(\theta)}=80\times\lim_{\theta\to0+}\frac{\frac{49}{2}\sin^3\frac{\theta}{2}\cos\frac{\theta}{2}}{\theta^2\times5\sin(\theta)}$$

$$=80\times\lim_{\theta\to0+}80\times\lim_{\theta\to0+}\frac{\frac{49}{2}\times\frac{\theta^2}{2}}{\theta^2\times5\theta}=80\times\frac{49}{80}=49$$

**30** 조건 (가)에서 $\lim_{x\to0-}\dfrac{f(x+1)}{x}=2$이므로 $f(1)=0$이고,

$f(x)$는 최고차항의 계수가 2인 이차함수이므로 임의의 상수 $t$에 대하여 $f(x)=-2(x-1)(x-t)$

또한 $\lim_{x\to0-}\dfrac{f(x+1)}{x}=\lim_{x\to0-}\dfrac{-2x(x+1-t)}{x}=2$이므로

$$t=2$$

$f(x)=-2(x-1)(x-2)$이므로

$g(x)=-2(x-1)(x-2)e^{x-a}+b$ $(x\geq 0)$이고,

이를 미분하면 $g'(x)=-2(x^2-x-1)e^{x-a}$ $(x\leq 0)$

마찬가지로 조건 (가)에서 $g'(a)=-2$이므로 대입하면 $a>0$

이므로

$g'(a)=-2(a^2-a-1)=-2$에서 $a=2$

조건 (나)에서 $\dfrac{g(t)-g(s)}{t-s}\leq -2$이므로

$g(t)+2t\leq g(s)+2s$인데, $s<0$이므로

$g(s)+2s=\dfrac{f(s+1)}{s}+2s=2$이다.

그러므로 $g(t)+2t\leq 2$

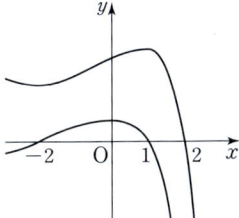

이때, $h(x)=g(x)+2x$라 하자.

$h(x)=g(x)+2x=-2(x-1)(r-2)e^{x-2}+2x+b$에서

$h'(x)$와 $h''(x)$를 구해보면

$h'(x)=-2(x^2-x-1)e^{x-2}+2$,

$h''(x)=-2(x+2)(x-1)e^{x-2}$를 얻는다.

$h'(x)$는 $x=-2$에서 극솟값을 갖고 $x=1$에서 극댓값을 갖는데,

$h'(-2)=2-10e^{-4}>0$이므로 $h(x)$는 $x=2$에서 극댓값을

갖는다.

그러면 $h(x)\leq h(2)=b+4\leq 2(x\geq 0)$이므로, $b\leq -2$를

얻는다.

$\therefore -b\geq 2$이므로 $a-b\geq 4$

**기하**

**23** $Q(2, -1, -3)$이므로
$\therefore \overline{PQ}=\sqrt{2^2+6^2}=2\sqrt{10}$

**24**

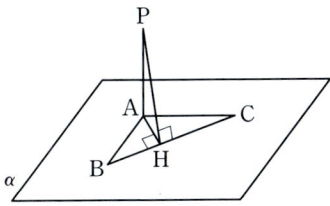

$A$에서 $\overline{BC}$에 내린 수선의 발을 $H$라 하자.

$\overline{AH}=\overline{AC}\times\sin\angle ACB=\dfrac{\sqrt{3}}{2}$이고 삼수선의 정리에 의해

$\angle PHC=\dfrac{\pi}{2}$이므로

$\therefore \overline{PH}=\sqrt{\overline{PA}^2+\overline{AH}^2}=\sqrt{4+\dfrac{3}{4}}=\sqrt{\dfrac{19}{4}}=\dfrac{\sqrt{19}}{2}$

**25**

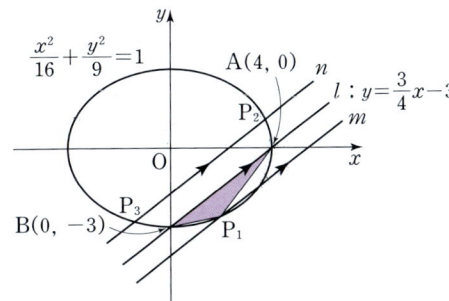

$\triangle ABP$의 넓이가 $k$가 되는 점 $P$가 3개 존재하므로, $A$와

$B$를 포함하는 직선 $l$과 평행한 직선 $m$과 $n$에 대하여 모든

직선의 간격이 같고 직선 $n$은 타원에 접하는 경우,

유일하게 $\triangle ABP$의 넓이가 $k$가 되는 점 $P$가 3개 존재한다.

직선 $n$은 기울기가 $\dfrac{3}{4}$인 타원의 접선이므로

$y=\dfrac{3}{4}x-3\sqrt{2}$를 얻는다.

이때 직선 $l$과 직선 $n$의 간격 $d$에 대하여

$d=(3\sqrt{2}-3)\times\sin\theta=(3\sqrt{2}-3)\times\dfrac{4}{5}$이므로

$\therefore k=\dfrac{1}{2}\times\overline{AB}\times d=\dfrac{1}{2}\times 5\times(3\sqrt{2}-3)\times\dfrac{4}{5}=6\sqrt{2}-6$

**26**

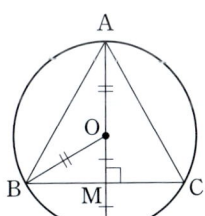

원의 중심 $O$에 대하여 $\overline{AO}:\overline{OM}:\overline{MD}=2:1:1$이므로

$m=n=\dfrac{2}{3}$

$\therefore m+n=\dfrac{4}{3}$

**27** $x^2-\dfrac{4y^2}{a}=1$에서 쌍곡선의 정의에 의해 $\overline{QF'}=2$이므로

$\overline{PF'}=\sqrt{6}+1$

$\triangle PFF'$에서

$\overline{FF'}^2=\left(2\sqrt{1+\dfrac{a}{4}}\right)^2=4\left(1+\dfrac{a}{4}\right)$

$=4\left(1+\dfrac{a}{4}\right)=\overline{PF}^2+\overline{PF'}^2-2\overline{PF}\times\overline{PF'}\times\cos\dfrac{\pi}{3}=9$

$\therefore 1+\dfrac{a}{4}=\dfrac{9}{4}$ 이므로 $a=5$

**28**  $\overline{BI}=t$ 라 하면, $\overline{BJ}=\dfrac{2\sqrt{15}}{3}\overline{BI}=\dfrac{2\sqrt{15}}{3}t$ 이고,

포물선의 정의에 의하여 $\overline{AJ}=8\sqrt{5}-2t$ 이다.

$\Delta AJB$ 에서 $\overline{AB}^2=\overline{AJ}^2+\overline{BJ}^2$ 이므로

$(8\sqrt{5})^2=(8\sqrt{5}-2t)^2+\left(\dfrac{2\sqrt{15}}{3}t\right)^2$

따라서 $t=3\sqrt{5}$

$\therefore \overline{HC}=\overline{AH}\times\dfrac{\overline{BJ}}{\overline{AJ}}=5\sqrt{5}\times\dfrac{10\sqrt{3}}{2\sqrt{5}}=25\sqrt{3}$

**29**  원의 중심을 $H(4, 3, 2)$ 라 하자. $P(a, b, 7)$ 는

$(x-4)^2+(y-3)^2=4$, $z=7$ 위에 있는데,

이때, $\overrightarrow{OP}$ 와 $xy$ 평면이 이루는 각의 크기와 $\alpha$ 와 $xy$ 평면이 이루는 각의 크기가 같으므로

$P$ 의 $xy$ 평면에 대한 정사영을 $P'$, $H$ 의 $xy$ 평면에 대한 정사영을 $H'$ 이라 하면

$O, P', H'$ 이 한 직선 위에 있음을 유추할 수 있다.

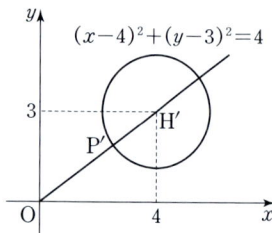

이때, $a^2+b^2<25$ 이므로 $P'$ 는 $\overline{OH'}$ 와

$(x-4)^2+(y-3)^2=4$ 의 두 교점 중 $O$ 에 가까운 점이 된다.

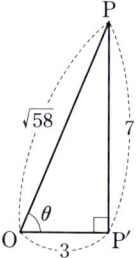

그러면 $\Delta OPP'$ 에서 평면 $\alpha$ 와 $xy$ 평면이 이루는 각 $\theta$ 에 대하여 $\cos\theta=\dfrac{3}{\sqrt{58}}$ 이므로

원 $C$ 의 $xy$ 평면으로의 정사영의 넓이는

$r^2\pi\cos\theta=\left(\dfrac{\sqrt{58}}{2}\right)^2\pi\times\dfrac{3}{\sqrt{58}}=\dfrac{3\sqrt{58}}{4}\pi$

$\therefore k=\dfrac{3\sqrt{58}}{4}$ 이므로 $8k^2=8\times\left(\dfrac{3\sqrt{58}}{4}\right)^2=261$

**30**

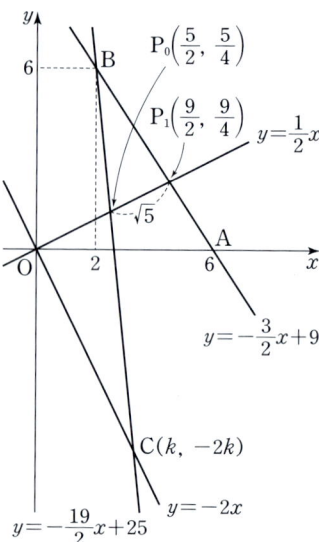

조건 (가)에서,

$5\overrightarrow{BA}\cdot\overrightarrow{OP}-\overrightarrow{OB}\cdot\overrightarrow{AP}$

$=5(\overrightarrow{OA}-\overrightarrow{OB})\cdot\overrightarrow{OP}-\overrightarrow{OB}\cdot(\overrightarrow{OP}-\overrightarrow{OA})$

$=(5\overrightarrow{OA}-6\overrightarrow{OB})\cdot(\overrightarrow{OP}+\overrightarrow{OA}\cdot\overrightarrow{OB}$ 이고

$(5\overrightarrow{OA}-6\overrightarrow{OB})\cdot\overrightarrow{OP}+\overrightarrow{OA}\cdot\overrightarrow{OB}=\overrightarrow{OA}\cdot\overrightarrow{OB}$,

$(5\overrightarrow{OA}-6\overrightarrow{OB})\cdot\overrightarrow{OP}=0$ 이므로

$(5\overrightarrow{OA}-6\overrightarrow{OB})\perp\overrightarrow{OP}$, $(18, -36)\overrightarrow{OP}$ 이다.

즉 $\overrightarrow{OP}$ 는 $y=\dfrac{1}{2}x$ 를 얻는다.

이때 $\overrightarrow{OP}$ 와 $\overrightarrow{AB}$ 의 접점을 $P_1$ 이라 하면

$\overrightarrow{AB}: y=-\dfrac{3}{2}x+9$ 와 $y=\dfrac{1}{2}x$ 를 연립하여

$P_1\left(\dfrac{9}{2}, \dfrac{9}{4}\right)$ 를 얻는다.

또한 조건 (나)에서 $P$ 의 좌측 임계점 $P_0\left(\dfrac{5}{2}, \dfrac{5}{4}\right)$ 를 얻는다.

다음으로 $\overrightarrow{BP_0}: y=-\dfrac{19}{2}x+25$ 와 $y=-2x$ 를 연립하여

$C\left(\dfrac{10}{3}, -\dfrac{20}{3}\right)$ 를 얻는다.

$\overrightarrow{OA}\cdot\overrightarrow{CP}$ 가 최대가 되려면 $\overrightarrow{CP}$ 의 $\overrightarrow{OA}$ 에 대한 정사영이 양의 방향이며 길이가 최대일 때이므로 $P=P_1$ 에서 $\overrightarrow{OA}\cdot\overrightarrow{CP}$ 가 최대가 된다.

$\therefore$ 이 경우 $\overrightarrow{OA}\cdot\overrightarrow{CP}=(6, 0)\cdot\left(\dfrac{7}{6}, \dfrac{107}{12}\right)=7$

# 2022학년도 기출문제 정답 및 해설

제3교시 **수학영역**

| 01 ① | 02 ④ | 03 ④ | 04 ⑤ | 05 ⑤ | 06 ③ |
|------|------|------|------|------|------|
| 07 ④ | 08 ② | 09 ③ | 10 ① | 11 ② | 12 ③ |
| 13 ② | 14 ④ | 15 ① | 16 18 | 17 12 | 18 9 |
| 19 16 | 20 290 | 21 27 | 22 56 | | |

[확률과 통계]

| 23 ② | 24 ① | 25 ④ | 26 ④ | 27 ⑤ | 28 ② |
|------|------|------|------|------|------|
| 29 80 | 30 41 | | | | |

[미적분]

| 23 ⑤ | 24 ② | 25 ④ | 26 ③ | 27 ① | 28 ④ |
|------|------|------|------|------|------|
| 29 19 | 30 64 | | | | |

[기하]

| 23 ③ | 24 ⑤ | 25 ① | 26 ② | 27 ④ | 28 ⑤ |
|------|------|------|------|------|------|
| 29 66 | 30 37 | | | | |

**01** $\lim_{x\to 2}\dfrac{x^2-x+a}{x-2}$ 의 값이 존재하므로,

(분모) → 0이면, (분자) → 0이어야 한다.

$2^2-2+a=2+a=0,\ a=-2$

$\lim_{x\to 2}\dfrac{x^2-x-2}{x-2}=\lim_{x\to 2}\dfrac{(x-2)(x+1)}{x-2}=2+1=3$

$\therefore b=3$

$a=-2,\ b=3$이므로, $a+b$의 값은 1이다.

**02** 첫째항을 $a$, 공비를 $r$이라 하면

$a_3=ar^2=1$

$\dfrac{a_4+a_5}{a_2+a_3}=\dfrac{ar^3+ar^4}{ar+ar^2}=\dfrac{ar^3(1+r)}{ar(1+r)}=r^2=4$

$r^2=4,\ ar^2=1$이므로, $a=\dfrac{1}{4}$

$a_9=ar^8=\dfrac{1}{4}\times 4^4=64$

**03** $\sum_{k=1}^{9}k(2k+1)=\sum_{k=1}^{9}2k^2+k=\sum_{k=1}^{9}2k^2+\sum_{k=1}^{9}k$

$\sum_{k=1}^{9}2k^2=2\sum_{k=1}^{9}k^2=2\times\dfrac{9\times 10\times 19}{6}=570$

$\sum_{k=1}^{9}k=\dfrac{9\times 10}{2}=45$

$\therefore \sum_{k=1}^{9}k(2k+1)=570+45=615$

**04** $\lim_{h\to 0}\dfrac{f(2+h)-f(2)}{h\times f(h)}$

$=\lim_{h\to 0}\dfrac{f(2+h)-f(2)}{h}\times\lim_{h\to 0}\dfrac{1}{f(h)}\left(\because \lim_{h\to 0}\dfrac{1}{f(h)}\neq 0\right)$

$=f'(2)\times\dfrac{1}{f(0)}$

$=1$

함수 $f(x)=x^3-4x^2+ax+6$이므로, $f(0)=6$

$f'(x)=3x^2-8x+a$이므로

$f'(2)=12-16+a=a-4$

따라서

$f'(2)\times\dfrac{1}{f(0)}=(a-4)\times\dfrac{1}{6}=1$

$a-4=6$

$\therefore a=10$

**05** $f'(x)=4x^3+ax$이므로

$f(x)=x^4+\dfrac{a}{2}x^2+C(C$는 적분상수$)$

$f(0)=-2$이므로

$f(x)=x^4+\dfrac{a}{2}x^2-2$

$f(1)=10$이므로

$f(1)=1+\dfrac{a}{2}-2=\dfrac{a}{2}-1=1$

$\therefore a=4$

$f(x)=x^4+2x^2-20$이므로

$f(2)=16+8-2=22$

**06** $\sqrt[m]{64}\times\sqrt[n]{81}=64^{\frac{1}{m}}\times 81^{\frac{1}{n}}=2^{\frac{6}{m}}\times 3^{\frac{4}{n}}$

2와 3은 서로소이고, $2^{\frac{6}{m}}\times 3^{\frac{4}{n}}$의 값이 자연수이려면 $2^{\frac{6}{m}},\ 3^{\frac{4}{n}}$은 각각 자연수이어야 한다.

$2^{\frac{6}{m}}$이 자연수가 되기 위한 $m$은 2, 3, 6이다.

$(\because m$은 2이상의 자연수$)$

$3^{\frac{4}{n}}$이 자연수가 되기 위한 $n$은 2, 4이다.

$(\because n$은 2이상의 자연수$)$

따라서 순서쌍 $(m, n)$의 개수는 $3 \times 2 = 6$가지이다.

**07**

$\cos\left(x + \dfrac{\pi}{2}\right) = -\sin x$이고,

$\cos^2 x = 1 - \sin^2 x$이므로

$f(x) = 1 - \sin^2 x + 4\sin x + 3$

$\qquad = -\sin^2 x + 4\sin x + 4$

$\qquad = -(\sin^2 x - 4\sin x + 4) + 4 + 4$

$\qquad = -(\sin x - 2)^2 + 8$

$-1 \le \sin x \le 1$이므로, 함수 $f(x)$의 최댓값은

$\sin x = 1$일 때, 7이다.

**08**

$\log_a 4 = 2\log_a 2$

$\log_a 8 = 3\log_a 2$

$\log_a 32 = 5\log_a 2$

$\log_a 128 = 7\log_a 2$

가로 칸의 세 수의 합과 세로 칸의 세 수의 합이 같은 경우를 찾으면, $(\log_a 4, \log_a 8, \log_a 32)$, $(\log_a 2, \log_a 4, \log_a 128)$ 이다.

따라서

$\log_a 4 + \log_a 8 + \log_a 32 = 10\log_a 2 = 15$

$10\log_a 2 = 15$이므로

$\log_a 2 = \dfrac{3}{2}$

$\therefore a = 2^{\frac{2}{3}}$

**09**

첫째항이 1인 등차수열 $a_n$의 공차를 $d$라 하면

$S_n = \dfrac{n\{2 + (n-1)d\}}{2}$

$T_n = \dfrac{nd}{2}$ ($n$이 짝수)

$\qquad = -1 - \dfrac{(n-1)d}{2}$ ($n$이 홀수)

$S_{10} = \dfrac{10(2 + 9d)}{2} = 10 + 45d$

$T_{10} = 5d$

따라서

$\dfrac{S_{10}}{T_{10}} = \dfrac{10 + 45d}{5d} = 6$

$30d = 10 + 45d$

$15d = -10$

$\therefore d = -\dfrac{2}{3}$

$T_{37} = -1 - \dfrac{36}{2} \times \left(-\dfrac{2}{3}\right)$

$\qquad = -1 + 12$

$\qquad = 11$

**10**

$f(x) = \begin{cases} x^2 - 5a & (x < a) \\ -2x + 4 & (x \ge a) \end{cases}$이므로

$f(-x) = \begin{cases} x^2 - 5a & (x \ge a) \\ 2x + 4 & (x \le -a) \end{cases}$

따라서

$f(x)f(-x) = \begin{cases} (x^2 - 5a)(2x + 4) & (x \le -a) \\ (x^2 - 5a)^2 & (-a < x < a) \\ (x^2 - 5a)(-2x + 4) & (a \le x) \end{cases}$

함수 $f(-x)f(x)$가 $x = a$에서 연속이려면 $x = a$에서의 극한값이 존재해야 하므로

$\lim\limits_{x \to a+} f(-x)f(x) = \lim\limits_{x \to a-} f(-x)f(x) = f(-a)f(a)$

$\lim\limits_{x \to a+} f(-x)f(x) = (a^2 - 5a)(-2a + 4)$

$\lim\limits_{x \to a-} f(-x)f(x) = (a^2 - 5a)^2$

$f(-a)f(a) = (a^2 - 5a)(-2a + 4)$

따라서

$(a^2 - 5a)(-2a + 4) = (a^2 - 5a)^2$

$(a^2 - 5a)(a^2 - 3a - 4) = 0$

$\therefore a = 5$ 또는 $a = 4$ ($\because a$는 양의 실수)

모든 양의 실수 $a$의 합은 9이다.

**11**

$v_1(t) = 3t^2 - 6t$, $v_2(t) = 2t$이고, $t = a$에서의 두 점 P, Q의 위치가 일치하므로

$\displaystyle\int_0^a v_1(t)\,dt = \int_0^a v_2(t)\,dt$

$\displaystyle\int_0^a v_1(t)\,dt = \int_0^a (3t^2 - 6t)\,dt$

$\qquad\qquad = \left[t^3 - 3t^2\right]_0^a$

$\qquad\qquad = a^3 - 3a^2$

$\displaystyle\int_0^a v_2(t)\,dt = \int_0^a (2t)\,dt = \left[t^2\right]_0^a = a^2$

따라서

$a^3 - 3a^2 = a^2$

$a^3 - 4a^2 = 0$

$\therefore a = 4$ ($\because a > 0$)

점 P가 $t = 4$까지 움직인 거리는

$\displaystyle\int_0^4 |3t^2 - 6t|\,dt = \int_0^2 (-3t^2 + 6t)\,dt + \int_2^4 (3t^2 - 6t)\,dt$

$\qquad = \left[-t^3 + 3t^2\right]_0^2 + \left[t^3 - 3t^2\right]_2^4$

$\qquad = (-8 + 12) + (64 - 48 - 8 + 12)$

$\qquad = 4 + 20$

$\qquad = 24$

**12**

함수 $f(x) = x^3 - 6x^2 + 5$ $(-1 \le x \le 1)$의 도함수가 $f'(x) = 3x^2 - 12x$이므로 $x = 0$, $x = 4$에서 극값을 갖는다.

함수 $f(x)$의 삼차항의 계수가 양수이므로,

$x = 0$에서 극댓값 5를 갖는다.

따라서 함수 $f(x)=x^3-6x^2+5\,(-1\le x\le 1)$는 $x=0$에서 최댓값 5를 갖고, $x=-1$에서 최솟값 $-2$를 갖는다.

함수 $f(x)=x^2-4x+a\,(1<x\le 3)$를 표준형으로 정리하면
$$f(x)=(x-2)^2+a-4$$
따라서 $x=2$에서 최솟값 $(a-4)$를 갖고, $x=3$에서 최댓값 $(a-3)$을 갖는다.

함수 $f(x)=x^3+6x^2+5\,(-1\le x\le 1)$에서 최댓값은 5, 최솟값은 $-2$를 가지므로, 함수 $f(x)=x^2-4x+a\,(1<x\le 3)$에서 최솟값으로 $-5$를 가져야 한다.($\because$ 최댓값과 최솟값의 합이 0)

$\therefore a-4=-5,\ a=-1$
$$\lim_{x\to 1^+}f(x)=\lim_{x\to 1^+}(x^2-4x-1)=-4$$

**13** 곡선 $y=a^x$, $y=|a^{-x-1}-1|$의 그래프 형태를 각각 그리면 다음과 같다.

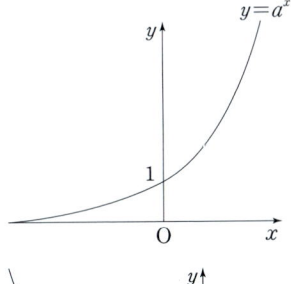

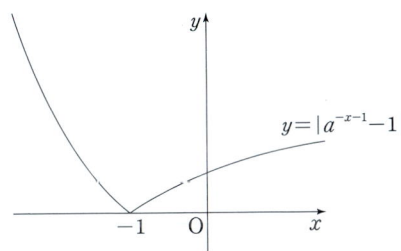

ㄱ. (참)

곡선 $y=|a^{-x-1}-1|$은 $(-1,\,0)$을 지난다.
$|a^0-1|=0\,(\because a>1)$

ㄴ. (참)

$a=4$이면 곡선 $y=4^x$, $y=|4^{-x-1}-1|$은 $x<-1$에서 한 점 만난다.

곡선 $y=4^x$, $y=|4^{-x-1}-1|$의 교점을 $x>-1$에서 찾으면
$$4^x=1-4^{-x-1}$$
$$4\cdot(4^x)^2-4\cdot 4^x+1=0$$
$$(2\cdot 4^x-1)^2=0$$
$$4^x=\frac{1}{2}$$
$\therefore x=-\dfrac{1}{2}$에서 한 점 만난다.

따라서 $a=4$이면 곡선 $y=4^x$, $y=|4^{-x-1}-1|$은 두 점에서 만난다.

ㄷ. (거짓)

(i) $x>-1$

곡선 $y=a^x$, $y=|a^{-x-1}-1|$의 교점을 찾으면
$$a^x=1-a^{-x-1}$$
$$a\cdot(a^x)^2-a\cdot a^x+1=0$$
$a^x=t$라 하면
$$at^2-at+1=0$$
근의 공식을 통해 $t$의 값을 구하면
$$t=\frac{a\pm\sqrt{a^2-4a}}{2a}$$
$$a^x=\frac{a\pm\sqrt{a^2-4a}}{2a}$$
$\therefore x=\log_a\dfrac{a+\sqrt{a^2-4a}}{2a}$ 또는 $x=\log_a\dfrac{a-\sqrt{a^2-4a}}{2a}$

따라서 $a>4$일 경우 두 교점의 $x$좌표의 합은
$$\log_a\frac{a+\sqrt{a^2-4a}}{2a}+\log_a\frac{a-\sqrt{a^2-4a}}{2a}$$
$$=\log_a\frac{4a}{4a^2}$$
$$=\log_a\frac{1}{a}$$
$$=-1$$

(ii) $x<-1$

곡선 $y=a^x$, $y=|a^{-x-1}-1|$의 그래프는 $x<-1$에서 반드시 한 점 만난다.

따라서 $a>4$이면 두 곡선의 모든 교점의 $x$좌표의 합은 $-2$보다 작다.

**14** 조건 (가)에 의하여 함수 $h(x)$는 연속이며, 미분가능하다.

함수 $f(x)$는 점 $(-1,\,0)$을 지나는 미분가능한 함수이고, 도함수 $f'(x)$는
$$f'(x)=3x^2-1$$
$x=-1$에서의 미분계수는 $f'(-1)=2$이다.

따라서 직선 $g(x)$는 기울기가 2이고, 점 $(-1,\,0)$을 지나는 직선이다.
$$g(x)=2x+2$$
직선 $g(x)$는 두 점 $(-1,\,f(-1))$, $(a,\,f(a))$를 지나는 직선이므로
$$2a+2=a^3-a$$
$$a^3-3a-2=0$$
$$(a+1)^2(a-2)=0$$
$\therefore a=2\,(\because a>-1)$

따라서 함수 $h(x)$는 점 $(2,\,6)$을 지난다.

$a=2$이고, 조건 (가)에 의하여 $x=2$에서의 미분계수는 2이어야 한다.

함수 $f(x)$의 미분계수가 2인 $x$좌표는 $x=-1$, $x=1$이다. 따라서 점 $(1, 0)$이 점 $(2, 6)$으로 평행이동 해야 하므로, $x$축으로 1, $y$축으로 6만큼 이동하여야 한다.

$\therefore m=1$, $n=6$

$m+n$의 값은 7이다.

**15** 조건 (나)에 의하여

$a_2=a_3 \times a_1+1$

$a_3=2a_1-a_2$

$a_3$을 $a_1$에 관한 식으로 전개하면

$a_3=2a_1-(a_3 \times a_1+1)$

$\quad=2a_1-a_3 \times a_1-1$

$a_3+a_3 \times a_1=2a_1-1$

$(1+a_1)a_3=2a_1-1$

$\therefore a_3=\dfrac{2a_1-1}{a_1+1}=2-\dfrac{3}{a_1+1}$

$\dfrac{2a_1-1}{a_1+1}\left(=2-\dfrac{3}{a_1+1}\right)$의 값이 정수이기 위해서는

$a_1$의 값은 $-4$, $-2$, $0$, $2$ 중 하나여야 한다.

이 중에서 최솟값 $m$은 $-4$이다.

$a_1=-4$, $a_3=3$, $a_2=-11$이므로

$a_9=2a_4-a_2$

$\quad=2(a_3 \times a_2+1)-a_2$

$\quad=2(3 \times -11+1)+11$

$\quad=-53$

**16** 함수 $f(x)$의 도함수를 $f'(x)$라 하면

$f'(x)=(x^3+x)+(x+3)(3x^2+1)$

따라서 $x=1$에서의 미분계수는

$f'(1)=(1+1)+4 \times 4=18$

**17** 방정식 $\sin\dfrac{\pi x}{2}=\dfrac{3}{4}$의 해는 함수 $f(x)=\sin\dfrac{\pi x}{2}$와

직선 $y=\dfrac{3}{4}$의 교점의 $x$좌표이다.

함수 $f(x)=\sin\dfrac{\pi x}{2}$는 주기가 4인 사인함수이다.

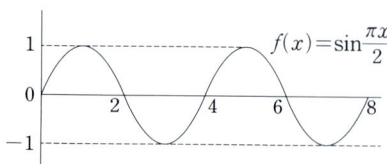

함수 $f(x)=\sin\dfrac{\pi x}{2}$와 직선 $y=\dfrac{3}{4}$의 교점 중 값이 가장 작은 $x$좌표를 $A$라고 하면 교점들의 $x$좌표는 다음과 같이 표현할 수 있다.

$x=A$

$x=2-A$

$x=4+A$

$x=6-A$

따라서 $0 \le x < 8$일 때, 방정식 $\sin\dfrac{\pi x}{2}=\dfrac{3}{4}$의 모든 해의 합은 12이다.

**18** 함수 $f(x)=x^3-5x^2+3x+n$이라 하자. 함수 $f(x)$의 도함수를 $f'(x)$라 하면

$f'(x)=3x^2-10x+3=(3x-1)(x-3)$

함수 $f(x)$는 $x=\dfrac{1}{3}$과 $x=3$에서 극값을 갖는다.

삼차항의 계수가 양수이므로, $x=3$에서 극솟값을 갖는다.

$f(3)=3^3-5 \times 3^2+3 \times 3+n=n-9$

따라서 극솟값 $f(3)=n-9$는 0보다 크거나 같아야 한다.

$n-9 \ge 0$

$n \ge 0$

$\therefore$ 자연수 $n$의 최솟값은 9이다.

**19** 두 점 A, B가 직선 $y=x$ 위의 점이므로, $A(a, a)$, $B(b, b)$라 하자. $\overline{OA}=\overline{AB}$이므로 점 B의 좌표는 $(2a, 2a)$이다.

점 A, B는 함수 $f(x)=\log_2 kx$ 위의 점이므로,

$A(a, \log_2 ka)$, $B(2a, \log_2 2ka)$이다.

$\overline{OA}=\sqrt{a^2+a^2}=a\sqrt{2}$

$\overline{AB}=\sqrt{(2a-a)^2+(\log_2 2ka-\log_2 ka)^2}$

$\quad=\sqrt{a^2+1}$

$\overline{OA}=\overline{AB}$이므로

$a\sqrt{2}=\sqrt{a^2+1}$

$2a^2=a^2+1$

$a^2=1$

$\therefore a=1(\because x>0)$

함수 $f(x)$가 점 $(1, 1)$을 지나므로

$f(1)=\log_2 k=1$

$\therefore k=2$

함수 $f(x)=\log_2 2x$이므로,

함수 $f(x)$의 역함수 $g(x)$의 $g(5)$의 값은

$5=\log_2 2x$

$x=2^4$

**20** 함수 $f(x)$의 그래프를 나타내면 다음과 같다.

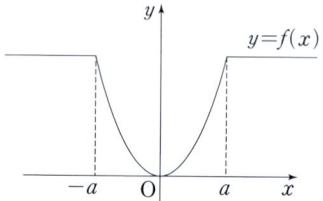

함수 $y=f(x)$의 그래프와 $x$축 및 두 직선 $x=-3$, $x=3$으로 둘러싸인 부분의 넓이를 $A$라고 하면

(ⅰ) $a>3$

$$A=2\times\left(\int_0^3 \frac{3}{a}x^2 dx\right)$$

$$=2\times\left[\frac{1}{a}x^3\right]_0^3$$

$$=2\times\frac{27}{a}$$

$$=8$$

$$\therefore a=\frac{27}{4}$$

(ⅱ) $a\leq 3$

$$A=2\times\left\{\int_0^a \frac{3}{a}x^2 dx+(3-a)\times 3a\right\}$$

$$=2\times\left\{\left[\frac{1}{a}x^3\right]_0^a+(-3a^2+9a)\right\}$$

$$=2\times(-2a^2+9a)$$

$$=-4a^2+18a$$

$$=8$$

$$2a^2-9a+4=0$$

$$(2a-1)(a-4)=0$$

$$\therefore a=\frac{1}{2}(\because a\leq 3)$$

따라서 조건을 만족하는 $a$의 값은 $\frac{27}{4}$, $\frac{1}{2}$이므로

모든 $a$의 값의 합은 $\frac{29}{4}$이다.

$$\therefore 40S=40\times\frac{29}{4}=290$$

**21** $\overline{O'M}=r-\overline{OM}=r-|R\cos\theta|$

직각삼각형 $O'BM$에서

$R$을 삼각형 $OBM$, 삼각형 $O'BM$을 이용하여 구하면

$$R^2-(|R\cos\theta|)^2=r^2-(r-|R\cos\theta|)^2$$

$$\qquad\qquad\qquad=(2r-|R\cos\theta|)(|R\cos\theta|)$$

$$R^2=(2r-|R\cos\theta|)(|R\cos\theta|)+(|R\cos\theta|)^2$$

$$=2r|R\cos\theta|$$

$$\therefore R=2r|\cos\theta|(\because R\text{은 반지름})$$

따라서 (가)에 들어갈 값은 $2|\cos\theta|$이다.

$$\sin(\angle O'BM)=\frac{r-\overline{OM}}{r}$$

$$=\frac{r-|R\cos\theta|}{r}$$

$$=\frac{r-2r\cos^2\theta}{r}$$

$$=1-2\cos^2\theta$$

따라서 (나)에 들어갈 값은 $1-2\cos^2\theta$이다.

$$\frac{\overline{BC}}{\overline{AC}}=\frac{\dfrac{2R}{\sin\theta}}{\dfrac{2R}{\sin(\angle O'BM)}}=\frac{\sin\theta}{1-2\cos^2\theta}$$

따라서 (다)에 들어갈 값은 $\dfrac{\sin\theta}{1-2\cos^2\theta}$이다.

$f(\theta)=2|\cos\theta|$이므로, $f(\alpha)=\dfrac{6}{5}$

$g(\theta)=1-2\cos^2\theta$이므로, $g(\beta)=\dfrac{1}{5}$

$h(\theta)=\dfrac{\sin\theta}{1-2\cos^2\theta}$이므로,

$$h\left(\frac{2}{3}\pi\right)=\frac{\sin\frac{2}{3}\pi}{1-2\cos^2\frac{2}{3}\pi}=\frac{\sin\frac{1}{3}\pi}{1-2\cos^2\frac{1}{3}\pi}=\frac{\frac{\sqrt{3}}{2}}{\frac{1}{2}}=\sqrt{3}$$

$$\therefore f(\alpha)+g(\beta)+\left\{h\left(\frac{2}{3}\pi\right)\right\}^2=\frac{6}{5}+\frac{1}{5}+3=\frac{22}{5}$$

따라서 $p=5$, $q=22$이므로, $p+q=27$

**22** $g(x)=\displaystyle\int_0^x (x-2)f(s)ds=(x-2)\int_0^x f(s)ds$

따라서 $g(0)=g(2)=0$이고, 함수 $g(x)$의 형태는

$g(x)=ax(x-2)(x-b)(a\neq 0,\ a,\ b$는 실수$)$

직선 $y=tx$와 곡선 $g(x)$가 만나는 점의 개수가 $h(t)$이고, 조건에 의하여 $t=-2$, $t=0$에서 함수 $h(t)$는 불연속이다.

삼차함수 $g(x)$와 직선 $y=tx$의 교점의 개수 $h(t)$가 불연속인 지점은 삼차함수 $g(x)$와 직선 $y=tx$가 접할 때$(D=0)$이고, $x=0$, $x=2$일 때이다.

(ⅰ) $x=0$에서 접할 때

함수 $g(x)=ax^2(x-2)$는 $y=0$과 $y=-2x$와 각각 교점이 2개이다.

$$ax^2(x-2)=-2x$$

$$ax^2-2ax+2=0$$

$$\therefore \frac{D}{4}=a^2-2a=0,\ a=2$$

따라서 $g(x)$는

$$g(x)=2x^2(x-2)$$

$$g(4)=64$$

(ⅱ) $x=2$에서 접할 때

함수 $g(x)=ax(x-2)^2$은 $y=0$과 $y=-2x$와 각각 교점이 2개이다.

$g'(x)=a(x-2)^2+2ax(x-2)$이고,

$g'(0)=-2$, $g'(2)=0$이므로

$$a=-\frac{1}{2}$$

따라서 $g(x)$는

$$g(x)=-\frac{1}{2}x(x-2)^2$$

$$g(4)=-8$$

구하고자 하는 $g(4)$의 값들의 합은 56이다.

확률과 통계

**23**

$$(2x+1)^6 = \sum_{r=0}^{6} {}_6C_r (2x)^r$$

따라서 $x^2$의 계수는 $r=2$일 때이므로

$${}_6C_2 \times 2^2 = \frac{6 \times 5}{2} \times 2^2 = 60$$

**24**

3의 배수가 적혀 있는 두 공이 서로 이웃하도록 배열하는 경우는 $(3, 6)$, $(6, 3)$이다. 따라서 2가지이다.

$(3, 6)$이 이웃하는 경우, $(3, 6)$을 하나의 공으로 보고, 원형으로 배열하는 경우의 수를 구하면

$$\frac{5!}{5} = 4! = 24$$

$(6, 3)$의 경우도 마찬가지로 24개이므로, 구하고자 하는 경우의 수는 48가지이다.

**25**

컴퓨터 동아리의 학생이 남학생일 경우를 $A$, 데스크톱을 사용할 경우를 $B$라 하자.

$$P(A) = \frac{21}{39} = \frac{7}{13}$$

$$P(B) = \frac{15+8}{39} = \frac{23}{39}$$

$$P(A \cap B) = \frac{15}{39} = \frac{5}{13}$$

따라서 동아리 학생 중에서 임의로 선택한 1명이 데스크톱 컴퓨터를 사용하는 학생일 때, 이 학생이 남학생일 확률은

$$P(A|B) = \frac{P(A \cap B)}{P(B)} = \frac{\frac{5}{13}}{\frac{23}{39}} = \frac{15}{23}$$

**26**

10장의 카드 중에서 임의로 선택한 서로 다른 3장의 카드에 적혀 있는 세 수의 곱이 4의 배수일 사건을 $A$라 하자.

$$P(A) = 1 - P(A^C)$$

$A^C$의 경우 4 또는 8을 선택하면 4의 배수가 되므로, 4와 8을 제외하여 계산한다. 또, $(2, 6, 10)$ 중 2개 이상을 선택하면 4의 배수가 되므로 0개 또는 1개를 선택하여야 한다.

( i ) $(2, 6, 10)$ 중 0개 선택하는 확률

$$\frac{{}_5C_3}{{}_{10}C_3} = \frac{1}{12}$$

(ii) $(2, 6, 10)$ 중 1개 선택

$$\frac{{}_5C_2 \times {}_3C_1}{{}_{10}C_3} = \frac{1}{4}$$

$$\therefore P(A^C) = \frac{1}{3}$$

$P(A^C) = \frac{1}{3}$이므로

$$P(A) = 1 - P(A^C) = 1 - \frac{1}{3} = \frac{2}{3}$$

**27**

표본평균 $\overline{X}$의 평균, 표준편차를 구하면

$$E(\overline{X}) = 100, \ \sigma(\overline{X}) = \frac{\sigma}{\sqrt{25}} = \frac{\sigma}{5}$$

$\overline{X}$는 정규분포 $N\left(100, \left(\frac{\sigma}{5}\right)^2\right)$을 따른다.

$$P(98 \leq \overline{X} \leq 102) = P\left(\frac{98-100}{\frac{\sigma}{5}} \leq Z \leq \frac{102-100}{\frac{\sigma}{5}}\right)$$

$$= P\left(-\frac{10}{\sigma} \leq Z \leq \frac{10}{\sigma}\right)$$

$$= 2 \times P\left(0 \leq Z \leq \frac{10}{\sigma}\right)$$

$$= 0.9876$$

$$\therefore P\left(0 \leq Z \leq \frac{10}{\sigma}\right) = 0.4938$$

표준정규분포표를 이용하여 $\frac{10}{\sigma}$의 값을 구하면 $\frac{10}{\sigma} = 2.5$

$$\therefore \sigma = 4$$

**28**

조건 (나)에 의하여 정의역 $X$의 원소 1, 2, 3의 치역은 $\{1\}$ 또는 $\{1, 2\}$이어야 한다.

( i ) $f(1) = f(2) = f(3) = 1$

정의역의 원소 4, 5, 6, 7, 8의 치역은 1, 2, 3 중 하나면 되므로, ${}_3H_5 = {}_7C_5 = 21$ ($\because$ 조건 (가))

(ii) $f(1) = f(2) = 1, f(3) = 2$

정의역의 원소 4, 5, 6, 7, 8의 치역은 2, 3 중 하나면 되므로, ${}_2H_5 = {}_6C_5 = 6$ ($\because$ 조건 (가))

$f(1) = 1$이어야 하고, $f(2) = 2$인 경우 조건 (나)를 만족하지 못한다.

따라서 구하고자 하는 모든 경우의 수는 $21 + 6 = 27$가지이다.

**29**

주사위를 굴려 나오는 수가 3 이상의 경우는 3, 4, 5, 6이고, 확률은 $\frac{2}{3}$이다.

주사위를 굴려 나오는 수가 3보다 작을 경우는 1, 2이고, 확률은 $\frac{1}{3}$이다.

따라서 주사위를 4번 굴려 나오는 수가 3 이상의 수가 $r$번 나올 확률은 ${}_4C_r \left(\frac{2}{3}\right)^r \left(\frac{1}{3}\right)^{4-r}$

따라서 확률변수 $R$의 확률분포를 표로 나타내면 다음과 같다.

| $R$ | 0 | 1 |
|---|---|---|
| $P(R=r)$ | ${}_4C_0\left(\frac{1}{3}\right)^4$ | ${}_4C_1\left(\frac{2}{3}\right)\left(\frac{1}{3}\right)^3$ |
| 2 | 3 | 4 |
| ${}_4C_2\left(\frac{2}{3}\right)^2\left(\frac{1}{3}\right)^2$ | ${}_4C_3\left(\frac{2}{3}\right)^3\left(\frac{1}{3}\right)$ | ${}_4C_4\left(\frac{2}{3}\right)^4$ |

$R=0$일 경우, 말판의 숫자는 4, $R=1$일 경우, 말판의 숫자는 6, $R=2$일 경우, 말판의 숫자는 0, $R=3$일 경우, 말판의 숫자는 2, $r=4$일 경우, 말판의 숫자는 4가 된다. 따라서 구하고자 하는 말이 도착한 칸에 적혀 있는 수를 확률변수 $X$의 평균 $\mathrm{E}(X)$의 값은

$$\mathrm{E}(X)=4\times\left(\frac{1}{3}\right)^4+6\times4\times\left(\frac{2}{3}\right)\left(\frac{1}{3}\right)^3+0\times6$$
$$\times\left(\frac{2}{3}\right)^2\left(\frac{1}{3}\right)^2+2\times4\times\left(\frac{2}{3}\right)^3\left(\frac{1}{3}\right)+4\times1\times\left(\frac{2}{3}\right)^4$$
$$=\frac{4}{81}+\frac{8}{81}+\frac{32}{81}+\frac{16}{81}$$
$$=\frac{180}{81}$$
$$=\frac{20}{9}$$

$\mathrm{E}(X)=\dfrac{20}{9}$이므로

$$\mathrm{E}(36X)=36\mathrm{E}(X)=36\times\frac{20}{9}=80$$

**30** 두 번째 시행의 결과 주머니에 흰 공만 2개 들어 있다는 것은 검은 공 4개를 두 번의 시행으로 모두 꺼냈다는 것이다.
따라서 (1회에 꺼낸 검은 공의 수, 2회에 꺼낸 검은 공의 수)은 (1, 3), (2, 2), (3, 1)의 경우 3가지이다. 따라서 경우에 따라 확률을 구하면 다음과 같다.

(i) (1, 3)의 경우

$$\frac{{}_4\mathrm{C}_1\times{}_2\mathrm{C}_2}{{}_6\mathrm{C}_3}\times\frac{{}_3\mathrm{C}_3\times{}_2\mathrm{C}_0}{{}_5\mathrm{C}_3}=\frac{1}{50}$$

(ii) (2, 2)의 경우

$$\frac{{}_4\mathrm{C}_2\times{}_2\mathrm{C}_2}{{}_6\mathrm{C}_3}\times\frac{{}_2\mathrm{C}_2\times{}_2\mathrm{C}_2}{{}_4\mathrm{C}_3}=\frac{3}{10}$$

(iii) (3, 1)의 경우

$$\frac{{}_4\mathrm{C}_3\times{}_2\mathrm{C}_0}{{}_6\mathrm{C}_3}\times\frac{{}_1\mathrm{C}_1\times{}_2\mathrm{C}_2}{{}_3\mathrm{C}_3}=\frac{1}{5}$$

따라서 두 번째 시행의 결과 주머니에 흰 공만 2개 들어 있을 확률은 $\dfrac{13}{25}$이다.

첫 번째 시행의 결과 주머니에 들어 있는 검은 공의 개수가 2일 확률은 $\dfrac{3}{10}$이므로, 두 번째 시행의 결과 주머니에 흰 공만 2개 들어 있을 때, 첫 번째 시행의 결과 주머니에 들어 있는 검은 공의 개수가 2일 확률은

$$\frac{\frac{3}{10}}{\frac{13}{25}}=\frac{15}{26}$$

$$\therefore p=26,\ q=15,\ p+q=41$$

**23**
$$\lim_{n\to\infty}(\sqrt{an^2+bn}-\sqrt{2n^2+1})$$
$$=\lim_{n\to\infty}(\sqrt{an^2+bn}-\sqrt{2n^2+1})$$
$$\frac{(\sqrt{an^2+bn}+\sqrt{2n^2+1})}{(\sqrt{an^2+bn}+\sqrt{2n^2+1})}$$
$$=\lim_{n\to\infty}\frac{(a-2)n^2+bn-1}{(\sqrt{an^2+bn}+\sqrt{2n^2+1})}$$
$$=\lim_{n\to\infty}\frac{(a-2)n+b-\dfrac{1}{n}}{\sqrt{a+\dfrac{b}{n}}+\sqrt{2+\dfrac{1}{n}}}$$
$$=1$$

$\lim_{n\to\infty}(\sqrt{an^2+bn}-\sqrt{2n^2+1})$의 극한값이 존재하므로

$$a-2=0,\ a=2$$

$\lim_{n\to\infty}(\sqrt{an^2+bn}-\sqrt{2n^2+1})$의 극한값이 1이므로

$$\frac{b}{\sqrt{2}+\sqrt{2}}=\frac{b}{2\sqrt{2}}=1$$
$$b=2\sqrt{2}$$
$$\therefore ab=4\sqrt{2}$$

**24**
$$\lim_{n\to\infty}\sum_{k=1}^{n}\frac{1}{n+3k}=\lim_{n\to\infty}\sum_{k=1}^{n}\frac{\dfrac{1}{n}}{1+\dfrac{3}{n}k}$$

$x=1+\dfrac{3}{n}k$라 하면 $dx=\dfrac{3}{n}$

$$\therefore \lim_{n\to\infty}\sum_{k=1}^{n}\frac{\dfrac{1}{n}}{1+\dfrac{3}{n}k}=\int_{1}^{4}\left(\frac{1}{3x}\right)dx$$

따라서

$$\int_{1}^{4}\left(\frac{1}{3x}\right)dx=\frac{1}{3}\Big[\ln x\Big]_{1}^{4}=\frac{2}{3}\ln2$$

**25** $x=e^t\cos(\sqrt{3}t)-1,\ y=e^t\sin(\sqrt{3}t)+1$이므로

$$\frac{dx}{dt}=e^t\{\cos(\sqrt{3}t)-\sqrt{3}\sin(\sqrt{3}t)\}$$
$$\frac{dy}{dt}=e^t\{\sin(\sqrt{3}t)+\sqrt{3}\cos(\sqrt{3}t)\}$$

$0\le t\le\ln7$에서의 길이를 $l$이라 하면,

$$l=\int_{0}^{\ln7}\sqrt{\left(\frac{dx}{dt}\right)^2+\left(\frac{dy}{dt}\right)^2}dt$$
$$=\int_{0}^{\ln7}(\sqrt{e^{2t}\times4})dt$$
$$=\int_{0}^{\ln7}2e^t dt$$
$$=\Big[2e^t\Big]_{0}^{\ln7}$$
$$=14-2$$
$$=12$$

**26**

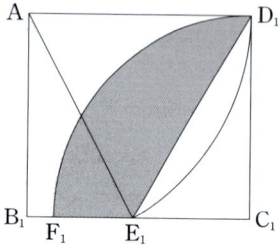

$\overline{AD_1}=\sqrt{5}$이므로, $\overline{AE_1}=\sqrt{5}$(∵ 중심이 A인 원)

$\overline{AB_1}=2$, $\overline{AE_1}=\sqrt{5}$이므로, $\overline{B_1E_1}=1$(∵ 피타고라스의 정리)

$\therefore \overline{E_1C_1}=\sqrt{5}-1$

부채꼴 $D_1F_1C_1$의 넓이$=2^2\times\pi\times\dfrac{1}{4}=\pi$

삼각형 $D_1E_1C_1$의 넓이$=\dfrac{1}{2}\times(\sqrt{5}-1)\times2=\sqrt{5}-1$

$\therefore$ 색칠된 부분의 넓이$=\pi+1-\sqrt{5}$

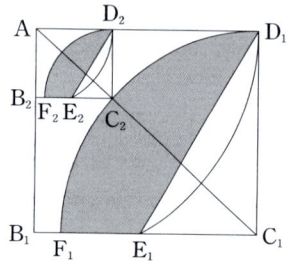

직사각형 $AB_1C_1D_1$와 직사각형 $AB_2C_2D_2$는 닮음 관계이다.

$\overline{AC_1}=3$이고, $\overline{C_1C_2}=2$이므로, $\overline{AC_2}=1$

(∵ 피타고라스의 정리)

따라서 직사각형 $AB_1C_1D_1$와 직사각형 $AB_2C_2D_2$의 닮음비는 $1:3$이고, 넓이의 비는 $1:9$이다.

$\therefore S_n=(\pi+1-\sqrt{5})+\dfrac{1}{9}\times(\pi+1-\sqrt{5})+\left(\dfrac{1}{9}\right)^2$

$\qquad\qquad\qquad\qquad\qquad\times(\pi+1-\sqrt{5})+\cdots$

구하고자 하는 $\lim\limits_{n\to\infty}S_n$의 값은

$\lim\limits_{n\to\infty}S_n=\dfrac{\pi+1-\sqrt{5}}{1-\dfrac{1}{9}}=\dfrac{9\pi+9-9\sqrt{5}}{8}$

**27**

$y=\ln(2x^2+2x+1)\ (x>0)$과 직선 $y=t$가 만나는 점의 $x$ 좌표를 구하면

$\ln(2x^2+2x+1)=t$

$2x^2+2x+1=e^t$

$2x^2+2x+1-e^t=0$

$\therefore x=\dfrac{-1+\sqrt{2e^t-1}}{2}(\because x>0)$

따라서 $f(t)$는

$f(t)=\dfrac{-1+\sqrt{2e^t-1}}{2}$

$f'(t)=\dfrac{1}{2}\left(\dfrac{2e^t}{2\sqrt{2e^t-1}}\right)=\dfrac{e^t}{2\sqrt{2e^t-1}}$

$\therefore f'(2\ln5)=\dfrac{25}{2\sqrt{49}}=\dfrac{25}{14}$

**28**

점 B와 점 C를 잇는 선을 그으면

$\angle CBA=\angle CPA$(∵ 원주각)

$\angle CBA=45°$이므로, $\angle CSP$는 직각

따라서 $\angle CSR$이 직각이므로 $\angle SCR=\theta$

$\overline{AO}=\overline{CO}=2$이므로 $\triangle AOR$과 $\triangle COQ$는 합동이다.

$\overline{RO}=2\tan\theta$이므로, $\overline{QO}=2\tan\theta$

$\therefore \overline{CR}=2-2\tan\theta$

따라서 $\overline{RS}=2\sin\theta(1-\tan\theta)$

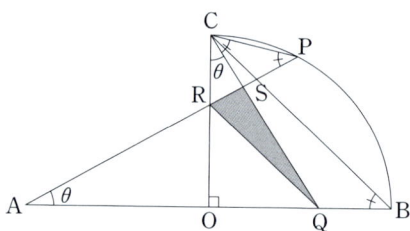

점 B와 점 P를 잇는 선을 그으면

$\angle ASQ=\angle APB$

따라서 $\triangle ASQ$와 $\triangle APB$는 닮음이다.

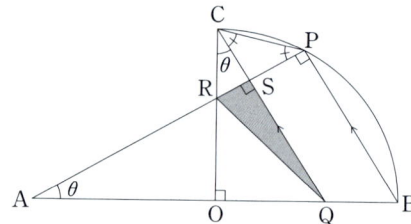

$\overline{PB}=4\sin\theta$이므로

$2+2\tan\theta:4=\overline{SQ}:4\sin\theta$

$\therefore \overline{SQ}=2\sin\theta(1+\tan\theta)$

구하고자 하는 $S(\theta)$는

$S(\theta)=\dfrac{1}{2}\times2\sin\theta(1-\tan\theta)\times2\sin\theta(1+\tan\theta)$

$\qquad=2\sin^2\theta(1-\tan^2\theta)$

따라서

$\lim\limits_{\theta\to0+}\dfrac{S(\theta)}{\theta^2}=\lim\limits_{\theta\to0+}\dfrac{2\sin^2\theta(1-\tan^2\theta)}{\theta^2}=2$

**29**

조건 (가)에 의하여

$\displaystyle\int_{-1}^{0}|f(x)|\sin x\,dx=\int_{-1}^{0}f(x)\sin x\,dx$

(∵ $-1\le x\le0$에서 $\sin x<0$)

$\displaystyle\int_{0}^{1}|f(x)|\sin x\,dx=-\int_{0}^{1}f(x)\sin x\,dx$

(∵ $0\le x\le1$에서 $\sin x>0$)

따라서

$$g'(x) = \begin{cases} f(x)\sin x & (-1 \le x \le 0) \\ -f(x)\sin x & (0 \le x \le 1) \end{cases}$$

$\displaystyle\int_{-1}^{1} f(-x)g(-x)\sin x\,dx$를 구하기 위하여

$-x=t$로 치환하면

$$\int_{-1}^{1} f(-x)g(-x)\sin x\,dx$$

$$= \int_{-1}^{1} f(t)g(t)\sin(-t)\,dt$$

$$= -\int_{-1}^{1} f(t)g(t)\sin t\,dt$$

$$\int_{-1}^{1} f(t)\sin t\,g(t)\,dt$$

$$= \int_{-1}^{0} f(t)\sin t\,g(t)\,dt + \int_{0}^{1} f(t)\sin t\,g(t)\,dt$$

$$= \int_{-1}^{0} g'(t)g(t)\,dt - \int_{0}^{1} g'(t)g(t)\,dt$$

$$= \left[\frac{1}{2}\{g(t)\}^2\right]_{-1}^{0} - \left[\frac{1}{2}\{g(t)\}^2\right]_{0}^{1}$$

$$= \frac{1}{2}[2\{g(0)\}^2 - \{g(-1)\}^2 - \{g(1)\}^2]$$

조건 (나)에 의하여

$$g(0) = \int_{-1}^{0} |f(x)\sin x|\,dx = 2$$

$$g(1) = \int_{-1}^{1} |f(x)\sin x|\,dx = 5$$

$$g(-1) = 0$$

$$\therefore \int_{-1}^{1} f(-x)g(-x)\sin x\,dx = -\frac{1}{2}(2 \times 2^2 - 25) = \frac{17}{2}$$

따라서 $p=2$, $q=17$이므로, $p+q$의 값은 19이다.

**30** 조건 (가)에 의하여 함수 $g(x)$는 연속이므로

$$f(0) = \frac{f(0)}{-1}, \ f(0) = 0$$

$$g(x) = \begin{cases} f(x) & (0 \le x \le 2) \\ \dfrac{f(x)}{x-1} & (x<0 \ 또는 \ x>2) \end{cases}$$이므로

$$g'(x) = \begin{cases} f'(x) & (0 \le x \le 2) \\ \dfrac{f'(x)(x-1)-f(x)}{(x-1)^2} & (x<0 \ 또는 \ x>2) \end{cases}$$

따라서

$$g'(0) = f'(0) \ 또는 \ -f'(0) - f(0)$$

$$g'(2) = f'(2) \ 또는 \ f'(2) - f(2)$$

조건 (가)와 (나)에 의하여 $g(2) \ne 0$이므로,

$x=2$에서 함수 $g(x)$는 미분이 가능하지 않다($a=2$).

$\therefore f'(0) = -f'(0) - f(0)$, $f'(0) = 0 \ (\because f(0)=0)$

$f(0)=0$, $f'(0)=0$이고, 조건 (다)에 의하여 함수 $f(x)$의 형태는

$$f(x) = x^2(x-k) \ (k \ne 0, \ k는 상수)$$

따라서 $f'(x)$는

$$f'(x) = 2x(x-k) + x^2$$

$k$의 값의 범위를 나누어 조건 (다)를 만족하는 $k$의 값을 구하면

(ⅰ) $0 \le k \le 2$

$$g'(k) = f'(k) = k^2 = \frac{16}{3}$$

$$\therefore k = \frac{4\sqrt{3}}{3}, \ 조건의 모순$$

(ⅱ) $k<0$ 또는 $k>2$

$$g'(k) = \frac{k^2(k-1)}{(k-1)^2} = \frac{k^2}{k-1} = \frac{16}{3}$$

$$3k^2 = 16k - 16$$

$$3k^2 - 16k + 16 = 0$$

$$(3k-4)(k-4) = 0$$

$$\therefore k = 4 \ (\because k<0 \ 또는 \ k>2)$$

따라서 구하고자 하는 함수 $f(x)$는

$$f(x) = x^2(x-4)$$

함수 $f(x)$는 $x=2$에서 극소를 가지므로

$$f(2) = 2^2 \times (-2) = -8$$

$$\therefore p = -8, \ p^2 = 64$$

**기하**

**23** $\vec{b} = (1, y)$, $\vec{c} = (-3, 5)$이므로

$$\vec{b} - \vec{c} = (4, y-5)$$

$\vec{a} = (x, 3)$이고, $2\vec{a} = \vec{b} - \vec{c}$를 만족하므로

$$2x = 4, \ x = 2, \ y-5 = 6, \ y = 11$$

$$\therefore x+y = 13$$

**24** 점 C의 좌표를 $(a, b, c)$라 하자.

$A' = (0, 2, 0)$, $B' = (6, -4, 0)$, $C' = (a, b, 0)$이고,

$2\overline{A'C'} = \overline{C'B'}$이므로, 점 C'는 선분 A'B'을 $1:2$로 내분하는 점이다.

따라서 C'의 $x$좌표는 $\dfrac{0+6}{3} = 2$이고,

C'의 $y$좌표는 $\dfrac{2 \times 2 - 4}{3} = 0$, C'의 $z$좌표는 0이다.

점 C가 선분 AB 위에 있으므로, $z$좌표를 구하면

$$\frac{-3 \times 2 + 15}{3} = 3$$

**25** 쌍곡선 $x^2 - \dfrac{y^2}{3} = 1$ 위의 점 P의 좌표를 $(a, b)$라 하자.

점 P에서의 접선의 방정식은

$$ax - \frac{b}{3}y = 1$$

이 접선의 $x$절편이 $\dfrac{1}{3}$이므로

$$\frac{a}{3} = 1, \ a = 3$$

$\therefore a=3$, $b=2\sqrt{6}\left(\because \text{점 P는 쌍곡선 } x^2-\dfrac{y^2}{3}=1 \text{ 위의 점}\right)$

쌍곡선 $x^2-\dfrac{y^2}{3}=1$의 초점은 $(2, 0)$, $(-2, 0)$이고,

$x$좌표가 양수인 점 F는 $(2, 0)$이다.

$\therefore \overline{\mathrm{PF}}=\sqrt{(3-2)^2+(2\sqrt{6})^2}=5$

**26** A$(a, -3, 4)$ $(a>0)$이고, $\overline{\mathrm{OA}}=3\sqrt{30}$이므로

$\overline{\mathrm{OA}}=\sqrt{a^2+9+16}=\sqrt{a^2+25}=3\sqrt{3}$

$\therefore a=\sqrt{2}\,(\because a>0)$

구 $S$가 $x$축과 한 점에서 만난다는 것은 구 $S$가 $x$축과 접하는 것이므로, 구의 반지름 $r$은

$r=\sqrt{3^2+4^2}=5$

구 $S$의 중심에서 $z$축으로 내린 수선의 발을 H라 하면

$\overline{\mathrm{AH}}=\sqrt{(\sqrt{2})^2+3^2}=\sqrt{11}$

구 $S$가 $z$축과 만나는 두 점을 $Z_1$, $Z_2$라 하면

$\overline{Z_1Z_2}=\overline{Z_1\mathrm{H}}+\overline{\mathrm{H}Z_2}$

$\overline{Z_1\mathrm{H}}=\sqrt{5^2-(\sqrt{11})^2}=\sqrt{14}\,(\because \text{피타고라스의 정리})$

$\overline{\mathrm{H}Z_2}=\sqrt{5^2-(\sqrt{11})^2}=\sqrt{14}\,(\because \text{피타고라스의 정리})$

따라서 구 $S$가 $z$축과 만나는 두 점 사이의 거리는 $2\sqrt{14}$이다.

**27** $\overrightarrow{\mathrm{AC}}$와 크기와 방향이 같은 평행한 벡터를 직선 $l$ 위에 만들어 끝 점을 B에 맞추고, 시작점을 A′라 하자.

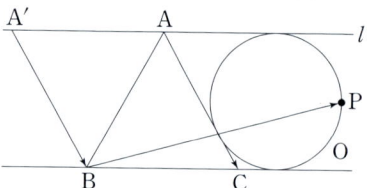

$|\overrightarrow{\mathrm{AC}}+\overrightarrow{\mathrm{BP}}|=|\overrightarrow{\mathrm{A'P}}|$

정삼각형 ABC의 한 변의 길이가 4이므로 선분 BC를 밑변으로 한 높이는 $2\sqrt{3}$이다.

따라서 원 O의 반지름은 $\sqrt{3}$이다.

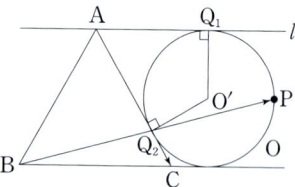

원 O와 직선 $l$의 접점을 $Q_1$, 원 O와 직선 AC의 접점을 $Q_2$라 하면

$\angle \mathrm{O'AQ_1}=\angle \mathrm{O'AQ_2}=30°$

$(\because \triangle \mathrm{ABC}, \mathrm{ABA'}\text{는 정삼각형})$

$\therefore \overline{\mathrm{AQ_1}}=3$, $\overline{\mathrm{AA'}}=4$, $\overline{\mathrm{A'Q_1}}=7$

점 A′과 원 O의 중심까지의 거리는 $2\sqrt{13}$이다.

따라서 $|\overrightarrow{\mathrm{AC}}+\overrightarrow{\mathrm{BP}}|$의 최댓값은 $2\sqrt{13}+\sqrt{3}$,

최솟값은 $2\sqrt{13}-\sqrt{3}$이다.

$M=2\sqrt{13}+\sqrt{3}$, $m=2\sqrt{13}-\sqrt{30}$이므로

$Mm=49$

**28** [그림 2]에서 점 P를 평면 ABCD에 내린 수선의 발을 H, 선분 MB에 내린 수선의 발을 H′라 하자.

그러면 $\angle \mathrm{PHH'}$과 $\angle \mathrm{PH'M}$이 직각이므로, 삼수선의 정리에 의하여 $\angle \mathrm{HH'M}$도 직각이다.

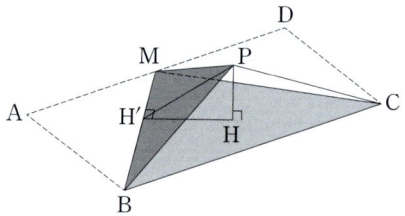

점 H와 점 H′를 [그림 1]에 나타내면

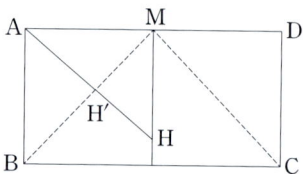

$\overline{\mathrm{AB}}=3$, $\overline{\mathrm{AM}}=\sqrt{7}$이므로, $\overline{\mathrm{BM}}=4$

삼각형 ABM에서 닮음을 이용한 직각삼각형의 성질을 이용하면

$\overline{\mathrm{AB}}^2=\overline{\mathrm{BH'}}\times\overline{\mathrm{BM}}$

$9=\overline{\mathrm{BH'}}\times 4$

$\therefore \overline{\mathrm{BH'}}=\dfrac{9}{4}$, $\overline{\mathrm{H'M}}=\dfrac{7}{4}$

따라서 선분 AH′의 길이는 $\dfrac{3\sqrt{7}}{4}$이다.

$(\because \overline{\mathrm{AB}}\times\overline{\mathrm{AM}}=\overline{\mathrm{AH'}}\times\overline{\mathrm{BM}})$

같은 방법으로 삼각형 AMH′에서 닮음을 이용한 직각삼각형의 성질을 이용하면

$\overline{\mathrm{AM}}^2=\overline{\mathrm{AH'}}\times\overline{\mathrm{AH}}$

$7=\dfrac{3\sqrt{7}}{4}\times\overline{\mathrm{AH}}$

$\therefore \overline{\mathrm{AH}}=\dfrac{4\sqrt{7}}{3}$

$\overline{\mathrm{AH}}=\dfrac{4\sqrt{7}}{3}$이고, $\overline{\mathrm{AH'}}=\dfrac{3\sqrt{7}}{4}$이므로

$\overline{\mathrm{HH'}}=\dfrac{7\sqrt{7}}{12}$

따라서 구하고자 하는 $\cos\theta$의 값은 $\dfrac{\overline{\mathrm{HH'}}}{\overline{\mathrm{AH'}}}$이므로

$\cos\theta=\dfrac{\frac{7\sqrt{7}}{12}}{\frac{3\sqrt{7}}{4}}=\dfrac{7}{9}$

**29** $\overline{BF}=\dfrac{21}{5}$이고, 포물선의 정의를 이용하여 준선$(x=-4)$을 이용하면, 점 B의 좌표는 $\left(\dfrac{1}{5},\ \dfrac{4\sqrt{5}}{5}\right)$이다.

점 B와 점 F′를 잇는 선분 BF′의 길이를 $l$이라 하면, 장축의 길이는 $l+\dfrac{21}{5}$이다.

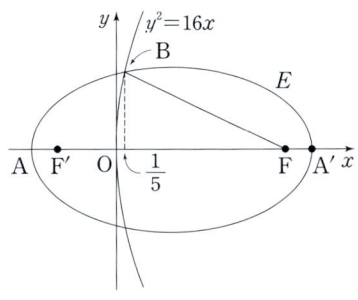

타원과 $x$축이 만나는 양의 점을 A′라 하자. 점 A의 좌표가 $(-2,\ 0)$이고, 초점의 좌표가 $(4,\ 0)$이므로

$$\overline{FA'}=\left(l+\dfrac{21}{5}\right)-6=l-\dfrac{9}{5}$$

점 B를 $x$축에 내린 수선의 발을 H라 하면, 점 H의 좌표는 $\left(\dfrac{1}{5},\ 0\right)$이다.

$$\therefore \overline{F'H}=6-\left(l-\dfrac{9}{5}\right)-\dfrac{19}{5}=4-l$$

피타고라스의 정리에 의하여

$$l^2=(4-l)^2+\left(\dfrac{4\sqrt{5}}{5}\right)^2$$

$$l^2=l^2-8l+16+\dfrac{16}{5}$$

$$8l=\dfrac{96}{5}$$

$$\therefore l=\dfrac{12}{5}$$

$l=\dfrac{12}{5}$이므로, 장축의 길이 $k$는

$$k=\dfrac{12}{5}+\dfrac{21}{5}=\dfrac{33}{5}$$

$$\therefore 10k=66$$

**30** 조건 (가)에 의하여 $\overrightarrow{OP}$를 좌표평면에 나타내면

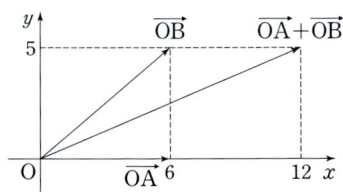

$\overrightarrow{OP}\cdot\overrightarrow{OA}\le21$이므로, 점 P의 $x$좌표를 $P_x$라 하면

$P_x$의 범위는 $0\le P_x\le\dfrac{21}{6}=\dfrac{7}{2}$

조건 (나)에 의하여 $|\overrightarrow{AQ}|=|\overrightarrow{AB}|$인 점 Q를 좌표평면에 나타내면

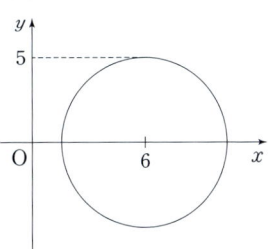

$\overrightarrow{OQ}\cdot\overrightarrow{OA}\le21$이므로, 점 Q의 $x$좌표를 $Q_x$라 하면

$Q_x$의 범위는 $1\le Q_x\le\dfrac{21}{6}=\dfrac{7}{2}$

$\overrightarrow{OX}=\overrightarrow{OP}+\overrightarrow{OQ}$를 만족하는 점 X를 좌표평면에 나타내면

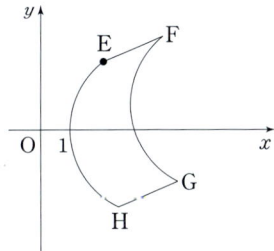

점 E의 $x$좌표는 $\dfrac{7}{2}$이고, $y$좌표는 $\dfrac{5\sqrt{3}}{2}$이다

($\because \overrightarrow{OQ}$를 나타내는 그림에서 피타고라스의 정리를 이용)

선분 EH와 선분 FG의 거리는 $\dfrac{7}{2}$이다.

따라서 구하고자 하는 도형 EFGH의 넓이는 평행사변형 EFGH의 넓이와 같으므로

$$5\sqrt{3}\times\dfrac{7}{2}=\dfrac{35}{2}\sqrt{3}$$

$$\therefore p=2,\ q=35,\ p+q=37$$

# 2021학년도 기출문제 정답 및 해설

✏️ 제3교시 **수학영역(가형)**

| | | | | | |
|---|---|---|---|---|---|
| 01 ③ | 02 ② | 03 ⑤ | 04 ② | 05 ⑤ | 06 ④ |
| 07 ① | 08 ① | 09 ④ | 10 ⑤ | 11 ③ | 12 ④ |
| 13 ① | 14 ④ | 15 ⑤ | 16 ④ | 17 ② | 18 ① |
| 19 ② | 20 ③ | 21 ③ | 22 12 | 23 19 | 24 9 |
| 25 151 | 26 10 | 27 395 | 28 8 | 29 259 | 30 6 |

**01**
$$\left(\frac{9}{4}\right)^{-\frac{3}{2}} = \left(\frac{4}{9}\right)^{\frac{3}{2}} = \left\{\left(\frac{2}{3}\right)^2\right\}^{\frac{3}{2}} = \left(\frac{2}{3}\right)^3 = \frac{8}{27}$$

**02**
$$\lim_{n\to\infty}\frac{1}{\sqrt{n^2+5n}-n}$$
$$=\lim_{n\to\infty}\frac{1}{\sqrt{n^2+5n}-n}\times\frac{(\sqrt{n^2+5n}+n)}{(\sqrt{n^2+5n}+n)}$$
$$=\lim_{n\to\infty}\frac{\sqrt{n^2+5n}+n}{n^2+5n-n^2}$$
$$=\lim_{n\to\infty}\frac{\sqrt{n^2+5n}+n}{5n}$$
$$=\frac{2}{5}$$

**03** $\sin^2\theta+\cos^2\theta=1$이므로
$$\left(-\frac{1}{3}\right)^2+\cos^2\theta=1$$
$$\cos^2\theta=1-\frac{1}{9}=\frac{8}{9}$$
$$\frac{\cos\theta}{\tan\theta}=\frac{\cos\theta}{\frac{\sin\theta}{\cos\theta}}=\frac{\cos^2\theta}{\sin\theta}$$
$$\therefore \frac{\cos\theta}{\tan\theta}=\frac{\cos^2\theta}{\sin\theta}=\frac{\frac{8}{9}}{-\frac{1}{3}}=-\frac{8}{3}$$

**04**
$$\left(x^3+\frac{1}{x}\right)^5=\sum_{r=0}^{5}{}_5C_r(x^3)^r\cdot\left(\frac{1}{x}\right)^{5-r}$$
$$=\sum_{r=0}^{5}{}_5C_r x^{3r}\cdot x^{r-5}$$
$$=\sum_{r=0}^{5}{}_5C_r x^{4r-5}$$

각 항의 계수가 ${}_5C_r$이고, $x^3$의 계수를 구하기 위한 $r$을 구하면
$$4r-5=3,\ r=2$$

따라서 $x^3$의 계수는
$${}_5C_2=10$$

**05** 함수 $y=4^x-1$의 그래프를 $x$축의 방향으로 $a$만큼 평행이동하면
$$y=4^{x-a}-1$$
이동한 함수를 $y$축의 방향으로 $b$만큼 평행이동하면
$$y=4^{x-a}+b-1$$
함수 $y=4^{x-a}+b-1$이 함수 $y=2^{2x-3}+3$과 일치하므로
$$y=4^{x-a}+b-1=2^{2x-2a}+b-1=2^{2x-3}+3$$
$$\therefore 2a=3,\ a=\frac{3}{2},\ b=4$$
구하고자 하는 $ab$의 값은 6이다.

**06**
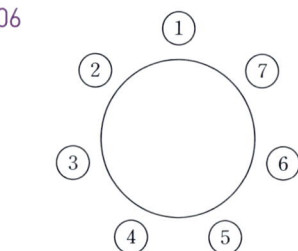

학생 A를 '1' 의자에 고정시키면 A의 좌우에는 B와 C가 앉을 수 없다. 따라서 최소한 두 칸이 떨어진 '3', '6' 의자에 앉아야 한다.
(ⅰ) B 또는 C 학생이 '3' 의자에 앉는 경우
  B, C 중 남은 한 학생은 '5' 또는 '6'의 자리에 앉아야 한다.
(ⅱ) B 또는 C 학생이 '4' 의자에 앉는 경우
  B, C 중 남은 한 학생은 '6'의 자리에 앉아야 한다.
따라서 A가 고정되었을 경우 B와 C가 앉을 수 있는 경우는 B와 C가 바꾸어 앉는 경우를 포함하여 총 6가지이다.
A, B, C를 제외한 나머지 4명이 의자에 앉는 방법은 $4!$이므로 구하고자 하는 경우의 수는 $6\times 4!=144$(가지)이다.

**07** 곡선 $x^2-2xy+3y^3=5$를 $x$에 대하여 미분하면
$$2x-2y-2x\frac{dy}{dx}+9y^2\frac{dy}{dx}=0$$
$$(9y^2-2x)\frac{dy}{dx}=2y-2x$$

$$\therefore \frac{dy}{dx}=\frac{2y-2x}{9y^2-2x}$$

점 $(2, -1)$에서의 접선의 기울기를 구하기 위하여

$x=2, y=-1$을 각각 대입하면

$$\frac{dy}{dx}=\frac{-2-4}{9-4}=-\frac{6}{5}$$

**08**  $\left(\frac{1}{2}\right)^{1-x} \geq \left(\frac{1}{16}\right)^{x-1}$

$2^{x-1} \geq 16^{1-x}$

$2^{x-1} \geq 2^{4-4x}$

$x-1 \geq 4-4x$

$5x \geq 5$

$\therefore x \geq 1$

$\log_2 4x < \log_2 (x+k)$

$4x < x+k$

$3x < k$

$\therefore x < \frac{k}{3}$

따라서 연립부등식의 해는

$1 \leq x < \frac{k}{3}$

해가 존재하지 않도록 하는 $k$의 범위는

$\frac{k}{3} \leq 1, k \leq 3$

따라서 해가 존재하지 않도록 하는 양수 $k$의 최댓값은 3이다.

**09**  다섯 개의 자연수 1, 2, 3, 4, 5 중에서 중복을 허락하여 3개의 수를 택하는 경우의 수는 $_5H_3 = {}_7C_3 = 35$

택한 세 수의 곱이 6 이상인 경우의 수는 전체의 경우에서 세 수의 곱이 6 미만인 경우를 빼면 된다.

세 수의 곱이 6 미만인 경우를 구하면 세 수의 곱이 1, 2, 3, 4, 5인 경우이다.

(ⅰ) 세 수의 곱이 1인 경우

만족하는 순서쌍은 $(1, 1, 1)$로 1가지 경우이다.

(ⅱ) 세 수의 곱이 2인 경우

만족하는 순서쌍은 $(1, 1, 2)$로 1가지 경우이다.

(ⅲ) 세 수의 곱이 3인 경우

만족하는 순서쌍은 $(1, 1, 3)$으로 1가지 경우이다.

(ⅳ) 세 수의 곱이 4인 경우

만족하는 순서쌍은 $(1, 1, 4)$, $(1, 2, 2)$로 2가지 경우이다.

(ⅴ) 세 수의 곱이 5인 경우

만족하는 순서쌍은 $(1, 1, 5)$로 1가지 경우이다.

따라서 세 수의 곱이 6 미만인 경우는 총 6가지 경우이다. 구하고자 하는 경우의 수는 $35-6=29$가지이다.

**10**  $\cos^2 3x - \sin 3x + 1 = (1 - \sin^2 3x) - \sin 3x + 1$
$= -\sin^2 3x - \sin 3x + 2$

$=0$

$\sin^2 3x + \sin 3x - 2 = 0$

$(\sin 3x + 2)(\sin 3x - 1) = 0$

$\therefore \sin 3x = 1 \ (\because -1 \leq \sin 3x \leq 1)$

$y = \sin 3x$의 그래프는 다음과 같다.

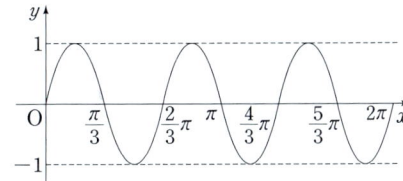

따라서 $\sin 3x = 1$을 만족하는 $x$의 값은

$\frac{\pi}{6}, \frac{5\pi}{6}, \frac{3\pi}{2}$이므로, 모든 실근의 합은 $\frac{5\pi}{2}$이다.

**11**  함수 $f(x) = \frac{e^x}{\sin x + \cos x}$이므로

$f'(x) = \frac{e^x(\sin x + \cos x)}{(\sin x + \cos x)^2} - \frac{e^x(\cos x - \sin x)}{(\sin x + \cos x)^2}$

$= \frac{2e^x \sin x}{(\sin x + \cos x)^2}$

$f(x) - f'(x) = \frac{e^x}{\sin x + \cos x} - \frac{2e^x \sin x}{(\sin x + \cos x)^2}$

$= \frac{(\sin x + \cos x)e^x - 2e^x \sin x}{(\sin x + \cos x)^2}$

$= \frac{(\cos x - \sin x)e^x}{(\sin x + \cos x)^2}$

따라서 $f(x) - f'(x) = 0$을 만족하는 $x$의 값은

$\cos x - \sin x = 0$을 만족해야 한다.$(\because e^x \neq 0, (분모) \neq 0)$

$-\frac{\pi}{4} < x < \frac{3}{4}\pi$에서 $\cos x - \sin x = 0$을 만족하는 $x$의 값은

$\frac{\pi}{4}$ 뿐이다.

**12**  주어진 입체도형을 $x$축에 수직인 평면으로 자른 단면이 정사각형이고, 한 변의 길이가 $\sqrt{xe^x}$이므로, 정사각형의 넓이는 $xe^{2x}$이다.

$x=1$부터 $x=2$까지 입체도형의 단면의 넓이가 $xe^{2x}$이므로, 입체도형의 부피를 $V$라 하면 $V$는

$$V = \int_1^2 xe^{2x}dx$$

$\int_1^2 xe^{2x}dx = \left[\frac{1}{2}xe^{2x}\right]_1^2 - \left[\frac{1}{4}e^{2x}\right]_1^2$

$(\because (xe^{2x})' = e^{2x} + 2xe^{2x})$

$= e^4 - \frac{1}{2}e^2 - \frac{1}{4}e^4 + \frac{1}{4}e^2$

$= \frac{3e^4 - e^2}{4}$

**13**  꺼낸 두 공에 적힌 두 수의 차가 0일 경우는 1 또는 2의 공이

2개 나오는 경우이므로

$_3C_2 + {}_2C_2 = 4$

꺼낸 두 공에 적힌 두 수의 차가 1일 경우는 (1, 2) 또는 (2, 3)의 공이 1개씩 나오는 경우이므로

$_3C_1 \times {}_2C_1 + {}_2C_1 \times {}_1C_1 = 8$

꺼낸 두 공에 적힌 두 수의 차가 2일 경우는 1과 3의 공이 1개씩 나오는 경우이므로

$_3C_1 \times {}_1C_1 = 3$

따라서 확률변수 $X$의 확률분포를 표로 나타내면 다음과 같다.

| $X$ | 0 | 1 | 2 | 합 |
|---|---|---|---|---|
| $P(X=x)$ | $\frac{4}{15}$ | $\frac{8}{15}$ | $\frac{1}{5}$ | 1 |

이산확률변수의 평균 $E(X)$는

$$E(X) = 0 \times \frac{4}{15} + 1 \times \frac{8}{15} + 2 \times \frac{1}{5}$$
$$= \frac{8}{15} + \frac{2}{5}$$
$$= \frac{14}{15}$$

**14**

$$\lim_{n \to \infty} \sum_{k=1}^{n} \frac{1}{n+k} f\left(1+\frac{k}{n}\right)$$
$$= \lim_{n \to \infty} \sum_{k=1}^{n} f\left(1+\frac{k}{n}\right) \cdot \frac{1}{n} \cdot \frac{n}{n+k}$$
$$= \lim_{n \to \infty} \sum_{k=1}^{n} f\left(1+\frac{k}{n}\right) \cdot \frac{1}{n} \cdot \frac{1}{1+\frac{k}{n}}$$
$$= \int_{1}^{2} \frac{1}{x} \ln x\, dx$$
$$= \left[\frac{1}{2}(\ln x)^2\right]_{1}^{2} \left(\because (\ln x)' = \frac{1}{x}\right)$$
$$= \frac{(\ln 2)^2}{2}$$

**15** 반지름이 4인 원 위의 점 O, 점 A, 점 C를 꼭지점으로 하는 삼각형 △OAC를 만들면, 코사인법칙에 의하여

$$\overline{AC}^2 = 4^2 + 4^2 - 2 \times 4 \times 4 \times \cos 120° (\because \text{원주각과 중심각})$$
$$= 16 + 16 - 32 \times \cos\left(\pi - \frac{\pi}{3}\right)$$
$$= 32\left(1 + \frac{1}{2}\right)$$
$$= 48$$
$$\therefore \overline{AC} = 4\sqrt{3}$$

$\overline{AB} = x$, $\overline{BC} = y$라 하면, 주어진 조건에 의하여

$x + y = 2\sqrt{15}$

코사인법칙을 이용하면

$$\overline{AC}^2 = x^2 + y^2 - 2xy\cos 120°$$
$$= x^2 + y^2 + xy$$
$$= 48$$

$x^2 + y^2 + xy = 48$이므로

$$x^2 + y^2 + xy = (x+y)^2 - xy$$
$$= (2\sqrt{15})^2 - xy$$
$$= 60 - xy$$
$$= 48$$
$$\therefore xy = 12$$

따라서 구하고자 하는 사각형 OABC의 넓이를 $S$라 하면

$$S = \frac{1}{2} \times 4 \times 4 \times \sin 120° + \frac{1}{2} xy \sin 120°$$
$$= 4\sqrt{3} + 3\sqrt{3}$$
$$= 7\sqrt{3}$$

**16** 조건 (가)에 의하여 모든 실수 $x$에 대하여

$f(x+10) = f(20-x)$이므로, 함수의 대칭축, 즉 평균 $m$은

$$m = \frac{x+10+20-x}{2} = 15$$

조건 (나)를 표준정규분포로 바꾸어 값을 구하면

$$P(X \geq 17) = P\left(Z \geq \frac{17-15}{4}\right)$$
$$= P(Z \geq 0.5)$$
$$= P(Z \leq -0.5)$$
$$P(Y \leq 17) = P\left(Z \leq \frac{17-20}{\sigma}\right)$$
$$= P\left(Z \leq \frac{-3}{\sigma}\right)$$
$$= P(Z \leq -0.5)$$
$$\therefore \sigma = 6$$

$m = 15$, $\sigma = 6$이므로, $m + \sigma = 21$

$$P(X \leq 21) = P\left(Z \leq \frac{21-15}{4}\right)$$
$$= P(Z \leq 1.5)$$
$$= 0.5 + P(0 \leq Z \leq 1.5)$$
$$= 0.5 + 0.4332$$
$$= 0.9332$$

**17** $n=1$일 때,

(좌변)$= \frac{{}_2P_1}{2^1} = 1$이고, (우변)$= \frac{2!}{2}$이므로

$$\therefore \boxed{\text{(가)}} = \frac{2!}{2} = 1$$

$$\sum_{k=1}^{m} \frac{{}_{2k}P_k}{2^k} + \frac{{}_{2m+2}P_{m+1}}{2^{m+1}} = \sum_{k=1}^{m} \frac{{}_{2k}P_k}{2^k} + \frac{\boxed{\text{(나)}}}{2^{m+1} \times (m+1)!}$$

이므로

$$\frac{{}_{2m+2}P_{m+1}}{2^{m+1}} = \frac{\boxed{\text{(나)}}}{2^{m+1} \times (m+1)!}$$
$$\frac{{}_{2m+2}P_{m+1}}{2^{m+1}} = \frac{1}{2^{m+1}} \times \frac{(2m+2)!}{(m+1)!}$$
$$\therefore \boxed{\text{(나)}} = (2m+2)!$$

$$\frac{(2m)!}{2^m}+\frac{\boxed{(\text{나})}}{2^{m+1}\times(m+1)!}$$

$$=\frac{\boxed{(\text{나})}}{2^{m+1}}\times\left\{\frac{1}{\boxed{(\text{다})}}+\frac{1}{(m+1)!}\right\}$$ 을 이용하면

$$\frac{(2m)!}{2^m}+\frac{\boxed{(\text{나})}}{2^{m+1}\times(m+1)!}$$

$$=\frac{(2m)!}{2^m}+\frac{(2m+2)!}{2^{m+1}\times(m+1)!}$$

$$=\frac{2\times(2m)!\times(m+1)!+(2m+2)!}{2^{m+1}\times(m+1)!}$$

$$=\frac{(2m+2)!}{2^{m+1}}\times\left\{\frac{m!}{(2m+1)(m+1)!}+\frac{1}{(m+1)!}\right\}$$

$$=\frac{(2m+2)!}{2^{m+1}}\times\left\{\frac{1}{(2m+1)(m+1)}+\frac{1}{(m+1)!}\right\}$$

$$\therefore \boxed{(\text{다})}=(2m+1)(m+1)$$

$p=1, f(m)=(2m+2)!, g(m)=(2m+1)(m+1)$
이므로

$$\therefore p+\frac{f(2)}{g(4)}=1+\frac{6!}{9\times5}=1+16=17$$

**18** 조건 (가)와 조건 (나)의 두 식을 우변은 우변끼리 좌변은 좌변끼리 더하면

$$a_{2n+1}+a_{2n+2}=2a_{n+1}$$

모든 자연수 $n$에 대하여 $a_{2n+1}+a_{2n+2}=2a_{n+1}$이므로

$$n=1, a_3+a_4=2a_2$$
$$n=2, a_5+a_6=2a_3$$
$$n=3, a_7+a_8=2a_4$$
$$\vdots$$

$$\therefore \sum_{k=1}^{2n}a_k=a_1+a_2+2\sum_{k=2}^{n}a_k$$

$$\sum_{n=1}^{16}a_n=a_1+a_2+2\sum_{n=2}^{8}a_n$$

$$=1+2+2\times\left(\sum_{n=1}^{8}a_n-a_1\right)$$

$$=3+2\times\left(a_1+a_2+2\sum_{n=2}^{4}a_n-a_1\right)$$

$$=3+2\times\left(2\sum_{n=2}^{4}a_n+a_2\right)$$

$$=3+2\times\left\{2\times\left(\sum_{n=1}^{4}a_n-a_1\right)+a_2\right\}$$

$$=3+2\times\{2\times(a_1+a_2+2a_2-a_1)+a_2\}$$

$$=3+2\times(2\times6+2)$$

$$=3+2\times14$$

$$=31$$

**19** 그림 $R_1$에서 정사각형의 한 변의 길이가 6이고, 점 $E_1$은 선분 $A_1D$를 $1:2$로 내분하는 점이므로 선분 $A_1E_1$의 길이는 2이다. 따라서 선분 $B_1E_1$의 길이는 $2\sqrt{10}$이다. 같은 방법으로 선분 $C_1E_1$의 길이를 구하면 $2\sqrt{13}$이다. ($\because$ 피타고라스의 정리) $\angle B_1E_1C_1=\theta$라 하면 삼각형 $B_1E_1C_1$의 넓이는

$$\triangle B_1E_1C_1=\frac{1}{2}\times2\sqrt{10}\times2\sqrt{13}\times\sin\theta$$

$$=2\sqrt{130}\times\sin\theta$$

$$=\frac{1}{2}\times6\times6(\because \text{밑면과 높이가 6인 삼각형})$$

$$=18$$

$$\therefore \sin\theta=\frac{18}{2\sqrt{130}}=\frac{9}{\sqrt{130}}=\frac{9\sqrt{130}}{130}$$

세 점 $B_1$, $C_1$, $E_1$을 지나는 원의 반지름을 $r$이라 하면 사인법칙의 변형에 의하여

$$\sin\theta=\frac{6}{2r}=\frac{3}{r}$$

$$\therefore r=\frac{\sqrt{130}}{3}$$

삼각형 $O_1B_1C_1$에서 점 $O_1$에서 선분 $B_1C_1$에 수직으로 그은 직선의 교점을 $H_1$이라 하면, 피타고라스의 정리에 의하여

$$\left(\frac{\sqrt{130}}{3}\right)^2=3^2+\overline{O_1H_1}^2$$

$$\overline{O_1H_1}^2=\frac{49}{9}$$

$$\therefore \overline{O_1H_1}=\frac{7}{3}$$

따라서 삼각형 $O_1B_1C_1$의 넓이는

$$\triangle O_1B_1C_1=\frac{1}{2}\times6\times\frac{7}{3}=7$$

$$\therefore \square O_1B_1E_1C_1=18-7=11$$

이제 $\square O_1B_1E_1C_1$과 $\square O_2B_2E_2C_2$의 닮음비를 구하면 된다. 닮음비를 구하기 위하여 선분 $B_2C_2$의 길이를 구하면 된다.

$\overline{B_2C_2}=x$라 하고, 삼각형 $C_1E_1D$와 삼각형 $C_1B_2C_2$의 닮음을 이용하면

$$x:4=6-x:6(\because \square A_2B_2C_2D\text{는 정사각형})$$

$$24-4x=6x$$

$$10x=24$$

$$x=\frac{12}{5}$$

삼각형 $B_1E_1C_1$과 삼각형 $B_2E_2C_2$의 닮음비가 $6:\frac{12}{5}=5:2$ 이므로, $\square O_1B_1E_1C_1$과 $\square O_2B_2E_2C_2$의 닮음비 역시 $5:2$이다. 넓이의 비는 제곱의 비이므로, $25:4$가 되므로

$$\square O_2B_2E_2C_2=11\times\frac{4}{25}=\frac{44}{25}$$

$$\therefore \lim_{n\to\infty}S_n=\frac{11}{1-\frac{4}{25}}=\frac{275}{21}$$

**20** 조건 (나)에 의하여 함수 $f(x)$가 역함수가 존재하므로, 함수 $f(x)$는 증가함수 또는 감소함수이다.($\because$ 일대일 대응) $a>0$이므로 $x<c$에서 함수 $f(x)$는 증가해야 한다.

따라서 $y=-ax^2+6ex+b$의 대칭축 $x=\frac{3e}{a}$는 $c$보다 크거나 같아야 한다. 같은 방법으로 $y=a(\ln x)^2-6\ln x$의 대칭

269

축 $x=e^{\frac{3}{a}}$은 $c$보다 작거나 같아야 한다.

$$\therefore e^{\frac{3}{a}}\le c\le \frac{3e}{a}$$

$\frac{3}{a}=t$라 하면, $e'\le et$를 만족하는 $t$의 값은 $t=1$뿐이다.

$(\because g(t)=e^t$과 $h(t)=et$가 $t=1$에서 접함)

$\therefore a=3$

$a=3$이므로, $c=e$

조건 (가)에 의하여 함수 $f(x)$가 연속이므로, 함수 $f(x)$에 $x=c$를 대입하면

$-ac^2+6ec+b=a(\ln c)^2-6\ln c$

$-3e^2+6e^2+b=3-6$

$\therefore b=-3e^2-3$

$\frac{1}{2e}<e$이므로

$f\left(\frac{1}{2e}\right)=-3\times\frac{1}{4e^2}+6e\times\frac{1}{2e}-3e^2-3$

$\qquad=-3\left(e^2+\frac{1}{4e^2}\right)$

**21** 함수 $f(x)=\int_0^x|t\sin t|\,dt-\left|\int_0^x t\sin t\,dt\right|$이므로, 주어진 $y=x\sin x$의 그래프를 참조하면 $x=\pi$를 주기로 음의 값과 양의 값이 번갈아 나온다. 또 $y=x\sin x$의 그래프와 $x$축과의 교점은 $x=n\pi$($n$은 정수)이다.

$(x\cos x)'=\cos x-x\sin x$이므로

$\int_a^b x\sin x\,dx=\int_a^b\cos x\,dx-\Big[x\cos x\Big]_a^b$

$\qquad=\Big[\sin x-x\cos x\Big]_a^b$

ㄱ. (참)

$\int_0^\pi t\sin t\,dt=A,\ \int_\pi^{2\pi}t\sin t\,dt=B$라 하면

$f(2\pi)=\int_0^{2\pi}|t\sin t|\,dt-\left|\int_0^{2\pi}t\sin t\,dt\right|$

$\qquad=\int_0^\pi t\sin t\,dt-\int_\pi^{2\pi}t\sin t\,dt-\left|\int_0^{2\pi}t\sin t\,dt\right|$

$\qquad=A-B-|A+B|$

$\qquad=A-B-(-A-B)$

$\qquad=2A$

$\therefore f(2\pi)=2\int_0^\pi t\sin t\,dt=2\times\pi=2\pi$

ㄴ. (거짓)

$\pi<\alpha<2\pi$인 $\alpha$에 대하여

$\int_0^\pi t\sin t\,dt=A,\ \int_\pi^\alpha t\sin t\,dt=B$라 하자.

$\int_0^\alpha t\sin t\,dt=0$이면 $A+B=0$

$A=\pi$이므로, $B=-\pi$

$f(\alpha)=\int_0^\alpha|t\sin t|\,dt-\left|\int_0^\alpha t\sin t\,dt\right|$

$\qquad=\int_0^\pi t\sin t\,dt-\int_\pi^\alpha t\sin t\,dt\left(\because\int_0^\alpha t\sin t\,dt=0\right)$

$\qquad=A-B$

$\qquad=\pi-(-\pi)$

$\qquad=2\pi$

ㄷ. (참)

$2\pi<\beta<3\pi$인 $\beta$에 대하여

$\int_0^\pi t\sin t\,dt=A,\ \int_\pi^{2\pi}t\sin t\,dt=B$,

$\int_{2\pi}^\beta t\sin t\,dt=C$라 하자.

$\int_0^\beta t\sin t\,dt=0$이면 $A+B+C=0$

$A=\pi$, $B=-3\pi$이므로, $C=2\pi$

$\beta<x<3\pi$인 $r$에 대하여 $\int_\beta^r x\sin x\,dx=D$라 하면

$f(x)=(A-B+C+D)-D\left(\because\int_0^\beta t\sin t\,dt=0\right)$

$\qquad=A-B+C$

$\qquad=-2B(\because A+B+C=0)$

$\qquad=6\pi$

$\therefore\int_\beta^{3\pi}f(x)\,dx=(3\pi-\beta)\times6\pi=6\pi(3\pi-\beta)$

**22** 삼각함수 $y=\sin x$의 주기가 $2\pi$이므로,

함수 $f(x)=5\sin\left(\frac{\pi}{2}x+1\right)+3$의 주기 $p$는

$p=\dfrac{2\pi}{\left|\frac{\pi}{2}\right|}=4$

삼각함수 $y=\sin x$의 최댓값이 1이므로,

함수 $f(x)=5\sin\left(\frac{\pi}{2}x+1\right)+3$의 최댓값 $M$은

$M=|5|\times1+3=8$

$\therefore p+M=4+8=12$

**23** 모평균이 15이므로, $\mathrm{E}(\overline{X})=15$

모표준편차가 8인 모집단에서 임의추출한 크기가 4인 표본평균 $\overline{X}$의 표준편차 $\sigma(\overline{X})$는

$\sigma(\overline{X})=\dfrac{8}{\sqrt{4}}=4$

$\therefore\mathrm{E}(\overline{X})+\sigma(\overline{X})=15+4=19$

**24** 수열 $\{(x^2-6x+9)^n\}$의 공비는 $(x^2-6x+9)$이고, 이 등비수열이 수렴하기 위한 공비의 범위는

$-1<(x^2-6x+9)\le1$

(ⅰ) $-1<(x^2-6x+9)$인 경우

$-1<x^2-6x+9,\ x^2-6x+10>0$

이차식의 판별식 $D<0$이므로, 모든 실수에서 성립한다.

(ⅱ) $(x^2-6x+9)\le1$인 경우

$x^2-6x+9\le 1,\ x^2-6x+8\le 0,\ (x-4)(x-2)\le 0$

$\therefore 2\le x\le 4$

(i), (ii)를 통해 조건을 만족하는 정수 $x$의 값은 2, 3, 4이고, 합은 9이다.

**25** 주사위를 던져 3의 배수가 나올 확률은 $\dfrac{1}{3}$이고, 3의 배수가 아닌 수가 나올 확률은 $\dfrac{2}{3}$이다. 3의 배수가 나왔을 경우 2개의 구슬을 꺼내 2개의 공이 모두 검은 구슬이어야 하고, 3의 배수가 아닌 경우는 3개의 구슬을 꺼내 1개의 흰 구슬과 2개의 검은 구슬을 꺼내야 한다.

(i) 주사위의 눈이 3의 배수인 경우

주사위의 눈이 3의 배수일 확률은 $\dfrac{1}{3}$이다.

꺼낸 두 구슬이 모두 검은 구슬일 확률은

$\dfrac{_4C_2}{_7C_2}=\dfrac{4\times 3}{7\times 6}=\dfrac{2}{7}$

$\therefore \dfrac{1}{3}\times\dfrac{2}{7}=\dfrac{2}{21}$

(ii) 주사위의 눈이 3의 배수가 아닌 경우

주사위의 눈이 3의 배수가 아닐 확률은 $\dfrac{2}{3}$이다.

꺼낸 세 구슬 중 두 구슬은 검은 구슬이고, 한 개의 구슬이 흰 구슬일 확률은

$\dfrac{_4C_2\times _3C_1}{_7C_3}=\dfrac{\frac{4\times3\times3}{2}}{\frac{7\times6\times5}{3\times2}}=\dfrac{18}{35}$

$\therefore \dfrac{2}{3}\times\dfrac{18}{35}=\dfrac{12}{35}$

따라서 꺼낸 구슬 중 검은 구슬의 개수가 2일 확률은

$\dfrac{2}{21}+\dfrac{12}{35}=\dfrac{46}{105}$이다.

구하고자 하는 $p=105,\ q=46$이므로, $p+q=151$이다.

**26** 조건 (가)의 각 항이 등차수열을 이루므로, 등차중항에 의하여

$a+b=\log_2 c_1+\log_2 c_m=\log_2 c_2+\log_2 c_{m-1}=\cdots=1$

$\therefore \log_2 c_1+\log_2 c_2+\log_2 c_3+\cdots+\log_2 c_m=\dfrac{m}{2}$

조건 (나)에 의하여, $c_1\times c_2\times c_3\times\cdots\times c_m=32$이므로

$\log_2 c_1+\log_2 c_2+\log_2 c_3+\cdots+\log_2 c_m$

$=\log_2 c_1\times c_2\times c_3\times\cdots\times c_m$

$=\log_2 32$

$=\log_2 2^5$

$=5$

$\therefore \dfrac{m}{2}=5,\ m=10$

**27** 곡선 $y=\sqrt{x}\,(x\ge 0)$의 역함수는 $y=x^2$이고, $y=x^2$의 그래프

를 $x$축에 대하여 대칭이동하면 곡선 $y=-x^2(x\ge 0)$이 된다. 따라서 곡선 $y=\sqrt{x}$ 위의 점 $(n^2,\ n)$은 곡선 $y=-x^2$ 위의 점 $(n,\ -n^2)$이 된다.

$\overline{OA_n}$이 지나는 직선의 기울기는 $\dfrac{1}{n}$이고, $\overline{OB_n}$가 지나는 직선의 기울기는 $-n$이므로, 두 직선은 수직관계이다.

따라서 삼각형 $A_nOB_n$의 넓이 $S_n$을 구하면

$S_n=\dfrac{1}{2}\times\sqrt{n^4+n^2}\times\sqrt{n^4+n^2}=\dfrac{n^4+n^2}{2}$

$\displaystyle\sum_{n=1}^{10}\dfrac{2S_n}{n^2}=\sum_{n=1}^{10}\dfrac{2(n^4+n^2)}{2n^2}$

$\displaystyle=\sum_{n=1}^{10}(n^2+1)$

$\displaystyle=\sum_{n=1}^{10}n^2+\sum_{n=1}^{10}1$

$=\dfrac{10\times11\times21}{6}+10$

$=385+10$

$=395$

**28** 원 O의 반지름을 $R$이라 하면 사인법칙에 의하여 선분 BC의 길이 $\overline{BC}$는

$\overline{BC}=2R\sin\theta$

$\angle ABC=\dfrac{\pi}{2}-\dfrac{\theta}{2}$이므로, 사인법칙에 의하여

$\overline{AC}=2R\sin\left(\dfrac{\pi}{2}-\dfrac{\theta}{2}\right)=2R\cos\dfrac{\theta}{2}=4$

$\therefore R=\dfrac{2}{\cos\frac{\theta}{2}}$

$R=\dfrac{2}{\cos\frac{\theta}{2}}$이므로

$\overline{BC}=\dfrac{4\sin\theta}{\cos\frac{\theta}{2}}=8\sin\dfrac{\theta}{2}\left(\because \sin\theta=2\sin\dfrac{\theta}{2}\cos\dfrac{\theta}{2}\right)$

사인법칙을 이용하여 선분 BC와 선분 CD의 관계를 보면

$\dfrac{8\sin\frac{\theta}{2}}{\sin\left(\frac{\pi}{2}-\frac{3}{2}\theta\right)}=\dfrac{\overline{CD}}{\sin\left(\frac{\pi}{2}+\frac{\theta}{2}\right)}$

$\dfrac{8\sin\frac{\theta}{2}}{\cos\frac{3}{2}\theta}=\dfrac{\overline{CD}}{\cos\frac{\theta}{2}}$

$\therefore \overline{CD}=\dfrac{4\sin\theta}{\cos\frac{3}{2}\theta}$

삼각형 BDC의 넓이 $S(\theta)$는

$S(\theta)=\dfrac{1}{2}\times 8\sin\dfrac{\theta}{2}\times\dfrac{4\sin\theta}{\cos\frac{3}{2}\theta}\times\sin\theta$

따라서

$\displaystyle\lim_{\theta\to 0+}\dfrac{S(\theta)}{\theta^3}=\lim_{\theta\to 0+}\left(\dfrac{1}{\theta^3}\times 4\sin\dfrac{\theta}{2}\times\dfrac{4\sin\theta}{\cos\frac{3}{2}\theta}\times\sin\theta\right)$

정답 및 해설

$$=4\times\frac{1}{2}\times4$$
$$=8$$

**29** 왼쪽의 카드의 수가 오른쪽의 카드의 수보다 큰 경우가 한 번 나타났다는 것은 나머지는 증가하는 경우이다.

이웃한 수가 작아지는 경우를 나누면 다음과 같다.

(i) 왼쪽에서 첫 번째, 두 번째 사이

왼쪽에서 첫 번째에는 1을 제외한 2, 3, 4, 5, 6 중에서 하나를 선택하면 되고, 왼쪽에서 두 번째는 1부터 커지면 된다. 따라서 5가지 경우이다.

(ii) 왼쪽에서 두 번째, 세 번째 사이

왼쪽에서 두 번째와 세 번째 사이에서 감소가 일어나면 왼쪽에서 두 번째 수는 첫 번째 수와 세 번째 수보다 커야 한다. 따라서 왼쪽에서 두 번째 수는 3 이상이어야 한다. 그리고 나머지 왼쪽에서 세 번째부터는 증가만 해야 하므로, 나올 수 있는 경우의 수는 두 번째 숫자보다 1이 작은 값이 된다. 따라서 경우의 수는

$$\sum_{n=3}^{6}(n-1)=\sum_{n=2}^{5}n=\frac{5\times6}{2}-1=14$$

(iii) 왼쪽에서 세 번째, 네 번째 사이

왼쪽에서 세 번째와 네 번째 사이에서 감소가 일어나면 왼쪽에서 세 번째 수는 왼쪽에서 첫 번째와 두 번째, 네 번째 수보다는 커야 한다. 따라서 왼쪽에서 네 번째 수는 4 이상이다.

왼쪽에서 세 번째 수로 4가 오는 경우, 네 번째 수를 정하는 경우만을 생각하면 되므로 3가지

왼쪽에서 세 번째 수로 5가 오는 경우, 왼쪽에서 첫 번째와 두 번째에 오는 두 가지 수를 정하는 경우 $_4C_2=6$가지 ($\because$ 5보다 작아야 한다.)

왼쪽에서 세 번째 수로 6이 오는 경우, 왼쪽에서 첫 번째와 두 번째에 오는 두 가지 수를 정하는 경우 $_5C_2=10$가지($\because$ 6보다 작아야 한다.)

왼쪽에서 네 번째, 다섯 번째 사이는 (ii)의 경우와 같고, 왼쪽에서 다섯 번째, 여섯 번째 사이는 (i)의 경우와 같으므로, 총 경우의 수는

$5+14+19+14+5=57$

여섯 개의 숫자를 일렬로 나열하는 경우의 수는 6!이므로, 이웃한 두 장의 카드 중 왼쪽 카드에 적힌 수가 오른쪽 카드에 적힌 수보다 큰 경우가 한 번만 나타날 확률 $\frac{q}{p}$는

$$\frac{q}{p}=\frac{57}{720}=\frac{19}{240}$$

$\therefore p=240, q=19, p+q=259$

**30** 함수 $h(x)=(f\circ g)(x)$이므로

$h(x)=(x^2e^{-\frac{x}{2}})^2-a(x^2e^{-\frac{x}{2}})+b$

$h(0)=b, h(4)=(16e^{-2})^2-16ae^{-2}+b$

조건 (가)에 의하여 $h(0)<h(4)$이므로

$b<(16e^{-2})^2-16ae^{-2}+b$

$0<(16e^{-2})^2-16ae^{-2}$

$0<16e^{-2}(16e^{-2}-a)$

$\therefore a<16e^{-2}(\because 16e^{-2}>0)$

함수 $g(x)=x^2e^{-\frac{x}{2}}$이므로

$$g'(x)=2xe^{-\frac{x}{2}}-\frac{1}{2}x^2e^{-\frac{x}{2}}=\frac{xe^{-\frac{x}{2}}}{2}(x-4)$$

$g'(x)$를 통하여 함수 $g(x)$의 그래프를 그리면 다음과 같다.

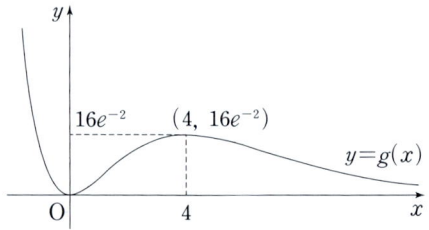

함수 $f(x)=x^2-ax+b$이므로, $x=\frac{a}{2}$를 대칭축으로 하는 아래로 볼록 그래프이다. 함수 $f(x)$가 $(0, b)$를 지나므로, 점 $(a, b)$를 지난다.

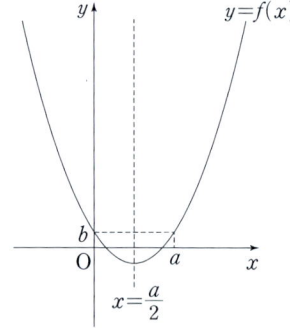

조건 (나)에 의하여 방정식 $|h(x)|=k$의 서로 다른 실근 개수는 7개가 되려면 $g(x)<0$인 지점은 존재해서는 안된다. 또, 방정식 $|h(x)|=k$의 서로 다른 교점의 개수는 3개이어야 한다.($\because$ 2개라면 $|h(x)|=k$의 서로 다른 실근 개수는 최대 3개, 4개라면 $|h(x)|=k$의 서로 다른 실근 개수는 최소 12개)

$\therefore y=k$는 $y=|h(x)|$에 접한다.

마지막으로 서로 다른 실근 중 가장 큰 실근을 $\alpha$이고, 함수 $h(x)$는 $x=\alpha$에서 극소이다.

$\therefore \alpha=\frac{a}{2}, k=b$

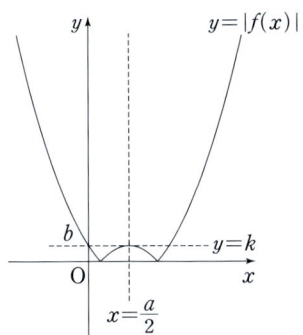

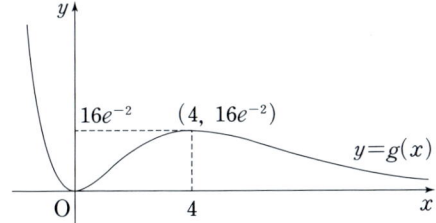

$f\left(\dfrac{a}{2}\right)=\left(\dfrac{a}{2}\right)^2-\dfrac{a^2}{2}+b=-\dfrac{a^2}{4}+b=-b$

$\therefore b=\dfrac{a^2}{8}$

$f(1)=1-a+b=1-a+\dfrac{a^2}{8}=-\dfrac{7}{32}$

$1-a+\dfrac{a^2}{8}=-\dfrac{7}{32}$

$4a^2-32a+39=0$

$(2a-13)(2a-3)=0$

$\therefore a=\dfrac{3}{2}$ 또는 $a=\dfrac{13}{2}$

$a<16e^{-2}$이므로

$a=\dfrac{3}{2},\ b=\dfrac{9}{32}$

$\therefore a+16b=\dfrac{3}{2}+\dfrac{9}{2}=6$

# 2021학년도 기출문제 정답 및 해설

제3교시 **수학영역(나형)**

| 01 ④ | 02 ② | 03 ⑤ | 04 ② | 05 ④ | 06 ① |
|---|---|---|---|---|---|
| 07 ⑤ | 08 ③ | 09 ① | 10 ③ | 11 ① | 12 ① |
| 13 ② | 14 ④ | 15 ⑤ | 16 ③ | 17 ⑤ | 18 ② |
| 19 ③ | 20 ④ | 21 ② | 22 11 | 23 12 | 24 4 |
| 25 5 | 26 6 | 27 50 | 28 17 | 29 282 | 30 36 |

**01** $\left(\dfrac{1}{4}\right)^{-\frac{3}{2}}=4^{\frac{3}{2}}=(2^2)^{\frac{3}{2}}=2^3=8$

**02** 두 사건 $A$와 $B$가 독립이면 $P(A \cap B)=P(A)P(B)$

$$P(A \cap B)=P(A)P(B)$$
$$=\dfrac{2}{3} \times P(B)$$
$$=\dfrac{1}{4}$$
$$\therefore \dfrac{2}{3}P(B)=\dfrac{1}{4}, \ P(B)=\dfrac{3}{8}$$

**03** $\sin^2\theta+\cos^2\theta=1$이므로

$$\left(-\dfrac{1}{3}\right)^2+\cos^2\theta=1$$
$$\cos^2\theta=1-\dfrac{1}{9}=\dfrac{8}{9}$$
$$\dfrac{\cos\theta}{\tan\theta}=\dfrac{\cos\theta}{\dfrac{\sin\theta}{\cos\theta}}=\dfrac{\cos^2\theta}{\sin\theta}$$
$$\therefore \dfrac{\cos\theta}{\tan\theta}=\dfrac{\cos^2\theta}{\sin\theta}=\dfrac{\dfrac{8}{9}}{-\dfrac{1}{3}}=-\dfrac{8}{3}$$

**04** $f(x)=(x^3-2x+3)(ax+3)$이므로

$$f'(x)=(3x^2-2)(ax+3)+a(x^3-2x+3)$$
$$f'(1)=(3-2)(a+3)+a(1-2+3)$$
$$=(a+3)+2a$$
$$=3a+3$$
$$=15$$
$$\therefore a=4$$

**05** $\displaystyle\lim_{x \to 0-}f(x)=2, \ \lim_{x \to 2+}f(x)=2$이므로

$$\lim_{x \to 0-}f(x)+\lim_{x \to 2+}f(x)=2+2=4$$

**06** 
$$\left(2x^2+\dfrac{1}{x}\right)^5=\sum_{r=0}^{5}{}_5C_r(2x^2)^r \cdot \left(\dfrac{1}{x}\right)^{5-r}$$
$$=\sum_{r=0}^{5}{}_5C_r 2^r x^{2r} \cdot x^{r-5}$$
$$=\sum_{r=0}^{5}{}_5C_r 2^r x^{3r-5}$$

각 항의 계수가 ${}_5C_r 2^r$이고,

$x^4$의 계수를 구하기 위한 $r$을 구하면

$$3r-5=4, \ r=3$$

따라서 $x^4$의 계수는

$${}_5C_3 2^3=\dfrac{5 \times 4}{2 \times 1} \times 8=80$$

**07** $x=1$을 대입하면

$$\int_1^1 f(t)dt=1+a-3=a-2=0$$
$$\therefore a=2$$

$\displaystyle\int_1^x f(t)dt=x^3+2x-3$의 양변을 $x$에 대하여 미분하면

$$f(x)=3x^2+2$$
$$\therefore f(2)=12+2=14$$

**08**

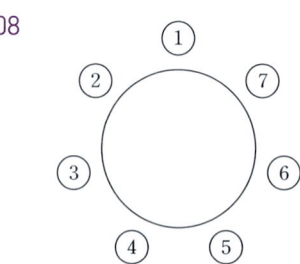

학생 A를 '1' 의자에 고정시키면 A의 좌우에는 B와 C가 앉을 수 없다. 따라서 최소한 두 칸이 떨어진 '3', '6' 의자에 앉아야 한다.

(i) B 또는 C 학생이 '3' 의자에 앉는 경우

B, C 중 남은 한 학생은 '5' 또는 '6'의 자리에 앉아야 한다.

(ii) B 또는 C 학생이 '4' 의자에 앉는 경우

B, C 중 남은 한 학생은 '6'의 자리에 앉아야 한다.

따라서 A가 고정되었을 경우 B와 C가 앉을 수 있는 경우는
B와 C가 바꾸어 앉는 경우를 포함하여 총 6가지이다.
A, B, C를 제외한 나머지 4명이 의자에 앉는 방법은 4!이므
로 구하고자 하는 경우의 수는 $6 \times 4! = 144$(가지)이다.

**09** 곡선 $y = -x^3 + 3x^2 + 4$와 접하는 직선의 기울기는 $y'$이므로
직선 $l$의 기울기는 $y'$의 최댓값과 같다.
곡선 $y = -x^3 + 3x^2 + 4$의 도함수를 구하면
$$y' = -3x^2 + 6x = -3(x-1)^2 + 3$$
따라서 $y'$의 최댓값은 $x = 1$일 때, 3이다.
기울기가 3이고, $(1, 6)$을 지나는 직선 $l$을 구하면
$$(y-6) = 3(x-1)$$
$$y = 3x + 3$$
$$\int_{-1}^{0} (3x+3)dx = \left[ \frac{3}{2}x^2 + 3x \right]_{-1}^{0} = \frac{3}{2}$$

**10** 방정식 $|\sin 2x| = \frac{1}{2}$의 해는 함수 $y = |\sin 2x|$와

직선 $y = \frac{1}{2}$의 교점의 $x$좌표이다.

함수 $y = |\sin 2x|$는 최댓값이 1, 최솟값이 0인 주기가 $\pi$인
그래프이다. 따라서 함수 $y = |\sin 2x|$와 직선 $y = \frac{1}{2}$을 그래

프로 나타내면 다음과 같다.

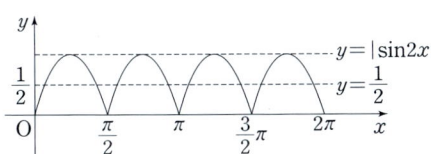

두 그래프의 교점의 $x$좌표를 구하면
$$x = \frac{\pi}{12}, \frac{5\pi}{12}, \frac{7\pi}{12}, \frac{11\pi}{12}, \frac{13\pi}{12}, \frac{17\pi}{12}, \frac{19\pi}{12}, \frac{23\pi}{12}$$
따라서 모든 실근의 합은
$$\frac{\pi}{12} + \frac{5\pi}{12} + \frac{7\pi}{12} + \frac{11\pi}{12} + \frac{13\pi}{12} + \frac{17\pi}{12} + \frac{19\pi}{12} + \frac{23\pi}{12}$$
$$= 8\pi$$

**11** 사관생도가 매회 사격을 하는 시행은 독립시행이고, 이 사관
생도가 1회의 사격을 하여 표적에 명중시킬 확률이 $\frac{4}{5}$이므로,

이 사관생도가 20회의 사격을 할 때, 표적에 명중시키는 횟수
를 확률변수 $X$는 이항분포 $B\left(20, \frac{4}{5}\right)$를 따른다.

$$E(X) = 20 \times \frac{4}{5} = 16$$
$$V(X) = 20 \times \frac{4}{5} \times \frac{1}{5} = \frac{16}{5}$$
$$\sigma(X) = \sqrt{\frac{16}{5}}$$

$$V\left(\frac{1}{4}X + 1\right) = \left(\frac{1}{4}\right)^2 V(X)$$
$$= \frac{1}{16} \times \frac{16}{5}$$
$$= \frac{1}{5}$$

**12** 수직선 위를 움직이는 두 점 P, Q가 서로 만난다는 것은 두
점이 같은 위치에 있다는 것이다.
점 P는 시각 $t(t \geq 0)$에서의 속도가 $v_1(t) = 2t + 3$이므로 시
각 $t$에서의 위치 $x_1(t)$는
$$x_1(t) = \int_{0}^{t} (2t+3)dt = t^2 + 3t$$
$$x_1(3) = 9 + 9 = 18$$
점 Q는 시각 $t(t \geq 0)$에서의 속도가 $v_2(t) = at(6-t)$이므
로 시각 $t$에서의 위치 $x_2(t)$는
$$x_2(t) = \int_{0}^{t} at(6-t)dt = 3at^2 - \frac{1}{3}at^3$$
$$x_2(3) = 27a - 9a = 18a$$
$x_1(3) = x_2(3)$이므로, $18a = 18$
$$\therefore a = 1$$

**13** 모든 자연수 $n$에 대하여 $a_{2n-1} + a_{2n} = 2a_n$이므로
$$n = 1, \ a_1 + a_2 = 2a_1$$
$$n = 2, \ a_3 + a_4 = 2a_2$$
$$n = 3, \ a_5 + a_6 = 2a_3$$
$$\vdots$$
$$\therefore \sum_{k=1}^{2n} a_k = 2\sum_{k=1}^{n} a_k$$
$$\sum_{n=1}^{16} a_n = 2\sum_{n=1}^{8} a_n$$
$$= 2 \times 2\sum_{n=1}^{4} a_n$$
$$= 2^2 \times 2\sum_{n=1}^{2} a_n$$
$$= 2^3 \times 2a_1$$
$$= 2^4 \times \frac{3}{2}$$
$$= 24$$

**14** 모평균이 $m$, 표준편차가 50인 모집단에서 임의추출한 크기
가 $n$인 표본의 표본평균을 $\overline{X}$라고 하면, 표본평균 $\overline{X}$는 정규

분포 $N\left(m, \frac{50^2}{n}\right)$을 따른다.

방독면 무게의 표본평균이 1740이므로, 모평균 $m$에 대한 신
뢰도 95%의 신뢰구간은

$$1740 - 1.96\frac{50}{\sqrt{n}} \leq m \leq 1740 + 1.96\frac{50}{\sqrt{n}}$$

$$1740 - 1.96\frac{50}{\sqrt{n}} = 1720.4$$

$$19.6 = 1.96 \frac{50}{\sqrt{n}}$$

$$10 = \frac{50}{\sqrt{n}}$$

$$\therefore n = 25$$

$n = 25$이므로, $a$의 값은

$$1740 + 1.96 \frac{50}{\sqrt{25}} = 1740 + 19.6 = 1759.6$$

$$\therefore n + a = 25 + 1759.6 = 1784.6$$

**15** 조건 (가)에서 모든 실수 $x$에 대하여 $f(-x) = f(x)$이므로 함수 $f(x)$는 짝수차항만을 가진다.

$$\therefore f(x) = x^4 + ax^2 + b$$

조건 (나)에서 함수 $f(x)$의 극댓값 7이므로

$f(0) = 7$($\because$ 모든 실수 $x$에 대하여 $f(-x) = f(x)$인 사차 함수)

$$\therefore f(x) = x^4 + ax^2 + 7$$

$$f(1) = 1 + a + 7 = a + 8 = 2$$

$$\therefore a = -6$$

$f(x) = x^4 - 6x^2 + 7$이므로

$$f'(x) = 4x^3 - 12x = 4x(x^2 - 3)$$

따라서 함수 $f(x)$는 $x = \sqrt{3}$, $x = -\sqrt{3}$에서 극솟값을 갖는다.

$$f(\sqrt{3}) = 9 - 18 + 7 = -2$$

**16** 조건 (가)의 각 항이 등차수열을 이루므로, 등차중항에 의하여

$$a + b = \log_2 c_1 + \log_2 c_m = \log_2 c_2 + \log_2 c_{m-1} = \cdots = 1$$

$$\therefore \log_2 c_1 + \log_2 c_2 + \log_2 c_3 + \cdots + \log_2 c_m = \frac{m}{2}$$

조건 (나)에 의하여, $c_1 \times c_2 \times c_3 \times \cdots \times c_m = 32$이므로

$$\log_2 c_1 + \log_2 c_2 + \log_2 c_3 + \cdots + \log_2 c_m$$
$$= \log_2 c_1 \times c_2 \times c_3 \times \cdots \times c_m$$
$$= \log_2 32$$
$$= \log_2 2^5$$
$$= 5$$

$$\therefore \frac{m}{2} = 5, \ m = 10$$

**17** 표준편차의 값이 일정할 때, 평균의 값이 변하면 대칭축의 위치는 바뀌지만 곡선의 모양은 변하지 않는다. 따라서 두 곡선 $y = f(x)$와 $y = g(x)$가 만나는 점의 $x$좌표를 $k$는 두 곡선의 대칭축의 중점의 좌표와 같다.

$$\therefore k = \frac{10 + m}{2}$$

확률변수 $X$는 정규분포 $N(10, 5^2)$을 따르므로,

$$Z_X = \frac{X - 10}{5}$$

확률변수 $Y$는 정규분포 $N(m, 5^2)$을 따르므로,

$$Z_Y = \frac{Y - m}{5}$$

$$P(Y \leq 2k) = P(Y \leq 10 + m)$$
$$= P\left(Z_Y \leq \frac{10 + m - m}{5}\right)$$
$$= P(Z_Y \leq 2)$$
$$= 0.5 + P(0 \leq Z_Y \leq 2)$$
$$= 0.5 + 0.4772$$
$$= 0.9772$$

**18** $n = 1$일 때,

(좌변)$= {}_2P_2 = 1$이고, (우변)$= \frac{2!}{2^1}$이므로

$$\therefore \boxed{(가)} = \frac{2!}{2} = 1$$

$$\sum_{k=1}^{m} \frac{{}_{2k}P_k}{2^k} + \frac{{}_{2m+2}P_{m+1}}{2^{m+1}} = \sum_{k=1}^{m} \frac{{}_{2k}P_k}{2^k} + \frac{\boxed{(나)}}{2^{m+1} \times (m+1)!}$$이므로

$$\frac{{}_{2m+2}P_{m+1}}{2^{m+1}} = \frac{\boxed{(나)}}{2^{m+1} \times (m+1)!}$$

$$\frac{{}_{2m+2}P_{m+1}}{2^{m+1}} = \frac{1}{2^{m+1}} \times \frac{(2m+2)!}{(m+1)!}$$

$$\therefore \boxed{(나)} = (2m+2)!$$

$$\frac{(2m)!}{2^m} + \frac{\boxed{(나)}}{2^{m+1} \times (m+1)!}$$

$$= \frac{\boxed{(나)}}{2^{m+1}} \times \left(\frac{1}{\boxed{(다)}} + \frac{1}{(m+1)!}\right)$$을 이용하면

$$\frac{(2m)!}{2^m} + \frac{\boxed{(나)}}{2^{m+1} \times (m+1)!}$$

$$= \frac{(2m)!}{2^m} + \frac{(2m+2)!}{2^{m+1} \times (m+1)!}$$

$$= \frac{2 \times (2m)! \times (m+1)! + (2m+2)!}{2^{m+1} \times (m+1)!}$$

$$= \frac{(2m+2)!}{2^{m+1}} \times \left(\frac{m!}{(2m+1)(m+1)!} + \frac{1}{(m+1)!}\right)$$

$$= \frac{(2m+2)!}{2^{m+1}} \times \left(\frac{1}{(2m+1)(m+1)} + \frac{1}{(m+1)!}\right)$$

$$\therefore \boxed{(다)} = (2m+1)(m+1)$$

$p = 1$, $f(m) = (2m+2)!$, $g(m) = (2m+1)(m+1)$이므로

$$\therefore p + \frac{f(2)}{g(4)} = 1 + \frac{6!}{9 \times 5} = 1 + 16 = 17$$

**19** 선분 AC를 $5 : 3$으로 내분하는 점이 D이므로,

$\overline{AD} = 5k$, $\overline{DC} = 3k$(단, $k$는 상수)가 된다.

$\angle ABD = \alpha$, $\angle DBC = \beta$라 하면, 주어진 조건에 의하여

$$2\sin\alpha = 5\sin\beta$$

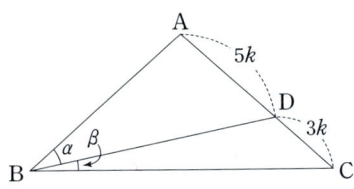

△ABD와 △DBC의 공통변 $\overline{\text{BD}}$와 사인법칙을 이용하면

$$\frac{5k}{\sin\alpha}=\frac{\overline{\text{BD}}}{\sin A}, \ \frac{3k}{\sin\beta}=\frac{\overline{\text{BD}}}{\sin C}$$

$$\therefore \overline{\text{BD}}=\frac{5k}{\sin\alpha}\times\sin A=\frac{3k}{\sin\beta}\times\sin C$$

$\dfrac{5k}{\sin\alpha}\times\sin A=\dfrac{3k}{\sin\beta}\times\sin C$이므로

$$\frac{\sin C}{\sin A}=\frac{5k}{\sin\alpha}\times\frac{\sin\beta}{3k}$$

$$=\frac{5}{3}\times\frac{\sin\beta}{\sin\alpha}$$

$$=\frac{5}{3}\times\frac{2}{5}(\because 2\sin\alpha=5\sin\beta)$$

$$=\frac{2}{3}$$

**20** 다항함수 $f(x)$의 도함수 $f'(x)$가

$f'(x)=3(x-k)(x-2k)$이므로, 다항함수 $f(x)$는 삼차함수이고, $x=k$, $x=2k$에서 극값을 갖는다.

$$f(x)=x^3-\frac{9}{2}kx^2+6k^2x+C(C\text{는 적분상수})$$

함수 $g(x)$는 $x\le 1$ 또는 $x\ge 4$에서는 함수 $f(x)$를 따르고, $1<x<4$에서는 점 $(1, f(1))$, $(4, f(4))$를 지나는 직선을 따른다. 이러한 함수 $g(x)$가 역함수가 존재하기 위해서는 우선적으로 증감상태가 유지되어야 한나.( ∵ 일대일 대응)

$\lim\limits_{x\to\infty}f(x)=\infty$, $\lim\limits_{x\to-\infty}f(x)=-\infty$이므로 함수 $g(x)$가 역함수가 존재하기 위해서는 $1\le k$, $2k\le 4$를 만족해야 한다.( ∵ 함수 $g(x)$는 증가함수만 가능)

$1\le k$

$2k\le 4$, $k\le 2$

$\therefore 1\le k\le 2$

함수 $g(x)$가 증가함수이므로, $f(1)<f(4)$

$$f(1)=1-\frac{9}{2}k+6k^2+C$$

$$f(4)=64-72k+24k^2+C$$

$$f(4)-f(1)=18k^2-\frac{135}{2}k+63>0$$

$$36k^2-135k+126>0$$

$$4k^2-15k+14=(4k-7)(k-2)>0$$

$$\therefore k<\frac{7}{4} \text{ 또는 } 2<k$$

따라서 함수 $g(x)$의 역함수가 존재하도록 하는 모든 실수 $k$의 범위는 $1\le k<\dfrac{7}{4}$이다.

$$\therefore \alpha=1, \ \beta=\frac{7}{4}, \ \beta-\alpha=\frac{3}{4}$$

**21** 주어진 그래프의 좌표를 표시하면 다음과 같다.

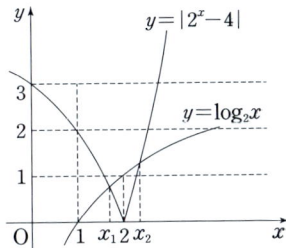

ㄱ. (참)

$\log_2 3<x_1<x_2<\log_2 6$이 성립함을 보기 위해서는 $\log_2 3<x_1$, $x_2<\log_2 6$임을 확인하면 된다.

$x=\log_2 3$을 $y=|2^x-4|$의 식에 대입하면, $y=1$

$x=x_1$을 $y=|2^x-4|$의 식에 대입하면 $y$의 값은 1보다 작다.( ∵ $\log_2 2=1$)

$\therefore \log_2 3<x_1$

같은 방법으로 $x_2<\log_2 6$임을 확인하면 된다.

$x=\log_2 6$을 $y=|2^x-4|$의 식에 대입하면, $y=2$

$x=x_2$를 $y=|2^x-4|$의 식에 대입하면 $y$의 값은 2보다 작다.

( ∵ $y=|2^x-4|$에서 $x=1$을 대입하면, $|2^x-4|<2$)

$\therefore \log_2 3<x_1<x_2<\log_2 6$

ㄴ. (참)

$(x_2-x_1)(2^{x_2}-2^{x_1})$을 $S$라 하면

$$\frac{1}{2}S=\frac{1}{2}(x_2-x_1)(2^{x_2}-2^{x_1})$$

$\dfrac{1}{2}S$는 사다리꼴의 넓이가 된다.

ㄱ에서 구한 $x=\log_2 3$, $x=\log_2 6$에서의 값을 이용하면

$$\frac{1}{2}(\log_2 6-\log_2 3)(2^{\log_2 6}-2^{\log_2 3})=\frac{3}{2}$$

$$\frac{1}{2}S<\frac{3}{2}$$

$$\therefore (x_2-x_1)(2^{x_2}-2^{x_1})<3$$

ㄷ. (거짓)

$2^{x_1}+2^{x_2}>8+\log_2(\log_3 6)$을 정리하면

$$2^{x_1}+2^{x_2}-8>\log_2(\log_3 6)$$

$$2^{x_1}-4+2^{x_2}-4>\log_2(\log_2 6)-\log_2(\log_2 3)$$

$2^{x_1}-4+2^{x_2}-4$의 값은 $y=|2^x-4|$에 $x=x_1$, $x=x_2$를 대입한 $y$값의 차와 같다.

두 곡선 $y=|2^x-4|$, $y=\log_2 x$의 교점의 $x$좌표가 $x=x_1$, $x=x_2$이므로

$$2^{x_1}-4+2^{x_2}-4=\log_2 x_2-\log_2 x_1$$

$\log_2 x_2-\log_2 x_1<\log_2(\log_2 6)-\log_2(\log_2 3)$이므로

$\therefore 2^{x_1}+2^{x_2}<8+\log_2(\log_9 6)$

**22**
$$\lim_{x\to\infty}(\sqrt{x^2+22x}-x)$$
$$=\lim_{x\to\infty}(\sqrt{x^2+22x}-x)\frac{(\sqrt{x^2+22x}+x)}{(\sqrt{x^2+22x}+x)}$$
$$=\lim_{x\to\infty}\frac{(x^2+22x-x^2)}{(\sqrt{x^2+22x}+x)}$$
$$=\lim_{x\to\infty}\frac{22x}{\sqrt{x^2+22x}+x}$$
$$=\lim_{x\to\infty}\frac{22}{\sqrt{1+\frac{22}{x}}+1}$$
$$=11$$

**23** 삼각함수 $y=\sin x$의 주기가 $2\pi$이므로,

함수 $f(x)=5\sin\left(\dfrac{\pi}{2}x+1\right)+3$의 주기 $p$는

$$p=\frac{2\pi}{\left|\dfrac{\pi}{2}\right|}=4$$

삼각함수 $y=\sin x$의 최댓값이 1이므로,

함수 $f(x)=5\sin\left(\dfrac{\pi}{2}x+1\right)+3$의 최댓값 $M$은

$$M=|5|\times 1+3=8$$
$$\therefore p+M=4+8=12$$

**24** $\log_{\frac{1}{3}}(2x-5)$에서 진수 $(2x-5)$의 값은 양수여야 한다.

$$\therefore 2x-5>0,\ x>\frac{5}{2}$$
$$2+\log_{\frac{1}{3}}(2x-5)=2-\log_3(2x-5)>0$$
$$2>\log_3(2x-5)$$
$$\log_3 3^2>\log_3(2x-5)$$
$$9>2x-5$$
$$14>2x$$
$$7>x$$
$$\therefore \frac{5}{2}<x<7$$

부등식을 만족하는 정수 $x$의 값은 3, 4, 5, 6으로 4개이다.

**25** 주사위를 던져 나오는 두 수 $a,\ b$의 곱이 6의 배수가 되기 위해서는 반드시 나온 수의 약수가 2와 3을 포함하고 있어야 한다. 동일한 경우를 제외하고 경우를 나누면 다음과 같다.

(i) $a=2x,\ b=3$(단, $x$는 자연수)

$a=2x$인 경우는 $a$가 2, 4, 6인 경우이고, $b=3$인 경우이므로, 총 경우의 수는 3가지이다.

(ii) $a=x,\ b=6$(단, $x$는 자연수)

$a=x$인 경우는 $a$가 1, 2, 3, 4, 5, 6인 경우이고, $b=6$인 경우이므로, 총 경우의 수는 $6\times 1=6$가지이다.

(iii) $a=3,\ b=2y$(단, $y$는 자연수)

$a=3$이고, $b=2y$인 경우는 $b$가 2, 4인 경우이므로, 총 경우의 수는 2가지이다.

(iv) $a=6,\ b=y$(단, $y$는 자연수)

$a=6$이고, $b=y$인 경우는 $b$가 1, 2, 4, 5인 경우이므로, 총 경우의 수는 $1\times 4=4$가지이다.

따라서 총 경우의 수는 15가지이다.

두 수 $a,\ b$의 곱이 6의 배수가 되기 위해서 $a,\ b$가 모두 홀수일 수 없으므로, 총 경우의 수에서 모두 짝수인 경우를 구하면 $a$ 또는 $b$가 홀수일 확률을 구할 수 있다.

$(a,\ b)$의 순서쌍이 모두 짝수인 경우는 $(2,\ 6)$, $(4,\ 6)$, $(6,\ 6)$, $(6,\ 2)$, $(6,\ 4)$로 총 5가지이다.

따라서 $ab$가 6의 배수일 때, $a$ 또는 $b$가 홀수일 확률은

$$1-\frac{5}{15}=\frac{10}{15}=\frac{2}{3}$$
$$\therefore p=3,\ q=2,\ p+q=5$$

**26** 함수 $f(x)$가 연속이므로, $x=a$에서의 극한값이 존재하여야 한다.

$$\lim_{x\to a-}(x^2-10)=\lim_{x\to a+}\frac{x^2+ax+4a}{x-a}=f(a)$$

$$\lim_{x\to a+}\frac{x^2+ax+4a}{x-a}$$의 값이 존재하기 위해서는

(분모) $\to 0$이므로, (분자) $\to 0$이어야 한다.

$$a^2+a^2+4a=2a^2+4a=2a(a+2)$$
$$\therefore a=0 \text{ 또는 } a=-2$$

$a=0$인 경우, 함수 $f(x)=\begin{cases}x^2-10 & (x\le 0)\\ x & (x>0)\end{cases}$이므로,

$x=0$에서 불연속이다.

$$\therefore a=-2$$

함수 $f(x)=\begin{cases}x^2-10 & (x\le -2)\\ \dfrac{x^2-2x-8}{x+2} & (x>-2)\end{cases}$이므로

$$f(2a)=f(-4)=16-10=6$$

**27** (나)의 조건을 보면 $ab$가 홀수이므로, $a$와 $b$모두 홀수임을 알 수 있다.

(나)의 조건을 통해 $a,\ b$가 홀수임을 알았으므로, $c+d+e$의 값은 짝수여야 한다.

$a,\ b,\ c,\ d,\ e$가 모두 자연수이므로, 모두 1보다 크거나 같다.

따라서 $a+b\le 7$이고, $a+b$의 값이 될 수 있는 값은 2, 4, 6이다.($\because a,\ b$ 모두 홀수)

(i) $a+b=2$

$a=1,\ b=1$이고, $c+d+e=8$을 만족해야 한다.

$c+d+e=8$을 만족하는 세 자연수 $c,\ d,\ e$의 모든 순서쌍의 개수는

$$_3H_5={_7C_5}=21$$

따라서 순서쌍의 개수는 21개이다.

(ii) $a+b=4$

$a=1$, $b=3$ 또는 $a=3$, $b=1$이고, $c+d+e=6$을 만족해야 한다. $c+d+e=6$을 만족하는 세 자연수 $c, d, e$의 모든 순서쌍의 개수는

$_3H_3=_5C_3=10$

따라서 순서쌍의 개수는 $2 \times 10=20$개이다.

(i) $a+b=6$

$a=1$, $b=5$ 또는 $a=3$, $b=3$ 또는 $a=5$, $b=1$이고, $c+d+e=4$를 만족해야 한다. $c+d+e=4$를 만족하는 세 자연수 $c, d, e$의 모든 순서쌍의 개수는

$_3H_1=_3C_1=3$

따라서 순서쌍의 개수는 $3 \times 3=9$개이다.

따라서 조건을 만족시키는 자연수 $a, b, c, d, e$의 모든 순서쌍 $(a, b, c, d, e)$의 개수는 50개이다.

**28** 조건 (가)에 의하여 $f(0)=0$, $f(1)=2+a$

조건 (나)의 식에 $x=0$을 대입하면

$f(1)=f(0)+a^2$

$a^2=2+a$

$a^2-a-2=0$

$(a-2)(a+1)=0$

$\therefore a=2(\because a>0)$

$a=2$를 조건 (가)와 (나)에 대입하여 그래프를 그리면 다음과 같다.

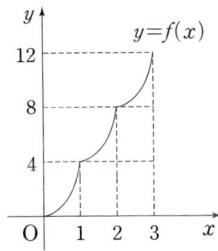

따라서 곡선 $y=f(x)$와 $x$축 및 직선 $x=3$으로 둘러싸인 부분의 넓이를 구하기 위해서는 곡선 $y=f(x)$와 $x$축 및 직선 $x=1$로 둘러싸인 부분의 넓이를 구하면 된다.($\because$ 조건 (나))

곡선 $y=f(x)$와 $x$축 및 직선 $x=1$로 둘러싸인 부분의 넓이를 $S$라고 하면

$$S=\int_0^1 (2x^2+2x)dx=\left[\frac{2}{3}x^3+x^2\right]_0^1=\frac{5}{3}$$

따라서 곡선 $y=f(x)$와 $x$축 및 직선 $x=3$으로 둘러싸인 부분의 넓이는

$$\frac{5}{3}+\left(\frac{5}{3}+4\right)+\left(\frac{5}{3}+8\right)=17$$

**29** $\sum_{k=1}^{n} a_k=n^2+cn(c는 자연수)$에서 $\sum_{k=1}^{n} a_k=S_n$이라 하면,

수열의 합과 일반항의 관계에 의하여

$a_n=S_n-S_{n-1}$

$=n^2+cn-\{(n-1)^2+c(n-1)\}$

$=n^2+cn-(n^2-2n+1+cn-c)$

$=2n-1+c$

$a_n=2n-1+c$이므로

$a_1=1+c$, $a_2=3+c$, $a_3=5+c$,

$a_4=7+c$, $a_5=9+c$, $a_6=11+c$ …

따라서 $c$의 값을 나누어 $b_{20}=199$를 만족하는 $c$의 값을 구하면 된다.

(i) $c=3m(m$은 0을 포함한 양의 정수)

$a_{3k-1}$의 값은 3의 배수가 되므로, 수열 $\{b_n\}$은 $a_{3k-2}$, $a_{3k}$로 구성되어 있다.($k$는 자연수)

따라서 $b_{20}=a_{30}$이다.

$b_{20}=a_{30}=59+c=199$, $c=140$

$c=3m(m$은 0을 포함한 양의 정수)이므로, 모순

(ii) $c=3m+1(m$은 0을 포함한 양의 정수)

$a_{3k}$의 값은 3의 배수가 되므로, 수열 $\{b_n\}$은 $a_{3k-2}$, $a_{3k-1}$로 구성되어 있다.($k$는 자연수)

따라서 $b_{20}=a_{29}$이다.

$b_{20}=a_{29}=57+c=199$, $c=142$

$c=3m+1(m$은 0을 포함한 양의 정수)이므로, 조건을 만족한다.

(iii) $c=3m+2(m$은 0을 포함한 양의 정수)

$a_{3k-2}$의 값은 3의 배수가 되므로, 수열 $\{b_n\}$은 $a_{3k-1}$, $a_{3k}$로 구성되어 있다.($k$는 자연수)

따라서 $b_{20}=a_{30}$이다.

$b_{20}=a_{30}=59+c=199$, $c=140$

$c=3m+2(m$은 0을 포함한 양의 정수)이므로, 조건을 만족한다.

따라서 조건을 만족하는 모든 $c$의 값은 142, 140으로 합은 282이다.

**30** 양수 $a$에 대하여 함수 $f(x)$는

$f(x)=\begin{cases} x(x+a)^2 & (x<0) \\ x(x-a)^2 & (x\geq0) \end{cases}$이므로,

그래프로 나타내면 다음과 같다.

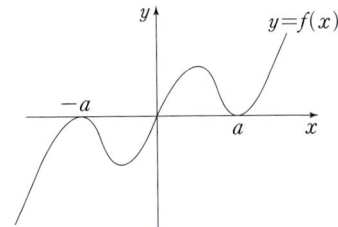

함수 $y=f(x)$는 원점에 대하여 대칭이다.

조건 (가)에 의하여 함수 $y=f(x)$는 직선 $y=4x+t$와 교점
이 최대 5개이다.

조건 (나)에 의하여 함수 $g(t)$가 불연속인 점이 2개이려면 직
선 $y=4x+t$가 함수 $y=f(x)$의 공통 접선이어야 한다.

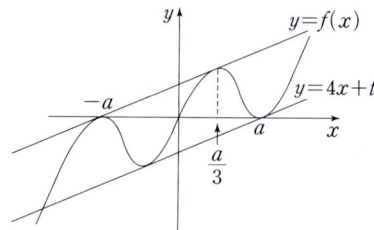

$t>0$이라면 접선의 교점은 $x=-a$, $x=\dfrac{a}{3}$이다.

($\because$ 1 : 2 내분점)

따라서 점 $(-a, f(-a))$와 점 $\left(\dfrac{a}{3}, f\left(\dfrac{a}{3}\right)\right)$를 지나는 직선
의 기울기가 4이다.

$$\dfrac{f\left(\dfrac{a}{3}\right)-f(-a)}{\dfrac{a}{3}-(-a)}=\dfrac{\dfrac{4a^3}{27}}{\dfrac{4a}{3}}=\dfrac{a^2}{9}=4$$

$\therefore a^2=36$

$f'(0)=a^2$이므로, 구하고자 하는 값은 36이다.

# 2020학년도 기출문제 정답 및 해설

## 제3교시 **수학영역(가형)**

| 01 ⑤ | 02 ① | 03 ④ | 04 ③ | 05 ① | 06 ④ |
|---|---|---|---|---|---|
| 07 ② | 08 ⑤ | 09 ⑤ | 10 ① | 11 ⑧ | 12 ⑤ |
| 13 ② | 14 ② | 15 ③ | 16 ② | 17 ④ | 18 ③ |
| 19 ④ | 20 ① | 21 ⑤ | 22 12 | 23 6 | 24 149 |
| 25 20 | 26 450 | 27 14 | 28 9 | 29 7 | 30 16 |

**01**
$\cos\theta=-\dfrac{1}{2}$, $\sin\theta=-\dfrac{\sqrt{3}}{2}$이므로,

$\therefore \tan\theta=\sqrt{3}$

**02**
$\overrightarrow{OA}=(2, 4)$, $\overrightarrow{BC}=(3, -1)$이므로,
$\overrightarrow{OA}\cdot\overrightarrow{BC}=6-4=2$

**03**
$$\lim_{x\to 0}\frac{2x\sin x}{1-\cos x}=\lim_{x\to 0}\frac{2x\sin x(1+\cos x)}{\sin^2 x}$$
$$=\lim_{x\to 0}\frac{2x(1+\cos x)}{\sin x}$$
$$=2\times 2$$
$$=4$$

**04**
$P(A)=1-P(A^C)$,
$P((A\cap B)^C)=P(A^C\cup B^C)$
이므로
$P(A\cap B^C)=1-P(A^C\cup B)=1-\dfrac{2}{3}=\dfrac{1}{3}$
$P(A)=P(A\cap B)+P(A\cap B^C)=\dfrac{1}{6}+\dfrac{1}{3}=\dfrac{1}{2}$

**05**
흰 바둑돌을 ○, 검은 바둑돌을 ●이라 하면,
∨○∨○∨○∨○∨○∨○∨
∨ 자리에 (●●), ●, ●을 넣으면 된다.
따라서 구하는 경우의 수는 $6\times {}_5C_2=60$가지이다.

**06**

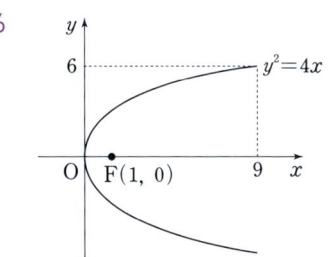

P($a$, 6)이 포물선 위를 지나므로
$36=4a$, $a=9$
초점 F는 (1, 0)이므로 구하는 $\overline{PF}$의 길이 $k$는
$k=\sqrt{(9-1)^2+6^2}=10$
$\therefore a+k=9+10=19$

**07** 확률변수 $X$의 확률분포를 표로 나타내면 다음과 같다.

| $X$ | 0 | 2 | 4 | 6 | 합 |
|---|---|---|---|---|---|
| $P(X=x)$ | $a$ | $\dfrac{1}{2}$ | $\dfrac{1}{4}$ | $\dfrac{1}{6}$ | 1 |

모든 확률의 합은 1이므로
$a+\dfrac{1}{2}+\dfrac{1}{4}+\dfrac{1}{6}=1$, $a=\dfrac{1}{12}$

$E(aX)=E\left(\dfrac{1}{12}X\right)$
$\qquad=\dfrac{1}{12}E(X)$
$\qquad=\dfrac{1}{12}\left(0\times\dfrac{1}{12}+2\times\dfrac{1}{2}+4\times\dfrac{1}{4}+6\times\dfrac{1}{6}\right)$
$\qquad=\dfrac{1}{4}$

**08** 두 자연수의 합이 홀수가 되려면 하나의 수는 홀수, 하나의 수는 짝수인 경우뿐이다.
(i) 주머니 A : 홀수, 주머니 B : 짝수
(ii) 주머니 A : 짝수, 주머니 B : 홀수
(i)의 확률은 주머니 A에서 (1, 3, 5), 주머니 B에서 (6, 8)의 경우이므로 $\dfrac{3}{5}\times\dfrac{2}{3}=\dfrac{2}{5}$이다.
(ii)의 확률은 주머니 A에서 (2, 4), 주머니 B에서 (7)의 경우이므로 $\dfrac{2}{5}\times\dfrac{1}{3}=\dfrac{2}{15}$이다.
따라서 두 수의 합이 홀수이고, 주머니 A에서 꺼낸 카드에 적

흰 수가 홀수일 확률은 $\dfrac{\dfrac{6}{15}}{\dfrac{6}{15}+\dfrac{2}{15}}=\dfrac{3}{4}$이다.

**09**

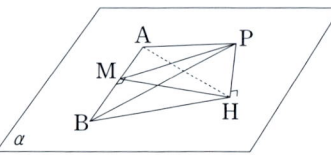

$\overline{PB}=6$, $\overline{PH}=4$이므로 $\overline{HB}=\sqrt{6^2-4^2}=2\sqrt{5}$

$\overline{AB}$의 중점을 M이라 하면, $\overline{HB}=\overline{HA}$이므로,

$\overline{HM}\perp\overline{AB}$

$\overline{HB}=2\sqrt{5}$, $\overline{AM}=3$이므로

$\overline{HM}=\sqrt{20-9}=\sqrt{11}$

$\therefore \triangle HAB=\dfrac{1}{2}\times 6\times\sqrt{11}=3\sqrt{11}$

**10** $f(x)=\dfrac{6x^3}{x^2+1}$이고, $f(x)$의 역함수가 $g(x)$이므로,

$g'(3)=\dfrac{1}{f'\big(g(3)\big)}$

$f'(x)=\dfrac{18x^2(x^2+1)-6x^3(2x)}{(x^2+1)^2}=\dfrac{6x^4+18x^2}{(x^2+1)^2}$

$g(3)=t$라 하면, $f(t)=3$

$\dfrac{6t^3}{t^2+1}=3$

$6t^3=3t^2+3$

$2t^3-t^2-1=0$

$(t-1)(2t^2+t+1)=0$

$\therefore t=1$

$g(3)=1$이므로

$g'(3)=\dfrac{1}{f'(1)}=\dfrac{1}{6}$

**11** 두 점 A, B를 $1:2$로 내분하는 점을 P라고 하면 점 P를 구하면, $P\left(\dfrac{a+4}{3}, \dfrac{b+4}{3}, \dfrac{c+2}{3}\right)$이고 점 P가 $y$축 위의 점이므로 $\dfrac{a+4}{3}=0$, $\dfrac{c+2}{3}=0$이다.

$\therefore a=-4$, $c=-2$

$\overrightarrow{AB}=(a-2, b-2, c-1)=(-6, b-2, -3)$,

$xy$평면의 법선벡터 $\vec{n}=(0, 0, 1)$일 때, $\tan\theta=\dfrac{\sqrt{2}}{4}$이므로,

$\sin\theta=\dfrac{|\overrightarrow{AB}\cdot\vec{n}|}{|\overrightarrow{AB}||\vec{n}|}=\dfrac{1}{3}(\because xy$평면과 $\vec{n}$가 수직)

$\dfrac{|\overrightarrow{AB}\cdot\vec{n}|}{|\overrightarrow{AB}||\vec{n}|}=\dfrac{|-3|}{\sqrt{6^2+(b-2)^2+3^2}}$

$=\dfrac{3}{\sqrt{45+(b-2)^2}}$

$=\dfrac{1}{3}$

$\therefore 45+(b-2)^2=81$, $b=8$

**12** $\tan 2x\sin 2x=\dfrac{\sin^2 2x}{\cos 2x}=\dfrac{1-\cos^2 2x}{\cos 2x}=\dfrac{3}{2}$

$2\cos^2 2x+3\cos 2x-2=0$

$(2\cos 2x-1)(\cos 2x+2)=0$

$\therefore \cos 2x=\dfrac{1}{2}(\because -1\le\cos 2x\le 1)$

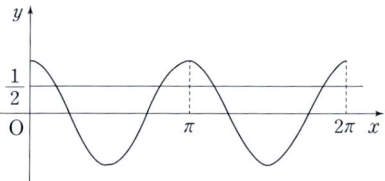

$x=\pi$에 대하여 서로 대칭인 두 쌍의 실근이므로 모든 해의 합은 $4\pi$이다.

**13**

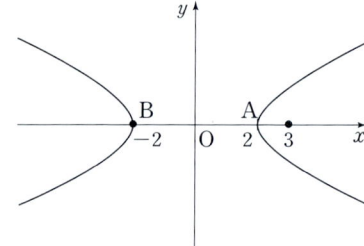

쌍곡선 $\dfrac{x^2}{4}-y^2=1$의 꼭지점을 각각 $A(2, 0)$, $B(-2, 0)$이라 하자. $x$의 좌표가 음수인 $B(-2, 0)$을 중심으로 하고 반지름이 $r$이라 하면 원 $C$의 방정식은 $(x+2)^2+y^2=r^2$이다.

점 $(3, 0)$을 지나고, 쌍곡선 $\dfrac{x^2}{4}-y^2=1$과 한 점에서 만나는 직선은 쌍곡선의 점근선 $y=\pm\dfrac{1}{2}x$와 평행을 이루어야 한다.($\because$ 원 $C$의 접선이 점 $(3, 0)$을 지나면, 쌍곡선의 $x>0$인 부분에서 교점이 생긴다.)

따라서 접선의 방정식은 $y=\pm\dfrac{1}{2}(x-3)$이다.

기울기가 $\pm\dfrac{1}{2}$이므로, 구하는 원 $C$의 반지름 $r$은

$(2r)^2+r^2=25$, $5r^2=25$, $r=\sqrt{5}$

**14** 직장인들의 하루 도보 이동 거리의 평균은 $m(\text{km})$이고, 표준편차는 $\sigma(\text{km})$이다. 36명을 임의추출하여 구한 표본평균 $\overline{m}=\dfrac{216}{36}=60$이다.

평균 $m$에 대하여 신뢰도 95%의 신뢰구간은

$6-(1.96)\times\dfrac{\sigma}{\sqrt{36}}\le m\le 6+(1.96)\times\dfrac{\sigma}{\sqrt{36}}$

$\Leftrightarrow a \le m \le a+0.98$

구하는 신뢰구간의 길이는

$2 \times (1.96) \times \dfrac{\sigma}{\sqrt{36}} = 0.98$

$\therefore \sigma = \dfrac{3}{2}$

$a = 6 - (1.96) \times \dfrac{\sigma}{\sqrt{36}} = 5.51$

$\therefore a + \sigma = \dfrac{3}{2} + 5.51 = 7.01$

**15** 직선 $\dfrac{x-a}{a} = 3-y = \dfrac{z}{b}$ 위의 점과 평면 $2x-2y+z=0$

사이의 거리가 4로 일정하므로, 직선은 평면과 평행하다.

직선의 평면 벡터 $\vec{d}$는 $\vec{d} = (a, -1, b)$

주어진 평면의 법선벡터 $\vec{n}$은 $\vec{n} = (2, -2, 1)$

$\vec{d} \perp \vec{n}$이므로 $\vec{d} \cdot \vec{n} = 0$

$\vec{d} \cdot \vec{n} = 2a + 2 + b = 0$

직선 위의 점 $(a, 3, 0)$과 평면 $2x-2y+z=0$ 사이의 거리

가 4이므로

$\dfrac{|2a-6|}{\sqrt{2^2+2^2+1}} = \dfrac{|2a-6|}{3} = 4$

$\therefore a=9, b=-20(\because b<0<a)$

구하는 $a-b$의 값은 29이다.

**16** 점 A$(1, 0)$, B$(1, a)$, C$(0, 1)$이고, $\overline{OA} = \overline{OC}$이므로,

$\angle OAC = \dfrac{\pi}{4}$

점 B와 점 D를 지나는 직선이 $x$축과 만나는 점을 P라고 하

면 $\overline{AC} // \overline{BD}$이므로 $\triangle ABP$는 직각 이등변삼각형이다.

따라서 P$(1+a, 0)$이고, $\overline{AC} = \overline{BD} = \dfrac{a\sqrt{2}}{2}$이다.

사각형 ADBC의 넓이는

$\dfrac{1}{2} \times \left(\sqrt{2} + \dfrac{a\sqrt{2}}{2}\right) \times \dfrac{a\sqrt{2}}{2} = \dfrac{a^2+2a}{4} = \dfrac{1}{6}$

$\therefore a^2 + 2a - 24 = 0, a=4(\because a>0)$

점 D는 점 B와 점 P의 중점이므로, D$\left(\dfrac{1+5}{2}, \dfrac{4}{2}\right)$

$y = \log_b x$가 점 $(3, 2)$를 지나므로

$2 = \log_b 3, b^2 = 3, b = \sqrt{3} (\because b>0)$

$\therefore a \times b = 4\sqrt{3}$

**17** 한 변의 길이가 $y = \dfrac{3}{x}$과 $y = \sqrt{\ln x}$ 사이의 길이인 정사각형

의 넓이는 $\left(\dfrac{3}{x} - \sqrt{\ln x}\right)^2$이다.

따라서 구하는 입체도형의 부피는

$\int_1^e \left(\dfrac{3}{x} - \sqrt{\ln x}\right)^2 dx$

$= \int_1^e \left(\dfrac{9}{x^2} - \dfrac{6}{x}\sqrt{\ln x} + \ln x\right)dx$

$= \left[-\dfrac{9}{x} - 4(\ln x)^{\frac{3}{2}} + x\ln x - x\right]_1^e$

$= 6 - \dfrac{9}{e}$

**18** $a+b+c = 3n$을 만족시키는 자연수의 순서쌍 $(a, b, c)$의

개수는 $_3H_{3n-3}$이다.

$a>b$ 또는 $a>c$를 만족하는 사건 $A$의 여사건은 $a \le b$이고,

$a \le c$이다.

$a=k$일 때 $k \le b, k \le c$은 $b+c = 3n-k$에서

$(b, c) = (k, 3n-2k), (k+1, 3n-2k-1), \cdots, (3n-2k, k)$

즉 $(3n-3k+1)$개이다. 따라서 여사건의 개수는

$n(A^C) = \sum_{k=1}^{n}(3n-3k+1)$

$= 3n^2 - \dfrac{3}{2}n(n+1) + n$

$= \dfrac{1}{2}n(3n-1)$

따라서 구하는 확률 $P(A)$는

$P(A) = 1 - P(A^C)$

$= 1 - \dfrac{\dfrac{1}{2}(3n-1)}{\dfrac{1}{2}(3n-1)(3n-2)}$

$= 1 - \dfrac{n}{3n-2}$

$= \dfrac{2n-2}{3n-2}$

$n=2$일 때 $p = \dfrac{5 \times 4}{2} = 10$.

$n=7, k=2$일 때, $q = 21-6+1 = 16$

$n=4$일 때 $r = \dfrac{6}{10} = \dfrac{3}{5}$

$\therefore pqr = 10 \times 16 \times \dfrac{3}{5} = 96$

**19** $f(x) = xe^{2x} - (4x+a)e^x$를 $x$에 대하여 미분하면

$f'(x) = e^{2x} + 2xe^{2x} - 4e^x - (4x+a)e^x$

$= \{(2x+1)e^x - 4x - a - 4\}e^x$

$x = -\dfrac{1}{2}$에서 극댓값을 가지므로,

$f'\left(-\dfrac{1}{2}\right) = (-a-2)e^{-\frac{1}{2}} = 0$

$\therefore a = -2$

함수 $f(x)$의 극솟값은 $f'(x) = 0$을 만족하는 $x$를 찾으면 된다.

$f'(x) = \{(2x+1)e^x - 4x - 2\}e^x$

$(2x+1)e^x = 4x+2(\because e^x > 0)$

$e^x = 2, x = \ln 2$

$x=\ln 2$에서의 $f(x)$는 극솟값을 갖고 그 함수값은

$$f(\ln 2)=\ln 2 \times e^{2\ln 2}-(4\ln 2-2)e^{\ln 2}$$
$$=4-4\ln 2$$

**20** 함수 $f(x)=\dfrac{|x|}{x^2+1}$의 그래프는 다음과 같다.

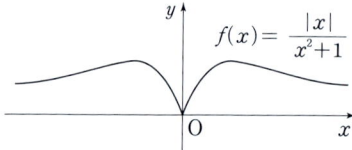

함수 $f(x)$는 $y$축을 기준으로 대칭이므로, $f(x)=f(-x)$를 만족하고 $x=0$에서 미분이 불가능하다.

함수 $f(x)$가 $f(x)=f(-x)$를 만족하므로

$$g(x)=\begin{cases} f(x) & (x<a) \\ f(b-x) & (x\geq a) \end{cases}$$를

$$g(x)=\begin{cases} f(x) & (x<a) \\ f(x-b) & (x\geq a) \end{cases}$$로 나타낼 수 있다.

함수 $g(x)$는 $x=a$를 기준으로 함수 $f(x)$가 평행이동하여 이어진 그래프이고, 함수 $g(x)$가 실수 전체의 집합에서 미분 가능하므로 $x=a$에서 극값을 가진다.

$$\dfrac{d}{dx}\left(\dfrac{x}{x^2+1}\right)=\dfrac{(x^2+1)-2x^2}{(x^2+1)^2}=\dfrac{1-x^2}{(x^2+1)^2}$$

$x=1$, $-1$에서 함수 $g(x)$는 극값을 갖는다.

$a=1$일 경우, $x=0$에서 미분이 불가능하므로, $a=-1$

따라서 극값의 $x$좌표가 $1$에서 $-1$로 이동하였으므로

$$b=-2$$

따라서

$$\int_{a}^{a-b}g(x)dx=\int_{-1}^{1}g(x)dx$$
$$=\int_{1}^{3}\dfrac{x}{x^2+1}dx$$
$$=\left[\dfrac{1}{2}\ln(x^2+1)\right]_{1}^{3}$$
$$=\dfrac{1}{2}\ln 5$$

**21** ㄱ. $k=1$일 때, $h(x)=4\sin\dfrac{\pi}{6}|2\cos x+1|$

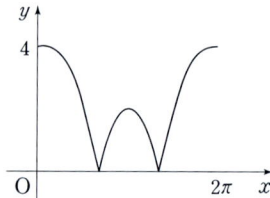

$h(x)=0$을 만족하는 $x=\dfrac{2}{3}\pi$, $x=\dfrac{4}{3}\pi$에서는 미분이 불가능하다.

ㄴ. $k=2$일 때,

$$h(x)=4\sin\dfrac{\pi}{6}|2\cos 2x+1|$$

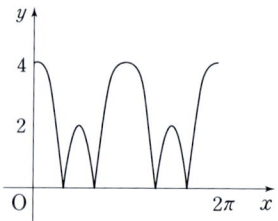

$h(x)=2$를 만족하는 경우는

$$\dfrac{\pi}{6}|2\cos 2x+1|=\dfrac{\pi}{6}, \dfrac{\pi}{6}|2\cos 2x+1|=\dfrac{5}{6}\pi$$

따라서 $|2\cos 2x+1|=1$을 만족하는 $x$의 값을 구하면

$$\cos 2x=0\left(x=\dfrac{\pi}{4}, \dfrac{3}{4}\pi, \dfrac{5}{4}\pi, \dfrac{7}{4}\pi\right)$$

$$\cos 2x=-1\left(x=\dfrac{\pi}{2}, \dfrac{3}{2}\pi\right)$$

따라서 조건을 만족하는 경우는 총 6가지이다.

ㄷ. $y=|h_k(x)-k|$ $(k=1,2,3,4)$

$y=|h_1(x)-1|$의 그래프는 다음과 같다.

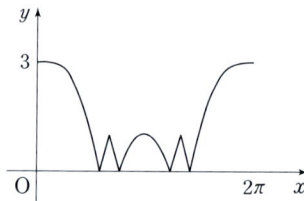

$y=|h_1(x)-1|$에서 미분 불가능한 점의 개수 $a_1$은 6개이다.

$y=|h_2(x)-2|$의 그래프는 다음과 같다.

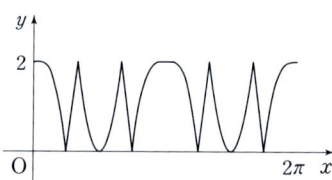

$y=|h_2(x)-2|$에서 미분 불가능한 점의 개수 $a_2$는 8개이다.

$y=|h_3(x)-3|$의 그래프는 다음과 같다.

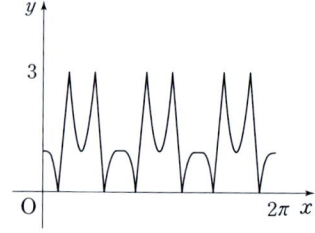

$y=|h_3(x)-3|$에서 미분 불가능한 점의 개수 $a_3$은 12개이다.

$y=|h_4(x)-4|$의 그래프는 다음과 같다.

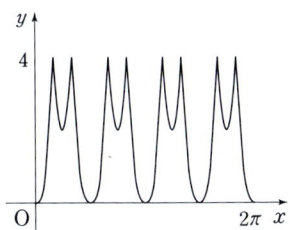

$y=|h_4(x)-4|$에서 미분 불가능한 점의 개수 $a_4$는 8개이다.

$\therefore \sum_{k=1}^{4} a_k = 6+8+12+8 = 34$

**22** $f(x)=(3x+e^x)^3$을 $x$에 대하여 미분하면
$f'(x)=3(3+e^x)(3x+e^x)^2$
$\therefore f'(0) = 3\times4\times1 = 12$

**23** $x=2\sqrt{2}\sin t + \sqrt{2}\cos t,\ y=\sqrt{2}\sin t + 2\sqrt{2}\cos t$이므로

$\dfrac{dx}{dt}=2\sqrt{2}\cos t - \sqrt{2}\sin t,\ \dfrac{dy}{dt}=\sqrt{2}\cos t - 2\sqrt{2}\sin t$

$t=\dfrac{\pi}{4}$일 때, $x=3$ $y=3$이고, $\dfrac{dy}{dx}=\dfrac{-1}{1}=-1$

따라서 점 $(3,3)$을 지나고, 기울기가 $-1$인 직선의 방정식은
$(y-3)=-(x-3),\ y=-x+6$
따라서 구하는 직선의 $y$절편은 $6$이다.

**24** (가)에서 $\mathrm{P}(X\geq128)=\mathrm{P}(X<140)$이므로
$m=\dfrac{128+140}{2}=134$

(나)에서
$\mathrm{P}(m\leq X\leq m+10)=\mathrm{P}(-1\leq Z\leq0)=\mathrm{P}(0\leq Z\leq1)$

이므로 $\dfrac{10}{\sigma}=1,\ \sigma=10$

$\mathrm{P}(X\geq k)=0.5-\mathrm{P}\left(0\leq Z\leq\dfrac{k-134}{10}\right)=0.0668$

따라서
$\mathrm{P}\left(0\leq Z\leq\dfrac{k-134}{10}\right)=0.4332=\mathrm{P}(0\leq Z\leq1.5)$

$\therefore \dfrac{k-134}{10}=1.5,\ k=149$

**25** 1에서 9까지의 자연수 중 3개의 자연수를 더한 값이 나머지 6개의 자연수를 더한 값보다 큰 경우는 $(9,8,7),\ (9,8,6)$ 두 가지이다. 각각 나머지 6가지의 자연수를 3개씩 같은 종류의 두 상자에 넣는 방법은 $_6C_3\times\dfrac{1}{2}=10$가지이므로, 구하는

총 경우의 수는 $2\times_6C_3\times\dfrac{1}{2}=20$가지이다.

**26** 점 A를 평면 BCD 위로 내린 수선의 발을 $\mathrm{H}_A$, 점 M, 점 N의 수선의 발을 각각 $\mathrm{H}_M,\ \mathrm{H}_N$이라 하자.
점 M, 점 N이 각각 모서리 AC, AD의 중점이므로
$\overline{\mathrm{H}_M\mathrm{H}_N}=3$
점 B에서 선분 CD 위로의 수선의 발을 R이라하면,
$\overline{\mathrm{BR}}=9$

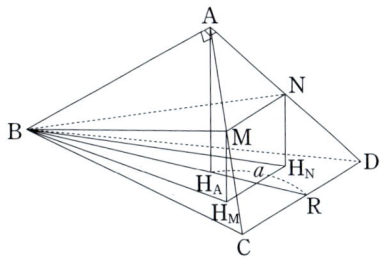

$\overline{\mathrm{H}_A\mathrm{R}}=a$라고 하면,
$\overline{\mathrm{AH}_A}=\sqrt{(3\sqrt{6})^2-(9-a)^2}=\sqrt{(3\sqrt{3})^2-a^2}$
$(3\sqrt{6})^2-(9-a)^2=(3\sqrt{3})^2-a^2,\ a=3$
따라서 구하는 삼각형 $\mathrm{BH}_M\mathrm{H}_N$의 넓이 $S$는

$S=\dfrac{1}{2}\times3\times\dfrac{15}{2}=\dfrac{45}{4}$

$\therefore 40\times S = 450$

**27** 점 P가 원점에서 점 C로 가기 위해서는 $x$축으로 $+9$만큼, $y$축으로 $+7$만큼 이동하여야 한다.

㉠은 $x$축으로 $+1$, $y$축으로 $+1$을 이동하고, ㉡은 $x$축으로 $+2$, $y$축으로 $+1$을 이동하기 때문에 점 P가 원점에서 점 C로 가기 위해서는 ㉠을 5번, ㉡을 2번 눌러야 한다. ㉠을 5번, ㉡을 2번 누르는 경우의 수는 $\dfrac{7!}{5!2!}=21$가지이다.

점 P가 점 A를 거쳐 점 C로 가는 경우는 점 A까지 ㉠을 5번 누르고, 점 A에서부터 ㉡을 2번 눌러야 하므로 1가지이다.
점 P가 점 B를 거쳐 점 C로 가는 경우는 점 B까지 ㉠을 2번, ㉡을 2번 누르고, 점 B에서부터 ㉠을 3번 눌러야 하므로 $\dfrac{4!}{2!2!}\times1=6$가지이다.
따라서 구하는 경우의 수는 $21-6-1=14$가지이다.

**28** $\overline{\mathrm{AB}}=1$이므로 $\overline{\mathrm{AC}}=\dfrac{1}{\cos\theta},\ \overline{\mathrm{BC}}=\tan\theta$

점 D가 선분 AC를 $4:7$로 내분하는 점이므로
$\overline{\mathrm{AD}}=\dfrac{4}{11\cos\theta},\ \overline{\mathrm{CD}}=\dfrac{7}{11\cos\theta}$

점 D에서 선분 AB로 내린 수선의 발을 H라 하면 삼각형 AHD는 삼각형 ABC와 닮음이다.

닮음비는 4:11이므로 $\overline{AH}=\dfrac{4}{11}$, $\overline{BH}=\dfrac{7}{11}$

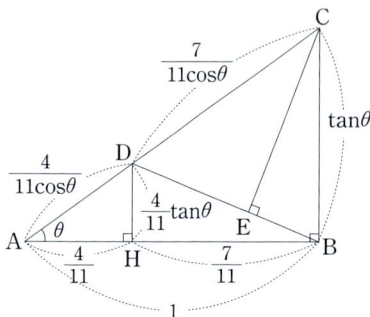

삼각형 BHD는 삼각형 CEB와 닮음이고,

닮음비는 $\dfrac{\sqrt{49+16\tan^2\theta}}{11}:\tan\theta$ 이다.

따라서 넓이의 비는 닮음비제곱의 비이므로,

$$\triangle BHD:\triangle CEB=\dfrac{14\tan\theta}{121}:\triangle CEB$$

$$=\dfrac{49+16\tan^2\theta}{121}:\tan^2\theta$$

$$\therefore \triangle CEB=\dfrac{14\tan^3\theta}{49+16\tan^2\theta}$$

$$\lim_{\theta\to 0+}\dfrac{S(\theta)}{\theta^3}=\lim_{\theta\to 0+}\dfrac{14\tan^3\theta}{\theta^3(49+16\tan^2\theta)}$$

$$=\lim_{\theta\to 0+}\dfrac{14}{49+\tan^2\theta}$$

$$=\dfrac{14}{49}$$

$$=\dfrac{2}{7}$$

$$\therefore p=7,\ q=2,\ p+q=9$$

**29**

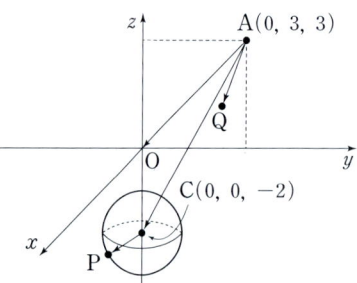

$$\overrightarrow{AP}\cdot\overrightarrow{AQ}=(\overrightarrow{AC}+\overrightarrow{CP})\cdot\overrightarrow{AQ}$$
$$=\overrightarrow{AC}\cdot\overrightarrow{AQ}+\overrightarrow{CP}\cdot\overrightarrow{AQ}$$
$$\overrightarrow{CP}\cdot\overrightarrow{AQ}\leq|\overrightarrow{CP}||\overrightarrow{AQ}|=\sqrt{2}\times 2=2\sqrt{2}$$

$\overrightarrow{AO}$와 $\overrightarrow{AQ}$가 이루는 각의 크기를 $\theta$라 하면

$$\overrightarrow{AO}\cdot\overrightarrow{AQ}=|\overrightarrow{AO}||\overrightarrow{AQ}|\cos\theta$$
$$=3\sqrt{2}\times 2\times\cos\theta$$
$$=3\sqrt{6}$$

$$\therefore \cos\theta=\dfrac{\sqrt{3}}{2},\ \theta=\dfrac{\pi}{6}$$

$\overrightarrow{AO}$와 $\overrightarrow{AC}$가 이루는 각의 크기를 $\alpha$라 하면

$$\overrightarrow{AO}=(0,\ -3,\ -3),\ \overrightarrow{AC}=(0,\ -3,\ -5)$$

$$\cos\alpha=\dfrac{4}{\sqrt{17}},\ \sin\alpha=\dfrac{1}{\sqrt{17}},\ \cos\left(\dfrac{\pi}{6}-\alpha\right)=\dfrac{4\sqrt{3}+1}{2\sqrt{17}}$$

$$\overrightarrow{AC}\cdot\overrightarrow{AQ}\leq\sqrt{34}\times 2\times\left(\dfrac{4\sqrt{3}+1}{2\sqrt{17}}\right)=4\sqrt{6}+\sqrt{2}$$

따라서 $\overrightarrow{AC}\cdot\overrightarrow{AQ}$의 최댓값은

$$(4\sqrt{6}+\sqrt{2})+2\sqrt{2}=4\sqrt{6}+3\sqrt{2}$$

$$\therefore p+q+r=3+4=7$$

**30** $g(x)=\displaystyle\int_0^x\dfrac{f(t)}{|t|+1}dt,\ g'(x)=\dfrac{f(x)}{|x|+1},\ g(0)=0$

(가)에서 $g'(2)=0$이므로 $f(2)=0$

(나)에서 $f(0)=0$이어야 한다.

따라서

$$f(x)=x(x-2)(x-k)\ (k는\ 상수)$$

$g'(-1)=\dfrac{f(-1)}{2}$ 이 최대가 되도록 하려면

$\dfrac{f(-1)}{2}=\dfrac{-3}{2}(k+1)$의 값이 최대이어야 하므로

$(k+1)$의 값이 최소이어야 한다.

$k$ 값의 범위는 $0<k<2$이고 $g(2)\geq 0$을 만족하는 최소의 $k$

일 때, $g'(-1)$의 값이 최대가 된다.

$$\dfrac{f(x)}{x+1}=\dfrac{x(x-2)(x-k)}{x+1}$$

$$=x^2-(3+k)x+(k+1)-\dfrac{3(k+1)}{x+1}$$

$$g(2)=\int_0^2\left(x^2-(3+k)x+3(k+1)-\dfrac{3(k+1)}{x+1}\right)dx$$

$$=\left[\dfrac{1}{3}x^3-x^2-\dfrac{1}{2}(k+1)x^2+3(k+1)\right.$$

$$\left.-3(k+1)\ln(x+1)\right]_0^2$$

$$=-\dfrac{4}{3}+4(k+1)-3(k+1)\ln 3\geq 0$$

$$3(k+1)\geq\dfrac{4}{4-3\ln 3},\ f(-1)=-3(k+1)\leq\dfrac{-4}{4-3\ln 3}$$

$$\therefore n=-4,\ m=4,\ |m\times n|=16$$

# 2020학년도 기출문제 정답 및 해설

## 제3교시 **수학영역(나형)**

| 01 ④ | 02 ① | 03 ① | 04 ③ | 05 ④ | 06 ③ |
|------|------|------|------|------|------|
| 07 ② | 08 ⑤ | 09 ② | 10 ④ | 11 ⑤ | 12 ① |
| 13 ② | 14 ③ | 15 ④ | 16 ⑤ | 17 ⑤ | 18 ① |
| 19 ③ | 20 ② | 21 ⑤ | 22 23 | 23 375 | 24 7 |
| 25 30 | 26 25 | 27 50 | 28 81 | 29 17 | 30 21 |

**01** 드모르간 법칙에 따라 $A^C \cap B^C = (A \cup B)^C$이 성립한다.
$(A \cup B) = \{1, 3, 5\}$이므로 $(A \cup B)^C = \{2, 4\}$가 된다.
∴ $A^C \cap B^C$의 모든 원소의 합은 $2 + 4 = 6$

**02** 지수법칙을 이용하면
$\sqrt[3]{36} \times \left(\sqrt[3]{\dfrac{2}{3}}\right)^2 = (2^2 3^2)^{\frac{1}{3}} \times \left(\dfrac{2}{3}\right)^{\frac{2}{3}} = 2^{\frac{2}{3}+\frac{2}{3}} \times 3^{\frac{2}{3}-\frac{2}{3}} = 2^{\frac{4}{3}}$

∴ $a = \dfrac{4}{3}$

**03** $\lim\limits_{x \to -1+} f(x) = 1$, $\lim\limits_{x \to 0-} f(x) = 0$이므로
∴ $\lim\limits_{x \to -1+} f(x) + \lim\limits_{x \to 0-} f(x) = 1 + 0 = 1$

**04** 주어진 등비수열의 공비를 $r$이라 하면
$a = 6r$, $15 = 6r^2$, $b = 6r^3$이므로
$\dfrac{b}{a} = \dfrac{15}{6} = \dfrac{5}{2}\left(∵ r^2 = \dfrac{15}{6}\right)$

∴ $\dfrac{5}{2}$

**05** $g \circ f : X \to X$가 항등함수라는 조건에 의해
$g(2) = 5$, $g(4) = 1$, $g(6) = 3$이 된다.
또한,
$(f \circ g)(4) = f(g(4))$
$\qquad\qquad = f(1)$
$\qquad\qquad = 4$
이므로
∴ $g(6) + (f \circ g)(4) = 3 + 4 = 7$

**06** $A = (A \cap B) \cup (A \cap B^C)$이다.
문제에서 $P(A \cap B) = \dfrac{1}{6}$이라 했으므로
$P(A \cap B^C) = 1 - P(A^C \cup B) = 1 - \dfrac{2}{3} = \dfrac{1}{3}$
∴ $P(A) = P(A \cap B) + P(A \cap B^C) = \dfrac{1}{6} + \dfrac{1}{3} = \dfrac{1}{2}$

**07** 연속확률변수 $X$가 가지는 값의 범위가
$0 \le X \le 2$이므로
$\dfrac{3}{4a} \times a + \dfrac{1}{2} \times (2-a) \times \dfrac{3}{4a} = 1$이다.
$\dfrac{3(2-a)}{8a} = \dfrac{1}{4}$, $3(2-a) = 2a$, $a = \dfrac{6}{5}$
$P\left(\dfrac{1}{2} \le X \le 2\right)$는 전체 넓이에서 $P\left(0 \le X \le \dfrac{1}{2}\right)$ 넓이를
뺀 값이다.
∴ $P\left(\dfrac{1}{2} \le X \le 2\right) = 1 - \left(\dfrac{1}{2} \times \dfrac{3}{4a}\right) = \dfrac{11}{16}$

**08** $\lim\limits_{h \to 0} \dfrac{f(1+h) - 3}{h} = 2$에서
$h \to 0$이므로 $f(1+h) - 3 \to 0$
$\lim\limits_{h \to 0} \dfrac{f(1+h) - 3}{h} = \lim\limits_{h \to 0} \dfrac{f(1+h) - f(1)}{h}$
$\qquad\qquad\qquad\qquad = f'(1)$
∴ $f(1) = 3$, $f'(1) = 2$
$g(x) = (x+2)f(x)$에서
$g'(x) = f(x) + (x+2)f'(x)$
∴ $g'(1) = f(1) + 3f'(1) = 3 + 6 = 9$

**09** 교점의 좌표를 구하면
$x^2 = (x-4)^2$, $8x = 16$, $x = 2$
$S_1 = S_2$이고 두 곡선의 교점의 $x$좌표는 2이므로
$S_1 + S_2 = 2 \displaystyle\int_0^2 \{(x-4)^2 - x^2\} dx$
$\qquad\quad = 2 \displaystyle\int_0^2 (16 - 8x) dx$
$\qquad\quad = 2 \left[ 16x - 4x^2 \right]_0^2 = 32$

**10** 확률변수 $X$가 이항분포 $B(5, p)$를 따른다고 하였으므로, 확

률변수 $X$의 확률질량함수를 이용하면
$\mathrm{P}(X=3)={}_5\mathrm{C}_3 p^3(1-p)^2$, $\mathrm{P}(X=4)={}_5\mathrm{C}_4 p^4(1-p)$가
된다.

$10p^3(1-p)^2=5p^4(1-p)$, $p=\dfrac{2}{3}$

$\therefore \mathrm{E}(6X)=6\mathrm{E}(X)=6\times5p=20$

**11** 실수 전체의 집합에서 연속이 되려면 $x=1$에서도 연속이 되
어야 한다. 따라서 함숫값과 극한값이 같아야 하므로,
$g(x)=(x-a)f(x)$에서
$g(1)=(1-a)\times4$
$\displaystyle\lim_{x\to1-}g(x)=(1-a)\times a$
따라서 $4(1-a)=a(1-a)$, $a=1$ 또는 $4$이다.
$\therefore 1+4=5$

**12** 조건 $p$에서 $x$가 $a-7$, $18-2a$일 때,
이를 조건 $q$에 대입하면
각각 $(a-7)(a-7-a)\leq0$,
$(18-2a)(18-2a-a)\leq0$이므로
$a\geq7$, $6\leq a\leq9$이다.
$\therefore 7\leq a\leq9$, $7+8+9=24$

**13** 신뢰도 $95\%$의 신뢰구간을 이용하면,
$\overline{X}-1.96\dfrac{\sigma}{\sqrt{n}}\leq m\leq\overline{X}+1.96\dfrac{\sigma}{\sqrt{n}}\Leftrightarrow a\leq m\leq6.49$
$n=36$, $\sigma=1.5$이므로
$a=\overline{x}-1.96\times\left(\dfrac{1.5}{6}\right)$, $6.49=\overline{x}+1.96\times\left(\dfrac{1.5}{6}\right)$
$a-6.49=-1.96\times\left(\dfrac{3}{6}\right)$
$\therefore a=6.49-\dfrac{1.96}{2}=5.51$

**14** $a_n$과 $S_n$을 나열하면

| $n$ | 1 | 2 | 3 | 4 | 5 | 6 | 7 | 8 | 9 | 10 | 11 | 12 | $\cdots$ |
|---|---|---|---|---|---|---|---|---|---|---|---|---|---|
| $a_n$ | 4 | $-2$ | 0 | 2 | 4 | $-2$ | 0 | 2 | 4 | $-2$ | 0 | 2 | $\cdots$ |
| $S_n$ | 4 | 2 | 2 | 4 | 8 | 6 | 6 | 8 | 12 | 10 | 10 | 12 | $\cdots$ |

수열에 규칙성에 의해서 $\displaystyle\sum_{k=1}^{m}a_k=12$를 만족시키는 자연수 $m$
의 최솟값은 $9$이다.

**15** $9^a=2^{\frac{1}{b}}$에서 $3^{2a}=2^{\frac{1}{b}}$, $2a\log3=\dfrac{1}{b}\log2$이므로

따라서, $2ab=\dfrac{\log2}{\log3}$ …… ㉠

$(a+b)^2=\log_3 64=\dfrac{\log64}{\log3}=\dfrac{6\log2}{\log3}=12ab$(㉠에 의해)

$a^2+2ab+b^2=12ab$, $a^2-10ab+b^2=0$
양변을 $b^2$으로 나누면
$\left(\dfrac{a}{b}\right)^2-10\left(\dfrac{a}{b}\right)+1=0$

$t=\dfrac{a}{b}$라 하면 $a>b>0$에서 $t>1$이고,

$\left(\dfrac{a}{b}\right)^2-10\left(\dfrac{a}{b}\right)+1=0$, $t^2-10t+1=0$, $t=5+2\sqrt6$

$\therefore \dfrac{a-b}{a+b}=\dfrac{t-1}{t+1}=\dfrac{4+2\sqrt6}{6+2\sqrt6}=\dfrac{2+\sqrt6}{3+\sqrt6}=\dfrac{\sqrt6}{3}$

**16** 서로 이웃하는 두 카드에 적힌 수의 곱이 짝수가 되려면 홀수
끼리는 이웃하지 않도록 나열한다.
홀수를 이웃하지 않게 일렬로 나열한 후, 짝수를 배열한다.
○ 홀 ○ 홀 ○ 홀 ○ → ${}_3\mathrm{P}_3\times{}_4\mathrm{P}_3=6\times24=144$

**17**

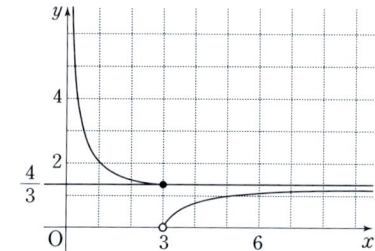

$y=f(x)$의 그래프가 그림과 같을 때이므로

$x=3$일 때, $f(3)=\dfrac{1}{3}+1=\dfrac{4}{3}$

$0<x\leq3$에서 $f(x)\geq\dfrac{4}{3}$이고 $f(x)$가 일대일 대응이므로

$x>3$일 때, $f(x)<\dfrac{4}{3}$

$y=-\dfrac{1}{x-a}+b$에서 점근선 $y=b=\dfrac{4}{3}$

$y=-\dfrac{1}{3-a}+\dfrac{4}{3}=0$, $a=\dfrac{9}{4}$

$\therefore a+b=\dfrac{43}{12}$

**18**

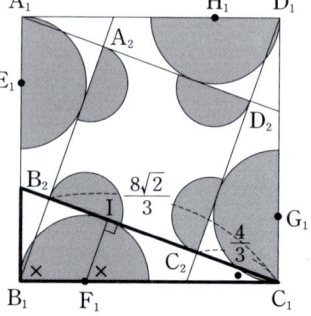

점 $\mathrm{F}_1$에서 $\overline{\mathrm{B}_2\mathrm{C}_1}$에 내린 수선의 발을 $\mathrm{I}$라 하면,

직각삼각형의 닮음비에 의해

$\overline{F_1I}:\overline{B_1B_2}=\overline{C_1F_1}:\overline{C_1B_1}=3:4$

$\overline{F_1I}=1$이므로 $\overline{B_1B_2}=\overline{C_1C_2}=\dfrac{4}{3}$이고,

피타고라스의 정리를 이용하면 $\overline{B_2C_1}=\dfrac{8\sqrt{2}}{3}$

두 번째 정사각형의 한 변의 길이는 $\dfrac{8\sqrt{2}-4}{3}$이다.

따라서 정사각형의 한 변의 길이는 공비가 $\dfrac{2\sqrt{2}-1}{3}$인 등비

수열을 이룬다.

넓이의 공비는 $\left(\dfrac{2\sqrt{2}-1}{3}\right)^2=1-\dfrac{4\sqrt{2}}{9}$이고

$S_1=2\pi$이므로 등비급수의 합을 구하면

$\displaystyle\lim_{n\to\infty}S_n=\dfrac{2\pi}{1-\left(1-\dfrac{4\sqrt{2}}{9}\right)}=\dfrac{9\sqrt{2}\pi}{4}$

**19** $a+b+c=3n$을 만족시키는 자연수의 순서쌍 $(a,\ b,\ c)$의

개수를 구해보면

$(a-1)+(b-1)+(c-1)=3n-3$이므로

${}_3H_{3n-3}={}_{3n-1}C_2=\dfrac{(3n-1)(3n-2)}{2}$이 된다.

$\therefore$ (가) $\dfrac{(3n-1)(3n-2)}{2}$

$a=k$일 때, $b+c=3n-k$에서

$(b-k)+(c-k)=3n-3k$

$\begin{aligned}{}_2H_{3n-3k}&={}_{3n-3k+1}C_{3n-3k}\\&={}_{3n-3k+1}C_1\\&=3n-3k+1\end{aligned}$

$\therefore$ (나) $3n-3k+1$

따라서 여사건의 개수는

$\begin{aligned}\sum_{k=1}^{n}(3n-3k+1)&=3n^2-\dfrac{3}{2}n(n+1)+n\\&=\dfrac{1}{2}n(3n-1)\end{aligned}$

구하는 확률은

$1-\dfrac{\dfrac{1}{2}n(3n-1)}{\dfrac{1}{2}(3n-1)(3n-2)}=1-\dfrac{n}{3n-2}$

$\qquad\qquad\qquad=\dfrac{2n-2}{3n-2}$ ...... (다)

$\therefore p=10,\ q=16,\ r=\dfrac{3}{5},\ pqr=96$

**20**

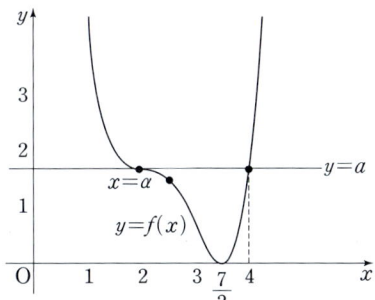

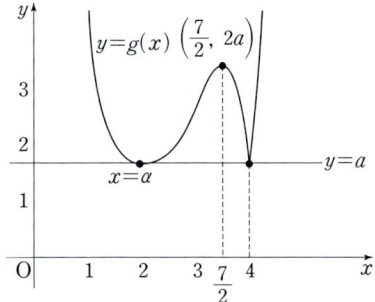

$y=2a-f(x)$는 $y=f(x)$을 $y=a$에 대하여 대칭이동한 것

이다.

(가)에서 $f(x)=(x-\alpha)^3(x-4)+a$

($\because x=4$에서만 미분가능 하지 않다는 조건)

$\begin{aligned}f'(x)&=3(x-\alpha)^2(x-4)+(x-\alpha)^3\\&=(x-\alpha)^2\{4x-(12+\alpha)\}\end{aligned}$

$\therefore x=\dfrac{12+\alpha}{4}=\dfrac{7}{2},\ \alpha=2$

(나)에서 $f'(x)=(x-\alpha)^2(4x-14)$, $f\left(\dfrac{7}{2}\right)=0$

두 식으로부터 $\alpha=2$, $a=\dfrac{27}{16}$이다.

$\therefore f(x)=(x-2)^3(x-4)+\dfrac{27}{16}$, $f\left(\dfrac{5}{2}\right)=\dfrac{3}{2}$

**21**

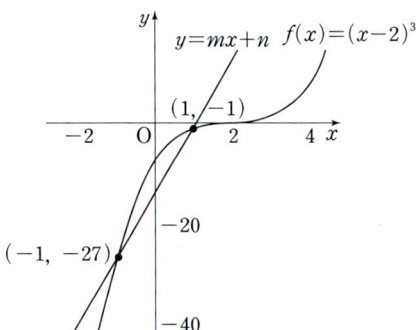

ㄱ. $(-1,\ -27)$, $(1,\ -1)$으로부터

$m=\dfrac{(-1)-(-27)}{1-(-1)}=13$

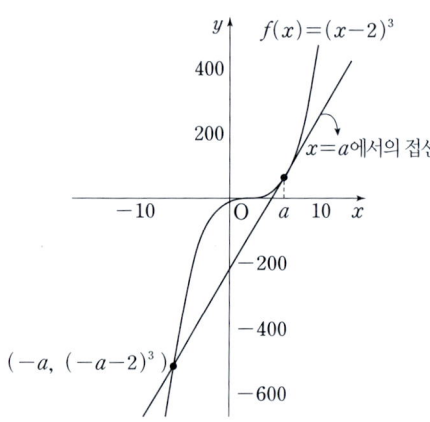

ㄴ. $x=a$에서의 접선이 점 $(-a, (-a-2)^3)$을 지날 때이
므로 $f'(x)=3(x-2)^2$에서 $m=f'(a)=3(a-2)^2$가
된다.
$y=3(a-2)^2(x-a)+(a-2)^3$에
점 $(-a, (-a-2)^3)$을 대입하면
$-(a-2)^3=-6a(a-2)^2+(a-2)^3$,
$4a^3-24a^2=0$
$\therefore a=6, m=48$

ㄷ. $x=a$에서 접선은 $y=f'(a)(x-a)+f(a)$이고,
(∵ $(a, f(a))$ 위에서의 접선의 방정식)
$x=-a$일 때, $y=f(a)-2af'(a)$이다.
$y=mx+n$에서는 $x=-a$이면 $y=n-ma$이다.
$f(a)-2af'(a)>n-ma$를 만족시키려면 ㄴ의 결과에
서 $0<a<6$이므로 자연수 $a$의 개수는 5이다.

**22** 분모의 최고차항으로 분모와 분자를 나누면
$$\lim_{n\to\infty}\frac{a\times 3^{n+2}-2^n}{3^n-3\times 2^n}$$
$$=\lim_{n\to\infty}\frac{9a-\left(\frac{2}{3}\right)^n}{1-3\left(\frac{2}{3}\right)^n}=9a=207,$$
$$\therefore a=23$$

**23** $\overline{A_nB_n}$의 길이는
($A_n$의 $y$좌표 값)$-$($B_n$의 $y$좌표 값)이다.
따라서 $n^2-(-2n)=n^2+2n$이 된다.
$\sum\limits_{n=1}^{9}\overline{A_nB_n}$의 값을 $\sum$의 공식을 이용하여 구하면
$$\sum_{n=1}^{9}(n^2+2n)=\sum_{n=1}^{9}n^2+\sum_{n=1}^{9}2n$$
$$=\frac{9\times 10\times 19}{6}+2\times\frac{9\times 10}{2}$$
$$=285+90=375$$

**24** $y=f(x)$와 $y=f^{-1}(x)$는 직선 $y=x$에 대하여 대칭이므로
각각 $(2, 3), (3, 2)$를 지난다.
$3=\sqrt{2a+b}, 2=\sqrt{3a+b}$
이것을 풀면 $a=-5, b=19$가 나온다.
$\therefore f(x)=\sqrt{-5x+19}, f(-6)=7$

**25** $f(0)=0$이므로
$$\lim_{x\to 0}\frac{f(x)}{x}=f'(0)=\lim_{x\to 1}\frac{f(x)-x}{x-1}$$
(분모) $\to 0$일 때, (분자) $\to 0$이어야 한다.
따라서 $f(1)=1$이 되고,
$$\lim_{x\to 1}\frac{f(x)-x}{x-1}=\lim_{x\to 1}\frac{f(x)-f(1)+f(1)-x}{x-1}$$
$$=f'(1)-1=f'(0)$$
$f(x)$가 이차함수라고 했으므로
$f(x)=ax^2+bx+c$라 하면 $f'(x)=2ax+b$이다.
앞서 구한 식을 대입하면
$c=0, a+b+c=1, b=2a+b-1$이므로
$a=\frac{1}{2}, b=\frac{1}{2}, f'(x)=x+\frac{1}{2}$이 된다.
$$\therefore 60\times f'(0)=60\times\frac{1}{2}=30$$

**26** 표로 나타내면 다음과 같다.
두 눈의 최대공약수가 1인 경우 ○, 두 눈의 합이 8인 경우를
●로 표시하면

| | 1 | 2 | 3 | 4 | 5 | 6 |
|---|---|---|---|---|---|---|
| 1 | ○ | ○ | ○ | ○ | ○ | ○ |
| 2 | ○ | × | ○ | × | ○ | × |
| 3 | ○ | ○ | × | ○ | ● | × |
| 4 | ○ | × | ○ | × | ○ | × |
| 5 | ○ | ○ | ● | ○ | × | ○ |
| 6 | ○ | × | × | × | ○ | × |

두 눈의 최대공약수가 1인 경우의 수는 총 23가지이고, 나온
두 눈의 합이 8인 경우의 수는 2이다.
따라서 구하는 확률은 $\frac{2}{23}$이므로 $p+q=2+23=25$이다.

**27** $f(x)$는 일차식으로, $f(x)=cx+d$라 하면
$$\int_1^x (2x-1)f(t)dt=x^3+ax+b$$
미분하면 $2\int_1^x f(t)dt+(2x-1)f(x)=3x^2+a$이다.
앞서 구한 식을 미분하면
$2f(x)+2f(x)+(2x-1)f'(x)=6x$
$4f(x)+(2x-1)f'(x)=6x$

$4cx+4d+c(2x-1)=6x$, $6cx+4d-c=6x$

$c=1$, $d=\dfrac{1}{4}$, $f(x)=x+\dfrac{1}{4}$

$\therefore 40\times f(1)=40\times\dfrac{5}{4}=50$

**28** 각각의 상자에는 3개 또는 6개가 있어야 하므로,

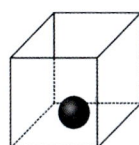 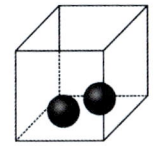 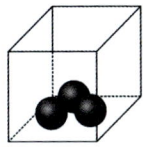

i) 3개, 3개, 6개일 때,

각각 2개, 1개, 3개만 더 들어가면 된다.

따라서 경우의 수는 $\dfrac{6!}{2!3!}=60$가지

(AABCCC의 공을 배열한다고 생각해본다.)

ii) 3개, 6개, 3개 일 때,

각각 2개, 4개, 0개만 더 들어가면 된다.

따라서 경우의 수는 $\dfrac{6!}{2!4!}=15$가지

(AABBBB의 공을 배열한다고 생각해본다.)

iii) 6개, 3개, 3개 일 때,

각각 5개, 1개, 0개만 더 들어가면 된다.

따라서 경우의 수는 $\dfrac{6!}{5!}=6$가지

(AAAAAB의 공을 배열한다고 생각해본다.)

$\therefore 60+15+6=81$가지

**29** 조건 (가)에 의하여 $3a_{m-2}-3d=3$

$a_{m-2}-d=1=a_{m-1}$

이를 (나)에 적용하면,

$a_1+1=-9(2-d)$

$\therefore a_1=9d-19$

$\displaystyle\sum_{k=1}^{m-1}a_k=a_1+a_2+\cdots+a_{m-1}$

$\qquad=\dfrac{1}{2}(m-1)(a_1+1)=45$

$(m-1)(a_1+1)=90$

$a_1=9d-19$이므로 $(m-1)(d-2)=10$이다.

$m\geq 3$일 때 $m=6$, $d=4$가 되므로 최솟값을 갖는다.

($\because a_1=17$일 때, $a_6=-3<0$)

$\therefore a_1=17$

**30**

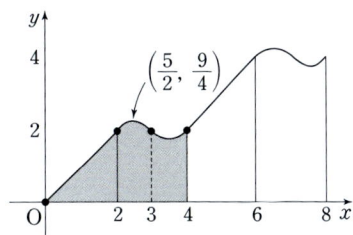

실수 전체의 집합에서 정의된 함수 $y=h(x)$는 미분가능하므로, $0\leq x<4$에서 그래프와 같은 모양이어야 한다.

함수 $f(x)$는 $x=\dfrac{5}{2}$에서 극댓값을 가지므로

$f(x)=a\left(x-\dfrac{5}{2}\right)^2+b$, $f'(x)=2a\left(x-\dfrac{5}{2}\right)$이고,

$f'(2)=2a\left(2-\dfrac{5}{2}\right)=-a=1$, $a=-1$

$f(2)=-\left(2-\dfrac{5}{2}\right)^2+b=2$, $b=\dfrac{9}{4}$

$\therefore f(x)=-\left(x-\dfrac{5}{2}\right)^2+\dfrac{9}{4}$, $g(x)=\left(x-\dfrac{7}{2}\right)^2+\dfrac{7}{4}$

두 그래프의 식을 통해 $k=2$이다.

모든 실수 $x$에 대하여

$h(x)=h(x-4)+k(k$는 상수)라고 했으므로,

$h\left(\dfrac{13}{2}\right)=h\left(\dfrac{13}{2}-\dfrac{8}{2}\right)+2=h\left(\dfrac{5}{2}\right)+2=f\left(\dfrac{5}{2}\right)+2$

$\qquad\qquad=\dfrac{9}{4}+2=\dfrac{17}{4}$

$\therefore p+q=21$

# 2019학년도 기출문제 정답 및 해설

## 제3교시 **수학영역(가형)**

| | | | | | |
|---|---|---|---|---|---|
| 01 ③ | 02 ① | 03 ⑤ | 04 ② | 05 ② | 06 ④ |
| 07 ③ | 08 ⑤ | 09 ① | 10 ③ | 11 ③ | 12 ② |
| 13 ⑤ | 14 ② | 15 ③ | 16 ④ | 17 ④ | 18 ① |
| 19 ⑤ | 20 ④ | 21 ② | 22 135 | 23 19 | 24 11 |
| 25 88 | 26 9 | 27 37 | 28 68 | 29 21 | 30 18 |

**01** $\vec{a}=(6, 2, 4)$, $\vec{b}=(1, 3, 2)$이므로
$\vec{a}-\vec{b}=(6-1, 2-3, 4-2)$
$\qquad =(5, -1, 2)$
따라서 모든 성분의 합은
$\therefore 5+(-1)+2=6$

**02** $\displaystyle\lim_{h\to 0}\frac{f(2+h)-f(2)}{h}=f'(2)$
$f(x)=\ln(2x+3)$
$f'(x)=\dfrac{2}{2x+3}$
$\therefore f'(2)=\dfrac{2}{2\times 2+3}=\dfrac{2}{7}$

**03** $2^x+\dfrac{16}{2^x}=10$에서 $2^x=t$라고 하면
$t+\dfrac{16}{t}=10$
$t^2-10t+16=0$
$(t-2)(t-8)=0$
$t=2$ 또는 $t=8$
$2^x=2$ 또는 $2^x=8$이므로
$x=1$ 또는 $x=3$
$\therefore 1+3=4$

**04** $\mathrm{P}(A)=\dfrac{1}{2}$, $\mathrm{P}(B)=\dfrac{2}{5}$, $\mathrm{P}(A\cup B)=\dfrac{4}{5}$
$\mathrm{P}(A\cup B)=\mathrm{P}(A)+\mathrm{P}(B)-\mathrm{P}(A\cap B)$을 이용하면
$\dfrac{4}{5}=\dfrac{1}{2}+\dfrac{2}{5}-\mathrm{P}(A\cap B)$

$\mathrm{P}(A\cap B)=\dfrac{1}{10}$
$\mathrm{P}(B|A)=\dfrac{\mathrm{P}(A\cap B)}{\mathrm{P}(A)}=\dfrac{\frac{1}{10}}{\frac{1}{2}}=\dfrac{1}{5}$

**05** 두 점 $\mathrm{A}(5, a, -3)$, $\mathrm{B}(6, 4, b)$에 대하여
선분 $\mathrm{AB}$를 $3:2$로 외분하는 점은
$\left(\dfrac{18-10}{3-2}, \dfrac{12-2a}{3-2}, \dfrac{3b+6}{3-2}\right)$
$=(8, 12-2a, 3b+6)$
$(8, 12-2a, 3b+6)$이 $x$축 위에 있으므로
$12-2a=0$, $a=6$
$3b+6=0$, $b=-2$
$\therefore a+b=4$

**06** $a+\dfrac{1}{3}+\dfrac{1}{4}+b=1$
$a+b=1-\dfrac{7}{12}$
따라서 $a+b=\dfrac{5}{12}$
$\mathrm{E}(X)=0\times a+1\times\dfrac{1}{3}+2\times\dfrac{1}{4}+3\times b$
$\qquad =\dfrac{1}{3}+\dfrac{1}{2}+3b$
$\qquad =\dfrac{5}{6}+3b$
$\dfrac{5}{6}+3b=\dfrac{11}{6}$
$b=\dfrac{1}{3}$, $a=\dfrac{1}{12}$
$\therefore \dfrac{b}{a}=\dfrac{\frac{1}{3}}{\frac{1}{12}}=4$

**07** $x=\cos t+2$, $y=3\sin t+1$에서
$v_x=\dfrac{dx}{dt}=-\sin t$
$v_y=\dfrac{dy}{dt}=3\cos t$
$v_x=-\sin\dfrac{\pi}{6}=-\dfrac{1}{2}$

$v_y = 3\cos\dfrac{\pi}{6} = \dfrac{3\sqrt{3}}{2}$

따라서 점 P의 속력은

$$\sqrt{\left(-\dfrac{1}{2}\right)^2 + \left(\dfrac{3\sqrt{3}}{2}\right)^2} = \sqrt{\dfrac{1}{4} + \dfrac{27}{4}} = \sqrt{\dfrac{28}{4}} = \sqrt{7}$$

**08** $\displaystyle\int_1^{e^2} \dfrac{f(1+2\ln x)}{x}dx$에서

$1+2\ln x = t$라고 하면

$2 \times \dfrac{1}{x}dx = dt$

$\dfrac{1}{x}dx = \dfrac{1}{2}dt$

또한 $x=1$일 때, $t=1$이고

$x=e^2$일 때, $t=5$

$\displaystyle\int_1^{e^2}\dfrac{f(1+2\ln x)}{x}dx = \int_1^5 \dfrac{1}{2}f(t)dt = 5$

$\therefore \displaystyle\int_1^5 f(x)dx = 10$

**09** 흰 공이면 1점, 검은 공이면 2점을 얻을 때 5회 안에 7점을 얻는 경우는

2점, 1점, 1점, 1점, 2점

나열하는 경우의 수는 $\dfrac{5!}{2!3!} = 10$

흰 공을 꺼낼 확률은 $\dfrac{4}{6} = \dfrac{2}{3}$

검은 공을 꺼낼 확률은 $\dfrac{2}{6} = \dfrac{1}{3}$

따라서 흰 공이 3회, 검은 공이 2회 나올 확률이므로

$\therefore 10 \times \left(\dfrac{2}{3}\right)^3 \times \left(\dfrac{1}{3}\right)^2 = \dfrac{80}{243}$

**10** 곡선 $y=e^{\frac{x}{3}}$ 위의 점 $(3, e)$에서 접선을 그려 구하는 넓이를 나타내보면 다음과 같다.

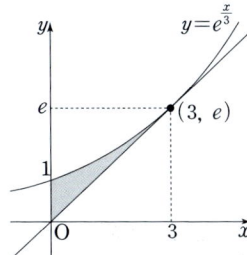

색칠된 부분은 곡선의 넓이에서 삼각형 부분의 넓이를 빼주면 된다.

$\displaystyle\int_0^3 e^{\frac{x}{3}}dx - \left(\dfrac{1}{2}\times 3 \times e\right)$

$= \left[3e^{\frac{x}{3}}\right]_0^3 - \dfrac{3e}{2}$

$= 3e - 3 - \dfrac{3e}{2}$

$= \dfrac{3e}{2} - 3$

**11** (ⅰ) $0 \le x < 2$일 때

$(0, 0), \left(2, \dfrac{1}{2}\right)$을 지나므로 $y = \dfrac{1}{4}x$

(ⅱ) $2 \le x \le 4$일 때

$\left(2, \dfrac{1}{2}\right), (4, 0)$을 지나므로 $y = -\dfrac{1}{4}x+1$

$1 < k < 2$일 때, $\mathrm{P}(k \le X \le 2k)$는 다음과 같다.

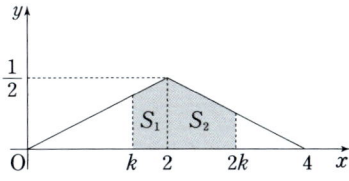

(ⅰ) $S_1$의 넓이를 구해보면

$\dfrac{1}{2} \times (2-k) \times \left(\dfrac{k}{4}+\dfrac{1}{2}\right)$

$= \dfrac{2-k}{2} \times \dfrac{k+2}{4}$

$= \dfrac{(2+k)(2-k)}{8}$

(ⅱ) $S_2$의 넓이를 구해보면

$\dfrac{1}{2} \times (2k-2) \times \left\{\dfrac{1}{2} + \left(-\dfrac{k}{2}+1\right)\right\}$

$= (k-1) \times \dfrac{3-k}{2}$

$= \dfrac{(k-1)(3-k)}{2}$

$\mathrm{P}(k \le X \le 2k)$

$= S_1 + S_2$

$= \dfrac{(2+k)(2-k)}{8} + \dfrac{(k-1)(3-k)}{2}$

$= \dfrac{1}{8}\{(2+k)(2-k) + 4(k-1)(3-k)\}$

$= \dfrac{1}{8}\{(4-k^2) + (-4k^2+16k-12)\}$

$= \dfrac{1}{8}(-5k^2+16k-8)$

이때, 최대가 되는 $k$의 값은 이차함수 꼭짓점의 $x$좌표이므로

$\therefore k = \dfrac{16}{2\times 5} = \dfrac{8}{5}$

**12** $xf(x) = x^2 e^{-x} + \displaystyle\int_1^x f(t)dt \cdots$ ㉠

양변을 $x$에 대해 미분하면

$f(x) + xf'(x) = 2x \cdot e^{-x} - x^2 \cdot e^{-x} + f(x)$

$f'(x) = 2e^{-x} - xe^{-x}$

정답 및 해설

$f'(x)$의 식을 $x$에 대해 적분하면

$$f(x)=-2e^{-x}+(x+1)e^{-x}+C$$
$$=xe^{-x}-e^{-x}+C(C는 적분상수)$$

$x=1$을 위의 식과 ㉠에 대입하면

$$f(1)=C=e^{-1}$$

따라서

$$f(x)=xe^{-x}-e^{-x}+e^{-1}$$
$$=(x-1)e^{-x}+e^{-1}$$
$$\therefore f(2)=e^{-2}+e^{-1}=\frac{e+1}{e^2}$$

**13** 곡선 $y=\log_3 9x$ 위의 점 $A(a,\,b)$이므로

$$b=\log_3 9a$$
$$9a=3^b ㉠$$

즉, 구하는 값은 $a+3^b=a+9a=10a$가 된다.

점 A를 기준으로 차례대로 점 B, C의 좌표를 구해보면

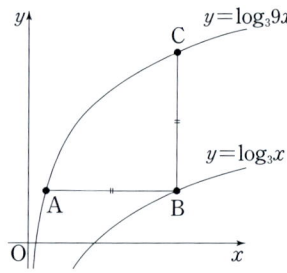

점 A와 점 B의 $y$좌표가 같으므로

$A(a,\,b)$, $B(3^b,\,b)$

점 B와 점 C의 $x$좌표가 같으므로

$C(3^b,\,2+b)$

$$\overline{AB}=3^b-a=9a-a=8a$$
$$\overline{BC}=(2+b)-b=2$$

$\overline{AB}=\overline{BC}$이므로 $8a=2$, $a=\frac{1}{4}$

따라서 $a+3^b=10a$이므로

$$\therefore \frac{5}{2}$$

**14** $\displaystyle\lim_{x\to\infty}\frac{g(x)}{x^2}=\lim_{x\to\infty}\frac{f(x)\sin x}{x^2}$에서

$\displaystyle\lim_{x\to\infty}\frac{f(x)\sin x}{x^2}=0$이 되려면

$f(x)$가 1차 함수 또는 상수이다.

즉, $f(x)=ax+b$ ($a,b$는 상수)

$$g(x)=f(x)\sin x$$
$$g'(x)=f'(x)\sin x+f(x)\cos x$$
$$\lim_{x\to 0}\frac{g'(x)}{x}=\lim_{x\to 0}\frac{f'(x)\sin x+f(x)\cos x}{x}=6$$

분모 $\displaystyle\lim_{x\to 0}x=0$이므로

분자 $\displaystyle\lim_{x\to 0}\{f'(x)\sin x+f(x)\cos x\}=0$이어야 한다.

$\displaystyle\lim_{x\to 0}\sin x=0$이므로 $\displaystyle\lim_{x\to 0}f(x)=0$

$f(x)$는 다항함수이므로 $f(0)=0$

즉, $b=0$

$$f(x)=ax,\ f'(x)=a$$

$\displaystyle\lim_{x\to 0}\frac{g'(x)}{x}=6$에서

$$\lim_{x\to 0}\frac{a\cdot \sin x+ax\cdot \cos x}{x}=2a$$
$$2a=6$$

따라서 $a=3$이므로 $f(x)=3x$

$$\therefore f(4)=12$$

**15** 삼각형 PFQ가 직각이등변삼각형이므로

$$\overline{PQ}=\overline{PF}$$
$$\overline{F'Q}=\overline{F'P}+\overline{PQ}$$
$$=\overline{F'P}+\overline{PF}$$
$$=10$$

즉, 장축$=10$이므로

$$2\sqrt{a}=10,\ a=25$$

$\overline{PF}=x$라 하면 $\overline{PF'}=10-x$

F, F'는 초점이므로 $\overline{FF'}=2\times\sqrt{25-12}=2\sqrt{13}$

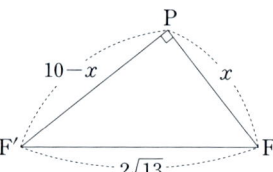

$$(2\sqrt{13})^2=x^2+(10-x)^2$$
$$x^2-10x+24=0$$
$$(x-4)(x-6)=0$$
$$x=4 \text{ 또는 } x=6$$

이때, 점 P는 1사분면 위에 있는 점이므로

$10-x>x$, $x<5$를 만족해야 한다.

즉, $x=4$

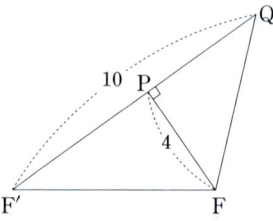

삼각형 QF'F의 넓이를 구하면

$$\therefore \frac{1}{2}\times 10\times 4=20$$

**16** 세 명의 어린이 A, B, C 중 A가 받은 사탕의 개수가 B보다 많아야 하므로 나타날 수 있는 경우의 수를 다음과 같이 (A, B, C)순서쌍으로 나타낸다.

(i) (2, 1, 3)의 경우

$$_6C_2 \cdot {}_4C_1 \cdot {}_3C_3 = 15 \times 4 = 60$$

(ii) (3, 1, 2)의 경우

$$_6C_3 \cdot {}_3C_1 \cdot {}_2C_2 = 20 \times 3 = 60$$

(iii) (4, 1, 1)의 경우

$$_6C_4 \cdot {}_2C_1 \cdot {}_1C_1 = 15 \times 2 = 30$$

(iv) (3, 2, 1)의 경우

$$_6C_3 \cdot {}_3C_2 \cdot {}_1C_1 = 20 \times 3 = 60$$

(i)~(iv)을 모두 합하면

∴ $60 + 60 + 30 + 60 = 210$

**17** $\overline{BB'} = \overline{DD'}$이므로

점 B, D에서 교선에 내린 수선의 발을 각각 B″, D″라고 하면 삼수선의 정리에 의해 교선과 $\overline{B'B''} = \overline{D'D''}$는 수직이다.

또한 $\angle BB''B' = \angle DD''D' = \theta$이므로

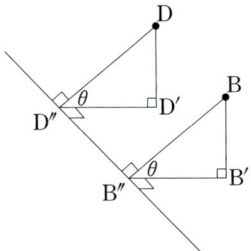

$\overline{BB'} = \overline{DD'} = 3a$ ($a$는 실수), $\overline{B'B''} = \overline{D'D''} = 4a$,

$\overline{BB''} = \overline{DD''} = 5a$

즉, 두 삼각형 BB″B′와 삼각형 DD″D′는 합동이다.

수선의 발이 그어진 평면에서 직각삼각형 AB′B″와 직각삼각형 AD′D″는 RHS합동이다.

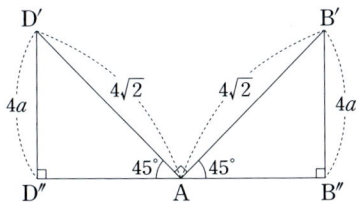

즉 $\angle B'AB'' = \angle D'AD'' = 45°$이므로 삼각형 AB′B″에서

$4a = 4$, $a = 1$

$\overline{BB'} = \overline{DD'}$이므로 $\overline{AB} = \overline{AD}$이고

정사영이 정사각형이므로 $\overline{BC} = \overline{AD}$

따라서 $\overline{BC} = \overline{AB} = x$라 하면

삼각형 ABB′에서 $x$의 길이를 구하면

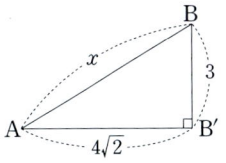

$$x^2 = 3^2 + (4\sqrt{2})^2$$
$$= 9 + 32$$
$$= 41$$
$$\therefore \overline{BC} = \sqrt{41}$$

**18** (ii) B와 C가 중앙에 붙이는 경우는 회전해도 대칭이 안 된다. 이때, 나머지 4개의 스티커를 붙일 위치를 정하는 경우의 수는 $4! = $(가)

(iii) D를 중앙에 붙이는 경우는 두 방향으로 회전 대칭이므로 2로 나눠주어야 한다. 이때, 나머지 4개의 스티커를 붙일 위치를 정하는 경우의 수는 $\dfrac{4!}{2} = $(나)

각각에 대하여 4개의 스티커를 붙이는 경우의 수는 A, E는 회전하면 대칭이 되므로 1가지, B, C는 회전해도 대칭이 되지 않으므로 4가지, $1 \times 4 \times 4 \times 1 = 16 = $(다)

따라서 $a = 24$, $b = 12$, $c = 16$이므로

∴ $a + b + c = 52$

**19** 직각삼각형 ABC에서 $\overline{AB} = a$, $\overline{AC} = b$라고 하면

$$a^2 + b^2 = 8^2$$

$\angle ACB = \theta$이므로 $a = b \cdot \tan\theta$

다시 대입하면 $(b \cdot \tan\theta)^2 + b^2 = 8^2$

$$b^2(1 + \tan^2\theta) = 8^2$$

양변에 극한을 취하면

$$\lim_{\theta \to 0+} b^2(1 + \tan^2\theta) = \lim_{\theta \to 0+} 8^2$$

$$\lim_{\theta \to 0+} b^2 = 8^2$$

점 A에서 $\overline{DE}$로 수선의 발 H를 내리면

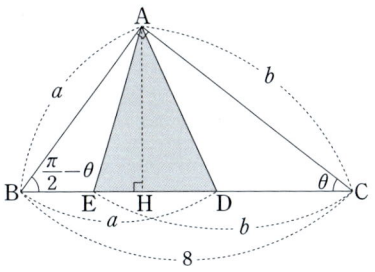

$\overline{DE} = \overline{HD} + \overline{HE}$

(i) $\overline{HD} = \overline{BD} - \overline{BH}$

$$= a - a \cdot \cos\left(\frac{\pi}{2} - \theta\right)$$

$$= a\left\{1 - \cos\left(\frac{\pi}{2} - \theta\right)\right\}$$

$$= b \cdot \tan\theta(1-\sin\theta)$$

(ii) $\overline{\text{HE}} = \overline{\text{CE}} - \overline{\text{CH}}$

$$= b - b \cdot \cos\theta$$

$$= b(1-\cos\theta)$$

(i)+(ii)을 계산하면

$\overline{\text{DE}} = b\{\tan\theta(1-\sin\theta)+(1-\cos\theta)\}$

삼각형 AED의 높이$= b \cdot \sin\theta$

밑변$= b\{\tan\theta(1-\sin\theta)+(1-\cos\theta)\}$

$$S(\theta) = \frac{1}{2} \cdot b\{\tan\theta(1-\sin\theta)+(1-\cos\theta)\}(b\cdot\sin\theta)$$

$$\lim_{\theta \to 0+} \frac{S(\theta)}{\theta^2}$$

$$= \lim_{\theta \to 0+} \frac{1}{2} \cdot \frac{b\{\tan\theta(1-\sin\theta)+(1-\cos\theta)\}(b\cdot\sin\theta)}{\theta^2}$$

$$= \lim_{\theta \to 0+} \frac{b^2}{2} \left\{ \frac{\sin\theta\cdot\tan\theta(1-\sin\theta)}{\theta^2} + \frac{\sin\theta\cdot(1-\cos^2\theta)}{\theta^2\cdot(1+\cos\theta)} \right\}$$

$$= \frac{1}{2} \cdot 8^2(1+0)$$

$$= 32$$

**20** 조건 (가)에서 $\overrightarrow{\text{OA}}\cdot\overrightarrow{\text{PQ}}=0$이므로 $\overrightarrow{\text{OA}}$와 $\overrightarrow{\text{PQ}}$는 수직이다.

$|\overrightarrow{\text{AQ}}|^2 = k$ ($k$는 실수)라 하면

$$k = |\overrightarrow{\text{AP}}|^2 + |\overrightarrow{\text{PQ}}|^2$$

$$= |\overrightarrow{\text{OP}} - \overrightarrow{\text{OA}}|^2 + |\overrightarrow{\text{PQ}}|^2$$

$$= (t-12)^2 + |\overrightarrow{\text{PQ}}|^2$$

$$|\overrightarrow{\text{PQ}}|^2 = k - (t-12)^2$$

조건 (나)에서 $\frac{t}{3} \le |\overrightarrow{\text{PQ}}| \le \frac{t}{2}$의 양변을 제곱하면

$$\frac{t^2}{9} \le |\overrightarrow{\text{PQ}}|^2 \le \frac{t^2}{4}$$

$$\frac{t^2}{9} \le k - (t-12)^2 \le \frac{t^2}{4}$$

$$\frac{t^2}{9} + (t-12)^2 \le k \le \frac{t^2}{4} + (t-12)^2$$

$$\frac{10}{9}t^2 - 24t + 144 \le k \le \frac{5}{4}t^2 - 24t + 144$$

$k$의 좌측과 우측의 대칭축을 각각 구해보면

$$\frac{9 \times 12}{10} = \frac{54}{5} = 10.8$$

$$\frac{4 \times 12}{5} = \frac{48}{5} = 9.6$$

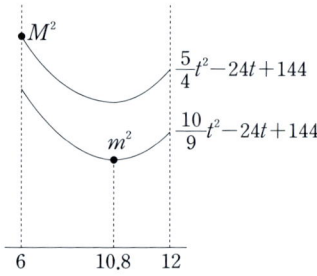

따라서

$$m^2 = \frac{10}{9}\left(\frac{54}{5}\right)^2 - 24\left(\frac{54}{5}\right) + 144$$

$$= -\frac{12 \times 54}{5} + 144 = \frac{72}{5}$$

$$M^2 = \frac{5}{4} \cdot 6^2 - 24 \cdot 6 + 144$$

$$= 45 - 144 + 144 = 45$$

$$M^2 m^2 = 72 \times 9 = 648$$

$$\therefore Mm = 18\sqrt{2}$$

**21**
$$f(x) = \begin{cases} (x^2-x)e^{4-x} & (x^2-x>0) \\ 0 & (x^2-x=0) \\ -(x^2-x)e^{4-x} & (x^2-x<0) \end{cases}$$

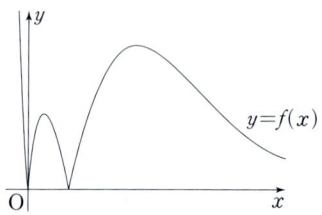

함수 $g(x)$는 $y=f(x)$와 $y=kx$를 그려 더 작은 값의 그래프이다.

이때 발생하는 미분불가능한 점의 개수를 $h(k)$라고 한다.

$f(x) = (x^2-x)e^{4-x}$에 대하여

$$f'(x) = (-x^2+3x-1)e^{4-x}$$

$f'(x)=0$을 만족하는 $x$는 2개가 있다.

ㄱ. (참)

 $k=2$일 때, $g(x) = \begin{cases} f(x) & (f(x) \le 2x) \\ 2x & (f(x) > 2x) \end{cases}$에서

 $f(2)=2e^2$, $2x=4$

 따라서 $f(2)>2x$이므로 $g(2)=4$

ㄴ. (참)

 $y=kx$ ($k$는 양수)에서 양수 $k$가 아무리 변해도 미분불가능한 점은 최대 4개이다.

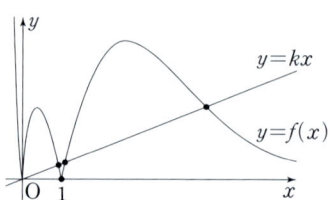

ㄷ. (거짓)

 $h(k)=2$를 만족하는 $k$의 범위를 알려면 다음 그래프의 기울기를 먼저 구해야 한다.

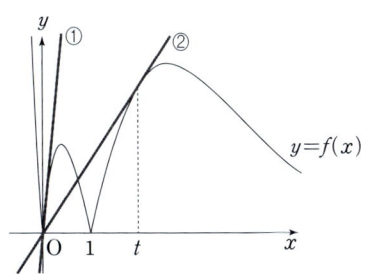

(i) ①번 그래프의 기울기를 구해보면

$f'(0)=-e^4$이므로 ①번 그래프의 기울기는 $e^4$

(ii) ②번 그래프의 기울기를 구해보면

$y=f(x)$와 ②번 그래프가 만나는 점의 $x$좌표를 $t$라고 하면 기울기는 $f'(t)$

$kt=(t^2-t)e^{4-t}$

$k=f'(t)=(-t^2+3t-1)e^{4-t}$

두 식을 연립하면

$t^3-2t^2=0$

$t=0$ 또는 $t=2$

즉, $t=2$일 때, $f(2)=2e^2, f'(2)=e^2$

(i), (ii)에서 $h(k)=2$를 만족하는 $k$의 범위는

$e^2\leq k<e^4$ 또는 $k>e^4$이다.

따라서 보기 중 옳은 것은 ㄱ, ㄴ이다.

**22** $\left(3x^2+\dfrac{1}{x}\right)^6$에서 상수항의 계수는

$_6C_2(3x^2)^2\left(\dfrac{1}{x}\right)^4$

$=15\times9\times x^4\times\dfrac{1}{x^4}$

$=15\times9$

$=135$

**23** 함수 $f(x)$가 실수 전체의 집합에서 연속이려면

$\lim\limits_{x\to1+}f(x)=\lim\limits_{x\to1-}f(x)=f(1)$

$\lim\limits_{x\to1+}\dfrac{5\ln x}{x-1}=-14+a$

$\ln x=h(x)$라 하면 $h(1)=0$

$\lim\limits_{x\to1+}\dfrac{5\ln x}{x-1}$

$=5\lim\limits_{x\to1+}\dfrac{h(x)-h(1)}{x-1}$

$=5h'(1)$

$=5\times\dfrac{1}{1}=5$

따라서 $-14+a=5$이므로

$\therefore a=19$

**24** 곡선 $x^2+y^3-2xy+9x=19$를 미분하면

$2x+3y^2\dfrac{dy}{dx}-2y-2x\dfrac{dy}{dx}+9=0$

$\dfrac{dy}{dx}=\dfrac{2y-2x-9}{3y^2-2x}$

이때, 점 $(2, 1)$에서의 접선의 기울기는

$\therefore \dfrac{2-4-9}{3-4}=\dfrac{-11}{-1}=11$

**25** 표본평균 $\overline{X}$의 평균, 표준편차를 구해보면

$E(\overline{X})=85, \sigma(\overline{X})=\dfrac{6}{\sqrt{16}}=\dfrac{3}{2}$

$\overline{X}$는 정규분포 $N\left(85, \left(\dfrac{3}{2}\right)^2\right)$을 따른다.

표준정규분포표에서 $0.5-0.4772=0.0228$이므로

$P(Z\geq2)=0.0228$

$P(\overline{X}\geq k)=P\left(Z\geq\dfrac{k-85}{\dfrac{3}{2}}\right)$

$\dfrac{k-85}{\dfrac{3}{2}}=2$

$\therefore k=88$

**26** 함수 $f(x)$를 정리해보면

$f(x)=\dfrac{2x}{x+1}=\dfrac{2(x+1)-2}{x+1}=\dfrac{-2}{x+1}+2$

점근선의 방정식은 $x=-1, y=2$

또한 두 점 $(0, 0), (1, 1)$에서의 접선 $l, m$을 나타내보면

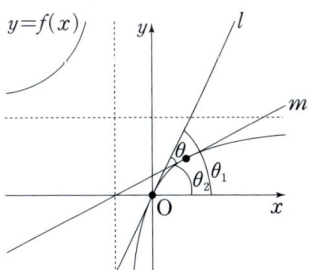

$f'(x)=\dfrac{2(x+1)-2x}{(x+1)^2}=\dfrac{2}{(x+1)^2}$

점 $(0, 0)$에서의 접선의 기울기 $f'(0)=2$

점 $(1, 1)$에서의 접선의 기울기 $f'(1)=\dfrac{1}{2}$

즉, $\tan\theta_1=2, \tan\theta_2=\dfrac{1}{2}$이므로

$\tan\theta=\tan(\theta_1-\theta_2)$

$=\dfrac{\tan\theta_1-\tan\theta_2}{1+\tan\theta_1\tan\theta_2}$

$=\dfrac{2-\dfrac{1}{2}}{1+2\times\dfrac{1}{2}}=\dfrac{3}{4}$

$$\therefore 12\tan\theta=12\times\frac{3}{4}=9$$

**27** $\overrightarrow{AB}=\vec{a}=3,\ \overrightarrow{BC}=\vec{b}=4$라고 하면

$\overrightarrow{AC}$를 $2:1$로 내분하는 점은 E이므로

$$\overrightarrow{BE}=\frac{1}{3}(\vec{a}+2\vec{b})$$

$$\overrightarrow{GA}=\overrightarrow{BA}-\overrightarrow{BG}$$

이때, $\overrightarrow{BD}$의 보조선을 그어 삼각형 BCD를 살펴보면 점 G는 무게중심임을 알 수 있다.

즉, $\overrightarrow{BG}=\dfrac{2}{3}\times\overrightarrow{BE}$

$$\overrightarrow{GA}=\vec{a}-\frac{2}{3}\times\overrightarrow{BE}$$

$$=\vec{a}-\frac{2}{3}\times\frac{1}{3}(\vec{a}+2\vec{b})$$

$$=\vec{a}-\frac{2}{9}(\vec{a}+2\vec{b})$$

$$=\frac{7}{9}\vec{a}-\frac{4}{9}\vec{b}$$

$$=\frac{1}{9}(7\vec{a}-4\vec{b})$$

$\angle ABC=\theta$라 하면

$$\overrightarrow{AG}\cdot\overrightarrow{BE}=0$$

$$\frac{1}{27}(\vec{a}+2\vec{b})\cdot(7\vec{a}-4\vec{b})=0$$

$$(\vec{a}+2\vec{b})\cdot(7\vec{a}-4\vec{b})=0$$

$$7|\vec{a}|^2-8|\vec{b}|^2+10|\vec{a}|\cdot|\vec{b}|=0$$

$$7\times3^2-8\times4^2+10\times3\times4\times\cos\theta=0$$

$$63-128+120\cos\theta=0$$

따라서 $\cos\theta=\dfrac{13}{24}=\dfrac{q}{p}$이므로

$$\therefore p+q=24+13=37$$

**28** $m,\ n$은 1부터 11까지의 자연수이므로

점 B, C의 좌표는 다음 그림에서만 선택할 수 있다.

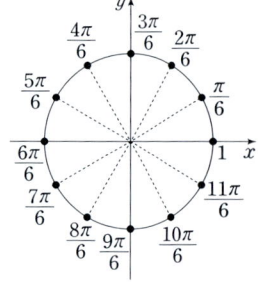

즉 $m=1$일 때, B의 좌표는 $\left(\cos\dfrac{\pi}{6},\ \sin\dfrac{\pi}{6}\right)$이 되는 것이다.

삼각형 ABC는 점 A가 $(1,\ 0)$으로 고정되어 있으므로 이등변삼각형이 될 수 있는 경우는 다음과 같다.

(ⅰ) $\overline{AB}=\overline{AC}$인 경우

$(m,\ n)=(1,\ 11),\ (2,\ 10),\ (3,\ 9),\ (4,\ 8),\ (5,\ 7)$

예를 들어 $(m,\ n)=(2,\ 10)$일 때 삼각형 ABC의 모습은 다음과 같다.

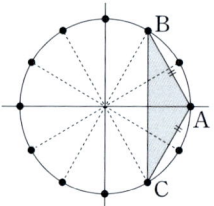

총 5가지

(ⅱ) $\overline{AB}=\overline{BC}$인 경우

$(m,\ n)=(1,\ 2),\ (2,\ 4),\ (3,\ 6),\ (4,\ 8),\ (5,\ 10)$

총 5가지

(ⅲ) $\overline{AC}=\overline{BC}$인 경우

$(m,\ n)=(2,\ 7),\ (4,\ 8),\ (6,\ 9),\ (8,\ 10),\ (10,\ 11)$

총 5가지

이때, $\overline{AB}=\overline{BC}=\overline{CA}$인 정삼각형의 경우

$(4,\ 8)$가 (ⅰ)~(ⅲ)에서 3번 중복되므로 2번을 빼주면

경우의 수는 $5+5+5-2=13$가지

따라서 구하는 확률은 $\dfrac{13}{{}_{11}C_2}=\dfrac{13}{55}=\dfrac{q}{p}$

$$\therefore p+q=68$$

**29** 평면 $\alpha$와 원점과의 거리는

$$\frac{|-9|}{\sqrt{4+1+4}}=3$$

$|\overrightarrow{OP}|\leq3\sqrt{2}$이므로 점 P의 범위를 나타내보면

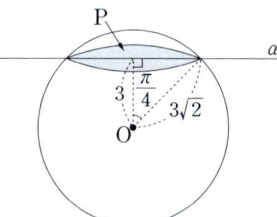

또한 $S$의 중심은 $(4,\ -3,\ 0)$이고, 반지름의 길이가 $\sqrt{2}$인 구이므로 나타내보면

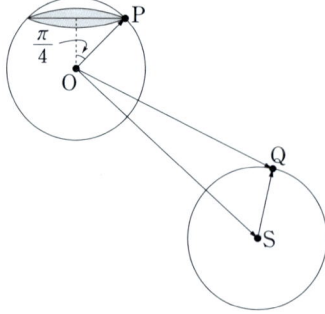

위의 그림에서 $\overrightarrow{OQ}=\overrightarrow{OS}+\overrightarrow{SQ}$이므로
$$\overrightarrow{OP}\cdot\overrightarrow{OQ}=\overrightarrow{OP}\cdot(\overrightarrow{OS}+\overrightarrow{SQ})$$
$$=(\overrightarrow{OP}\cdot\overrightarrow{OS})+(\overrightarrow{OP}\cdot\overrightarrow{SQ})$$

(i) $\overrightarrow{OP}\cdot\overrightarrow{OS}$의 최댓값

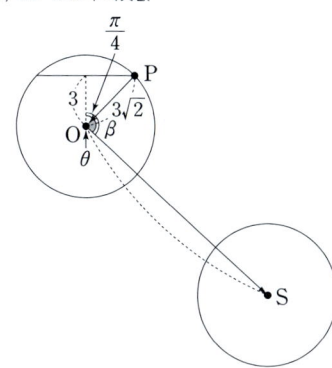

평면 $\alpha$의 법선벡터를 $\vec{m}$라 하면

$\vec{m}=3$이고, $\vec{m}$와 $\overrightarrow{OP}$가 이루는 각은 $\frac{\pi}{4}$이므로

$\overrightarrow{OP}=3\sqrt{2}$

$\vec{m}$와 $\overrightarrow{OS}$가 이루는 각을 $\beta$,

$\overrightarrow{OP}$와 $\overrightarrow{OS}$가 이루는 각은 $\theta=\beta-\frac{\pi}{4}$

$\vec{m}=(2,\,1,\,2)$, $\overrightarrow{OS}=(4,\,-3,\,0)$

$\vec{m}\cdot\overrightarrow{OS}=5=3\times5\cos\beta$

$\cos\beta=\frac{1}{3}$

즉,

$$\cos\theta=\cos\left(\beta-\frac{\pi}{4}\right)$$
$$=\frac{1}{3}\times\frac{\sqrt{2}}{2}+\frac{2\sqrt{2}}{3}\times\frac{\sqrt{2}}{2}$$
$$=\frac{\sqrt{2}}{6}+\frac{2}{3}$$

따라서
$\overrightarrow{OP}\cdot\overrightarrow{OS}$
$$=3\sqrt{2}\times5\times\cos\theta$$
$$=3\sqrt{2}\times5\times\left(\frac{\sqrt{2}}{6}+\frac{2}{3}\right)$$
$$=5+10\sqrt{2}$$

(ii) $\overrightarrow{OP}\cdot\overrightarrow{SQ}$의 최댓값

$\overrightarrow{OP}/\!/\overrightarrow{SQ}$가 되어야 최대이므로

$\overrightarrow{SQ}$는 구 $S$의 반지름이므로 $\sqrt{2}$

$3\sqrt{2}\times\sqrt{2}=6$

(i)+(ii)을 계산하면

$5+10\sqrt{2}+6=11+10\sqrt{2}=a+b\sqrt{2}$

$\therefore a+b=11+10=21$

**30** 함수 $f(x)$의 그래프와 $y=g(t)$의 값을 나타내면

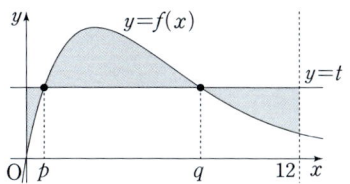

이때, $t=k$에서 $g(t)$가 극솟값을 가지려면

원점에서 $p$까지 거리와 $q$에서 $12$까지 거리의 합이 $p$에서 $q$까지 거리와 같아야 한다.

$p+(12-q)=q-p$

$6=q-p$

$q=6+p$

이때, 방정식 $f(x)=k$의 실근의 최솟값을 $a$라고 했으므로

$p=a$, $q=a+6$

$f(a)=f(a+6)$

$\dfrac{a}{e^a}=\dfrac{a+6}{e^{a+6}}$

$a=\dfrac{a+6}{e^6}$

$a=\dfrac{6}{e^6-1}$

따라서 $\ln\left(\dfrac{6}{a}+1\right)=\ln(e^6)=6$

$g'(1)$은 $t=1$일 때 $g(t)$의 변화율을 묻는 것이므로 순간의 넓이의 변화율은 가로의 길이가 된다.

$g'(1)=\dfrac{g(t)\text{가 늘어난 양}}{t\text{가 순간적으로 늘어난 양}}=\dfrac{12dt}{dt}=12$

$\therefore g'(1)+\ln\left(\dfrac{6}{a}+1\right)=12+6=18$

# 2019학년도 기출문제 정답 및 해설

## 제3교시 **수학영역(나형)**

| | | | | | |
|---|---|---|---|---|---|
| 01 ⑤ | 02 ① | 03 ③ | 04 ⑤ | 05 ⑤ | 06 ② |
| 07 ④ | 08 ③ | 09 ② | 10 ③ | 11 ④ | 12 ① |
| 13 ④ | 14 ② | 15 ③ | 16 ④ | 17 ① | 18 ② |
| 19 ② | 20 ① | 21 ③ | 22 15 | 23 135 | 24 8 |
| 25 16 | 26 29 | 27 31 | 28 42 | 29 49 | 30 21 |

**01**
$f(x)=(x^2+2x)(2x+1)$
$f'(x)=(2x+2)(2x+1)+(x^2+2x)\times 2$
$f'(1)=(4\times 3)+(3\times 2)=18$

**02**
$\lim\limits_{n\to\infty}\dfrac{an^2+2}{3n(2n-1)-n^2}$
$=\lim\limits_{n\to\infty}\dfrac{an^2+2}{6n^2-3n-n^2}$
$=\lim\limits_{n\to\infty}\dfrac{an^2+2}{5n^2-3n}$
분모의 최고차항으로 분자, 분모를 나누면
$\lim\limits_{n\to\infty}\dfrac{a+\dfrac{2}{n^2}}{5-\dfrac{3}{n}}=\dfrac{a}{5}$
따라서 $\dfrac{a}{5}=3$이므로
$\therefore a=15$

**03**
자연수 7을 3개의 자연수로 분할할 수 있는 경우는 다음과 같다.
$(5,1,1),(4,2,1),(3,2,2),(3,3,1)$
$\therefore$ 4가지

**04**
$\lim\limits_{h\to 0}\dfrac{f(1+2h)-3}{h}=3$에서 $h\to 0$일 때,
극한값이 존재하고 (분모)→0이므로 (분자)→0이어야 한다.
즉, $\lim\limits_{h\to 0}\{f(1+2h)-3\}=0$이므로 $f(1)=3$
$\lim\limits_{h\to 0}\dfrac{f(1+2h)-3}{h}$
$=\lim\limits_{h\to 0}\dfrac{f(1+2h)-f(1)}{2h}\times 2$
$=2f'(1)$
따라서 $2f'(1)=3, f'(1)=\dfrac{3}{2}$
$\therefore f(1)+f'(1)=3+\dfrac{3}{2}=\dfrac{9}{2}$

**05**
등비수열 $\{a_n\}$에서 첫째항을 $a$, 공비를 $r$이라 하면
(i) $a_2a_4=2a_5$
$ar\times ar^3=2ar^4$
$a=2$
(ii) $a_5=a_4+12a_3$
$ar^4=ar^3+12ar^2$
$r^2-r-12=0$
$r=4$ 또는 $r=-3$
모든 항이 양수인 등비수열이므로 $r=4$
따라서 $a_n=2\cdot 4^{n-1}$
$a_{10}=2\cdot 4^9$
$=2\cdot(2^2)^9$
$=2^{1+18}$
$=2^{19}$
$\therefore \log_2 a_{10}=\log_2 2^{19}=19$

**06**
$\mathrm{P}(A)=\dfrac{1}{2}, \mathrm{P}(B)=\dfrac{2}{5}, \mathrm{P}(A\cup B)=\dfrac{4}{5}$
$\mathrm{P}(A\cup B)=\mathrm{P}(A)+\mathrm{P}(B)-\mathrm{P}(A\cap B)$을 이용하면
$\dfrac{4}{5}=\dfrac{1}{2}+\dfrac{2}{5}-\mathrm{P}(A\cap B)$
$\mathrm{P}(A\cap B)=\dfrac{1}{10}$
$\mathrm{P}(B\,|\,A)=\dfrac{\mathrm{P}(A\cap B)}{\mathrm{P}(A)}=\dfrac{\dfrac{1}{10}}{\dfrac{1}{2}}=\dfrac{1}{5}$

**07**
$a_1=20$ (짝수)
$a_2=\dfrac{a_1+2}{2}=\dfrac{20+2}{2}=11$ (홀수)
$a_3=\dfrac{a_2-1}{2}=\dfrac{11-1}{2}=5$ (홀수)
$a_4=\dfrac{a_3-1}{2}=\dfrac{5-1}{2}=2$ (짝수)
$a_5=\dfrac{a_4+2}{2}=\dfrac{2+2}{2}=2$ (짝수)

$$\vdots$$

$$a_{10}=2$$

따라서 $\displaystyle\sum_{k=1}^{10} a_k = a_1+a_2+a_3+(a_4+\cdots+a_{10})$

$$=20+11+5+(2\times7)$$

$$=36+14$$

$$=50$$

**08** 확률밀도함수의 넓이는 1이므로

높이를 $h$라 하면

$$\frac{1}{2}\times4\times h=1,\ h=\frac{1}{2}$$

확률밀도함수 직선의 방정식을 구하면

(i) $0\le x<2$일 때

$(0,\,0)$, $\left(2,\,\dfrac{1}{2}\right)$을 지나는 직선의 방정식은

$$y=\frac{1}{4}x$$

(ii) $2\le x<4$일 때

$\left(2,\,\dfrac{1}{2}\right)$, $(4,\,0)$을 지나는 직선의 방정식은

$$y=-\frac{1}{4}x+1$$

$\mathrm{P}\left(\dfrac{1}{2}\le X\le3\right)$을 그래프에 나타내면

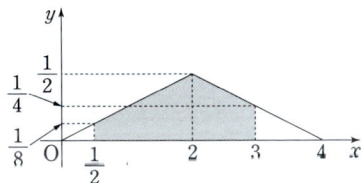

전체 확률 1에서 양쪽에 있는 삼각형 2개를 빼면 구하는 확률이다.

$$1-\left(\frac{1}{2}\times\frac{1}{2}\times\frac{1}{8}\right)-\left(\frac{1}{2}\times1\times\frac{1}{4}\right)$$

$$=1-\frac{1}{32}-\frac{1}{8}$$

$$=\frac{27}{32}$$

**09** 등차수열 $\{a_n\}$의 첫째항을 $a_1$, 공차를 $d$라고 하면

(i) $S_5=a_1$

$$a_1+a_2+\cdots+a_5=a_1$$

$$a_2+a_3+a_4+a_5=0$$

$$4a+(1+2+3+4)d=0$$

$$4a+10d=0$$

$$2a+5d=0$$

(ii) $S_{10}=40$

$$\frac{10(a+a+9d)}{2}=40$$

$$2a+9d=8$$

(i), (ii)을 연립하면

$$a=-5,\ d=2$$

따라서 $a_n=-5+(n-1)\times2=2n-7$

$$a_{10}=2\times10-7$$

$$=20-7$$

$$=13$$

**10** 표본평균 $\overline{X}$의 평균, 표준편차를 구해보면

$$\mathrm{E}(\overline{X})=85,\ \sigma(\overline{X})=\frac{6}{\sqrt{16}}=\frac{3}{2}$$

$\overline{X}$는 정규분포 $\mathrm{N}\left(85,\,\left(\dfrac{3}{2}\right)^2\right)$을 따른다.

표준정규분포표에서 $0.5-0.4772=0.0228$이므로

$$\mathrm{P}(Z\ge2)=0.0228$$

$$\mathrm{P}(\overline{X}\ge k)=\mathrm{P}\left(Z\ge\frac{k-85}{\frac{3}{2}}\right)$$

$$\frac{k-85}{\frac{3}{2}}=2$$

$$\therefore k=88$$

**11** 함수 $g(x)$는 다항함수이므로

$g(x)=x^2+ax+b$ ($a$, $b$는 상수)

$\displaystyle\lim_{x\to0+}\frac{g(x)}{f(x)}=1$에서

$\displaystyle\lim_{x\to0+}f(x)=-1$이므로 $\displaystyle\lim_{x\to0+}g(x)=-1$

$$\lim_{x\to0+}(x^2+ax+b)=b=-1$$

즉, $g(x)=x^2+ax-1$

$\displaystyle\lim_{x\to1-}f(x-1)g(x)=3$에서

$x-1=t$라고 하면, $x\to1-$일 때, $t\to0-$

$\displaystyle\lim_{x\to1-}f(x-1)=\lim_{t\to0-}f(t)=1$이므로

$$\lim_{x\to1-}g(x)=3$$

$$\lim_{x\to1-}(x^2+ax-1)=1+a-1=3,\ a=3$$

따라서 $g(x)=x^2+3x-1$이므로

$$\therefore g(2)=9$$

**12** 일차함수 $f(x)$에서 $f(1)=5$이므로

$f(x)=k(x-1)+5$ ($k$는 상수)

$$y=\frac{f(x)+5}{2-f(x)}$$

$$=\frac{-\{2-f(x)\}+7}{2-f(x)}$$

$$= \frac{7}{2-f(x)} - 1$$

이때, 유리함수의 점근선은 $x=4$, $y=-1$이므로
분모 $\{2-f(x)\}$에 $x=4$를 대입하면 0이 된다.

$$2-\{k(4-1)+5\}=0$$
$$2-(3k+5)=0$$
$$k=-1$$

따라서 $f(x)=-(x-1)+5$이므로

$$\therefore f(2)=4$$

**13** 조건 $p$, $q$의 진리집합을 각각 $P$, $Q$라고 하면

$$P=\{x|x^2+ax-8>0\}$$
$$Q=\{x||x-1|\le b\}$$

이때, $\sim p$가 $q$이기 위한 필요충분조건이므로

$$P^C=Q$$
$$P^C=\{x|x^2+ax-8\le 0\}, \quad Q=\{x|1-b\le x\le 1+b\}$$

이므로

$P^C$, $Q$을 수직선상에 나타내보면

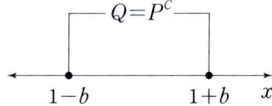

즉, $x^2+ax-8\le 0$의 해가 $1-b\le x\le 1+b$이므로
근과 계수와의 관계에 의해서

$(1-b)+(1+b)=-a$에서

$$2=-a, a=-2$$

$(1-b)(1+b)=-8$에서

$$1-b^2=-8, b^2=9, b=3$$

($\because |x-1|\le b$에서 절댓값보다 크므로 $b$는 양수)

$$\therefore b-a=3-(-2)=5$$

**14** $\int_0^1 f(x)dx=t$라고 하면

$$f(x)=\frac{3}{4}x^2+t^2$$

$$t=\int_0^1 \left(\frac{3}{4}x^2+t^2\right)dx$$

$$=\left[\frac{1}{4}x^3+t^2x\right]_0^1$$

$$=\frac{1}{4}+t^2$$

$$t^2-t+\frac{1}{4}=0$$

$$\left(t-\frac{1}{2}\right)^2=0, t=\frac{1}{2}$$

따라서 $f(x)=\frac{3}{4}x^2+\frac{1}{4}$

$$\int_0^2 f(x)dx$$

$$=\int_0^2 \left(\frac{3}{4}x^2+\frac{1}{4}\right)dx$$

$$=\left[\frac{1}{4}x^3+\frac{1}{4}x\right]_0^2$$

$$=2+\frac{1}{2}$$

$$=\frac{5}{2}$$

**15** $A\cup X=X$

$$\{3,4\}\cup X=X$$

집합 $X$는 3, 4를 포함한다.

$$(B-A)\cap X=\{6\}$$
$$\{5,6\}\cap X=\{6\}$$

집합 $X$는 5는 포함하지 않고, 6은 포함한다.

$n(X)=5$이므로

$$X=\{3,4,6,\square\ \square\}$$

남은 두 자리에 5는 들어갈 수 없고,
1, 2, 7, 8 중 2개를 선택할 수 있다.

즉, ${}_4C_2=\frac{4\times 3}{2\times 1}=6$

$$\therefore 모든\ X의\ 개수=6$$

**16** 삼차함수 $f(x)=n(x^3-3x^2)+k$라고 하면
$f(x)$는 $y=n(x^3-3x^2)$를 $k$축으로 평행이동한 함수이므로
$n=1$일 때 그래프를 그려보면

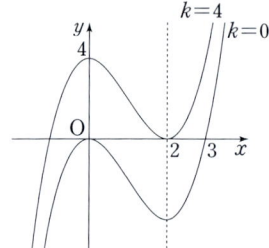

이때, 그래프에서 $k=0$, $k=4$일 때 $x$축과 두 점에서 만나므로 $k$값이 저 사이에 있어야 $x$축과 세 점에서 만난다.
즉, 극솟값$<0$이어야 조건을 만족한다.

$$f(x)=n(x^3-3x^2)+k$$
$$f'(x)=n(3x^2-6x)$$
$$=3nx(x-2)$$

$f'(x)=0$을 만족하는 $x=0$ 또는 $x=2$
삼차함수 $f(x)$는 $x=0$에서 극대, $x=2$에서 극소이다.
따라서 극솟값은 $f(2)$이므로

$$f(2)=-4n+k$$
$$-4n+k<0$$
$$1\le k<4n$$

$n=1$일 때, $1\le k<4$이므로 $a_1=3$

$n=2$일 때, $1 \leq k < 8$이므로 $a_2 = 7$

$n=3$일 때, $1 \leq k < 12$이므로 $a_3 = 11$

$\vdots$

$a_n = 3 + (n-1)4$

$\quad = 4n-1$

따라서

$$\sum_{n=1}^{10} a_n = \sum_{n=1}^{10} (4n-1) = 4\sum_{n=1}^{10} n - \sum_{n=1}^{10} 1$$

$$= 4 \times \frac{10 \times (10+1)}{2} - 10$$

$$= 220 - 10$$

$$= 210$$

**17** 함수 $f(x)$와 그 역함수를 나타낸 그래프이므로 두 함수는 $y=x$에 대해 대칭이다.

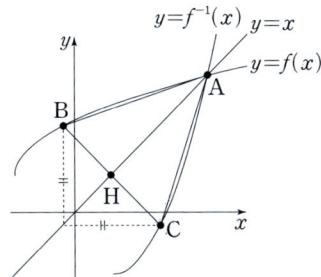

삼각형 ABC의 넓이가 주어졌으므로

밑변의 길이 $\overline{BC}$를 구해보면

점 C는 점 B를 $y=x$에 대해 대칭한 점이므로

C$(7, -1)$

점 B, C가 각각 $x$축, $y$축에 수직으로 내렸을 때 만나는 점은

$y=x$ 위에 있으므로

위와 같이 직각이등변삼각형이 생긴다.

$\overline{BC} = \sqrt{8^2 + 8^2}$

$\quad = 8\sqrt{2}$

삼각형 ABC의 넓이가 64이므로

$\frac{1}{2} \times 8\sqrt{2} \times \overline{AH} = 64$

$\overline{AH} = 8\sqrt{2}$

점 H는 $\overline{BC}$의 중점이므로

H$= \left( \frac{-1+7}{2}, \frac{7-1}{2} \right) = (3, 3)$

점 A의 좌표를 $(p, p)$ ($p$는 실수)라 하면

$\overline{AH} = \sqrt{(p-3)^2 + (p-3)^2}$

$\quad = (p-3)\sqrt{2}$

이때 $(p-3)\sqrt{2} = 8\sqrt{2}$이므로 $p=11$

따라서 점 A$=(11, 11)$

함수 $f(x)$는 점 A, B를 지나므로 각각 대입하면

$a\sqrt{11+5} + b = 11$에서 $4a+b=11$

$a\sqrt{-1+5} + b = 7$에서 $2a+b=7$

두 식을 연립하면

$a=2$, $b=3$

$\therefore ab = 6$

**18** (i) 상자 A에 흰색 탁구공을 1개 넣는 경우

| A | B | C |
|---|---|---|
| 1개 | 2개 | 0개 |
| | 1개 | 1개 |
| | 0개 | 2개 |

(ii) 상자 A에 흰색 탁구공을 2개 넣는 경우

| A | B | C |
|---|---|---|
| 2개 | 1개 | 0개 |
| | 0개 | 1개 |

(iii) 상자 A에 흰색 탁구공을 3개 넣는 경우

| A | B | C |
|---|---|---|
| 3개 | 0개 | 0개 |

흰색 탁구공이 들어있는 상자에는 주황색 탁구공을 최소 1개는 꼭 넣어야 한다.

(i) 상자 A에 흰색 탁구공을 1개 넣는 경우

| A | B | C |
|---|---|---|
| 1개<br>주황색 1개 | 2개<br>주황색 1개 | 0개 |
| | 1개<br>주황색 1개 | 1개<br>주황색 1개 |
| | 0개 | 2개<br>주황색 1개 |

$(A, B, C) = (1, 2, 0)$인 경우 남은 주황색 탁구공 2개는 어디든 넣어도 되므로 $_3H_2 = 6$

$(1, 1, 1)$인 경우 남은 주황색 탁구공 1개는 어디든 넣어도 되므로 $_3C_1 = 3$

$(1, 0, 2)$인 경우 남은 주황색 탁구공 2개는 어디든 넣어도 되므로 $_3H_2 = 6$

따라서 $6+3+6=15$

(ii) 상자 A에 흰색 탁구공을 2개 넣는 경우

| A | B | C |
|---|---|---|
| 2개<br>주황색 1개 | 1개<br>주황색 1개 | 0개 |
| | 0개 | 1개<br>주황색 1개 |

$(2, 1, 0)$인 경우 남은 주황색 탁구공 2개는 어디든 넣어도 되므로 $_3H_2 = 6$

(2, 0, 1)인 경우 남은 주황색 탁구공 2개는 어디든 넣어도 되므로 $_3H_2=6$

따라서 $6+6=12$

(iii) 상자 A에 흰색 탁구공을 3개 넣는 경우

| A | B | C |
|---|---|---|
| 3개 | 0개 | 0개 |
| 주황색 1개 | | |

(3, 0, 0)인 경우 남은 주황색 탁구공 3개는 어디든 넣어도 되므로 $_3H_3=10$

(i)~(iii)에서 구하는 경우의 수는

∴ $15+12+10=37$

**19** 삼각형 $A_2A_1B_1$, $B_2B_1C_1$, $C_2C_1D_1$, $D_2D_1A_1$이 이등변삼각형이고 한 내각의 크기가 $150°$이므로 삼각형 $A_1A_2D_2$, $B_1A_2B_2$, $C_1B_2C_2$, $D_1D_2C_2$는 정삼각형이다.

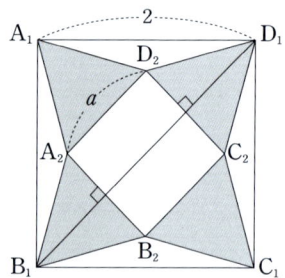

$\overline{A_2D_2}=a$ ($a$는 실수)라고 하면

정사각형 $A_1B_1C_1D_1$의 대각선의 길이는

$\overline{B_1D_1}=2\sqrt{2}$

정삼각형의 높이는 $\dfrac{\sqrt{3}}{2}a$이므로

$\overline{B_1D_1}=a+2\times$(정삼각형의 높이)

$2\sqrt{2}=a+\left(2\times\dfrac{\sqrt{3}}{2}a\right)$

$\qquad=a(1+\sqrt{3})$

$a=\dfrac{2\sqrt{2}}{1+\sqrt{3}}$

정사각형 $A_1B_1C_1D_1$와 $A_2B_2C_2D_2$의 길이의 비는

$2:\dfrac{2\sqrt{2}}{1+\sqrt{3}}=1:\dfrac{\sqrt{2}}{1+\sqrt{3}}$

넓이의 비는 $1:\left(\dfrac{\sqrt{2}}{1+\sqrt{3}}\right)^2=1:2-\sqrt{3}$

즉, 공비는 $2-\sqrt{3}$

$S_1$의 값은 (정삼각형의 넓이 $\times 4$)이므로

$\dfrac{\sqrt{3}}{4}\times\left(\dfrac{2\sqrt{2}}{1+\sqrt{3}}\right)^2\times 4$

$=\sqrt{3}\times\left(\dfrac{2\sqrt{2}}{1+\sqrt{3}}\right)^2$

$=\sqrt{3}\times\dfrac{4}{2+\sqrt{3}}$

따라서

$\lim_{n\to\infty}S_n=\dfrac{\dfrac{4\sqrt{3}}{2+\sqrt{3}}}{1-(2-\sqrt{3})}=\dfrac{4\sqrt{3}(2-\sqrt{3})}{\sqrt{3}-1}$

$\qquad\qquad=(4\sqrt{3}-6)(\sqrt{3}+1)$

$\qquad\qquad=6-2\sqrt{3}$

**20** (ii) B와 C가 중앙에 붙이는 경우는 회전해도 대칭이 안 된다. 이때, 나머지 4개의 스티커를 붙일 위치를 정하는 경우의 수는 $4!=$(가)

(iii) D를 중앙에 붙이는 경우는 두 방향으로 회전 대칭이므로 2로 나눠주어야 한다. 이때, 나머지 4개의 스티커를 붙일 위치를 정하는 경우의 수는 $\dfrac{4!}{2}=$(나)

각각에 대하여 4개의 스티커를 붙이는 경우의 수는 A, E는 회전하면 대칭이 되므로 1가지, B, C는 회전해도 대칭이 되지 않으므로 4가지, $1\times 4\times 4\times 1=16=$(다)

따라서 $a=24$, $b=12$, $c=16$이므로

∴ $a+b+c=52$

**21** $g(x)=x^2-3x-4$

$\qquad=(x-4)(x+1)$

$g(4)=0$, $g(-1)=0$

합성함수 $y=(g\circ f)(x)$의 그래프가 $x$축과 만나는 점은 $g(f(x))=0$이므로

$f(x)=4$, $f(x)=-1$일 때 만나는 점의 개수를 구하면 된다.

ㄱ. (참)

$h(2)$는 $k=2$일 때, $f(x)=4$, $f(x)=-1$에서 만나는 점의 개수이다.

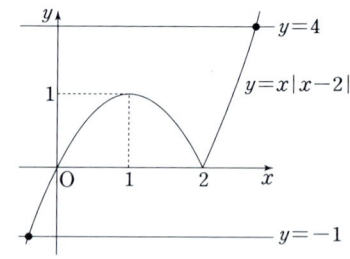

따라서 $f(x)=4$에서 1점, $f(x)=-1$에서 1점을 만나므로 $h(2)=2$이다.

ㄴ. (거짓)

$h(k)=4$에서 자연수 $k$이고 $f(x)=-1$은 무조건 1점이 만나므로 $f(x)=4$에서 3점이 만나는 $k$의 값을 구해야 한다.

먼저 $k>0$인 $f(x)$에서 극댓값 $=f\left(\dfrac{k}{2}\right)=\dfrac{k^2}{4}$

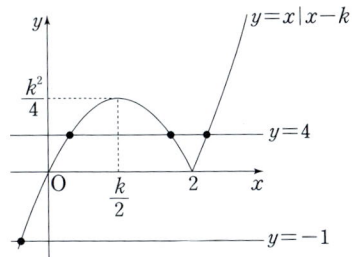

$f(x)=4$에서 3점이 만나려면 극댓값$>4$이어야 한다.

$\frac{k^2}{4}>4,\ k>4$

따라서 자연수 $k$의 최솟값은 5이다.

ㄷ. (참)

함수 $f(x)$에서 $k$의 범위를 나눠 계산해보면

(ⅰ) $k\geq0$일 때, $h(k)=3$이려면 $f(x)=-1$에서 무조건

1점을 만나고 $f(x)=4$에서 2점을 만나야 한다.

즉, 극댓값이 4일 때이므로

$\frac{k^2}{4}=4,\ k=4\ (\because\ k\geq0)$

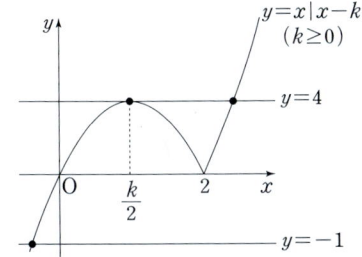

(ⅱ) $k<0$일 때, $h(k)=3$이려면 $f(x)=4$에서 무조건 1

점을 만나고 $f(x)=-1$에서 2점을 만나야 한다.

즉, 극솟값이 $-1$일 때이므로

$-\frac{k^2}{4}=-1,\ k=-2\ (\because\ k<0)$

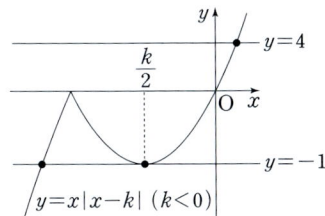

(ⅰ), (ⅱ)에서 $k$의 값의 합은 $4+(-2)=2$

따라서 보기 중 옳은 것은 ㄱ, ㄷ이다.

22 $\sqrt{3\sqrt[4]{27}}=\sqrt{3\times3^{\frac{3}{4}}}$

$=\sqrt{3^{1+\frac{3}{4}}}=3^{\frac{7}{4}\times\frac{1}{2}}$

$=3^{\frac{7}{8}}=3^{\frac{q}{p}}$

따라서 $p=8,\ q=7$이므로

$\therefore\ p+q=15$

23 $\left(3x^2+\frac{1}{x}\right)^6$에서 상수항의 계수는

${}_6\mathrm{C}_2(3x^2)^2\left(\frac{1}{x}\right)^4$

$=15\times9\times x^4\times\frac{1}{x^4}$

$=15\times9$

$=135$

24 $\sum\limits_{k=1}^{10}(2k+1)^2a_k=100,\ \sum\limits_{k=1}^{10}k(k+1)a_k=23$

$\sum\limits_{k=1}^{10}(2k+1)^2a_k=\sum\limits_{k=1}^{10}(4k^2+4k+1)a_k$

$\sum\limits_{k=1}^{10}k(k+1)a_k=\sum\limits_{k=1}^{10}(k^2+k)a_k$

따라서

$\sum\limits_{k=1}^{10}a_k=\sum\limits_{k=1}^{10}(4k^2+4k+1)a_k-4\times\left\{\sum\limits_{k=1}^{10}(k^2+k)a_k\right\}$

이므로

$\therefore\ 100-(4\times23)=8$

25 함수 $f(x)$가 실수 전체의 집합에서 연속이려면 $x=6$에서 연속이다.

즉, $f(6)=\lim\limits_{x\to6}f(x)$가 성립하므로

$\lim\limits_{x\to6}\frac{x^2-8x+a}{x-6}=b$

$\lim\limits_{x\to6}f(x)=\lim\limits_{x\to6}\frac{x^2-8x+a}{x-6}$

$x\to6$일 때, 극한값이 존재하고 (분모)$\to0$이므로

(분자)$\to0$이어야 한다.

즉, $\lim\limits_{x\to6}(x^2-8x+a)=0$이므로

$36-48+a=0,\ a=12$

따라서

$\lim\limits_{x\to6}\frac{x^2-8x+12}{x-6}$

$=\lim\limits_{x\to6}\frac{(x-6)(x-2)}{x-6}$

$=\lim\limits_{x\to6}(x-2)=4=b$

$\therefore\ a+b=16$

26 확률변수 $X$는 $\mathrm{B}(25,\ p)$를 따르므로

$\mathrm{V}(X)=4$에서

$25\times p\times(1-p)=4$

$25p^2-25p+4=0$

$(5p-4)(5p-1)=0$

$p=\frac{1}{5}\ \left(\because\ 0<p<\frac{1}{2}\right)$

따라서 확률변수 $X$는 $\mathrm{B}\left(25, \frac{1}{5}\right)$이므로

$$\mathrm{E}(X)=25\times\frac{1}{5}=5$$

$$\mathrm{V}(X)=\mathrm{E}(X^2)-\mathrm{E}(X)^2$$

$$4=\mathrm{E}(X^2)-5^2$$

$$\therefore \mathrm{E}(X^2)=29$$

**27** $f(x)=x^3+x-30$이라 하면

$$f'(x)=3x^2+1$$

$f(x)$ 위의 점 $(1, -1)$에서의 접선의 기울기는

$$f'(1)=3+1=4$$

따라서 접선의 방정식은

$$y=4(x-1)-1$$
$$=4x-5$$

곡선 $f(x)$와 접선의 방정식이 만나는 점을 구하면

$$x^3+x-3=4x-5$$

$$x^3-3x+2=0$$

$$(x-1)^2(x+2)=0$$

$$x=1 \text{ 또는 } x=-2$$

따라서 접선과 둘러싸인 부분의 넓이는

$$\int_{-2}^{1}(x^3-3x+2)dx$$

$$=\left[\frac{1}{4}x^4-\frac{3}{2}x^2+2x\right]_{-2}^{1}$$

$$=\frac{27}{4}=\frac{q}{p}$$

$$\therefore p+q=31$$

**28** 조건 (가)에서 $f(x)$의 한 적분을 $F(x)$라고 하면

$$\lim_{x\to -2}\frac{1}{x+2}\int_{-2}^{x}f(t)dt$$

$$=\lim_{x\to -2}\frac{F(x)-F(-2)}{x+2}$$

$$=F'(-2)=f(-2)=12$$

조건 (나)에서 $\lim_{x\to\infty}xf\left(\frac{1}{x}\right)+\lim_{x\to 0}\frac{f(x+1)}{x}=1$

(ⅰ) $\lim_{x\to\infty}xf\left(\frac{1}{x}\right)$에서 $\frac{1}{x}=t$로 치환하면 $x\to\infty$일 때,

$t\to 0$이므로 $\lim_{t\to 0}\frac{f(t)}{t}$

(분모)$\to 0$이므로 (분자)$\to 0$이어야 한다.

$$f(0)=0$$

$$\lim_{t\to 0}\frac{f(t)-f(0)}{t}=f'(0)$$

(ⅱ) $\lim_{x\to 0}\frac{f(x+1)}{x}$에서 $x\to 0$일 때,

(분모)$\to 0$이므로 (분자)$\to 0$이어야 한다.

$$f(1)=0$$

$$\lim_{x\to 0}\frac{f(x+1)-f(1)}{x}=f'(1)$$

(ⅰ)+(ⅱ)$=1$이므로 $f'(0)+f'(1)=1$

즉, $f(0)=0, f(1)=0$이므로

삼차함수 $f(x)=ax(x-1)(x-b)$ ($a, b$는 실수)

조건 (가)에서 $f(-2)=12$이므로 대입하면

$$f(-2)=6a(-2-b)=12, \; -a(b+2)=2 \cdots \text{㉠}$$

$$f'(x)=a(x-1)(x-b)+ax(x-b)+ax(x-1)$$

$$f'(0)=ab, f'(1)=a(1-b)$$

$$ab+a(1-b)=1$$

$$a=1, b=-4$$

따라서 $f(x)=x(x-1)(x+4)$이므로

$$\therefore f(3)=42$$

**29** (ⅰ) E가 1열에 앉지 않는 경우의 수는 $2\times 2$(2열 또는 3열)

| 3열 | 2열 | 1열 |
|---|---|---|
|  | E |  |
|  |  |  |

(ⅱ) A와 B는 같은 열에 앉아야 하므로 E가 앉은 열을 제외한 1열, 3열에 앉는 경우의 수는 $2\times 2!$

| 3열 | 2열 | 1열 |
|---|---|---|
| A | E |  |
| B |  |  |

(ⅲ) C, D는 서로 다른 열에 앉아야 하므로 1열, 2열에 각각 선택하여 앉는 경우의 수는 2이고 1열의 경우 빈 좌석이 2개이므로 2를 더 곱해준다. 즉 경우의 수는 $2\times 2$

| 3열 | 2열 | 1열 |
|---|---|---|
| A | E | D |
| B | C |  |

(ⅳ) F의 경우 남은 한 자리에 앉으면 되므로 경우의 수는 1

(ⅰ)~(ⅳ)을 통해 경우의 수는 $2^6$

따라서 전체 경우의 수는 $6!$이므로

구하는 확률$=\frac{2^6}{6!}=\frac{4}{45}=\frac{q}{p}$

$$\therefore p+q=49$$

**30** (ⅰ) 오른쪽 모양이 더 위로 있는 경우

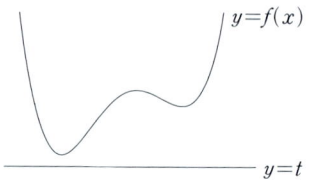

위의 경우 $g(t)=0$

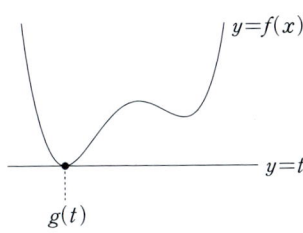

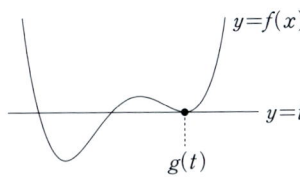

위의 경우 $y=f(x)$와 $y=t$가 만나는 점 중 실근의 최댓 값이 $g(t)$이다.

즉, $g(t)=0$에서 $g(t)$가 실근으로 바뀌는 점과 실근 중 최댓값인 $g(t)$가 왼쪽 극솟값 부분에서 오른쪽 극솟값 부분으로 바뀌는 점에서 불연속점이 생기므로 사 차함수 $f(x)$의 개형은 위와 같다.

(ii) 왼쪽 모양이 더 위로 있는 경우

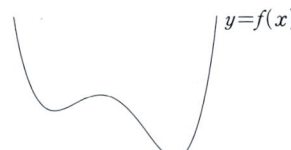

이때, $g(t)$는 불연속점이 생기지 않는다.

$k<30$이므로 $t=k$일 때, $\lim\limits_{t \to k+} g(t)=-2$이고

$t=30$일 때, $\lim\limits_{t \to 30+} g(t)=1$.

$f'(0)=0$이므로 그래프에 나타내면

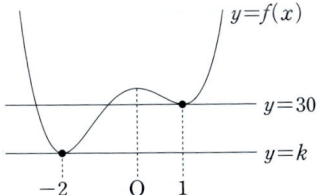

따라서 $f(x)$는 최고차항의 계수가 1인 사차함수이므로

$f'(x)=4x(x+2)(x-1)$

$\qquad =4x^3+4x^2-8x$

양변을 적분하면

$\displaystyle\int f'(x)dx=\int (4x^3+4x^2-8x)dx$

$f(x)=x^4+\dfrac{4}{3}x^3-4x^2+C$ ($C$는 적분상수)

$f(1)=30$, $f(-2)=k$를 이용하면

$f(1)=1+\dfrac{4}{3}-4+C=30$

$C=\dfrac{95}{3}$

따라서 함수 $f(x)=x^4+\dfrac{4}{3}x^3-4x^2+\dfrac{95}{3}$이므로

$f(-2)=16-\dfrac{32}{3}-16+\dfrac{95}{3}=21$

$\therefore k=21$

2018학년도 기출문제 **정답 및 해설**

## 제3교시 **수학영역(가형)**

| | | | | | |
|---|---|---|---|---|---|
| 01 ④ | 02 ⑤ | 03 ③ | 04 ③ | 05 ① | 06 ① |
| 07 ⑤ | 08 ② | 09 ② | 10 ④ | 11 ③ | 12 ⑤ |
| 13 ④ | 14 ③ | 15 ④ | 16 ① | 17 ② | 18 ① |
| 19 ② | 20 ⑤ | 21 ③ | 22 80 | 23 16 | 24 36 |
| 25 8 | 26 17 | 27 288 | 28 49 | 29 40 | 30 30 |

**01** $\vec{a}$와 $\vec{a}-\vec{b}$가 서로 수직이므로 두 벡터의 내적=0임을 이용하면
$$\vec{a}-\vec{b}=(2,\,1)-(-1,\,k)=(3,\,1-k)$$
$$\vec{a}\cdot(\vec{a}-\vec{b})=(2,\,1)\cdot(3,\,1-k)=6+(1-k)=0$$
$$\therefore k=7$$

**02** 주어진 이항분포 $\mathrm{B}\left(50,\,\dfrac{1}{4}\right)$의 확률변수 $X$에 대하여
$$\mathrm{E}(X)=50\times\dfrac{1}{4}=\dfrac{25}{2}$$
$$\mathrm{V}(X)=50\times\dfrac{1}{4}\times\dfrac{3}{4}=\dfrac{75}{8}$$
$$\therefore \mathrm{V}(4X)=4^2\mathrm{V}(X)=150$$

**03** 곱의 미분법을 이용하면
$$f'(x)=2xe^{x-1}+x^2e^{x-1}$$
따라서 $f'(1)=2e^0+1e^0=2+1=3$

**04** $\tan x=\dfrac{\sin x}{\cos x}$을 이용하면
$$\int_0^{\frac{\pi}{3}}\tan x\,dx=\int_0^{\frac{\pi}{3}}\dfrac{\sin x}{\cos x}\,dx$$
$$=\left[-\ln|\cos x|\,\right]_0^{\frac{\pi}{3}}$$
$$=-\ln\dfrac{1}{2}+0$$
$$=\ln 2$$

**05** A$(1,\,2,\,-1)$, B$(3,\,1,\,-2)$에 대하여 선분 AB를 $2:1$로 외분하는 점은
$$(6-1,\,2-2,\,-4+1)=(5,\,0,\,-3)$$
(분모는 1이므로 생략)

**06** 함수 $f(x)=a\sin bx+c$에서
최댓값, 최솟값을 이용하면
$$c=\dfrac{4+(-2)}{2}=1,\,a=\dfrac{4-(-2)}{2}=3$$
주기를 이용하면 $\dfrac{2\pi}{|b|}=\pi,\,b=2\,(\because\,b>0)$
$$\therefore abc=6$$

**07** 주어진 식에 $x=1$을 대입하면
$$0=1+a-3+1,\,a=1$$
$$x\int_1^x f(t)\,dt-\int_1^x tf(t)\,dt=e^{x-1}+x^2-3x+1$$
$x$에 대해 미분하면
$$\int_1^x f(t)\,dt+xf(x)-xf(x)=e^{x-1}+2x-3$$
다시 $x$에 대해 미분하면
$$f(x)=e^{x-1}+2$$
$$\therefore f(a)=f(1)=1+2=3$$

**08** 주어진 직선의 방정식을 정리하면
$$y=-\dfrac{3}{4}x+\dfrac{1}{2}$$이므로 $\tan\theta=-\dfrac{3}{4},\,\tan\dfrac{\pi}{4}=1$
따라서
$$\tan\left(\dfrac{\pi}{4}+\theta\right)=\dfrac{\tan\dfrac{\pi}{4}+\tan\theta}{1-\tan\dfrac{\pi}{4}\cdot\tan\theta}$$
$$=\dfrac{1+\tan\theta}{1-\tan\theta}=\dfrac{1-\dfrac{3}{4}}{1+\dfrac{3}{4}}=\dfrac{1}{7}$$

**09**
$$\lim_{x\to\infty}\left\{f(x)\ln\left(1+\dfrac{1}{2x}\right)\right\}$$
$$=\lim_{x\to\infty}\left\{\dfrac{f(x)}{2x}\cdot 2x\ln\left(1+\dfrac{1}{2x}\right)\right\}$$
$$=\lim_{x\to\infty}\left\{\dfrac{f(x)}{2x}\cdot\ln\left(1+\dfrac{1}{2x}\right)^{2x}\right\}$$
$$=\lim_{x\to\infty}\left\{\dfrac{f(x)}{2x}\cdot 1\right\}$$
$$=4$$
따라서 $\lim\limits_{x\to\infty}\dfrac{f(x)}{2x}=4$이므로
$$\lim_{x\to\infty}\dfrac{f(x)}{x-3}=\lim_{x\to\infty}\left\{\dfrac{f(x)}{2x}\cdot\dfrac{2x}{x-3}\right\}=4\cdot 2=8$$

**10** i) 앞면일 때,

상자 A에서 검은 공 2개를 동시에 꺼낼 확률 $\frac{_3C_2}{_5C_2}=\frac{3}{20}$

상자 A에서 흰 공 2개를 동시에 꺼낼 확률 $\frac{_2C_2}{_5C_2}=\frac{1}{20}$

따라서 $\frac{1}{2}\left(\frac{3}{20}+\frac{1}{20}\right)=\frac{1}{10}$

ii) 뒷면일 때,

상자 B에서 검은 공 2개를 동시에 꺼낼 확률 $\frac{_4C_2}{_7C_2}=\frac{1}{7}$

상자 B에서 흰 공 2개를 동시에 꺼낼 확률 $\frac{_3C_2}{_7C_2}=\frac{1}{14}$

따라서 $\frac{1}{2}\left(\frac{1}{7}+\frac{1}{14}\right)=\frac{3}{28}$

즉 구하는 확률은 $\dfrac{\dfrac{1}{10}}{\dfrac{1}{10}+\dfrac{3}{28}}=\dfrac{14}{14+15}=\dfrac{14}{29}$

**11** 수학 점수에 대한 성취도가 A 또는 B인 학생은 적어도 79점 이상 받아야 한다.

이때 확률변수 $X$는 근사적으로 정규분포 $N(67,\ 12^2)$을 따르므로 구하는 확률은

$$P(X\geq79)=P\left(Z\geq\frac{79-67}{12}\right)=P(Z\geq1)$$
$$=0.5-P(0\leq Z\leq1)=0.1587$$

**12** $\overline{AB}=2$=지름이므로 직선이 구의 중심을 지난다.

$\dfrac{x}{1}=\dfrac{y-a}{3}=\dfrac{z-b}{-1}$에 구의 중심 $(-1,\ 0,\ 2)$을 대입하면

$-1=\dfrac{-a}{3}=\dfrac{2-b}{-1}$이므로 $a=3,\ b=1$

$\therefore a+b=4$

**13** 주어진 입체도형에서 $x=t$를 지나고 $x$축에 수직인 평면으로 자른 단면의 높이는 $t$이므로 밑변의 길이는

$$2-\ln\frac{1}{t}=2+\ln t$$

따라서 입체도형의 부피는

$$\int_{\frac{1}{e}}^{1}t(2+\ln t)dt=\left[t^2+\frac{1}{2}t^2\ln t-\frac{1}{4}t^2\right]_{\frac{1}{e}}^{1}$$
$$=\frac{3}{4}-\frac{1}{4e^2}$$

**14** 먼저 전체 경우의 수를 구하면

원소 4개의 부분집합의 수는 $2^4-1=15$ (공집합 제외)

15개 중 집합 $A,\ B$를 순서가 있도록 뽑는 경우의 수는 $_{15}P_2$

i) $n(A\cap B)=1$로 집합 $A,\ B$의 교집합이 1개인 경우

$n(A)\times n(B)=2$이므로

$n(A)=1,\ n(B)=2$ 또는 $n(A)=2,\ n(B)=1$

$2\times{_4}C_1\times{_3}C_1$

ii) $n(A\cap B)=2$로 집합 $A,\ B$의 교집합이 2개인 경우

$n(A)\times n(B)=4$이므로

$n(A)=1,\ n(B)=4$인 경우 교집합이 2개인데 $n(A)$의 원소가 1개이므로 성립할 수 없다.

또한 $n(A)=2,\ n(B)=2$인 경우 $A\neq B$이므로 성립할 수 없다.

따라서 사건의 경우의 수는 i)만 성립되므로 구하는 확률은

$$\frac{2\times{_4}C_1\times{_3}C_1}{_{15}P_2}=\frac{2\times4\times3}{15\times14}=\frac{4}{35}$$

**15** 삼각형 PAB는 $\overline{PB}=4$, $\angle A=90°$인 직각이등변삼각형이므로

$\overline{PA}=\overline{AB}=2\sqrt{2}$

또한 삼각형 PHA는 $\angle PAH=\dfrac{\pi}{6}$, $\angle PHA=\dfrac{\pi}{2}$인 직각삼각형이고, $\overline{PA}=2\sqrt{2}$이므로

$\overline{PH}=\sqrt{2},\ \overline{HA}=\sqrt{6}$

또한 $\angle PAB$와 $\angle PHA$가 모두 수직이므로

$\angle HAB$ 역시 수직이다.

따라서 사면체 PHAB의 부피는

$$\frac{1}{3}\left(\frac{1}{2}\cdot2\sqrt{2}\cdot\sqrt{6}\right)\sqrt{2}=\frac{2\sqrt{6}}{3}$$

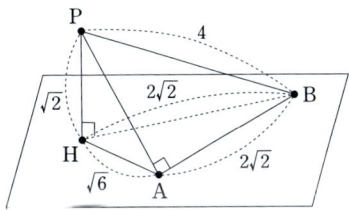

**16** 이웃한 상자에 공을 넣으므로

공을 넣을 수 있는 경우의 수는

AB, BC, CD로 이렇게 3가지

이때, AB, BC 순서로 공을 넣으나 BC, AB 순서로 공을 넣으나 결과는 같으므로 순서는 상관없다.

즉, 위의 세 경우 중 한 가지를 택하여 동일한 곳에 넣어도 되므로 3개 중 5개를 뽑는 중복조합을 이용하면

$_3H_5={_7}C_5=21$

**17** (가) 홀수와 짝수를 모두 포함해서 3장의 카드를 뽑았으므로,

$k+((가)-k)=3$에서 (가)$=3=a$

(나) $P(X=2)=\dfrac{_{n-1}C_2\times{_n}C_1}{_{2n-1}C_3}=\dfrac{3n(n-2)}{2(2n-1)(2n-3)}$

이때, $f(n)=\dfrac{3n(n-2)}{2(2n-1)(2n-3)}$

(다) $E(X)$
$$=\sum_{k=0}^{3}\{k\times P(X=k)\}$$

$$=0\times P(X=0)+1\times P(X=1)+2\times P(X=2)$$
$$+3\times P(X=3)$$
$$=\frac{3n(n-1)+2\cdot 3n(n-2)+3\cdot(n-2)(n-3)}{2(2n-1)(2n-3)}$$
$$=\frac{3(2n^2-5n+3)}{(2n-1)(2n-3)}$$
$$=\frac{3n-3}{2n-1}$$

이때, $g(n)=3n-3$

$$\therefore a\times f(5)\times g(8)=\frac{45}{2}$$

**18** 조건을 만족하는 정사각형의 경우를 그려보면

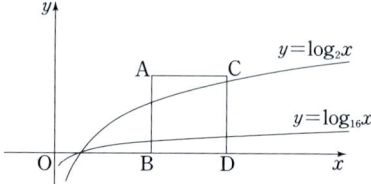

점 B와 C의 $x$좌표는 2이상, $y$좌표는 1이상이어야 조건 (나)를 만족한다.

i) $a_3$인 경우

$y$좌표=1인 B$(k, 1)$, D$(k+3, 1)$ ($k$는 자연수)라 하면

$\log_2 k<4$에서 $k<16$

$\log_{16}(k+3)>1$에서 $13<k$

따라서 $13<k<16$에서 2개

또한 $y$좌표=2인 B$(k, 2)$, D$(k+3, 2)$ ($k$는 자연수)일 때 성립하지 않는다.

ii) $a_4$인 경우

$y$좌표=1인 B$(k, 1)$, D$(k+4, 1)$ ($k$는 자연수)라 하면

$\log_2 k<5$에서 $k<32$

$\log_{16}(k+4)>1$에서 $12<k$

따라서 $12<k<32$에서 19개

또한 $y$좌표=2인 B$(k, 2)$, D$(k+4, 2)$ ($k$는 자연수)일 때 성립하지 않는다.

따라서 $a_3+a_4=$ i)$+$ii)$=2+19=21$

**19** 점 P$(t^3+2t, \ln(t^2+1))$에서 직선 $x+y=0$에 내린 수선의 발은

$$Q\left(\frac{t^3+2t-\ln(t^2+1)}{2}, \frac{\ln(t^2+1)-t^3-2t}{2}\right)$$

따라서 점 Q가 이동하는 속력은

$$\sqrt{\left(\frac{dx}{dt}\right)^2+\left(\frac{dy}{dt}\right)^2}$$이므로

$$x=\frac{t^3+2t-\ln(t^2+1)}{2}, y=\frac{\ln(t^2+1)-t^3-2t}{2}$$

를 대입하면

$$\sqrt{2}\left|\frac{dx}{dt}\right|=\sqrt{2}\cdot\left(\frac{3t^2}{2}-\frac{t}{t^2+1}+1\right)$$

이때, $t=1$을 대입하면 점 Q의 속력은 $2\sqrt{2}$

**20** 먼저 주어진 도형에서 보조선을 그어 살펴보면

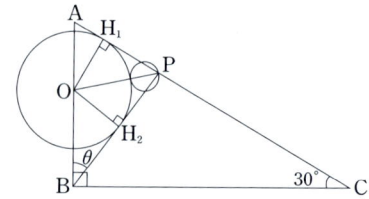

큰 원의 반지름을 $r$, 작은 원의 반지름을 $r'$라 하면

i) $\triangle AOH_1$에서 $\angle BAC=\frac{\pi}{3}$이므로

$$\overline{AO}=\frac{r}{\sqrt{3}}$$

$\triangle OBH_2$에서 각 $\theta$를 기준으로 삼각비를 이용하면

$$\overline{OB}=\frac{r}{\sin\theta}$$

이때 $\overline{AB}=\overline{AO}+\overline{OB}$이므로

$$\frac{r}{\sqrt{3}}+\frac{r}{\sin\theta}=2$$

따라서 $r=\dfrac{2}{\dfrac{1}{\sqrt{3}}+\dfrac{1}{\sin\theta}}$

ii) $\triangle ABP$에서 $\angle APB+\frac{\pi}{3}+\theta=\pi$

$$\angle OPH_2=\angle OPB=\frac{1}{2}\angle APB=\frac{\pi}{3}-\frac{1}{2}\theta$$

$$\overline{OP}=\frac{r}{\sin\left(\frac{\pi}{3}-\frac{1}{2}\theta\right)}=r+2r'$$

따라서 $r'=\frac{1}{2}\left\{\dfrac{1}{\sin\left(\frac{\pi}{3}-\frac{1}{2}\theta\right)}-1\right\}\cdot r$

i), ii)을 통해 구하는 값을 구해보면

$f(\theta)=\pi r^2, g(\theta)=\pi r'^2$

$$\lim_{\theta\to 0+}\frac{f(\theta)+g(\theta)}{\theta^2}$$

$$=\lim_{\theta\to 0+}\frac{\pi}{\theta^2}\left[\left(\frac{2}{\frac{1}{\sqrt{3}}+\frac{1}{\sin\theta}}\right)^2\left\{1+\frac{1}{4}\left(\frac{1}{\sin\left(\frac{\pi}{3}-\frac{\theta}{2}\right)}-1\right)^2\right\}\right]$$

$$=4\pi\times\left\{1+\frac{1}{4}\left(\frac{2}{\sqrt{3}}-1\right)^2\right\}$$

$$=\frac{19-4\sqrt{3}}{3}\pi$$

**21** 주어진 규칙으로 $a_3$의 값까지 구해보면

$$a_1=0 \begin{cases} \text{짝수} \quad a_2=-1 \begin{cases} \text{짝수} \quad a_3=0 \\ \text{홀수} \quad a_3=1 \end{cases} \\ \text{홀수} \quad a_2=1 \begin{cases} \text{짝수} \quad a_3=-1 \\ \text{홀수} \quad a_3=0 \end{cases} \end{cases}$$

ㄱ. (참)

$a_2=1$은 주사위의 눈이 홀수일 확률이므로 $\dfrac{1}{2}$

ㄴ. (참)

$a_3=1$일 확률은 $\dfrac{1}{2}\times\dfrac{1}{2}=\dfrac{1}{4}$

$a_4=0$일 확률은

  i) $a_3=0$일 때, $\dfrac{1}{2}\times 0=0$

  ii) $a_3=-1$일 때, $\dfrac{1}{4}\times\dfrac{1}{2}=\dfrac{1}{8}$

  iii) $a_3=1$일 때, $\dfrac{1}{4}\times\dfrac{1}{2}=\dfrac{1}{8}$

  i)~iii)을 통해 $\dfrac{1}{8}+\dfrac{1}{8}=\dfrac{1}{4}$

∴ $a_3=1$일 확률$=a_4=0$일 확률$=\dfrac{1}{4}$

ㄷ. (거짓)

$n\geq 2$일 때, $a_n=i$일 확률을 $\mathrm{P}(a_n=i)$라 하면

($i=-1, 0, 1$)

$\mathrm{P}(a_2=-1)=\mathrm{P}(a_2=1)=\dfrac{1}{2}$이고,

$\mathrm{P}(a_n=1)=\dfrac{\mathrm{P}(a_{n-1}=-1)+\mathrm{P}(a_{n-1}=0)}{2}$

$\mathrm{P}(a_n=-1)=\dfrac{\mathrm{P}(a_{n-1}=0)+\mathrm{P}(a_{n-1}=1)}{2}$

귀납적으로 $\mathrm{P}(a_n=1)=\mathrm{P}(a_n=-1)$임을 알 수 있다.

이때, $\mathrm{P}(a_9=0)=p$이므로

$\mathrm{P}(a_9=-1)=\mathrm{P}(a_9=1)=\dfrac{1-p}{2}$

따라서 $\mathrm{P}(a_{10}=0)=\dfrac{1-p}{2}$이므로

$\mathrm{P}(a_{10}=-1)=\mathrm{P}(a_{10}=1)=\dfrac{1+p}{4}$

∴ $\mathrm{P}(a_{11}=0)=\dfrac{1+p}{4}\neq\dfrac{1-p}{4}$

따라서 옳은 것은 ㄱ, ㄴ이다.

**22** $(2x+1)^5$에서 $x^3$의 계수는

$_5\mathrm{C}_3(2x)^3=10\cdot 8\cdot x^3=80x^3$

∴ $80$

**23** 직선과 곡선이 접하므로

$$-4x=\dfrac{1}{x-2}-a$$
$$4x^2-(a+8)x+2a+1=0$$
$$D=(a+8)^2-4\cdot 4(2a+1)$$
$$=a^2-16a+48=0$$

이때 근과 계수와의 관계를 이용하면

∴ 모든 실수 $a$의 합$=16$

**24** 타원과 삼각형 PQR을 그려보면

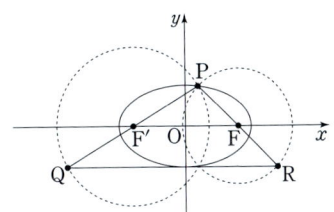

초점의 좌표를 구해보면

$\mathrm{F}(\sqrt{25-9}, 0)=(4, 0)$, $\mathrm{F'}(-\sqrt{25-9}, 0)=(-4, 0)$

이므로 $\overline{\mathrm{FF'}}=8$

F는 $\overline{\mathrm{PR}}$의 중점, F'는 $\overline{\mathrm{PQ}}$의 중점이므로

$\overline{\mathrm{FF'}} /\!/ \overline{\mathrm{QR}}$, $\triangle\mathrm{PFF'}\!\backsim\!\triangle\mathrm{PQR}$이고, 닮음비는 $1:2$

$\overline{\mathrm{QR}}=2\overline{\mathrm{FF'}}=2\times 8=16$

이때, $\overline{\mathrm{PQ}}+\overline{\mathrm{PR}}=2(\overline{\mathrm{PF'}}+\overline{\mathrm{PF}})=2\times(\text{장축의 길이})=20$

따라서 $\triangle\mathrm{PQR}$의 둘레$=20+16=36$

**25** 구하는 값은

$$\int_{-\pi}^{\pi}(x+\cos x)f(x)dx$$

$$=\int_{-\pi}^{\pi}xf(x)dx+\int_{-\pi}^{\pi}\cos xf(x)dx$$

조건 (가)에 의해서 $f(x)$는 기함수이므로

$\displaystyle\int_{-\pi}^{\pi}\cos xf(x)dx$에서 $\cos x$는 우함수이므로

$\cos xf(x)$는 기함수(우함수×기함수=기함수)

즉, $\displaystyle\int_{-\pi}^{\pi}\cos xf(x)dx=0$

이제 $\displaystyle\int_{-\pi}^{\pi}xf(x)dx$의 값을 구해보면

$$\int_{-\pi}^{\pi}xf(x)dx=2\int_{0}^{\pi}xf(x)dx$$

$$=2\left[\dfrac{1}{2}x^2f(x)\right]_0^\pi-2\int_0^\pi\dfrac{1}{2}x^2f'(x)dx$$

$$=\pi^2f(\pi)-\int_0^\pi x^2f'(x)dx$$

이때 조건 (나), (다)에 의해서

$$0-(-8\pi)=k\pi$$

∴ $k=8$

**26** 정육각형에서 나올 수 있는 삼각형의 넓이를 경우의 수로 나눠보면

i)

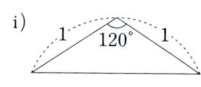

$$넓이=\frac{\sqrt{3}}{4}\cdot 1^2=\frac{\sqrt{3}}{4}$$

$$확률=\frac{6}{{}_6C_3}=\frac{6}{20}$$

ii)

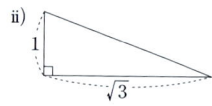

$$넓이=\frac{1}{2}\cdot 1\cdot\sqrt{3}=\frac{\sqrt{3}}{2}$$

$$확률=1-\frac{6}{{}_6C_3}-\frac{2}{{}_6C_3}=\frac{12}{20}$$

iii)

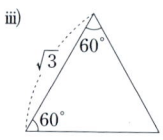

$$넓이=\frac{\sqrt{3}}{4}\cdot(\sqrt{3})^2=\frac{3}{4}\sqrt{3}$$

$$확률=\frac{2}{{}_6C_3}=\frac{2}{20}$$

따라서 $P\left(X\geq\frac{\sqrt{3}}{2}\right)=\frac{12}{20}+\frac{2}{20}=\frac{7}{10}=\frac{q}{p}$

$\therefore p+q=17$

**27** i) 3학년 생도 2명 중 1명이 운전석에 앉는 경우의 수
$$_2C_1=2$$
ii) 1학년 생도 2명이 이웃하여 앉으려면 가운데 줄 또는 뒷줄에 앉아야 한다. 즉 $2\times 3=6$
iii) 남은 3명이 4자리에 앉는 경우의 수 $_4P_3=24$
i)~iii)에 의해서 구하는 경우의 수는 $2\times 6\times 24=288$

**28** 주어진 함수를 $x$에 대해 미분해보면
$$f'(x)=3x^2e^x+(x^3-a)e^x$$
$$=e^x(x^3+3x^2-a)$$
$x^3+3x^2-a=0$에서 근의 유형을 나눠보면
i) $x^3+3x^2-a=0$의 실근이 1개$(\alpha)$일 때,
$g(t)$는 $t=f(\alpha)$인 점에서 첫 불연속점이 생기고, $t=0$에서 다른 불연속점이 생기므로 총 2개의 불연속점이 생긴다.
ii) $x^3+3x^2-a=0$이 중근과 다른 하나의 실근을 가질 때,
i)의 경우와 마찬가지로 $g(t)$는 총 2개의 불연속점이 생긴다.
iii) $x^3+3x^2-a=0$이 서로 다른 세 실근$(\alpha,\ \beta,\ \gamma)$을 가질 때,
$g(t)$는 $t=f(\alpha),\ t=f(\beta),\ t=f(\gamma),\ t=0$에서 불연속점

을 가지게 되므로 총 4개의 불연속점이 생긴다.
i)~iii)을 통해 $x^3+3x^2-a=0$이 1개의 실근 또는 중근과 다른 하나의 실근을 가질 때의 $a$값들을 구하면 된다.
이때, $h(x)=x^3+3x^2-a$라고 하면
$1\leq a\leq 3$일 때, $h(x)$는 3개의 실근을 가지므로 성립되지 않는다.
즉, $4\leq a\leq 10$일 때 $h(x)$는 중근 또는 오직 한 개의 실근을 갖는다.
따라서 주어진 조건을 만족하는 모든 자연수 $a$값의 합은
$$4+5+\cdots+10=49$$

**29** 원 $O$의 중심을 $O_1$이라 하면
$$\overrightarrow{AP}=\overrightarrow{AO_1}+\overrightarrow{O_1P}$$이므로
$$\overrightarrow{AP}\cdot\overrightarrow{AQ}=(\overrightarrow{AO_1}+\overrightarrow{O_1P})\cdot\overrightarrow{AQ}$$
$$=\overrightarrow{AO_1}\cdot\overrightarrow{AQ}+\overrightarrow{O_1P}\cdot\overrightarrow{AQ}$$
$O_1$에서 $\overline{AB}$에 내린 수선의 발을 $H$라 하면
$\angle O_1BH=60°$이고 $\overline{O_1H}=1,\ \overline{BH}=\frac{1}{\sqrt{3}}$
또한 점 $A$에서 $\overline{BC}$에 내린 수선의 발을 $M_1$
점 $O_1$에서 $\overline{AM_1}$에 내린 수선의 발을 $M_2$라 하면
$$\overline{AM_2}=\sqrt{3}-1이고\ \overline{O_1M_2}=1+\frac{1}{\sqrt{3}}$$
따라서 $\overrightarrow{AO_1}=\left(-1-\frac{1}{\sqrt{3}},\ 1-\sqrt{3}\right),$
$$\overrightarrow{AB}=(-1,\ -\sqrt{3}),\ \overrightarrow{AC}=(1,\ -\sqrt{3})$$
$$\overrightarrow{AO_1}\cdot\overrightarrow{AC}=2-\frac{4}{3}\sqrt{3}$$
$$\overrightarrow{AO_1}\cdot\overrightarrow{AB}=4-\frac{2}{3}\sqrt{3}$$
또한 $\overrightarrow{O_1P}$와 $\overrightarrow{AQ}$가 이루는 각을 $\theta$라 하면
$$\overrightarrow{O_1P}\cdot\overrightarrow{AQ}=|\overrightarrow{AQ}|\cos\theta$$
$|\overrightarrow{AQ}|$의 최댓값이 2, $-1\leq\cos\theta\leq 1$이므로
$$-2\leq|\overrightarrow{AQ}|\cos\theta\leq 2$$
따라서 $\overrightarrow{AP}\cdot\overrightarrow{AQ}$의 최댓값은 $6-\frac{2}{3}\sqrt{3}$
최솟값은 $-\frac{4}{3}\sqrt{3}$이므로 두 수의 합은 $6-2\sqrt{3}$
$\therefore a^2+b^2=36+4=40$

**30** 함수 $f(x)$의 역함수가 존재하므로
증가함수 또는 감소함수이다.
즉 $f'(x)\geq 0,\ f'(x)\leq 0$
$$f'(x)=3x^2+2ax-a$$
$$\frac{D}{4}=a^2+3a\leq 0$$
$$-3\leq a\leq 0$$
$n=f(m)$이라 하면

$n \times g'(n) = 1$에서 $\dfrac{f(m)}{f'(m)} = 1$, $f(m) = f'(m)$

$f(m) = m^3 + am^2 - am - a$

$f'(m) = 3m^2 + 2am - a$이므로

$m^3 + am^2 - am - a = 3m^2 + 2am - a$

$m(m-3)(m+a) = 0$

$m = 0, 3, -a$

$f(m) = n$이므로 $m$값을 나눠 계산하면

i) $m = 0$일 때,

　$f(0) = -a = n$

　$-3 \leq a \leq 0$, $0 \leq -a = n \leq 3$

　$n = 1, 2, 3$인 경우 조건을 만족하는 $a$가 존재한다.

ii) $m = 3$일 때,

　$f(3) = 27 + 5a = n$

　$-3 \leq a \leq 0$, $-15 \leq 5a \leq 0$, $12 \leq 5a + 27 = n \leq 27$

　$n = 12, 13, \cdots, 27$인 경우 조건을 만족하는 $a$가 존재한다.

iii) $m = -a$일 때,

　$f(-a) = a^2 - a = n$

　$-3 \leq a \leq 0$, $0 \leq a^2 - a = n \leq 12$

　$n = 1, 2, \cdots, 12$인 경우 조건을 만족하는 $a$가 존재한다.

i)~iii)에서 $n = 1, 2, 3$의 경우 i)과 iii)에서의 $a$값은 서로 다르고, $n = 12$의 경우 ii)와 iii)에서의 $a$값이 서로 같다.

따라서 구하는 값은

$\displaystyle\sum_{n=1}^{27} a_n = 3 + 16 + 12 - 1 = 30$

정답 및 해설

# 2018학년도 기출문제 정답 및 해설

## 제3교시 **수학영역(나형)**

| | | | | | |
|---|---|---|---|---|---|
| 01 ⑤ | 02 ② | 03 ② | 04 ③ | 05 ⑤ | 06 ③ |
| 07 ② | 08 ④ | 09 ④ | 10 ① | 11 ① | 12 ④ |
| 13 ③ | 14 ⑤ | 15 ⑤ | 16 ④ | 17 ③ | 18 ① |
| 19 ② | 20 ① | 21 ② | 22 72 | 23 24 | 24 12 |
| 25 4 | 26 13 | 27 17 | 28 64 | 29 191 | 30 36 |

**01** $A^C \cap B = B - A = \{3, 5\}$

∴ 원소의 합 $=8$

**02** 분모의 최고차항으로 분모, 분자를 나누면

$$\lim_{n \to \infty} \frac{3 \times 4^n + 3^n}{4^{n+1} - 2 \times 3^n} = \lim_{n \to \infty} \frac{3 + \left(\frac{3}{4}\right)^n}{4 - 2\left(\frac{3}{4}\right)^n} = \frac{3}{4}$$

**03** 미분계수의 정의를 이용하면

$$\lim_{h \to 0} \frac{f(1+3h) - f(1)}{2h}$$

$$= \lim_{h \to 0} \frac{f(1+3h) - f(1)}{3h} \cdot \frac{3}{2}$$

$$= \frac{3}{2} f'(1) = 6$$

$$\therefore f'(1) = 4$$

**04** 두 사건 $A$와 $B$가 독립이면 $A$와 $B^C$도 독립이다.

$$\mathrm{P}(A \cap B^C) = \mathrm{P}(A)\mathrm{P}(B^C)$$

$$= \frac{1}{3}\mathrm{P}(B^C) = \frac{1}{5} \left(\because \mathrm{P}(A) = \frac{1}{3}\right)$$

따라서 $\mathrm{P}(B^C) = \frac{3}{5}$

$$\therefore \mathrm{P}(B) = 1 - \frac{3}{5} = \frac{2}{5}$$

**05** 접선의 기울기는 접점에서의 미분계수와 같으므로

$$f'(x) = 3x^2 - 4$$

$$f'(-2) = 12 - 4 = 8$$

**06** $y = f(x)$는 점근선의 교점인 $(-a, b)$에 대하여 대칭이다.

역함수 $y = f^{-1}(x)$는 $(b, -a)$에 대하여 대칭이므로

$$\therefore a + b = (-1) + 2 = 1$$

**07** $\lim_{x \to 1^+} f(x) = -3$, $\lim_{x \to -2^-} f(x) = 1$이므로

$$\lim_{x \to 1^+} f(x) + \lim_{x \to -2^-} f(x) = (-3) + 1 = -2$$

**08** $2 = \frac{60}{30} = \frac{6 \times 10}{15 \times 2}$이므로

$$\log 2 = (\log 10 + \log 6) - (\log 15 + \log 2)$$

$$= 1 + a - b - \log 2$$

$$2\log 2 = a - b + 1$$

$$\therefore \log 2 = \frac{a - b + 1}{2}$$

**09** 먼저 두 개의 파란 공과 두 개의 노란 공을 배열하는 경우의 수는

$$\frac{4!}{2! \cdot 2!} = 6$$

이때 네 개의 공 사이에 빨간 공을 하나씩 나열하는 경우의 수는

$$\frac{{}_5\mathrm{P}_3}{3!} = \frac{5 \cdot 4 \cdot 3}{3 \cdot 2 \cdot 1} = 10$$

따라서 구하는 경우의 수는 $6 \times 10 = 60$

**10** 주어진 함수 $f(x)$가 $x = 2$에서 연속이므로

$$f(2) = \lim_{x \to 2} f(x)$$

$$b = \lim_{x \to 2} \frac{\sqrt{x+7} - a}{x - 2}$$

이때 분모가 0으로 수렴하므로 분자도 0으로 수렴해야 한다.

즉 $a = 3$

$$b = \lim_{x \to 2} \frac{\sqrt{x+7} - 3}{x - 2}$$

$$= \lim_{x \to 2} \frac{x - 2}{(x-2)(\sqrt{x+7}+3)}$$

$$= \lim_{x \to 2} \frac{1}{\sqrt{x+7}+3} = \frac{1}{6}$$

$$\therefore ab = 3 \times \frac{1}{6} = \frac{1}{2}$$

314

**11**
$f(6)-f(4)=f(2)$ … ㉠
$f(6)+f(4)=f(8)$ … ㉡
㉠+㉡을 계산해보면
$2f(6)=f(2)+f(8)$ … ㉢
$f(6), f(4)$ 두 수의 차가 $f(2)$이고
두 수의 합이 $f(8)$이고 ㉢에 의해
$f(2), f(6), f(8)$은 순서대로 등차수열임을 알 수 있다.
 i) $f(2)=2, f(6)=4, f(8)=6$일 때,
  $f(4)=8$이므로 ㉠과 ㉡을 만족하지 않는다.
 ii) $f(2)=4, f(6)=6, f(8)=8$일 때,
  $f(4)=2$이므로 ㉠과 ㉡을 만족한다.
 i), ii)에 의해서 $(f\circ f)(6)=f(6)=6$이고, $f(2)=4$이므로
$f^{-1}(4)=2$
$\therefore (f\circ f)(6)+f^{-1}(4)=6+2=8$

**12**
함수 $y=\sqrt{ax}$가 점 $(-2, 2)$를 지나므로
$2=\sqrt{-2a}, 4=-2a, a=-2$
따라서 $y=\sqrt{-2x}$의 그래프를 $y$축 방향으로 $b$만큼 평행이동한 후 $x$축에 대하여 대칭이동하면
$-y=\sqrt{-2x}+b, y=-\sqrt{-2x}-b$
이때 함수가 점 $(-8, 5)$를 지나므로
$5=-\sqrt{16}-b, b=-9$
$\therefore ab=18$

**13**
수학 점수에 대한 성취도가 A 또는 B인 학생은 적어도 79점 이상 받아야 한다.
이때 확률변수 $X$는 근사적으로 정규분포 $N(67, 12^2)$을 따르므로 구하는 확률은
$P(X\geq 79)=P\left(Z\geq \dfrac{79-67}{12}\right)=P(Z\geq 1)$
$=0.5-P(0\leq Z\leq 1)=0.1587$

**14**
$t$초 후 점 P의 위치는
$\int_0^t (s^2+s)ds=\dfrac{1}{3}t^3+\dfrac{1}{2}t^2$
점 Q의 위치는 $\int_0^t 5s\,ds=\dfrac{5}{2}t^2$
두 점이 만나면 그 위치가 서로 같으므로
$\dfrac{1}{3}t^3+\dfrac{1}{2}t^2=\dfrac{5}{2}t^2$
$\dfrac{1}{3}t^3=2t^2$이므로 $t=0, t=6$
$t>0$일 때 각각의 점의 속도는 양수이므로,
$t=6$에서의 점 P의 위치가 곧 움직인 거리이다.
따라서 점 P의 위치는 $\dfrac{1}{3}\cdot 6^3+\dfrac{1}{2}\cdot 6^2=90$

**15**
정적분의 정의에 의해
$\lim_{n\to\infty}\dfrac{1}{n^2}\sum_{k=1}^n kf\left(\dfrac{k}{2n}\right)$
$=\lim_{n\to\infty}\dfrac{1}{n}\sum_{k=1}^n \dfrac{k}{n}f\left(\dfrac{k}{2n}\right)$
$=\int_0^1 xf\left(\dfrac{x}{2}\right)dx$
$=\int_0^1 x\left(x^2+\dfrac{a}{2}x\right)dx$
$=\int_0^1 \left(x^3+\dfrac{a}{2}x^2\right)dx$
$=\left[\dfrac{1}{4}x^4+\dfrac{a}{6}x^3\right]_0^1$
$=\dfrac{1}{4}+\dfrac{a}{6}=2$
$\therefore a=\dfrac{21}{2}$

**16**
여사건을 이용하면 주어진 조건의 부정은
$A\cap X=\varnothing$이거나 $B\cap X=\varnothing$
 i) $A\cap X=\varnothing$인 경우는 $2^4=16$가지
 ii) $B\cap X=\varnothing$인 경우는 $2^3=8$가지
 iii) $(A\cup B)\cap X=\varnothing$인 경우는 $2^2=4$가지인데 i), ii)에 중복되어 있다.
전체집합 $U$의 모든 부분집합은 $2^7=128$개에서 i)~iii)의 경우를 빼면
$\therefore 128-(16+8-4)=108$

**17**
점 C는 $\overline{OM}$을 $3:1$로 외분하는 점이므로 $\overline{OM}=2, \overline{OC}=3$
이때 정사각형 OECD의 한 변의 길이는 $\dfrac{3}{\sqrt{2}}$이므로
넓이는 $\dfrac{9}{2}$
부채꼴 ODE의 넓이는 $4\pi\times\dfrac{1}{4}=\pi$
따라서 $S_1=\dfrac{9}{2}-\pi$
이제 $R_1$과 $R_2$에서 반원의 지름을 이용해 도형의 닮음비를 구해보면
$R_1$에서 반원의 지름은 4
$R_2$에서 반원의 지름은 $\dfrac{3}{\sqrt{2}}$
도형의 닮음비는 $1:\dfrac{3}{4\sqrt{2}}$이므로
도형의 넓이비는 $1:\dfrac{9}{32}$
또한 $R_2$에서 똑같은 도형이 2개 생기므로
공비는 $2\times\dfrac{9}{32}=\dfrac{9}{16}$
$\therefore \lim_{n\to\infty}S_n=\dfrac{\dfrac{9}{2}-\pi}{1-\dfrac{9}{16}}=\dfrac{8(9-2\pi)}{7}=\dfrac{72-16\pi}{7}$

**18** 이웃한 상자에 공을 넣으므로

공을 넣을 수 있는 경우의 수는

AB, BC, CD로 이렇게 3가지

이때, AB, BC 순서로 공을 넣으나 BC, AB 순서로 공을 넣

으나 결과는 같으므로 순서는 상관없다.

즉, 위의 세 경우 중 한 가지를 택하여 동일한 곳에 넣어도 되

므로 3개 중 5개를 뽑는 중복조합을 이용하면

$_3H_5={_7}C_5=21$

**19** (가) 홀수와 짝수를 모두 포함해서 3장의 카드를 뽑았으므로,

$k+((가)-k)=3$에서 $(가)=a$

(나) $P(X=2)=\dfrac{_{n-1}C_2\times{_n}C_1}{_{2n-1}C_3}=\dfrac{3n(n-2)}{2(2n-1)(2n-3)}$

이때, $f(n)=\dfrac{3n(n-2)}{2(2n-1)(2n-3)}$

(다) $E(X)$

$=\sum\limits_{k=0}^{3}\{k\times P(X=k)\}$

$=0\times P(X=0)+1\times P(X=1)+2\times P(X=2)$

$\quad+3\times P(X=3)$

$=\dfrac{3n(n-1)+2\cdot3n(n-2)+3\cdot(n-2)(n-3)}{2(2n-1)(2n-3)}$

$=\dfrac{3(2n^2-5n+3)}{(2n-1)(2n-3)}$

$=\dfrac{3n-3}{2n-1}$

이때, $g(n)=3n-3$

$\therefore a\times f(5)\times g(8)=\dfrac{45}{2}$

**20** 조건 (가)에 의해서 $f(x)$는 $(x-2)^2$를 인수로 가짐을 알 수

있다.

$f(x)=(x-2)^2(x-a)$ ($a$는 실수)

$\quad=x^3-(4+a)x^2+(4+4a)x-4a$

조건 (나)에서 $f'(x)\geq-3$이므로

$f'(x)=3x^2-2(4+a)x+(4+4a)\geq-3$

$3x^2-2(4+a)x+(7+4a)\geq0$

$\dfrac{D}{4}=(4+a)^2-3(7+4a)=a^2-4a-5$

$\quad=(a-5)(a+1)\leq0$, $-1\leq a\leq5$

따라서 $f(6)=16(6-a)$의 최대와 최소는 각각

$a=-1$, $a=5$일 때이므로

$16(6+1)+16(6-5)=128$

**21** ㄱ. (참)

$\lim\limits_{x\to1-}\dfrac{g(x)}{x-1}=\lim\limits_{x\to1-}(x-1)f(x)$

$\qquad=\lim\limits_{x\to1-}(x-1)\Big(x^2+\dfrac{1}{n}\Big)=0$

ㄴ. (참)

$n=1$이면 $f(x)=x^2+1$이므로

$g(x)=\begin{cases}(x-1)(x^2+1)&(x\geq1)\\(x-1)^2(x^2+1)&(x<1)\end{cases}$

$g(x)\geq0=g(1)$이므로

함수 $g(x)$는 $x=1$에서 극솟값을 갖는다.

ㄷ. (거짓)

$x>1$일 때, $g(x)=(x-1)\Big(x^2+\dfrac{1}{n}\Big)$은 증가함수이므로

더 이상의 극점은 없다.

$x<1$일 때, $g(x)=(x-1)^2\Big(x^2+\dfrac{1}{n}\Big)$에서

$g'(x)=2(x-1)\Big(x^2+\dfrac{1}{n}\Big)+2x(x-1)^2$

$\qquad=2(x-1)\Big(2x^2-x+\dfrac{1}{n}\Big)$

$x<1$인 모든 $x$에 대하여 $2x^2-x+\dfrac{1}{n}\geq0$이면

더 이상의 극점은 없다.

$2x^2-x+\dfrac{1}{n}=2\Big(x-\dfrac{1}{4}\Big)^2+\dfrac{1}{n}-\dfrac{1}{8}\geq0$

따라서 $n\leq8$이므로, 함수 $g(x)$의 극점이 $x=1$일 때 한

개뿐인 경우 자연수 $n$의 개수는 8이다.

따라서 옳은 것은 ㄱ, ㄴ이다.

**22** 확률변수 $X$가 이항분포를 따르므로

$V(X)=300\times\dfrac{2}{5}\times\dfrac{3}{5}=72$

**23** 수열 $\{a_n\}$의 공차를 $d$라고 하면

$a_4+a_5=(a_2+2d)+(a_2+3d)$

$\qquad=14+2d+14+3d$

$\qquad=28+5d=23$, $d=-1$

따라서 $a_8=a_2+6d=14-6=8$

$\therefore a_7+a_8+a_9=3a_8=24$

**24** 주어진 조건으로 둘러싸인 부분을 나타내면

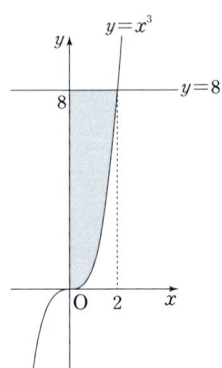

색칠된 부분의 넓이를 구하려면

직사각형의 넓이에서 $\int_0^2 x^3 dx$를 빼주면 된다.

따라서 $(2 \times 8) - \int_0^2 x^3 dx = 16 - 4 = 12$

**25** $\left(x^n + \dfrac{1}{x}\right)^{10}$의 전개식의 일반항은

$_{10}C_r (x^n)^r \left(\dfrac{1}{x}\right)^{10-r} = {}_{10}C_r x^{nr+r-10}$

이때 상수항이 $45$이므로

$_{10}C_r = 45$, $r = 2, 8$

 i) $r = 2$일 때,

 $x^{nr+r-10} = x^0$을 만족하는 $n$의 값$= 4$

 이때, $n$의 값이 자연수이므로 성립한다.

 ii) $r = 8$일 때,

 $x^{nr+r-10} = x^0$을 만족하는 $n$의 값$= \dfrac{1}{4}$

 이때, $n$의 값이 자연수가 아니므로 성립하지 않는다.

따라서 자연수 $n$의 값$= 4$

**26** 주어진 명제는 $p$와 $q$를 모두 만족하는 실수 $x$가 존재한다는 의미이므로

조건 $p$의 진리집합을 $P$, 조건 $q$의 진리집합을 $Q$라고 하면

$P \cap Q \neq \varnothing$

즉, $k+3 \geq -3$, $k-2 < 5$이므로 $-6 \leq k < 7$

이를 만족하는 정수 $k$의 개수는 13개

**27** 정육각형에서 나올 수 있는 삼각형의 넓이를 경우의 수로 나눠보면

 i)

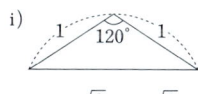

 넓이$= \dfrac{\sqrt{3}}{4} \cdot 1^2 = \dfrac{\sqrt{3}}{4}$

 확률$= \dfrac{6}{{}_6C_3} = \dfrac{6}{20}$

 ii)

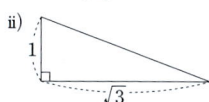

 넓이$= \dfrac{1}{2} \cdot 1 \cdot \sqrt{3} = \dfrac{\sqrt{3}}{2}$

 확률$= 1 - \dfrac{6}{{}_6C_3} - \dfrac{2}{{}_6C_3} = \dfrac{12}{20}$

 iii)

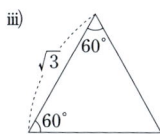

넓이$= \dfrac{\sqrt{3}}{4} \cdot (\sqrt{3})^2 = \dfrac{3}{4}\sqrt{3}$

확률$= \dfrac{2}{{}_6C_3} = \dfrac{2}{20}$

따라서 $P\left(X \geq \dfrac{\sqrt{3}}{2}\right) = \dfrac{12}{20} + \dfrac{2}{20} = \dfrac{7}{10} = \dfrac{q}{p}$

$\therefore p + q = 17$

**28** 주어진 예를 살펴보면

$6^{\frac{4}{k}}$이 자연수가 되도록 하는 자연수 $k$는 $k = 1, 2, 4$이므로

$f(6) = 3$

즉 자연수 $m$에 대하여 $n = m^a$ ($a$는 자연수)라 하면

$n^{\frac{4}{k}} = m^{\frac{4a}{k}}$에서 $4a$의 양의 약수의 개수가 $f(n)$의 값이 된다.

$a = 1$일 때, $m^{\frac{4}{k}}$이 자연수가 되도록 하는 $k$는

$1, 2, 4$이므로 3개

$a = 2$일 때, $m^{\frac{8}{k}}$이 자연수가 되도록 하는 $k$는

$1, 2, 4, 8$이므로 4개

$a = 3$일 때, $m^{\frac{12}{k}}$이 자연수가 되도록 하는 $k$는

$1, 2, 3, 4, 6, 12$이므로 6개

$a = 4$일 때, $m^{\frac{16}{k}}$이 자연수가 되도록 하는 $k$는

$1, 2, 4, 8, 16$이므로 5개

$a = 5$일 때, $m^{\frac{20}{k}}$이 자연수가 되도록 하는 $k$는

$1, 2, 4, 5, 10, 20$이므로 6개

$a = 6$일 때, $m^{\frac{24}{k}}$이 자연수가 되도록 하는 $k$는

$1, 2, 3, 4, 6, 8, 12, 24$이므로 8개

따라서 $f(n) = 8$을 만족하는 $m^6$꼴 중에 최솟값은

$2^6 = 64$

**29** 주어진 곡선이 $\overline{P_nQ_n}$과 만나기 위해서는 $f(n) \leq 2n \leq f(2n)$

$\dfrac{1}{k}n^2 \leq 2n \leq \dfrac{1}{k}4n^2$, $\dfrac{n}{2} \leq k \leq 2n$

 i) $n = 2m-1$ (홀수, $m$은 실수)이면

 $m \leq k \leq 4m-2$

 $a_n = a_{2m-1} = 3m-1$

 ii) $n = 2m$ (짝수, $m$은 실수)이면

 $m \leq k \leq 4m$

 $a_n = a_{2m} = 3m+1$

 i), ii)을 통해 구하는 값은

$\displaystyle\sum_{n=1}^{15} a_n = \sum_{m=1}^{8}(3m-1) + \sum_{m=1}^{7}(3m+1)$

$= 100 + 91 = 191$

**30** $f(x) = -3x^4 + 4x^3 + 12x^2 + 4$에서

$f'(x) = -12x^3 + 12x^2 + 24x$

$\qquad = -12x(x+1)(x-2)$

$f'(x) = 0$을 만족하는 $x = -1, 0, 2$

$f(-1)=9, f(0)=4, f(2)=36$

함수 $y=f(x)$의 그래프를 나타내면

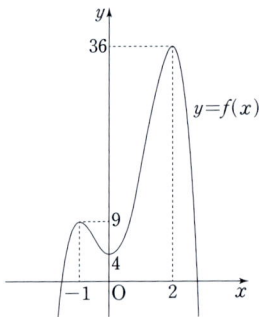

$g(x)=|f(x)-a|$, $y=f(x)$의 그래프를 $y=a$에서 접어 올린 다음 $y=a$를 $x$축으로 본 그래프와 같다.

이때 $y=a$와 $y=f(x)$의 교점이 $y=f(x)$의 극점이 아니면 접힌 점은 모두 꺾이게 되어 미분가능하지 않다.

마찬가지로, $y=g(x)$의 그래프를 $y=b$에서 접어 올린 다음 $y=b$를 $x$축으로 본 그래프가 $g(x)=|f(x)-b|$인데, 이것은 마치 $y=f(x)$의 그래프를 $y=a$, $y=a+b$, $y=a-b$에서 접은 것과 같다.

따라서 (가)에서 $y=a+b$, $y=a-b$와 $y=f(x)$는 교점이 4개여야 하고 (나)에서 $y=a$, $y=a+b$, $y=a-b$와 $y=f(x)$의 교점 중 네 곳은 미분가능하지 않은 점이고, 나머지는 모두 미분가능한 점이어야 한다.

따라서 모든 조건을 만족하는 경우는 다음과 같다.

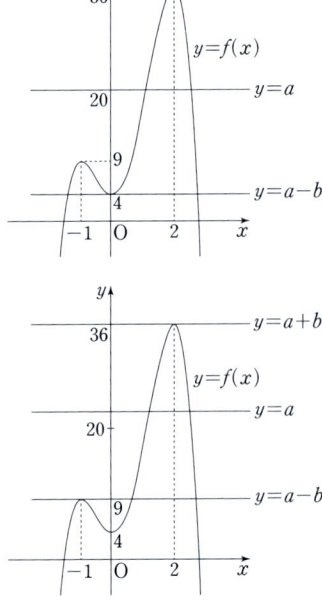

즉 두 경우 모두 $a+b=36$

사관학교 10개년 수학 ▼

# 2017학년도 기출문제 정답 및 해설

제3교시 **수학영역(가형)**

| 01 ⑤ | 02 ⑤ | 03 ③ | 04 ① | 05 ① | 06 ② |
|------|------|------|------|------|------|
| 07 ③ | 08 ② | 09 ② | 10 ④ | 11 ① | 12 ③ |
| 13 ③ | 14 ④ | 15 ⑤ | 16 ④ | 17 ② | 18 ⑤ |
| 19 ③ | 20 ① | 21 ④ | 22 10 | 23 62 | 24 40 |
| 25 25 | 26 30 | 27 28 | 28 180 | 29 5 | 30 32 |

**01** $\displaystyle\int_1^2 \frac{1}{x^2}dx = \int_1^2 x^{-2}dx = \left[-\frac{1}{x}\right]_1^2 = -\frac{1}{2}+1 = \frac{1}{2}$

**02** 확률변수 $X$는 이항분포를 따르므로

$\mathrm{E}(X) = n \times \frac{1}{4} = 5$이므로 $n = 20$

**03** 삼각형 ABC의 무게중심 G의 좌표는

$\left(\frac{6}{3}, \frac{3}{3}, \frac{(-3)}{3}\right) = (2, 1, -1)$이므로 선분 OG의 길이는

$\sqrt{2^2 + 1^2 + (-1)^2} = \sqrt{6}$

**04** 자연수 10의 분할 중에서 짝수로만 이루어진 경우는

$10 = 10$
$\quad = 8+2$
$\quad = 6+4$
$\quad = 6+2+2$
$\quad = 4+4+2$
$\quad = 4+2+2+2$
$\quad = 2+2+2+2+2$

으로 총 7가지이다.

**05** $A = \{2, 4, 6\}$, $B = \{2, 3, 5\}$이고,

$A \cap B = \{2\}$, $B \cap A^c = \{3, 5\}$이므로

$\mathrm{P}(B|A) = \frac{n(A \cap B)}{n(A)} = \frac{1}{3}$,

$\mathrm{P}(B|A^c) = \frac{n(B \cap A^c)}{n(A^c)} = \frac{2}{3}$

$\therefore \mathrm{P}(B|A) - \mathrm{P}(B|A^c) = \frac{1}{3} - \frac{2}{3} = -\frac{1}{3}$

**06** $x - \frac{\pi}{2} = t$라 하면, $x \to \frac{\pi}{2}$는 $t \to 0$이 된다.

$\displaystyle\lim_{x \to \frac{\pi}{2}}(1-\cos x)^{\sec x} = \lim_{t \to 0}\left(1 - \cos\left(\frac{\pi}{2}+t\right)\right)^{\frac{1}{\cos\left(\frac{\pi}{2}+t\right)}}$

$\qquad\qquad\qquad\qquad = \lim_{t \to 0}(1 + \sin t)^{\frac{1}{\sin t}(-1)} = e^{-1} = \frac{1}{e}$

**07** 확률분포표를 보면

모든 확률의 합은 1이므로 $a + b + c = 1 \cdots \text{㉠}$

$\mathrm{E}(X) = 0 \times a + 1 \times b + 2 \times c = b + 2c = 1 \cdots \text{㉡}$

$\mathrm{V}(X) = \mathrm{E}(X^2) - \mathrm{E}(X)^2$이므로

$(1^2 \times b + 2^2 \times c) - 1^2 = b + 4c - 1 = \frac{1}{4}$, $b + 4c = \frac{5}{4} \cdots \text{㉢}$

㉡, ㉢을 연립하면 $b = \frac{3}{4}$, $c = \frac{1}{8}$을 ㉠에 대입하면 $a = \frac{1}{8}$

$\therefore \mathrm{P}(X=0) = a = \frac{1}{8}$

**08** $\overrightarrow{OB} - \overrightarrow{OC} = \overrightarrow{CB}$이고, $\overrightarrow{OA} \perp \overrightarrow{CB}$이므로

$|\overrightarrow{OA} + \overrightarrow{OB} - \overrightarrow{OC}|^2 = |\overrightarrow{OA} + \overrightarrow{CB}|^2$

$\qquad\qquad\qquad\qquad = |\overrightarrow{OA}|^2 + |\overrightarrow{CB}|^2 + 2\overrightarrow{OA}\cdot\overrightarrow{CB}$

$\qquad\qquad\qquad\qquad = 4 + 4 \; (\because \overrightarrow{OA}\cdot\overrightarrow{CB} = 0)$

$\qquad\qquad\qquad\qquad = 8$

$\therefore |\overrightarrow{OA} + \overrightarrow{OB} - \overrightarrow{OC}| = \sqrt{8} = 2\sqrt{2}$

**09** 전체 경우의 수는

8명의 학생을 임의로 3명, 3명, 2명씩 3개조로 나누는 경우의 수이므로

$\dfrac{_8\mathrm{C}_3 \times _5\mathrm{C}_3 \times _2\mathrm{C}_2}{2!} = 280$

두 학생 A, B를 제외한 6명의 학생을 1명, 3명, 2명 또는 3명, 3명으로 나누는 경우로 나눠 계산한다.

ⅰ) 6명의 학생을 1명, 3명, 2명으로 3개의 조로 나누는 경우

$\quad _6\mathrm{C}_1 \times _5\mathrm{C}_3 \times _2\mathrm{C}_2 = 6 \times 10 = 60$

ⅱ) 6명의 학생을 3명, 3명으로 2개의 조로 나누는 경우

$\quad _6\mathrm{C}_3 \times _3\mathrm{C}_3 \times \frac{1}{2} = 10$

ⅰ), ⅱ)에 의해 두 학생 A, B가 같은 조에 속할 경우의 수는

$60 + 10 = 70$

따라서 구하고자 하는 확률은 $\frac{70}{280} = \frac{1}{4}$

정답 및 해설

**10** 원의 반지름을 $r$이라 하면

부채꼴 PBC의 넓이가 부채꼴 PAB의 넓이의 2배이므로 비례관계인 중심각의 크기 또한 2배이다.

따라서 ∠APB$=\theta$라 하면 ∠BPC$=2\theta$이다.

삼각형 PBC는 이등변삼각형이므로 점 P에서 $x$축으로 내린 수선의 발이 H일 때, ∠BPH$=\theta$가 된다.

∠APH$=\theta+\theta=90°$이므로 $\theta=45°$이다.

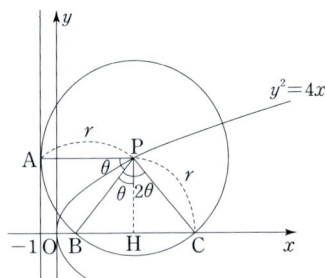

점 P의 좌표는 $\left(r-1, \dfrac{r}{\sqrt{2}}\right)$이고,

점 P는 포물선 위의 점이므로 대입하면

$\dfrac{r^2}{2}=4(r-1)$, $r^2-8r+8=0$, $r=4+2\sqrt{2}\ (r>0)$

**11** 위장크림 1개의 무게를 확률변수 $X$라 하면

$P(X\geq50)=0.1587$이므로

$P(X\geq50)=P\left(Z\geq\dfrac{50-m}{\sigma}\right)$

$\qquad\qquad\quad=0.5-P\left(0\leq Z\leq\dfrac{50-m}{\sigma}\right)=0.1587$

$P\left(0\leq Z\leq\dfrac{50-m}{\sigma}\right)=0.5-0.1587=0.3413$

즉, 주어진 표준정규분포표를 이용하면

$\dfrac{50-m}{\sigma}=1$

임의 추출한 4개의 무게의 평균을 $\overline{X}$라 하면

$\overline{X}$는 정규분포 $N\left(m, \left(\dfrac{\sigma}{2}\right)^2\right)$을 따른다.

$P(\overline{X}\geq50)=P\left(Z\geq\dfrac{50-m}{\dfrac{\sigma}{2}}\right)$

$\qquad\qquad\quad=P\left(Z\geq\dfrac{2(50-m)}{\sigma}\right)$

이때, $\dfrac{50-m}{\sigma}=1$을 이용하면

$P(Z\geq2)=0.5-P(0\leq Z\leq2)=0.0228$

**12** 곡선 $y=\tan\dfrac{x}{2}$와 직선 $x=\dfrac{\pi}{2}$ 및 $x$축으로 둘러싸인 부분의 넓이를 그려보면

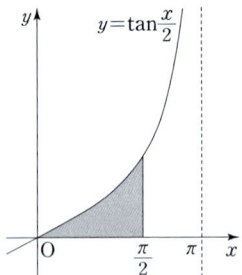

넓이 $S=\displaystyle\int_0^{\frac{\pi}{2}}\tan\dfrac{x}{2}dx$

$\cos\dfrac{x}{2}=t$라 하고 미분하면

$-\dfrac{1}{2}\sin\dfrac{x}{2}dx=dt$, $\sin\dfrac{x}{2}dx=-2dt$이므로 대입하면

$S=\displaystyle\int_0^{\frac{\pi}{2}}\tan\dfrac{x}{2}dx$

$\quad=\displaystyle\int_0^{\frac{\pi}{2}}\dfrac{\sin\dfrac{x}{2}}{\cos\dfrac{x}{2}}dx=\int_1^{\frac{1}{\sqrt{2}}}\left(-\dfrac{2}{t}\right)dt$

$\quad=-2\Big[\ln|t|\Big]_1^{\frac{1}{\sqrt{2}}}=\ln2$

**13** 곡선 $y=|\log_a x|$와 직선 $y=1$이 만나는 교점 A, B의 좌표를 구해보면

$|\log_a x|=1$, $\log_a x=\pm1$, $x=\dfrac{1}{a}$ 또는 $x=a$

따라서 A의 $x$좌표<B의 $x$좌표이므로

점 $A\left(\dfrac{1}{a}, 1\right)$, 점 $B(a, 1)$

점 C의 $y$좌표가 0이므로 $(1, 0)$

두 직선 AC, BC가 서로 수직이므로

각각의 기울기를 구해보자.

i) 직선 AC의 기울기

　점 $A\left(\dfrac{1}{a}, 1\right)$와 점 $C(1, 0)$에서

　$\dfrac{-1}{1-\dfrac{1}{a}}=\dfrac{-a}{a-1}$

ii) 직선 BC의 기울기

　점 $B(a, 1)$와 점 $C(1, 0)$에서 $\dfrac{1}{a-1}$

i)와 ii)가 수직 관계이므로 i)× ii)$=-1$

$\dfrac{-a}{a-1}\times\dfrac{1}{a-1}=-1$

$\dfrac{-a}{(a-1)^2}=-1$, $-a=-(a-1)^2$,

$a=a^2-2a+1$, $a^2-3a+1=0$

근과 계수와의 관계를 이용하면

∴ 모든 양수 $a$의 값의 합$=3$

**14** 필통에서 꺼낸 볼펜의 개수를 $a$, 연필의 개수를 $b$, 지우개의 개수를 $c$라 하면

전체 경우의 수는 $a+b+c=8$을 만족하는 음이 아닌 정수의 해의 순서쌍을 개수이다.

즉, $_3H_8=_{10}C_2=45$

이때, $a$, $b$, $c$는 최대 6개씩 있으므로 필통에서 꺼냈을 때, $(0, 0, 8)$ 또는 $(0, 1, 7)$인 경우는 제외해야 한다.

따라서 $(0, 0, 8)$인 경우의 수 3,

$(0, 1, 7)$인 경우의 수 $3!=6$을 제외하면

$\therefore 45-3-6=36$

**15** $\overline{BC}$의 중점을 E, $\overline{DE}$와 $\overline{MN}$의 교점을 F, 꼭짓점 A에서 삼각형 BCD에 내린 수선의 발을 G라고 하면,

G는 삼각형 BCD의 무게중심이고 $\overline{GF}\perp\overline{MN}$이다.

$\overline{ED}=6\sqrt{3}$, $\overline{GD}=4\sqrt{3}$, $\overline{FD}=3\sqrt{3}$, $\overline{GF}=\sqrt{3}$, $\overline{AG}=4\sqrt{6}$

이고, $\overline{AG}\perp\overline{GF}$이므로 $\overline{AF}=3\sqrt{11}$

삼수선 정리에 의해 $\overline{AF}\perp\overline{MN}$이므로

사각형 BCNM과 평면 AMN이 이루는 각을 $\theta$라 하면

$\theta=\angle AFG$, $\cos\theta=\dfrac{\sqrt{33}}{33}$

사각형 BCNM의 넓이 $S$는 삼각형 BCD의 넓이에서 삼각형 MND의 넓이를 뺀 것과 같다.

따라서 $S=\dfrac{\sqrt{3}}{4}\times12^2-\dfrac{\sqrt{3}}{4}\times6^2=27\sqrt{3}$

$\therefore$ 정사영의 넓이 $=S\times\cos\theta=27\sqrt{3}\times\dfrac{\sqrt{33}}{33}=\dfrac{27\sqrt{11}}{11}$

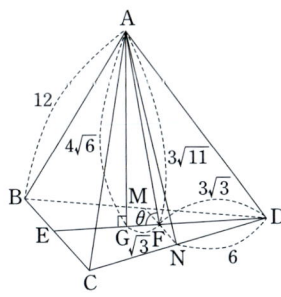

**16** (가) $1-x^2+x^4-x^6+\cdots+(-1)^{n-1}\cdot x^{2n-2}$

$=\dfrac{1-(-x^2)^n}{1-(-x^2)}=\dfrac{1}{1+x^2}-\dfrac{(-x^2)^n}{1+x^2}$

$=\dfrac{1}{1+x^2}-(-1)^n\dfrac{x^{2n}}{1+x^2}$

이므로 $f(x)=\dfrac{1}{1+x^2}$

(나) $\displaystyle\int_0^1 x^{2n}dx=\left[\dfrac{1}{2n+1}x^{2n+1}\right]_0^1=\dfrac{1}{2n+1}$

이므로 $g(n)=\dfrac{1}{2n+1}$

(다) $\displaystyle\int_0^{\frac{\pi}{4}}\dfrac{\sec^2\theta}{1+\tan^2\theta}d\theta=\int_0^{\frac{\pi}{4}}1d\theta=\dfrac{\pi}{4}$

이므로 $k=\dfrac{\pi}{4}$

$\therefore k\times f(2)\times g(2)=\dfrac{\pi}{4}\times\dfrac{1}{1+4}\times\dfrac{1}{5}=\dfrac{\pi}{100}$

**17** 평면 $\alpha$ 위에 점 A가 있고,

평면 $\beta$ 위에 점 B가 있으므로

점 A를 평면 $\beta$에 대해 대칭인 점을 A′

점 B를 평면 $\alpha$에 대해 대칭인 점을 B′이라 하면

$\overline{AQ}+\overline{QP}+\overline{PB}=\overline{A'Q}+\overline{QP}+\overline{PB'}\geq\overline{A'B'}$이므로

최솟값은 $\overline{A'B'}$의 길이와 같다.

$\overrightarrow{AA'}$는 평면 $\alpha$의 법선벡터와 평행하므로

$\overrightarrow{AA'}$의 방정식은 $\dfrac{x}{2}=\dfrac{y}{-1}=\dfrac{z}{2}$이고,

$\overrightarrow{BB'}$의 방정식도 같은 방법으로 구하면

$\dfrac{x-2}{2}=\dfrac{y}{-1}=\dfrac{z-1}{2}$

점 A′의 좌표가 $(2t, -t, 2t)$일 때,

중점 $H\left(t, -\dfrac{t}{2}, t\right)$는 평면 $\beta$에 있으므로

$2t+\dfrac{t}{2}+2t=6$이므로 $t=\dfrac{4}{3}$

즉, $A'\left(\dfrac{8}{3}, -\dfrac{4}{3}, \dfrac{8}{3}\right)$

점 B′의 좌표가 $(2s+2, -s, 2s+1)$일 때,

중점 $I\left(s+2, -\dfrac{s}{2}, s+1\right)$는 평면 $\alpha$ 위에 있으므로

$2s+4+\dfrac{s}{2}+2s+2=0$이므로 $s=-\dfrac{4}{3}$

즉, $B'\left(-\dfrac{2}{3}, \dfrac{4}{3}, -\dfrac{5}{3}\right)$

$\therefore \overline{A'B'}=\sqrt{\dfrac{100}{9}+\dfrac{64}{9}+\dfrac{169}{9}}=\sqrt{37}$

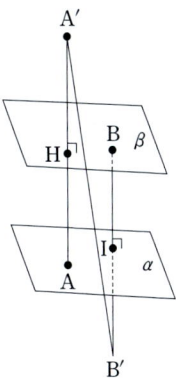

**다른풀이**

평면 $\alpha$ 위에 점 A가 있고,

평면 $\beta$ 위에 점 B가 있으므로
점 A를 평면 $\beta$에 대해 대칭인 점을 A′
점 B를 평면 $\alpha$에 대해 대칭인 점을 B′이라 하면
$\overline{AQ}+\overline{QP}+\overline{PB}=\overline{A'Q}+\overline{QP}+\overline{PB'}\geq\overline{A'B'}$이므로
최솟값은 $\overline{A'B'}$의 길이와 같다.
문제를 단면화 시키면

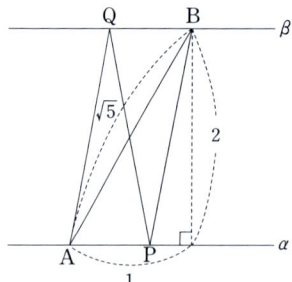

A′, B′를 이용하면

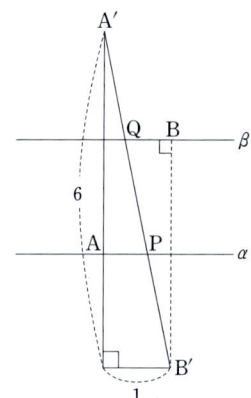

$\therefore \overline{A'B'}=\sqrt{6^2+1^2}=\sqrt{36+1}=\sqrt{37}$

18 함수 $f(x)=\int_1^x e^{t^3}dt$의 양변을 $x$에 대해 미분하면
$f'(x)=e^{x^3}$
$$\int_0^1 xf(x)dx=\left[\frac{1}{2}x^2 f(x)\right]_0^1-\frac{1}{2}\int_0^1 x^2 f'(x)dx$$
$$=\frac{1}{2}f(1)-\frac{1}{2}\int_0^1 x^2 e^{x^3}dx$$
이때, $f(1)=0$이고, $x^3=t$로 치환하면
$3x^2=\dfrac{dt}{dx}$, $x^2 dx=\dfrac{1}{3}dt$
$$-\frac{1}{2}\int_0^1 x^2 e^{x^3}dx=-\frac{1}{2}\int_0^1 e^t \frac{1}{3}dt=-\frac{1}{2}\times\frac{1}{3}[e^t]_0^1$$
$$=-\frac{1}{2}\times\frac{1}{3}(e-1)=\frac{1-e}{6}$$

19 점 A$(t+5,\ 2t+4,\ 3t-2)$이므로
점 A는 직선 $x=t+5,\ y=2t+4,\ z=3t-2$

즉, $x-5=\dfrac{y-4}{2}=\dfrac{z+2}{3}$ 위의 점이다.

$\overrightarrow{OP}\cdot\overrightarrow{AP}=0$을 만족하는 점 P의 자취는 $\overline{OA}$를 지름으로 하는 구이다.

단면화해서 살펴보면

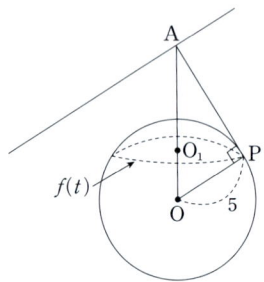

구하고자 하는 값은 $f(t)$로 $\overline{O_1P}$를 반지름으로 하는 원의 둘레이다. 이때, $\overline{O_1P}$를 반지름 $r$이라 하면
$$\overline{OA}=\sqrt{(t+5)^2+(2t+4)^2+(3t-2)^2}$$
$$=\sqrt{14t^2+14t+45}$$
$$\overline{AP}=\sqrt{14t^2+14t+20}$$
$\overline{OP}\times\overline{AP}=\overline{OA}\times\overline{O_1P}$이므로
$$\overline{O_1P}=r=\frac{5\sqrt{14t^2+14t+20}}{\sqrt{14t^2+14t+45}}$$

따라서 $f(t)=2\pi r=2\pi\times\dfrac{5\sqrt{14t^2+14t+20}}{\sqrt{14t^2+14t+45}}$.

$$f(t)=10\pi\times\frac{\sqrt{14t^2+14t+20}}{\sqrt{14t^2+14t+45}}$$

ㄱ. $f(0)=\dfrac{20}{3}\pi$ (참)

$$f(0)=10\pi\times\frac{\sqrt{20}}{\sqrt{45}}=10\pi\times\sqrt{\frac{4}{9}}=10\pi\times\frac{2}{3}=\frac{20\pi}{3}$$

ㄴ. $\displaystyle\lim_{t\to\infty}f(t)=10\pi$ (참)

$$\lim_{t\to\infty}f(t)=\lim_{t\to\infty}10\pi\times\frac{\sqrt{14t^2+14t+20}}{\sqrt{14t^2+14t+45}}=10\pi$$

ㄷ. $f(t)$는 $t=-1$에서 최솟값을 갖는다. (거짓)
$$f(t)=10\pi\times\frac{\sqrt{14t^2+14t+20}}{\sqrt{14t^2+14t+45}}$$
$$=10\pi\times\sqrt{\frac{14t^2+14t+20}{14t^2+14t+45}}$$
$$=10\pi\times\sqrt{\frac{(14t^2+14t+45)-25}{14t^2+14t+45}}$$
$$=10\pi\times\sqrt{1-\frac{25}{14t^2+14t+45}}$$
$$=10\pi\times\sqrt{1-\frac{25}{14\left(t+\frac{1}{2}\right)^2+\frac{83}{2}}}$$

이므로 $t=-\dfrac{1}{2}$일 때, $f(t)$는 최솟값을 가진다.

**20** 함수 $f(x)=a^x$ $(0<a<1)$이므로 감소함수이고,
$y=x$와 만나는 점의 $x$좌표가 $b$이면, $y$좌표도 $b$이다.

$$g(x)=\begin{cases} f(x) & (x\le b) \\ f^{-1}(x) & (x>b) \end{cases}$$

그래프를 그려보면

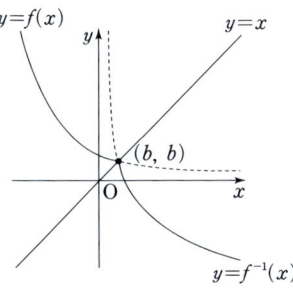

함수 $g(x)$가 실수 전체의 집합에서 미분가능하므로
$x=b$에서도 미분가능하다.

함수 $g(x)$는 $x=b$에서 연속이므로
$a^b=\log_a b=b$ $\cdots$ ㉠

함수 $g(x)$는 $x=b$에서 미분가능하므로

$$g'(x)=\begin{cases} a^x\ln a & (x\le b) \\ \dfrac{1}{x\ln a} & (x>b) \end{cases}$$

$a^b\ln a=\dfrac{1}{b\ln a}$ $\cdots$ ㉡

㉠에서 $a^b=b$를 ㉡에 대입하면

$b\ln a=\dfrac{1}{b\ln a}$, $(b\ln a)^2=1$, $b\ln a=-1$

$(\because 0<a<1, \ln a<0)$

$b=-\log_a e$이므로 ㉠에 대입하면

$\log_a b=-\log_a e$, $b=\dfrac{1}{e}$

이 값을 다시 ㉠의 $\log_a b=b$에 대입하면

$\log_a \dfrac{1}{e}=\dfrac{1}{e}$, $-\log_a e=\dfrac{1}{e}$이므로 $-\ln a=e$,

$a=e^{-e}$

$\therefore ab=e^{-e}\times e^{-1}=e^{-e-1}$

**21** 조건 (나)에서 $y=-x$를 대입하고 $f(0)=0$을 이용하면
$f(-x)=-f(x)$이다.

따라서 $f(1)=-f(-1)=-k$임을 알 수 있다.

조건 (나)에서 미분계수의 정의를 이용하면

$f'(0)=\lim\limits_{h\to 0}\dfrac{f(0+h)-f(0)}{h}=\lim\limits_{h\to 0}\dfrac{f(h)}{h}=1$

$f'(x)=\lim\limits_{h\to 0}\dfrac{f(x+h)-f(x)}{h}$

$=\lim\limits_{h\to 0}\dfrac{\dfrac{f(x)+f(h)}{1+f(x)f(h)}-f(x)}{h}$

$=\lim\limits_{h\to 0}\dfrac{\dfrac{f(x)+f(h)-f(x)-\{f(x)\}^2 f(h)}{1+f(x)f(h)}}{h}$

$=\lim\limits_{h\to 0}\dfrac{\dfrac{f(h)-\{f(x)\}^2 f(h)}{1+f(x)f(h)}}{h}$

$=\lim\limits_{h\to 0}\left\{\dfrac{f(h)}{h}\cdot\dfrac{1-\{f(x)\}^2}{1+f(x)f(h)}\right\}$

$=f'(0)\times\dfrac{1-\{f(x)\}^2}{1+f(x)f(0)}$

$=1-\{f(x)\}^2$

따라서 $\{f(x)\}^2=1-f'(x)$이므로

$\displaystyle\int_0^1 \{f(x)\}^2 dx=\int_0^1 \{1-f'(x)\}dx$

$=[x-f(x)]_0^1=1-f(1)=1+k$

**22** $0<\theta<\dfrac{\pi}{2}$에서 $\sin^2\theta=\dfrac{4}{5}$이므로

$\sin\theta=\dfrac{2}{\sqrt{5}}$, $\cos\theta=\dfrac{1}{\sqrt{5}}$

따라서

$\cos\left(\theta+\dfrac{\pi}{4}\right)=\cos\theta\cos\dfrac{\pi}{4}-\sin\theta\sin\dfrac{\pi}{4}$

$=\dfrac{1}{\sqrt{5}}\dfrac{1}{\sqrt{2}}-\dfrac{2}{\sqrt{5}}\dfrac{1}{\sqrt{2}}=-\dfrac{1}{\sqrt{10}}=p$

$\therefore \dfrac{1}{p^2}=10$

**23** 장애물을 피해 A 지점에서 B 지점으로 이동하는 경우의 수
는 다음과 같이 세 가지이다.

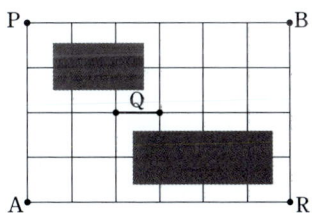

i) A → P → B로 가는 경로의 수 : 1가지

ii) A → Q → B로 가는 경로의 수

$\dfrac{4!}{2!2!}\times\dfrac{5!}{3!2!}=6\times 10=60$

iii) A → R → B로 가는 경로의 수 : 1가지

i), ii), iii)에서 총 경우의 수는

$1+60+1=62$

**24** 타원 $\dfrac{x^2}{a}+\dfrac{y^2}{16}=1$과 쌍곡선 $\dfrac{x^2}{4}-\dfrac{y^2}{5}=1$은

초점을 공유하므로 $4+5=a-16$, $a=25$

점 P가 타원 위의 점이므로

$\overline{PF}+\overline{PF'}=2\sqrt{a}=2\times 5=10$

또한 쌍곡선 위의 점이기도 하므로

정답 및 해설

$|\overrightarrow{PF}-\overrightarrow{PF'}|=4$

따라서

$|\overrightarrow{PF}^2+\overrightarrow{PF'}^2|=|(\overrightarrow{PF}+\overrightarrow{PF'})\times(\overrightarrow{PF}-\overrightarrow{PF'})|$

$=|10\times4|=40$

**25** 함수 $x=t^3,\ y=2t-\sqrt{2t}$의 그래프 위의 점 $(8,a)$이므로

$x=8$을 대입하면

$8=t^3,\ t=2\ (t>0)$이고,

$y=4-\sqrt{4}=4-2=2$이므로 $a=2$

함수 $x=t^3,\ y=2t-\sqrt{2t}$를 미분하면

$\dfrac{dx}{dt}=3t^2,\ \dfrac{dy}{dt}=2-\dfrac{1}{\sqrt{2t}}$

$t=2$일 때, $\dfrac{dx}{dt}=12,\ \dfrac{dy}{dt}=\dfrac{3}{2}$이므로

따라서 기울기 $b=\dfrac{dy}{dx}=\dfrac{\frac{dy}{dt}}{\frac{dx}{dt}}=\dfrac{1}{8}$

$\therefore 100ab=100\times2\times\dfrac{1}{8}=25$

**26** $y=\sin^2x\ (0\le x\le\pi)$에서

$y'=2\sin x\cos x=\sin2x$

$y''=2\cos x\cos x-2\sin x\sin x$

$=2(\cos^2x-\sin^2x)$

$=2\cos2x$

이때, $y''=0$이 되는 $x=\dfrac{\pi}{4},\ \dfrac{3\pi}{4}$이다.

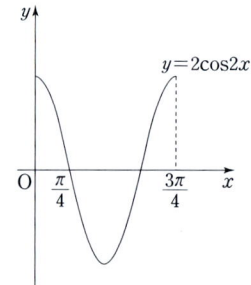

따라서 두 변곡점 A, B의 좌표는 각각

$A\left(\dfrac{\pi}{4},\ \dfrac{1}{2}\right),\ B\left(\dfrac{3\pi}{4},\ \dfrac{1}{2}\right)$

$f'\left(\dfrac{\pi}{4}\right)=1,\ f'\left(\dfrac{3\pi}{4}\right)=-1$이므로

점 A에서의 접선의 방정식은

$y=1\left(x-\dfrac{\pi}{4}\right)+\dfrac{1}{2}$

점 B에서의 접선의 방정식은

$y=-1\left(x-\dfrac{3\pi}{4}\right)+\dfrac{1}{2}$

두 방정식을 연립하면 $y=\dfrac{1}{2}+\dfrac{1}{4}\pi$

따라서 $p=\dfrac{1}{2},\ q=\dfrac{1}{4}$

$\therefore 40(p+q)=40\left(\dfrac{1}{2}+\dfrac{1}{4}\right)=40\times\dfrac{3}{4}=30$

**27** 꺼낸 3개의 공에 적힌 수의 곱이 짝수일 확률을 $P(A)$,

첫 번째로 꺼낸 공에 적힌 수가 홀수일 확률 $P(B)$라고 하면

구하고자 하는 값은 $P(B|A)=\dfrac{P(A\cap B)}{P(A)}$이다.

$P(A)=1-\left(\dfrac{3}{6}\times\dfrac{2}{5}\times\dfrac{1}{4}\right)=\dfrac{19}{20}$

$P(A\cap B)$의 값은

ⅰ) 홀수, 홀수, 짝수일 확률

$\dfrac{3}{6}\times\dfrac{2}{5}\times\dfrac{3}{4}=\dfrac{3}{20}$

ⅱ) 홀수, 짝수, 홀수일 확률

$\dfrac{3}{6}\times\dfrac{3}{5}\times\dfrac{2}{4}=\dfrac{3}{20}$

ⅲ) 홀수, 짝수, 짝수일 확률

$\dfrac{3}{6}\times\dfrac{3}{5}\times\dfrac{2}{4}=\dfrac{3}{20}$

ⅰ), ⅱ), ⅲ)에 의해 $P(A\cap B)=\dfrac{3}{20}\times3=\dfrac{9}{20}$

따라서 $P(B|A)=\dfrac{\frac{9}{20}}{\frac{19}{20}}=\dfrac{9}{19}$

$\therefore p=19,\ q=9$이므로 $p+q=28$

**28** 두 점 A, B의 중점을 M, 원의 중심을 O라고 하고 보조선을 그어 보면

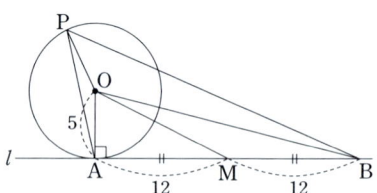

$\overline{OM}$의 길이는 피타고라스의 정리를 이용하면

$\sqrt{25+144}=\sqrt{169}=13$

$\overrightarrow{PA}\cdot\overrightarrow{PB}=(\overrightarrow{PO}+\overrightarrow{OA})(\overrightarrow{PO}+\overrightarrow{OB})$

$=\overrightarrow{PO}^2+\overrightarrow{PO}(\overrightarrow{OA}+\overrightarrow{OB})+\overrightarrow{OA}\cdot\overrightarrow{OB}$

$=25+\overrightarrow{PO}(\overrightarrow{OA}+\overrightarrow{OB})+\overrightarrow{OA}\cdot\overrightarrow{OB}$

$=50+2\overrightarrow{PO}\cdot\overrightarrow{OM}$

$=50+2\times5\times13=50+130=180$

**29** 반원의 중심을 $O_1$이라 하고, 점 P에서 $\overline{OA}$로 내린 수선의 발을 H라 하고 그림을 그려보면

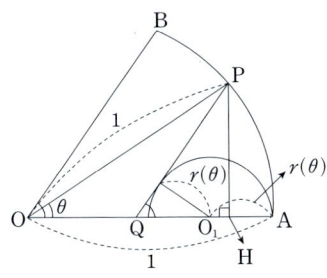

$\overline{OH}=\cos\theta$, $\overline{PH}=\sin\theta$이고,

$\overline{OB}//\overline{PQ}$이므로 $\angle AOB=\angle AQP=60°$

따라서 특수각의 길이비에 의해

$$\overline{QH}=\frac{1}{\sqrt{3}}\sin\theta$$

$$\overline{OQ}=\overline{OH}-\overline{QH}=\cos\theta-\frac{1}{\sqrt{3}}\sin\theta$$

$$\overline{QO_1}=\frac{r(\theta)}{\sin60°}=\frac{2r(\theta)}{\sqrt{3}}$$이므로

$$\overline{OA}=\overline{OQ}+\overline{QO_1}+\overline{O_1A}$$
$$=\cos\theta-\frac{1}{\sqrt{3}}\sin\theta+\frac{2r(\theta)}{\sqrt{3}}+r(\theta)$$

$r(\theta)$에 대해 정리하면

$$r(\theta)=\frac{\sqrt{3}(1-\cos\theta)+\sin\theta}{2+\sqrt{3}}$$

따라서

$$\lim_{\theta\to0+}\frac{r(\theta)}{\theta}=\lim_{\theta\to0+}\frac{\sqrt{3}(1-\cos\theta)+\sin\theta}{(2+\sqrt{3})\theta}$$
$$=0+\frac{1}{2+\sqrt{3}}=2-\sqrt{3}$$

$\therefore a=2$, $b=-1$이므로 $a^2+b^2=5$

**30** 직선의 방정식은 $\dfrac{x-2}{a}=\dfrac{y-3}{b}=\dfrac{z-2}{1}$이고,

이 직선이 평면 $z=1$과 만나는 교점을 H라 하면

$H=(-a+2, -b+3, 1)$이다.

세 점 A, B, C와 점 H를 $xy$평면에 정사영시키면

삼각형 ABC의 둘레 및 내부에 점 H가 있어야 한다.

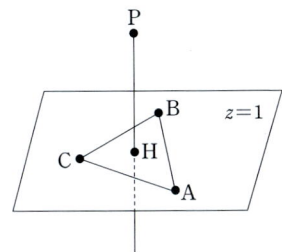

단면화 시키면

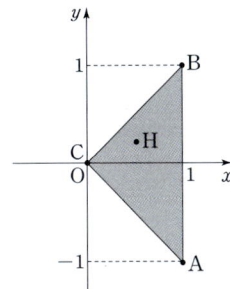

삼각형 ABC의 둘레 및 내부를 나타내는 부등식을 표현해보면

$$\begin{cases} y\le x \\ y\ge -x \\ 0\le x\le1 \end{cases}$$

따라서 $(a, b)=\begin{cases} -b+3\le -a+2 \\ -b+3\ge a-2 \\ 0\le -a+2\le1 \end{cases}=\begin{cases} a+1\le b \\ -a+5\ge b \\ 1\le a\le2 \end{cases}$

이를 좌표평면에 나타내면

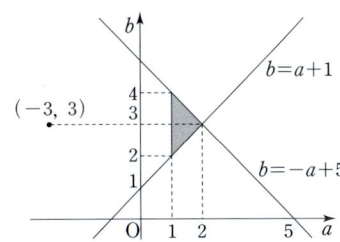

$$\vec{d}+3\overrightarrow{OA}=(a, b, 1)+(3, -3, 3)$$
$$=(a+3, b-3, 4)$$

이므로 $|\vec{d}+3\overrightarrow{OA}|^2=(a+3)^2+(b-3)^2+16$의 최솟값은

점 $(-3, 3)$과 점 $(a, b)$ 사이의 거리가 최소일 때이다.

따라서 점 $(-3, 3)$과 점 $(1, 3)$일 때 최소이므로 최솟값은

$16+16=32$

# 2017학년도 기출문제 정답 및 해설

## 제3교시 수학영역(나형)

| 01 ⑤ | 02 ① | 03 ② | 04 ③ | 05 ④ | 06 ① |
|------|------|------|------|------|------|
| 07 ② | 08 ④ | 09 ① | 10 ⑤ | 11 ② | 12 ① |
| 13 ③ | 14 ② | 15 ③ | 16 ⑤ | 17 ④ | 18 ③ |
| 19 ① | 20 ③ | 21 ⑤ | 22 19 | 23 21 | 24 13 |
| 25 90 | 26 24 | 27 72 | 28 168 | 29 195 | 30 35 |

**01** $\left(2^{\frac{1}{3}} \times 2^{-\frac{4}{3}}\right)^{-2} = \left(2^{\frac{1}{3}-\frac{4}{3}}\right)^{-2} = \left(2^{-1}\right)^{-2} = 2^2 = 4$

**02** 분모의 최고차항으로 분모, 분자를 나누면

$$\lim_{n \to \infty} \frac{3^n + 2^{n+1}}{3^{n+1} - 2^n} = \lim_{n \to \infty} \frac{1 + 2\left(\frac{2}{3}\right)^n}{3 - \left(\frac{2}{3}\right)^n} = \frac{1}{3}$$

**03** 확률변수 $X$가 이항분포를 따르므로

$$E(X) = np = n \times \frac{1}{4} = 5$$

$$\therefore n = 20$$

**04** 조건 $p$, $q$의 진리집합을 각각 $P$, $Q$라 하면
$p$가 $q$이기 위한 충분조건이 되려면 $P \subset Q$을 만족한다.
따라서 $P = \{x \,|\, (x-2)(x-a) \leq 0\}$
$Q = \{x \,|\, -3 \leq x \leq 5\}$에 대하여 다음과 같이 나타날 수 있다.
  i) $a < 2$인 경우

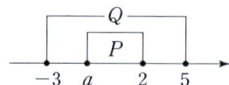

만족하는 $a$의 범위는 $-3 \leq a \leq 2$
  ii) $a > 2$인 경우

만족하는 $a$의 범위는 $2 \leq a \leq 5$
  i), ii)에 의해서 $a$의 범위는 $-3 \leq a \leq 5$
이때, 정수 $a$의 개수는 9개이다.

**05** $\lim_{x \to 1^-} f(x) = 2$이고,
$\lim_{x \to 0^+} f(x-2)$에서 $x-2 = t$로 치환하면
$x \to 0^+$일 때, $t \to -2+$이다.
따라서 $\lim_{x \to 0^+} f(x-2) = \lim_{t \to -2^+} f(t) = -1$
$\therefore 2 + (-1) = 1$

**06** 짝수의 눈이 나오는 사건 $A = \{2, 4, 6\}$
소수의 눈이 나오는 사건 $B = \{2, 3, 5\}$
$A \cap B = \{2\}$, $B \cap A^c = \{3, 5\}$이므로

$$P(B|A) = \frac{n(A \cap B)}{n(A)} = \frac{1}{3}$$

$$P(B|A^c) = \frac{n(B \cap A^c)}{n(A^c)} = \frac{2}{3}$$

따라서 $P(B|A) - P(B|A^c) = \frac{1}{3} - \frac{2}{3} = -\frac{1}{3}$

**07** $\log_3 a = \frac{1}{\log_b 27} = \log_{27} b = \frac{1}{3}\log_3 b = \log_3 b^{\frac{1}{3}}$이므로
$a = b^{\frac{1}{3}}$, $a^3 = b$이다.
따라서 $\log_a b^2 + \log_b a^2 = \log_a (a^3)^2 + \log_{a^3} a^2 = 6 + \frac{2}{3} = \frac{20}{3}$

**08** $f(x) = x(x-3)(x-a)$
$f'(x) = x(x-3) + x(x-a) + (x-3)(x-a)$
점 $(0, 0)$에서의 접선의 기울기 $f'(0) = 3a$
점 $(3, 0)$에서의 접선의 기울기 $f'(3) = 9 - 3a$
두 접선이 수직이므로 $f'(0) \times f'(3) = -1$
$3a \times (9 - 3a) = -1$, $9a^2 - 27a - 1 = 0$
따라서 모든 실수 $a$의 값의 합은 근과 계수와의 관계 공식을 이용하면 $\frac{27}{9} = 3$

**09** 4개의 공을 동시에 꺼낼 때 검은 공의 개수가 확률변수 $X$이므로

$$P(X=0) = \frac{{}_5C_4 \times {}_3C_0}{{}_8C_4} = \frac{5}{70}$$

$$P(X=1) = \frac{{}_5C_3 \times {}_3C_1}{{}_8C_4} = \frac{30}{70}$$

$$P(X=2) = \frac{{}_5C_2 \times {}_3C_2}{{}_8C_4} = \frac{30}{70}$$

326

$$P(X=3) = \frac{{}_5C_0 \times {}_3C_3}{{}_8C_4} = \frac{5}{70}$$

(검은 공이 3개뿐이므로 $P(X=4)$의 확률은 없다.)

이를 확률분포표로 나타내보면 다음과 같다.

| $X$ | 0 | 1 | 2 | 3 |
|---|---|---|---|---|
| $P(X=x)$ | $\frac{5}{70}$ | $\frac{30}{70}$ | $\frac{30}{70}$ | $\frac{5}{70}$ |

따라서

$$E(X) = 0 \times \frac{5}{70} + 1 \times \frac{30}{70} + 2 \times \frac{30}{70} + 3 \times \frac{5}{70}$$

$$= \frac{105}{70} = \frac{3}{2}$$

**10** 집합 $P$에서

$x_1$은 소수 첫째 자리,

$x_2$는 소수 둘째 자리,

$x_3$은 소수 셋째 자리의 수이다.

따라서 41번째로 큰 수를 구하기 위해서는 큰 수부터 헤아려

보자.

$x_1 = 9$인 경우, 25가지

$x_1 = 7$일 때 $x_2 = 9$인 경우, 5가지

$x_1 = 7$일 때 $x_2 = 7$인 경우, 5가지

$x_1 = 7$일 때 $x_2 = 5$인 경우, 5가지(40번째)

따라서 41번째 큰 수는 $x_1 = 7$, $x_2 = 3$, $x_3 = 9$이므로

$$\frac{7}{10} + \frac{3}{10^2} + \frac{9}{10^3}$$

∴ $a = 7$, $b = 3$, $c = 9$이므로 $a + b + c = 19$

**11** 전체 경우의 수는

8명의 학생을 임의로 3명, 3명, 2명씩 3개조로 나누는 경우의

수이므로

$$\frac{{}_8C_3 \times {}_5C_3 \times {}_2C_2}{2!} = 280$$

두 학생 A, B를 제외한 6명의 학생을 1명, 3명, 2명 또는 3

명, 3명으로 나누는 경우로 나눠 계산한다.

i) 6명의 학생을 1명, 3명, 2명으로 3개의 조로 나누는 경우

$${}_6C_1 \times {}_5C_3 \times {}_2C_2 = 6 \times 10 = 60$$

ii) 6명의 학생을 3명, 3명으로 2개의 조로 나누는 경우

$${}_6C_3 \times {}_3C_3 \times \frac{1}{2} = 10$$

i), ii)에 의해 두 학생 A, B가 같은 조에 속할 경우의 수는

$60 + 10 = 70$

따라서 구하고자 하는 확률은 $\frac{70}{280} = \frac{1}{4}$

**12** 위장크림 1개의 무게를 확률변수 $X$라 하면

$P(X \geq 50) = 0.1587$이므로

$$P(X \geq 50) = P\left(Z \geq \frac{50-m}{\sigma}\right)$$

$$= 0.5 - P\left(0 \leq Z \leq \frac{50-m}{\sigma}\right) = 0.1587$$

$$P\left(0 \leq Z \leq \frac{50-m}{\sigma}\right) = 0.5 - 0.1587 = 0.3413$$

즉, 주어진 표준정규분포표를 이용하면

$$\frac{50-m}{\sigma} = 1$$

임의 추출한 4개의 무게의 평균을 $\overline{X}$라 하면

$\overline{X}$는 정규분포 $N\left(m, \left(\frac{\sigma}{2}\right)^2\right)$을 따른다.

$$P(\overline{X} \geq 50) = P\left(Z \geq \frac{50-m}{\frac{\sigma}{2}}\right)$$

$$= P\left(Z \geq \frac{2(50-m)}{\sigma}\right)$$

이때, $\frac{50-m}{\sigma} = 1$을 이용하면

$$P(Z \geq 2) = 0.5 - P(0 \leq Z \leq 2) = 0.0228$$

**13** $x^4 - 4x^3 + 12x \geq 2x^2 + a$

$x^4 - 4x^3 - 2x^2 + 12x \geq a$

이때, $f(x) = x^4 - 4x^3 - 2x^2 + 12x$라 하면

모든 실수 $x$에 대하여 함수 $f(x)$는 직선 $y = a$보다 위에 있

어야 한다.

$f'(x) = 4x^3 - 12x^3 - 4x + 12$

$= 4x^2(x-3) - 4(x-3)$

$= 4(x^2-1)(x-3) = 4(x-1)(x+1)(x-3)$

따라서 함수 $f(x)$는 $x = -1$에서 극솟값 $-9$, $x = 1$에서

극댓값 $7$, $x = 3$에서 극솟값 $-9$를 갖는다.

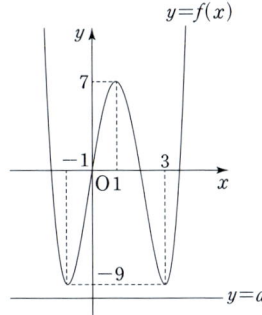

따라서 모든 실수 $x$에 대해서 부등식이 성립하려면

$a \leq -9$이어야 한다.

∴ 실수 $a$의 최댓값 $-9$

**14** 주어진 조건을 이용하여 함숫값을 찾아야 한다.

$(f \circ g \circ f)(x) = x + 1$, $f(g(f(x))) = x + 1$와

$f(3) = 5$, $g(2) = 3$에서

정답 및 해설

$f(a)=2$라 하면

$f(g(f(a)))=f(g(2))=f(3)=a+1=5$이므로 $a=4$

따라서 $f(4)=2$이다.

조건 (나)에 의해서 $g(3)=3$이고, $f(b)=3$이라 하면

$f(g(f(b)))=f(g(3))=f(3)=b+1=5$이므로 $b=4$

$f(4)=3$이 되지만 위에서 구한 $f(4)=2$와 모순이다.

따라서 $g(4)=4$이어야 한다.

$f(c)=4$라고 하면

$f(g(f(c)))=f(g(4))=f(4)=c+1=2$이므로 $c=1$

따라서 $f(1)=4$이다.

마지막으로 $f(g(f(3)))=f(g(5))=4$이므로 $g(5)=1$이다.

정리해보면

$f(1)=4$, $f(3)=5$, $f(4)=2$

$g(2)=3$, $g(4)=4$, $g(5)=1$

두 함수의 대응관계를 그림으로 나타내 보면

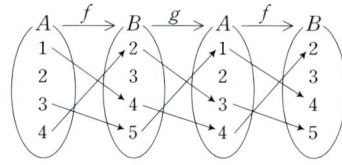

함수 $(f \circ g \circ f)(x)$는 일대일 함수이므로

$f(2)=3$, $g(3)=2$이어야 한다.

$\therefore f(1)+g(3)=4+2=6$

**15** 수열 $\{a_n\}$의 첫째항이 $a$, 공비가 $r(r>0)$인 등비수열일 때,

$S_6-S_3=6$, $S_{12}-S_6=72$이므로

$\dfrac{S_{12}-S_6}{S_6-S_3}=\dfrac{72}{6}=12$를 등비수열의 합 공식을 이용해 계산해

보면

$$\frac{\dfrac{a(1-r^{12})-a(1-r^6)}{1-r}}{\dfrac{a(1-r^6)-a(1-r^3)}{1-r}}$$

$$=\frac{(1-r^{12})-(1-r^6)}{(1-r^6)-(1-r^3)}=\frac{r^{12}-r^6}{r^6-r^3}=\frac{r^6(r^6-1)}{r^3(r^3-1)}$$

$$=\frac{r^3(r^3-1)(r^3+1)}{(r^3-1)}=r^3(r^3+1)=12$$

이므로 $r^3=3$ $(r>0)$

따라서 구하고자 하는 값 $a_{10}+a_{11}+a_{12}$은

$S_{12}-S_9$의 값과 같다.

$$S_{12}-S_9=\frac{a(1-r^{12})-a(1-r^9)}{1-r}$$

$$=\frac{a(1-r^{12}-1+r^9)}{1-r}$$

$$=\frac{a(-r^{12}+r^9)}{1-r}=\frac{a(-r^6+r^3)\cdot r^6}{1-r}$$

$$=(S_6-S_3)\cdot r^6=6\times 3^2=6\times 9=54$$

**16** 구하고자 하는 값을 정리해보면

$\displaystyle\lim_{n\to\infty}\frac{1}{n}\sum_{k=1}^{n}f\left(\frac{k}{n}\right)=\int_0^1 f(x)dx$이고,

$\displaystyle\lim_{n\to\infty}\frac{1}{n}\sum_{k=1}^{n}f\left(1+\frac{k}{n}\right)=\int_1^2 f(x)dx$이므로

이차함수 $f(x)$는 $x=1$이 대칭축이다.

$f(x)=x^2+mx-8=\left(x+\dfrac{m}{2}\right)^2-8-\dfrac{m^2}{4}$에서

축은 $x=-\dfrac{m}{2}$이므로 $m=-2$

따라서 함수 $f(x)=x^2-2x-8$이다.

$g(x)=\displaystyle\int_0^x f(t)dt$의 양변을 $x$에 대해 미분하면

$g'(x)=f(x)$이므로

$g'(x)=x^2-2x-8=(x-4)(x+2)$

이때, $g(x)$는 $x=-2$에서 극대를, $x=4$에서 극소를 갖는다.

$\therefore a=4$

**17** i) $N=15$인 경우

5가 적힌 구슬이 3회, 4 이하의 수가 적힌 구슬 중 한 개

가 1회 나올 경우의 수는

5, 5, 5, 4이하의 수

이므로 확률은 $\dfrac{4!}{3!}\times\left(\dfrac{1}{5}\right)^3\times\dfrac{4}{5}=\dfrac{16}{625}$

따라서 $p=16$

ii) $N=14$인 경우

5가 적힌 구슬이 2회, 4가 적힌 구슬이 1회, 3이하의 수가

적힌 구슬 중 한 개가 1회 나올 경우의 수는

5, 5, 4, 3이하의 수

이므로 확률은 $\dfrac{4!}{2!}\times\left(\dfrac{1}{5}\right)^2\times\dfrac{1}{5}\times\dfrac{3}{5}=\dfrac{36}{625}$

따라서 $q=36$

i), ii)에 의해 $N\geq 14$일 확률은

$\dfrac{1}{625}+\dfrac{16}{625}+\dfrac{6}{625}+\dfrac{36}{625}=\dfrac{59}{625}$이므로 $r=59$

$\therefore p+q+r=16+36+59=111$

**18** 함수 $f(x)$와 $y=k$가 제1사분면에서 만나는 점의 $x$좌표를 $t$ $(t>0)$라고 하자.

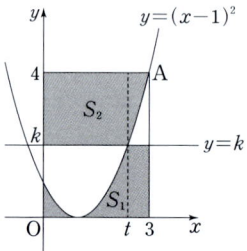

$S_1=S_2$이므로 각각의 넓이를 구해서 비교해보면

$$S_1 = \int_0^t f(x)\,dx + (3-t)k$$

$$S_2 = t(4-k) + \int_t^3 \{4-f(x)\}\,dx$$

따라서

$$\int_0^t f(x)\,dx + (3-t)k = t(4-k) + \int_t^3 \{4-f(x)\}\,dx$$

이므로 정리해보면

$$\int_0^t f(x)\,dx - \int_t^3 \{4-f(x)\}\,dx = 4t-3k$$

$$\int_0^t f(x)\,dx + \int_t^3 f(x)\,dx - \int_t^3 4\,dx = 4t-3k$$

$$\int_0^3 f(x)\,dx - \int_t^3 4\,dx = 4t-3k$$

$$\int_0^3 (x-1)^2\,dx - [4x]_t^3 = 4t-3k$$

$$\left[\frac{1}{3}(x-1)^3\right]_0^3 - (12-4t) = 4t-3k$$

$$\frac{1}{3}(2^3+1) - 12 = -3k$$

$$3 - 12 = -3k, \; 9 = 3k$$

$$\therefore k = 3$$

19  중점 M, N을 이은 $\overline{MN}=6$이므로 $\overline{MF}=\overline{ME}=6$이다.
점 F에서 $\overline{MN}$에 내린 수선의 발을 R이라 하면
$\overline{FR}=3$, $\overline{MF}=6$, $\angle FRM=90°$이므로
$\angle FMN=30°$이다.
또한 $\overline{MN}$의 중점을 O라 하면 $\overline{OM}=3$이므로
특수각의 길이비에 의해 $\overline{OT}=\sqrt{3}$이다.
그림 $R_2$에서 정사각형의 한 변의 길이를 $2a$라 하면,
$\overline{MS}=3-a$가 된다.

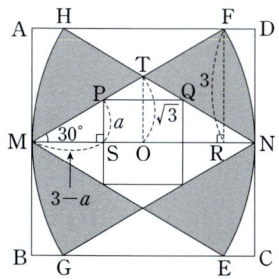

삼각형 MSP에서 특수각의 길이비에 의해
$$3-a : a = \sqrt{3} : 1$$
$$\sqrt{3}a = 3-a, \; (\sqrt{3}+1)a = 3$$
$$a = \frac{3}{\sqrt{3}+1} = \frac{3}{2}(\sqrt{3}-1)$$이므로
정사각형의 한 변의 길이 $2a = 3(\sqrt{3}-1)$
따라서 주어진 도형의 공비는 정사각형 ABCD의 한 변의 길이와 $R_2$에서 정사각형의 한 변의 길이의 비를 이용해 구한다.
길이비 $6 : 3(\sqrt{3}-1) = 1 : \frac{\sqrt{3}-1}{2}$

넓이비 $1 : \frac{4-2\sqrt{3}}{4} = 1 : \frac{2-\sqrt{3}}{2}$이므로

공비는 $\frac{2-\sqrt{3}}{2}$인 등비수열을 이룬다.

이제 첫째항 $R_1$의 넓이 $S_1$의 값을 구해보면
부채꼴 MNF의 넓이에서 삼각형 MNT의 넓이를 뺀 것의 4배이다.

$$S_1 = 4\left\{36\pi \times \frac{30}{360} - \frac{1}{2} \times 6 \times \sqrt{3}\right\}$$
$$= 4(3\pi - 3\sqrt{3})$$

$$\therefore \lim_{n\to\infty} S_n = \frac{S_1}{1 - \frac{2-\sqrt{3}}{2}} = 8\sqrt{3}(\pi - \sqrt{3})$$

20  ㄱ. 선분 PQ의 중점의 $x$좌표는 $-\frac{1}{2}$이다. (참)

직선 $y=x+k$와 곡선 $y=-x^2+9$가 만나는 교점의
$x$좌표는 방정식 $-x^2+9=x+k$, $x^2+x+k-9=0$의
두 근과 같다.
점 P, Q의 $x$좌표를 각각 $x_1$, $x_2$라 하면
근과 계수와의 관계에 의해 $x_1+x_2=-1$이므로
$\overline{PQ}$의 중점의 $x$좌표는 $\frac{x_1+x_2}{2} = -\frac{1}{2}$이다.

ㄴ. $k=7$일 때, 삼각형 ORQ의 넓이는 삼각형 OPR의 넓이의 2배이다. (참)
$k=7$의 값을 $x^2+x+k-9=0$에 대입하면
$x^2+x-2=0$, $(x+2)(x-1)=0$, $x=1, -2$이므로
점 P의 $x$좌표는 1, 점 Q의 $x$좌표는 $-2$이다.

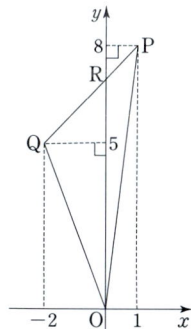

따라서 삼각형 ORQ의 밑변과 삼각형 OPR의 밑변은
$\overline{OR}$로 같으므로 두 삼각형의 넓이의 비는 각각의 높이의
비 2:1과 같다.

ㄷ. 삼각형 OPQ의 넓이는 $k=6$일 때 최대이다. (거짓)
삼각형 OPQ의 넓이
=삼각형 ORQ의 넓이+삼각형 OPR의 넓이
이므로 ㄱ에서 구했듯이 $x^2+x+k-9=0$의 두 근은
점 P, Q의 $x$좌표인 $x_1$, $x_2$ $(x_1>0, x_2<0)$이고,
근과 계수와의 관계에 의해

$x_1+x_2=-1$, $x_1x_2=k-9$이다.

삼각형 OPQ의 넓이$=\dfrac{1}{2}\times\overline{OR}\times(x_1-x_2)$

$(x_1-x_2)^2=(x_1+x_2)^2-4x_1x_2$

$(x_1-x_2)^2=1+36-4k=37-4k$

$x_1-x_2=\sqrt{37-4k}$

따라서 삼각형 OPQ의 넓이

$=\dfrac{1}{2}\times k\times\sqrt{37-4k}=\dfrac{1}{2}\sqrt{37k^2-4k^3}$

이때, 넓이가 최대가 되는 $k$의 값은 루트안의 함수

$f(k)=-4k^3+37k^2$ $(3<k<9)$가 최대가 되는 $k$의 값

과 같다.

$f'(k)=-12k^2+74k=-2k(6k-37)$

$f'(k)=0$되는 $k$의 값은 $k=\dfrac{37}{6}$ $(3<k<9)$

따라서 $f(k)$는 $k=\dfrac{37}{6}$일 때, 극대이자 최대이다.

**21** 함수 $f(x)$는 연속함수이고, 함수 $g(x)$가 실수전체의 집합에
서 연속이 되려면 $x=a$에서 연속이어야 한다.

$x=a$에서 $f(x)=t-f(x)$이므로 $f(a)=\dfrac{t}{2}$

즉, 실수 $t$일 때, 이를 만족하는 실수 $a$의 개수 $h(t)$는 방정식

$f(x)=\dfrac{t}{2}$의 실근의 개수와 같고

이는 곡선 $y=f(x)$와 $y=\dfrac{t}{2}$와의 교점의 개수와 같다.

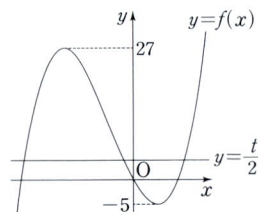

따라서 $h(t)=3$을 만족시키는 실수 $t$의 범위는

$-5<\dfrac{t}{2}<27$, $-10<t<54$이므로

정수 $t$의 개수는 63개이다.

**22** 등차수열 $\{a_n\}$의 첫째항을 $a$, 공차를 $d$라고 하면

$a_3=a+2d=1$

$a_5=a+4d=7$

두 식을 연립하면 $2d=6$, $d=3$, $a=-5$이다.

$\therefore a_9=a+8d=(-5)+8\times3=(-5)+24=19$

**23** $(f\circ g^{-1})(3)=f(g^{-1}(3))$을 계산해보면

$g^{-1}(3)=a$라 하면, $g(a)=3$이므로

$\sqrt{2a+1}=3$, $2a+1=9$, $2a=8$, $a=4$이다.

따라서 $f(g^{-1}(3))=f(4)$이므로 $f(4)=4\times4+5=21$

**24** $f(x)=ax^2+bx+c$ $(a\neq0)$라 하면

조건 (가)에서 $\displaystyle\lim_{x\to\infty}\dfrac{ax^2+bx+c}{2x^2-x-1}=\dfrac{a}{2}=\dfrac{1}{2}$이므로 $a=1$,

즉 $f(x)=x^2+bx+c$임을 알 수 있다.

조건 (나)에서 $x\to1$일 때, 분모가 $0$이므로

$f(1)=0$이어야 한다.

$1+b+c=0$, $b+c=-1$

$\displaystyle\lim_{x\to1}\dfrac{x^2+bx+c}{2x^2-x-1}=\lim_{x\to1}\dfrac{(x-1)(x-b+1)}{(x-1)(2x+1)}=\dfrac{b+2}{3}=4$

$b=10$이므로 $c=-11$

따라서 $f(x)=x^2+10x-11$이므로 $f(2)=13$

**25** $x, y, z, s, t$가 모두 자연수이면서

$(x+y+z)(s+t)=49$를 만족시키려면

$x+y+z=7$, $s+t=7$이어야 한다.

따라서 $_3H_4\times{_2}H_5={_6}C_2\times{_6}C_1=15\times6=90$

**26** 하나 이상의 국가를 신청한 사관생도를 S라 하면 $n(S)=70$

조건 (다)에 의해 $n(A\cap C)=0$이므로

$n(A\cap B\cap C)=0$이다.

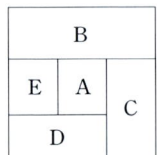

조건 (가)에서 $n(A\cup B)=43$이므로

$n(S)-n(A\cup B)=70-43=27$

즉, $n(c)=27$

조건 (나)에서 $n(B\cup C)=51$이므로

$n(S)-n(B\cup C)=70-51=19$

즉, $n(a)=19$

$\therefore n(B)=n(S)-\{n(a)+n(c)\}=70-(27+19)=24$

**27** 주어진 도형의 각 영역을 A, B, C, D, E라고 하면

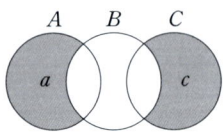

이웃한 영역이 가장 많은 A영역에는 4가지색

B영역에는 A영역의 색을 제외한 3가지색

C영역에는 A, B영역을 제외한 2가지색

D영역에는 A, C를 제외한 2가지색 중

ⅰ) B영역과 같은 색인 경우

E영역은 C영역과 같은 색이거나 나머지 색이어도 된다.

즉, $4 \times 3 \times 2 \times 1 \times 2 = 48$

ii) B영역과 다른 색인 경우

E는 C의 색으로 정해진다.

즉, $4 \times 3 \times 2 \times 1 \times 1 = 24$

i), ii)에 의해 모든 경우의 수는 $48 + 24 = 72$

**28** 전체집합 $S = \{1, 2, 3, 4, 5, 6, 7, 8\}$라 하면

집합 $X$는 $S$의 부분집합이고,

주어진 조건에 의해 집합 $X$의 의미를 분석해보면

$X$는 $A - B = \{1, 2\}$ 중 일부를 포함해야 하고,

$B - A = \{6, 7, 8\}$의 일부 또한 포함해야 한다.

만약 한쪽만 포함하게 되면 $X \not\subset A$, $X \not\subset B$의 조건을 만족하지 않는다.

$A \cap B = \{3, 4, 5\}$는 포함해도 되고, 포함하지 않아도 된다.

따라서 집합 $X$의 개수를 계산해보면

i) 원소 $\{1, 2\}$ 중 적어도 하나를 포함해야 하므로

$2^2 - 1 = 3$

ii) 원소 $\{6, 7, 8\}$ 중 적어도 하나를 포함해야 하므로

$2^3 - 1 = 7$

iii) $\{3, 4, 5\}$는 포함해도 되고, 포함하지 않아도 되므로

$2^3 = 8$

i) $\sim$ iii)에 의해 집합 X의 개수는 $3 \times 7 \times 8 = 168$

**29** 주어진 도형들을 그려보면

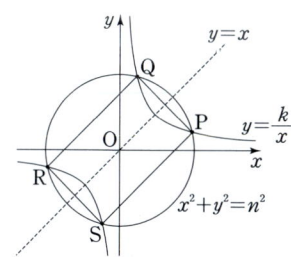

원과 곡선 사이의 교점을 P, Q, R, S라 하면

점 P의 좌표를 $(a, b)$ $(a, b$는 상수$)$라 하면

점 P의 $y = x$에 대한 대칭인 점 Q의 좌표는 $(b, a)$

점 P의 원점 대칭인 점 R의 좌표는 $(-a, -b)$

점 Q의 원점 대칭인 점 S의 좌표는 $(-b, -a)$

따라서 긴 변의 길이는

$\overline{QR} = \sqrt{(b+a)^2 + (a+b)^2} = \sqrt{2(a+b)^2} = \sqrt{2}(a+b)$

짧은 변의 길이는

$\overline{PQ} = \sqrt{(a-b)^2 + (b-a)^2} = \sqrt{2(a-b)^2} = \sqrt{2}(a-b)$

이때, 긴 변의 길이는 짧은 변의 길이의 2배이므로

$\sqrt{2}(a+b) = 2 \times \sqrt{2}(a-b)$,

$a + b = 2a - 2b$, $a = 3b$이다.

따라서 점 P의 좌표는 $(3b, b)$이고,

원과 곡선을 모두 지나는 점이므로

$(3b)^2 + b^2 = n^2$, $10b^2 = n^2$, $b^2 = \frac{1}{10}n^2$이고,

$b = \frac{k}{3b}$, $3b^2 = k$이므로 위의 값을 대입하면

$k = 3 \times \frac{1}{10}n^2 = \frac{3}{10}n^2$

따라서 $f(n) = \frac{3}{10}n^2$

$\therefore \sum_{n=1}^{12} f(n) = \frac{3}{10} \times \frac{12 \times 13 \times 25}{6} = 195$

**30** 조건 (나)에 의해 함수 $f(x)$는 원점대칭이므로

$f(x) = \begin{cases} x^2 - 2x & (x \geq 0) \\ -x^2 - 2x & (x \leq 0) \end{cases}$

함수 $g(x)$는 실수 $t$에서 구간 $[t, t+1]$에서 함수 $f(x)$의 최솟값이므로

$g(x) = \begin{cases} f(x+1) & \left(-\frac{3}{2} \leq x \leq 0\right) \\ -1 & (0 \leq x \leq 1) \\ f(x) & \left(x \leq -\frac{3}{2}, x \geq 1\right) \end{cases}$

따라서 구하고자 하는 부분의 넓이를 살펴보면

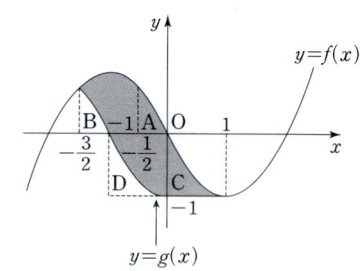

그림에서 보면 A의 넓이$=$B의 넓이, C의 넓이$=$D의 넓이이므로 다음 그림의 넓이와 같다.

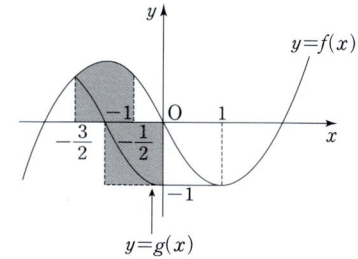

따라서 색칠된 넓이를 구해보면

$\int_{-\frac{3}{2}}^{-\frac{1}{2}} f(x)dx + (1 \times 1)$

$= \int_{-\frac{3}{2}}^{-\frac{1}{2}} (-x^2 - 2x)dx + 1 = \left[ -\frac{1}{3}x^3 - x^2 \right]_{-\frac{3}{2}}^{-\frac{1}{2}} + 1$

$= \frac{11}{12} + 1 = \frac{23}{12}$

$\therefore p = 12$, $q = 23$이므로 $p + q = 35$

**결코 남이 편견을 버리도록 설득하려 하지 마라.
사람이 설득으로 편견을 갖게된 것이 아니듯이, 설득으로 버릴 수 없다.**

Never try to reason the prejudice out of a man.
It was not reasoned into him, and cannot be reasoned out.

– 시드니 스미스 –

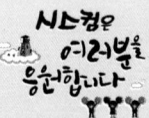